经济学学术前沿书系
ACADEMIC FRONTIER
ECONOMICS BOOK SERIES

# 中国碳排放权
# 分配机制研究

王钰◎著

经济日报出版社

图书在版编目（CIP）数据

中国碳排放权分配机制研究／王钰著．--北京：
经济日报出版社，2022.12
ISBN 978 - 7 - 5196 - 1040 - 1

Ⅰ．①中... Ⅱ．①王... Ⅲ．①二氧化碳 - 排污交易 -
研究 - 中国 Ⅳ．①X511

中国版本图书馆 CIP 数据核字（2021）第 280143 号

**中国碳排放权分配机制研究**

| | |
|---|---|
| 作　　者 | 王　钰 |
| 责任编辑 | 胡子清 |
| 助理编辑 | 王　真 |
| 责任校对 | 孙鹤窈　王明明 |
| 出版发行 | 经济日报出版社 |
| 地　　址 | 北京市西城区白纸坊东街 2 号 A 座综合楼 710 室（邮政编码：100054） |
| 电　　话 | 010 - 63567684（总编室） |
| | 010 - 63584556（财经编辑部） |
| | 010 - 63567687（企业与企业家史编辑部） |
| | 010 - 63567683（经济与管理学术编辑部） |
| | 010 - 63538621　63567692（发行部） |
| 网　　址 | www.edpbook.com.cn |
| E - mail | edpbook@126.com |
| 经　　销 | 全国新华书店 |
| 印　　刷 | 北京建宏印刷有限公司 |
| 开　　本 | 710 mm × 1000 mm　1/16 |
| 印　　张 | 24.5 |
| 字　　数 | 400 千字 |
| 版　　次 | 2022 年 12 月第 1 版 |
| 印　　次 | 2022 年 12 月第 1 次印刷 |
| 书　　号 | ISBN 978 - 7 - 5196 - 1040 - 1 |
| 定　　价 | 58.00 元 |

# 前　言

　　伴随着经济的高速发展，中国作为最大的发展中国家，已逐渐成为世界上碳排放总量最大的国家。作为负责任的大国，中国一直十分积极地参与全球应对气候变化的治理行动，在联合国气候变化大会上不断地主动承诺和兑现中国的国家减排目标，将其纳入国家发展规划。中国虽然是发展中国家，但其依照《联合国气候变化框架公约》，比照发达国家的通行做法，2013 年开始尝试设立碳排放权交易试点，通过相应的制度设计，将碳排放权交易机制嵌入国民经济循环中，使其能够渗透进日常经济活动中，整体上形成常态化的减排意识，最终能够激励和催生相应的节能减排技术创新活动。在这样的时代大背景下，本书结合中国作为高速发展国家，经济处于不同的发展阶段时碳排放的特点会有所不同的特点，研究不同减排机制的目标和侧重点。同时，作为减排的市场化措施，碳排放权交易机制能否起到减排的作用，核心在于能否合理有效地设置碳排放权分配机制，从而既能实现减排目标，又能满足经济平稳均衡发展的需要。为此，在研究的过程中，作者进行了广泛的调查和研究，结合理论分析，在其他国家减排经验的基础上，统筹考虑中国经济发展的实际情况，认为中国在通过市场化方式减排的过程中，需要借鉴发达国家的经验，但也不能直接简单照搬发达国家的方法，应分阶段分目标稳步推进中国的碳排放权交易，由点到面、由试点向统一市场、由地区分化向地区协调、由效率减排向总量减排逐步深化。

　　本书分为四篇，共十章：第一篇是中国经济发展阶段与减排路径（包括第一章和第二章）；第二篇是碳排放权的界定与减排的国际治理（包括第三章和第四章）；第三篇是中国经济发展不同阶段的碳排放权分配机制研究（包括第五章至第八章）；第四篇是中国碳排放权分配中存在的问题——基于调查和研究的思考（包括第九章和第十章）。

　　本书的内容之所以这样安排，主要是考虑将理论和实践结合起来，更好地说明中国构建碳排放权分配机制的原因、目标、内容和现阶段存在的问题。这些内容一部分是历史事实，一部分是理论构想。写历史事实是为了说明碳排放权及碳排放权交易机制的来历，说明中国为什么也要设立这样一个机制；写理论构想是为了对中国通过碳排放权交易进行减排的路径问题进行战略思考，将目标进行阶段性分解，形成一个预想的规划方案，供政府决策参考。此外，本书在写作过程中，还说明了以下几个问题：第一，中国为什么要选择碳排放权交易作为减排的制度安排，而不是收碳税或者通过能源价格市场化等方式；第二，中国作为发展中大国，在工业化后期，正在发展重工业，依据发达国家的经验，这个阶段是碳排放量的高峰期，为什么要在这个阶段减排？怎么减排才是符合中国国情的？第三，中国幅员辽阔，地区差异性大，如何分配碳排放权才是公平合理的？第四，现在进行的碳排放权交易试点，作为中国减排的制度实践，其实践情况和效果如何，还存在哪些比较棘手的问题需要解决？

基于以上考虑，本书第一部分的主要内容是将中国 1949—2060 年划分为五个经济发展阶段，并基于能源消费测算中国在这个过程中的整体碳排放情况。第二部分是结合碳排放权的来源和国际治理情况，总结中国在全球减排治理过程中所处的环境和所做的突出贡献。第三部分，结合前两部分的内容，将 2017—2060 年的碳排放权分配划分为五个阶段，在对碳排放权分配机制进行理论分析的基础上，结合中国的碳排放地区和产业情况进行碳排放权机制设计。第四部分，结合现有书面调研成果和实地调研情况，汇总碳排放权分配中存在的问题，包括来自学者现有文献中的观点，也包括正在进行碳交易试点和未参与碳交易试点省市的相关从业人员的观点。

这里还要补充说明一点，作者在早期课题研究过程中，依据当时中国的经济发展情况和测算出来的碳排放的特点，提出碳达峰的时间为 2030—2035 年，碳中和的时间为 2050 年。2021 年 10 月 24 日印发的《中共中央 国务院关于完整准确全面贯彻新发展理念做好碳达峰碳中和工作的实施意见》提出了"3060"的双碳目标。根据中央精神，本书在出版过程中，将整体规划的时间由到 2050 年截止，延伸至 2060 年截止。特此说明。

由于作者水平有限，同时在中国统一碳市场建设过程中，也还有许多问题有待更深入地研究，现有的研究成果难免有不足之处，还请阅读本书的专家和读者们海涵，欢迎多多批评指正。

　　近年来，中国经济学界的研究内容和方法进步较快，"双碳"目标提出后，有关碳排放和减排的研究已经成为热点，现有的研究也在较快地深入进行，这是可喜可贺的。希望未来能和各位专家老师们一道，共同为"双碳"目标的实现贡献自己的知识和力量，共同努力把我们的国家建设得更加富强而美丽！

# 目　录
## CONTENTS

# 第一篇

# 中国经济发展阶段与减排路径

# 第一章 对中国经济发展阶段的
# 回顾与展望

**内容摘要：** 回顾中国经济发展的历程和中国经济发展取得的辉煌成就，其成功经验可以归结为以下四个方面：党和政府的正确有力领导，实现政府和市场有机结合；充分发挥比较优势，推动产业结构演进；成功进行渐近式（即分阶段）改革，阶段性完成发展目标；开放合理有度，与国际接轨融合提高国际竞争力。通过对中国经济发展历史的回顾，可以清晰地看到，中国经济发展特色在于通过渐进式制度变迁，实现政府和市场有机结合，分阶段通过结构演进实现经济发展目标，在此过程中不断提高与世界经济的接轨融合能力，提高中国的竞争力和影响力。建立全国碳排放权交易市场的本质也是一个市场化改革并国际化的过程，需要解决的重点问题也是结构性的。也就是说，中国建立全国统一碳排放权交易市场也应是一个渐进化制度创新的过程，需要解决的问题是区域和产业结构性碳排放资源配置问题。

伴随着中国经济的增长，中国的经济结构也发生着深刻的变革，三次产业已经形成以服务业为主的结构；2019年城市化率已经超过60%；供给侧的生产要素中人口已经完成人口转变过程，形成了"老龄少子化"的年龄结构；高等教育结构不断优化，使人力资本结构具有改善的基础；三次产业的固定资产投资结构比较稳定。高速增长时期中国的经济增长主要依靠出口和投资驱动实现，次贷危机后，这种方式无法再持续了。次贷危机后，中国经济进入"结构性减速"阶段，为了实现经济的平稳增长和可持续发展，中国经济转向高质量发展。

中国经济的发展模式、结构演进和空间结构的差异，对中国的碳排放水平和效率均具有直接影响，因此可以结合中国经济发展的水平和结构，对考虑碳排放量和效率变化的中国经济增长进行阶段性划分，将1949—2035年划分为五个发展阶段。

此外，笔者通过对高质量发展的内涵和核心动机机制的分析发现，中国建设统一碳排放权交易市场是符合中国经济实现高质量发展的本质和核心动力机制要求的。

自 1949 年成立至 2019 年，中国经过 70 年的努力，通过在不同阶段的建设和发展基本完成了从落后农业国向中等收入的工业国家的转变。这个过程是辉煌的，也是曲折的，成果来之不易，是中国几代人付出智慧和汗水探索出来的。

# 第一节　对中国改革开放 40 年经济增长历程的回顾

中国经济的高速增长常被称为是一个奇迹，对世界经济的影响力不断增大，其成功发展的经验对发展中国家具有一定的借鉴意义。

## 一、中国经济的发展历程

自"一五"计划以来中国经济经历了从小到大、从弱到强的增长，特别是改革开放以来，实现了经济的高速增长，取得了举世瞩目的成就。如图 1-1 所示（具体数据见附录中的数据一），1952 年中国的 GDP 总量为 679 亿人民币，约合 304.9 亿美元，至 2018 年经济总量达到 900309.5 亿元人民币，约合 136081.5 亿美元。2018 年经济总量是 1952 年的 173 倍，从 1952 年起，年均经济增长率约为 8.4%；与 1978 年相比，2018 年的经济总量增长了 36 倍，年均增长率约为 9.6%；入世之后的 2002 年至 2007 年次贷危机之前的经济年均增长率更是高达两位数，年均为 11.2%；与世界其他经济体的经济增长水平相比，中国经济实现了超高速的增长。

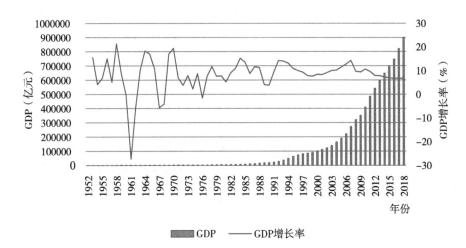

图 1-1　1952—2018 年中国的 GDP 和 GDP 增长率

资料来源：根据《中国国内生产总值核算历史资料（1952—2004）》和历年《中国统计年鉴》数据整理。

依据世界银行 WDI 数据库的数据，1961—2018 年期间，世界不同收入组国家的 GDP 整体年均增长率为 3.5%，其中高收入组国家的 GDP 年均增长率为 3.1%；中等收入国家的 GDP 年均增长率略高，为 4.7%，其中中等偏上收入组国家的 GDP 年均增长率为 4.8%，中等偏下收入组国家的 GDP 年均增长率为 4.6%；低收入组国家有数据显示的 1983—2018 年的 GDP 年均增长率仅为 3.4%。可见，世界其他国家的 GDP 增长水平大都分布在 3%—5% 的水平上，相比之下中国的年均 GDP 增长率接近 10% 左右的水平，是相当高的。

再对不同的收入组分阶段进行比较，将 1990—2018 年划分为三个阶段，如图 1-2 所示，中等收入组国家是下述三个阶段年均经济增长率最高的，特别是 2000 年之后，年均经济增长率保持在 5% 以上，同时低收入组国家从 2000 年之后也获得了较高的经济增长率。通过比较可以看出，中国经济虽然从 2010 年后开始减速，但平均 7.8% 的增速也是高于所在的中等收入组的平均水平的，因此可被称为中高速水平的。

将 1980—2010 年中国和 G8（俄罗斯除外）中的七个发达国家的经济增长速度进行比较，结果如表 1-1 所示，中国的经济增速均保持在较高水平上，1980—1989 年平均增速为 9.2%，1990—2009 年增速则在 10% 以上，2010—2018 年平均增速为 7.8%。而七个发达国家的经济增长率处于 0%—5% 之间，多数时间分布于 2% 左右。可见与发达国家相比，中国的经济增长率是很高的，表现出强劲的追赶势头。

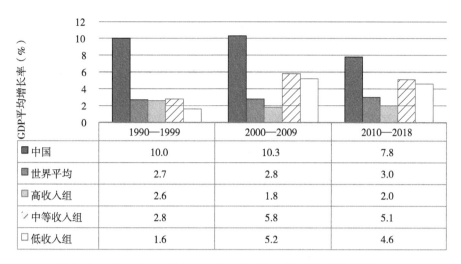

| | 1990—1999 | 2000—2009 | 2010—2018 |
|---|---|---|---|
| 中国 | 10.0 | 10.3 | 7.8 |
| 世界平均 | 2.7 | 2.8 | 3.0 |
| 高收入组 | 2.6 | 1.8 | 2.0 |
| 中等收入组 | 2.8 | 5.8 | 5.1 |
| 低收入组 | 1.6 | 5.2 | 4.6 |

**图 1-2　1990—2018 年中国与世界不同收入组国家 GDP 增速的比较**

资料来源：世界银行 WDI 数据库。

**表 1-1　1980—2018 年中国与发达国家经济增长率比较**　　　　单位：%

| 国家 | 1980—1989 | 1990—1999 | 2000—2009 | 2010—2018 |
|---|---|---|---|---|
| 中国 | 9.2 | 10.0 | 10.3 | 7.8 |
| 美国 | 3.1 | 3.2 | 1.9 | 2.2 |
| 日本 | 4.3 | 1.5 | 0.5 | 1.4 |
| 德国 | 2.0 | 2.2 | 0.8 | 2.1 |
| 法国 | 2.3 | 2.0 | 1.5 | 1.4 |
| 英国 | 2.7 | 2.2 | 1.8 | 1.9 |
| 意大利 | 2.6 | 1.5 | 0.5 | 0.3 |
| 加拿大 | 2.9 | 2.4 | 2.1 | 2.2 |

资料来源：世界银行 WDI 数据库。

从人均收入水平的变化来看，人均 GDP 由 1952 年的 119.4 元，约合 53.6 美元，至 2018 年人均 GDP 达到 64644 元，约合 9770.8 美元，相对于 1952 年人均 GDP 整体上增长了 69 倍，年均增长率为 6.6%；相比 1978 年，人均 GDP 整体上增长了 24 倍，年均增长率为 8.2%。

2007 年次贷危机后，受到国际和国内复杂形势变化的多重影响，中国经济增速放缓，从高速转入中高速增长，放缓的原因是总供给和总需求出现"双侧结构性"减速，主要原因来自总供给侧，因此这种减速就不会是短期的，其结果是中国经济增速将由高速增长转为中高速增长，未来中国经济将进行结构性优化，习近平主席将其称为"新常态"。这种结构性问题是由高速增长时期经济增长方式和经济体系积累而来的，它使中国无法实现持续的高速经济增长，同时也无法支撑中国经济进入高收入阶段，因此，现阶段中国经济必须转型发展，从粗放的数量型增长向质量效率和可持续型的增长方式转变，同时完成中国经济结构转型，从工业化发展模式向深度城市化发展转变，从第二产业驱动向经济服务化转变，从投资、出口驱动向消费驱动转变，从资本、劳动驱动向创新驱动转变，并保护资源和环境，实现可持续发展，即实现中国经济向高质量发展方式转变。

## 二、对中国经济发展奇迹的再审视

世界上能够保持高速经济增长超过 40 年的国家不多，通过高速的经济发展，中国已经成为世界第二大经济体。中国经济的高速发展常被称为一个奇迹，对世界经济的影响不断增大，其成功发展的经验对发展中国家具有一定的借鉴意义。

### （一）中国经济高速增长对世界经济的贡献

改革开放以来，中国经济通过快速增长，GDP 总量在世界经济总量中占有份额不断上升，同时缩小了与发达国家的差距。如图 1-3 所示，1978 年中国 GDP 总量仅占世界经济总量的 1.7%，2018 年就上升为世界经济总量的 15.9%，而同期美国 GDP 占世界经济总量的比重处于不断弱化的趋势，由

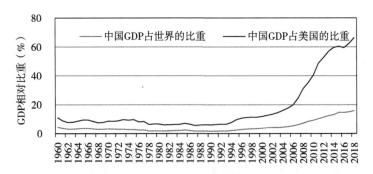

图 1-3　1960—2018 年中国 GDP 占世界和美国 GDP 总量比重变化

资料来源：根据世界银行 WDI 数据库中的数据计算。

1960年的近40%逐步减少至2018的24%。20世纪60年代，中国的GDP总量仅相当于美国的11%，至2018年上升到美国GDP总量的66.4%。据测算，2018年中国对世界经济增长的贡献率约为30%，中国已经逐步成为拉动和稳定世界经济的重要力量。

### （二）中国经济奇迹的经验总结

中国取得的举世瞩目的成就不是事前系统设计的，而是中国人民在中国共产党的领导下，通过自我探索和创新实践获得的。

对此，理论界的认识也是一致的。逢锦聚（2018）认为，坚持中国共产党对改革开放的全面领导；坚持人民的中心地位；坚持中国特色社会主义制度；坚持科学的方法论；坚持推进实践基础上的理论创新，并以科学的理论指导实践，形成实践创新与理论创新的良性互动。[①] 周建超（2018），王寿林（2018），陶文昭（2018）等也持相似观点，周文（2018）指出，中国改革开放的成功表明单纯"西方化"对发展中国家是行不通的，中国的发展经验对于其他发展中国家有重要的参考价值。

从宏观角度看，中国获得较好较快发展的原因主要在于以下四个方面：党和政府的正确有力领导，实现政府和市场有机结合；充分发挥比较优势，推动产业结构不断演进；成功的渐近式改革，阶段性完成发展目标；开放合理有度，与国际接轨融合提高国际竞争力。

（1）党和政府的正确有力领导，实现政府和市场有机结合。中国能够摆脱"帝国主义、半封建半殖民地、官僚资本主义"的三座大山，建立新中国并带领十几亿人民走向富强的新生活，都是依靠中国共产党的英明领导。改革开放之后，党和政府不断调整各项制度、方针和政策，在坚持一切为人民利益服务的根本目标下，果断地进行农村改革和城市改革；引入市场机制，解放生产力，搞活生产关系，使生产要素充分流动；不断扩大开放，从国外引进先进和稀缺的生产要素，发挥中国丰裕要素的比较优势，借助和开拓国际市场的有利条件，广泛地进行国际交流与合作，深入地开展国际化，推动中国走向世界。在党和政府正确领导下，中国在很短的时间内发生了天翻地覆的变化，人民生活水平显著提升。这些成就是其他发展中国家所无法比拟

---

① 逢锦聚.改革开放的基本经验［J］.前线，2018（10）：17—20.

的，世界上更是没有哪一个国家能够领导这么多人在这么短的时间内摆脱贫困，不断走向富裕和美好的生活。

（2）充分发挥比较优势，推动产业结构不断演进。林毅夫（1999,2002）是十分重视比较优势的，他认为工业化的过程可以有两种途径：一是通过"进口替代"优先发挥重工业实现工业化；二是更好地依托于国内的要素禀赋优势和国际市场，采用"出口导向"通过比较优势战略逐步推动工业化的实现。从亚洲"四小龙"的成功经验看，采取后一种策略，不脱离比较优势，并随着要素积累和要素结构的变化而选择不同的主导产业，是"东亚奇迹"的根源所在。吕铁（2001）认为，发展中国家的工业化过程应分为相互关联的五个阶段，在这个过程中出口导向和进口替代战略不是相互排斥的，而是相互结合在一起使要素的禀赋结构不断变化，提升比较优势。可见，虽然学者们对于东亚经济获得高速增长结果的认识略有不同，但都认为充分发挥和培育比较优势对于发展中国家来说是很重要的。邓宏图等（2018）也认为重工业优势和发挥比较优势两者应有序结合。史本叶、夏雨欣（2018）和彭爽、李利滨（2018）都认为，现阶段要进行比较优势升级。

传统地计算比较优势的指标选取进口额和出口额，具体的指标包括显性比较优势指数（Revealed Comparative Advantage）、贸易竞争优势指数（Trade Competitive Advantage）、市场占有率（Market Share）等，但黎谧、冯迪（2015），张丽娜（2015），乔小勇、王耕、李泽怡（2017）等许多学者研究发现，采取进出口总额对比较优势的估计不如采用进出口增加值准确，为了更好地说明中国比较优势的动态变化过程，我们分别采用传统指标和投入－产出法的增加值指标，对中国的制造业内部各产业的比较优势进行测算。需要说明的是受 WIOD 数据库数据所限，分析仅到 2010 年为止，无法对 2010 年及其以后的情况进行测算分析。

如表 1-2 所示，中国在加入 WTO 前比较优势最强的是毛皮、纺织和服装行业，并且上述三个行业的比较优势在动态下降。而比较优势大且不断上升的行业包括化纤、电气机械和通信计算，从这个变化看，中国的比较优势最强的行业是劳动力密集型行业，随着劳动力密集型行业比较优势的衰落，电子等轻工业不断得到发展，也就是存在产业结构升级。

表 1-2　1995—2010 年中国制造业 28 个行业传统显性比较优势变化

| | 行业分类 | 1995 | 1997 | 1998 | 1999 | 2000 | 2001 | 2002 |
|---|---|---|---|---|---|---|---|---|
| 1 | 农副 | 1.40 | 1.46 | 1.41 | 1.26 | 1.16 | 1.18 | 1.01 |
| 2 | 食品制造 | 1.09 | 1.45 | 1.18 | 1.03 | 1.08 | 1.23 | 1.13 |
| 3 | 饮料 | 0.36 | 0.36 | 0.36 | 0.97 | 0.32 | 0.32 | 0.32 |
| 4 | 烟草 | 1.50 | 1.32 | 0.9 | 0.74 | 0.44 | 0.36 | 0.43 |
| 5 | 纺织 | 2.66 | 2.38 | 2.16 | 2.01 | 2.33 | 2.20 | 2.17 |
| 6 | 服装 | 5.06 | 5.15 | 3.88 | 3.68 | 4.83 | 4.64 | 4.23 |
| 7 | 毛皮 | 9.28 | 8.56 | 8.50 | 9.00 | 9.59 | 8.82 | 8.19 |
| 8 | 木材加工 | 1.19 | 1.11 | 0.99 | 0.89 | 0.97 | 1.02 | 1.05 |
| 9 | 家具 | 1.42 | 1.40 | 1.43 | 1.50 | 1.71 | 1.57 | 1.56 |
| 10 | 造纸 | 0.31 | 0.33 | 0.38 | 0.37 | 0.34 | 0.39 | 0.4 |
| 11 | 印刷 | 0.22 | 0.29 | 0.37 | 0.39 | 0.40 | 0.42 | 0.42 |
| 12 | 文教 | 1.49 | 1.42 | 1.72 | 1.5 | 1.39 | 1.45 | 1.4 |
| 13 | 石油加工 | 2.03 | 1.81 | 1.87 | 1.63 | 1.2 | 1.18 | 1.22 |
| 14 | 化学原料 | 1.54 | 0.98 | 0.91 | 0.90 | 0.90 | 0.89 | 0.88 |
| 15 | 医药 | 0.3 | 0.28 | 0.23 | 0.22 | 0.17 | 0.16 | 0.13 |
| 16 | 化纤 | 2.05 | 2.07 | 2.09 | 2.01 | 1.93 | 2.06 | 2.13 |
| 17 | 橡胶 | 0.68 | 0.74 | 0.71 | 0.70 | 0.8 | 0.95 | 0.90 |
| 18 | 塑料 | 1.07 | 1.15 | 1.27 | 1.32 | 1.27 | 1.28 | 1.24 |
| 19 | 非金矿 | 1.35 | 1.37 | 1.37 | 1.31 | 1.21 | 1.14 | 1.14 |
| 20 | 黑金冶炼 | 1.18 | 0.79 | 0.82 | 0.51 | 0.49 | 0.68 | 0.41 |
| 21 | 有色冶炼 | 0.70 | 0.65 | 0.81 | 0.83 | 0.83 | 0.78 | 0.72 |
| 22 | 金属制品 | 1.83 | 1.88 | 1.91 | 1.98 | 1.39 | 2.06 | 2.02 |
| 23 | 通用设备 | 0.86 | 1.05 | 1.11 | 1.27 | 1.41 | 1.67 | 1.84 |
| 24 | 专用设备 | 0.25 | 0.26 | 0.23 | 0.23 | 0.26 | 0.3 | 0.35 |
| 25 | 交运设备 | 0.27 | 0.26 | 0.26 | 0.29 | 0.28 | 0.35 | 0.31 |
| 26 | 电气机械 | 1.53 | 0.87 | 0.88 | 1.70 | 1.91 | 1.90 | 2.21 |
| 27 | 通讯计算 | 1.60 | 1.72 | 1.56 | 1.60 | 1.66 | 1.72 | 2.02 |
| 28 | 仪器仪表 | 0.72 | 0.73 | 0.68 | 0.81 | 0.61 | 0.55 | 0.51 |

续表

| | 行业分类 | 2003 | 2005 | 2006 | 2007 | 2008 | 2009 | 2010 |
|---|---|---|---|---|---|---|---|---|
| 1 | 农副 | 0.83 | 0.65 | 0.63 | 0.56 | 0.53 | 0.48 | 0.53 |
| 2 | 食品制造 | 0.89 | 0.86 | 0.84 | 0.84 | 0.87 | 0.78 | 0.63 |
| 3 | 饮料 | 0.20 | 0.19 | 0.15 | 0.18 | 0.11 | 0.10 | 0.10 |
| 4 | 烟草 | 0.40 | 0.34 | 0.30 | 0.27 | 0.25 | 0.25 | 0.27 |
| 5 | 纺织 | 2.09 | 2.02 | 2.14 | 2.14 | 2.09 | 2.33 | 2.39 |
| 6 | 服装 | 3.61 | 3.47 | 3.06 | 4.03 | 3.57 | 3.62 | 3.45 |
| 7 | 毛皮 | 7.66 | 7.23 | 7.17 | 5.83 | 5.53 | 6.46 | 6.69 |
| 8 | 木材加工 | 0.98 | 1.00 | 1.04 | 1.13 | 1.07 | 1.12 | 1.08 |
| 9 | 家具 | 1.70 | 1.82 | 1.97 | 2.04 | 2.07 | 2.30 | 2.43 |
| 10 | 造纸 | 0.39 | 0.39 | 0.45 | 0.50 | 0.54 | 0.56 | 0.61 |
| 11 | 印刷 | 0.38 | 0.40 | 0.42 | 0.46 | 0.48 | 0.55 | 0.52 |
| 12 | 文教 | 1.26 | 1.24 | 1.16 | 1.18 | 1.06 | 1.24 | 1.00 |
| 13 | 石油加工 | 0.98 | 0.79 | 0.63 | 0.45 | 0.41 | 0.44 | 0.40 |
| 14 | 化学原料 | 0.74 | 0.74 | 0.76 | 0.74 | 0.78 | 0.87 | 0.78 |
| 15 | 医药 | 0.08 | 0.07 | 0.07 | 0.06 | 0.06 | 0.08 | 0.08 |
| 16 | 化纤 | 2.25 | 2.36 | 2.46 | 2.50 | 2.51 | 2.69 | 2.64 |
| 17 | 橡胶 | 0.82 | 0.90 | 1.03 | 1.09 | 1.15 | 1.18 | 1.21 |
| 18 | 塑料 | 1.08 | 1.01 | 1.03 | 1.02 | 0.95 | 0.99 | 0.98 |
| 19 | 非金矿 | 1.00 | 0.99 | 1.02 | 1.10 | 1.01 | 1.13 | 1.33 |
| 20 | 黑金冶炼 | 0.34 | 0.68 | 0.68 | 0.87 | 1.00 | 1.07 | 0.46 |
| 21 | 有色冶炼 | 0.80 | 0.83 | 0.76 | 0.76 | 0.67 | 0.71 | 0.66 |
| 22 | 金属制品 | 1.89 | 2.01 | 2.09 | 2.15 | 2.17 | 2.34 | 2.02 |
| 23 | 通用设备 | 2.87 | 0.30 | 3.08 | 2.98 | 2.85 | 2.89 | 3.07 |
| 24 | 专用设备 | 0.37 | 0.37 | 0.42 | 0.49 | 0.53 | 0.65 | 0.63 |
| 25 | 交运设备 | 0.31 | 0.32 | 0.35 | 0.38 | 0.43 | 0.51 | 0.57 |
| 26 | 电气机械 | 2.37 | 2.59 | 2.77 | 2.95 | 3.21 | 3.41 | 3.29 |
| 27 | 通讯计算 | 2.45 | 2.61 | 2.71 | 2.70 | 2.9 | 2.94 | 2.91 |
| 28 | 仪器仪表 | 0.47 | 0.40 | 0.39 | 0.38 | 0.39 | 0.44 | 0.38 |

资料来源：依据 WTO 和国家统计局统计数据测算。

乔小勇等（2017）运用投入与产出法对中国制造业和服务业的显性比较

优势进行了整体测算和排名,结果如表1-3所示,至2011年为止,中国制造业的比较优势仍是处在不断提高的过程中,而服务业的比较优势有下降的趋势。

表1-3 1995—2011年中国制造业和服务业显性比较优势变化

| 行业 | 指标 | 1995 | 2000 | 2005 | 2008 | 2009 | 2010 | 2011 |
|------|------|------|------|------|------|------|------|------|
| 制造业 | 显性比较优势 | 0.67 | 0.68 | 0.72 | 0.85 | 0.84 | 0.84 | 0.85 |
| | 世界排名 | 58 | 53 | 50 | 38 | 44 | 42 | 40 |
| 服务业 | 显性比较优势 | 0.98 | 0.91 | 0.79 | 0.79 | 0.76 | 0.78 | 0.79 |
| | 世界排名 | 32 | 35 | 42 | 46 | 47 | 46 | 46 |

资料来源:乔小勇,王耕,李泽怡.中国制造业、服务业及其细分行业在全球生产网络中的价格增值获取能力研究:基于地位—参与度—显性比较优势的视角[J].国际贸易问题,2017(3):63—74.

再通过1998—2017年中国的工业领域资本积累的情况看,如图1-4所示,轻工业企业的实收资本与重工业企业的实收资本相比,差距在不断拉大,这表明中国通过发挥比较优势,提高资本水平,进行产业结构升级。重工业的实收资本量增长较快,工业内部重工业的比重相应提高,说明通过物质资本积累,重工业化趋势明显,中国制造加工的整体水平在提高。随着中国的产业结构转向以服务业为主,未来中国将面对服务业内部的结构调整,通过人力的资本积累,提高高端服务业在整个服务业中的比重,实现服务业内部的产业结构升级。

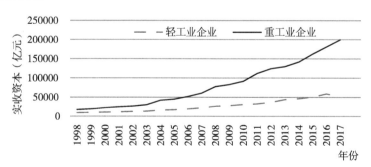

图1-4 1998—2017年中国轻工业和重工业实收资本数

资料来源:国家统计局网站。

(3)成功的渐近式改革,阶段性完成发展目标。

中国的经济发展取得今天这样辉煌的成就是实行改革开放的结果,是政府引导进行渐进式改革的成就。所谓渐进就是分阶段改革，通过将强制性和诱致性制度变迁相结合，在坚持社会主义公有制这一根本制度的基础上，在计划经济体系内部通过渐进式改革，不断建立和完善社会主义市场经济体系。整个改革过程没有前人的成功模式可以照搬，只能"摸着石头过河"，不断进行探索，由点到面地进行，为自身发展开辟了一条崭新的道路。

张平、刘霞辉、王宏淼（2010）依据中国的经济体制改革进程将中国的经济发展阶段划分为以下四个阶段：

第一阶段（1978—1984年），经济体制改革起步阶段。这一阶段的主要改革举措是农村联产承包责任制。1980年9月，中共中央颁布了《关于进一步加强完善农业生产责任制的几个问题》，允许农村实行家庭联产承包责任制，很快使得这项制度在全国范围内得到普及，农业获得了较快的发展，同时也催生了集体所有制的乡镇企业的出现和发展，受农村改革的启发，工业企业也寻求扩大自主权，发展的积极性十分高涨。

第二阶段（1984—1992年），经济体制改革全面开展阶段。这个阶段改革的中心环节是增进企业活力，改革的关键是价格体系的改革。1984年10月是中共十二届中央委员会通过了《中共中央关于经济体制改革的决定》，文件明确指出要"增强企业活力，建立合理的价格体系，积极发展多种所制经营"，为将来建立社会主义市场经济体制奠定了前期基础。

第三阶段（1992—2002年），初步建立社会主义市场经济体制阶段。1994年宏观经济整体配套改革取得突破性进展，1997—1999年进行基本制度改革，调整所有制结构，全面对外开放，2001年加入WTO。1993年11月中共第十四次中央委员会通过了《关于建立社会主义市场经济体制若干问题的决定》，明确了党的十四大提出的建立社会主义市场经济体制的具体内容和任务，明确了政府和市场的关系为市场要在国家调控下发展资源配置的基础性作用，培育市场体系的重点在于发展金融市场、房地产市场、技术市场、劳动市场和信息市场，建立现代企业制度，转变政府职能，政府管理经济的职能是做好宏观调控和提供设施。相应的，1995年全国人大通过了《中国人民银行法》《公司法》，1997年的党的十五大进一步提出了发展壮大非公有制经济，作为社会主义市场经济的重要组成部分。

第四阶段（2002年至今），完善社会主义市场体制阶段。在经济可持续发展与社会和谐方面积极推进改革和建设。

上述划分明确了中国进行渐进式改革的路径。

通过上述渐进式改革的过程，我国调整了所有制结构，发展非公有制经济，构建宏观调控框架，推进国有企业改革，同时不断完善收入分配，建立社会保障体系，完善市场经济体制。刘军（2018）指出，中国的渐进式改革成功的关键在于以下五个方面：第一，明确现实中的约束条件，遵循渐进发展的客观规律；第二，正确安排增量改革和存量改革；第三，正确处理理论和实践的关系；第四，正确解决改革、发展和稳定的关系；第五，正确处理经济和政治改革的关系。

从改革的路径上看，中国的改革是自上而下进行增量改革，先易后难，先经济后社会，先生产后流通，通过渐进式改革可以降低风险，重点突破。未来仍要深化改革，扩大开放，只有这样才更有利于经济平稳增长，并不断调整和优化经济结构，实现经济均衡协调发展。

### （四）开放合理有度，与国际接轨融合提高国际竞争力

一国与其他国家进行经济往来的途径主要包括对外贸易和金融两个领域，固然通过开放可以互通有无，参与国际分工，有利于实现经济增长，但开放度也并非越大越好，而应当适度。只有适度合理有序开放才能充分运用好国际市场和资源，避免风险，在确保经济安全的前提下实现经济发展。

在贸易领域，开放程度主要表现在关税上。关税政策指的是在一定时期内运用关税促进国内经济发展的准则和措施，它主要通过调整进出口商品的适用税率，有目的地实现阶段性目标。发展中国家由于产业竞争力相对于发达国家较弱，实施保护关税政策是不可避免的，但从有利于产业发展的角度讲，过度保护并非有利的，逐步降低税率才是符合经济发展要求的。李钢、叶欣（2017）认为，关税减让政策对于中国成为贸易大国功不可没，在关税减让政策实施的年份，中国的对外贸易实现了迅速发展，但作为一个贸易大国，中国现在的税率仍需要进一步下调，关税结构也需要进一步优化。同时从发达国家发展的历史看，随着工业化进程的发展，在从贸易大国向贸易强国转变的过程中，自主减让关税是普遍做法。正是随着贸易开放度逐步增大，中国产业的国际竞争力才不断提高，贸易规模不断扩大，未来中国如果要进一步维护多边贸易体系，进一步提高开放度也是大势所趋。

另外，随着人民币国际化水平的提高，不断提高资本市场的开放度也是

必要的举措，但这也并不能一步到位，而应是在具备条件的情况下合理有序进行。

## 第二节　中国经济结构的变化

随着经济增长，中国的经济结构不断优化，经济结构逐步表现出现代化特征。

### 一、城市化水平提高

城市化本身是一个人口、经济、社会、生产生活方式等的空间结构演变过程，对其的理解应是多维的，经济学上最简单地定义就是农村人口非农化，非农产业不断发展的过程。发展中国家的工业化必然伴随着城市化，中国由于三次产业的就业结构演进相对较慢，中国城市化水平相对工业化的速度是略低的。如图 1-5 所示，1994 年之前农村人口虽然比重不断下降，但人口数量是不断增加的，1996 年城市化率达 30%，城市化水平开始加快，直至 2011 年城市人口比重才首次高于 50%，这标志着中国城市化将进入一个新的发展阶段。城市化率在 50%—70% 的水平上，城市化的集聚效应将推动产业结构优化，转变经济增长方式，使经济增长向内生化的方向转变，带动人均收入水平提升。因此未来以城市化为新的增长点时，应注意城市化与农业、工业化、服务业发展、生产要素的升级、消费的升级、生态环境的保护等相互匹配，以促进中国经济转型的实现（张自然、张平、刘霞辉，2014）。

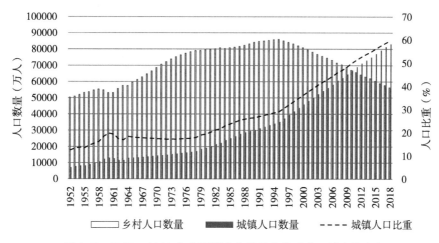

**图 1-5　1952—2018 年中国城市化率的变化（人口城市化率）**

资料来源：国家统计局网站和世界银行 WDI 数据库。

　　从城市化的进程看，世界各国城市化的速度各有不同。为了对比，这里仍与美国、德国、日本和韩国进行比较。如图 1-6 所示（具体数据见数据三），将美国、德国、日本、韩国和中国的人均 GDP 水平（以 2010 年美元价格计算）与城市化率的相关性作散点图，可以得到上述五个国家随着人均 GDP 变化，城乡结构的变化情况。根据世界银行的数据，2018 年人均收入水平（2010 年美元价格）由高到低依次是美国（54541 美元）、日本（48919 美元）、德国（47501 美元）、韩国（26761 美元）和中国（7754 美元），而城市化水平由高到低依次是日本（91.6）、美国（82.3）、韩国（81.5）、德国（77.3）和中国（59.1）。在相近收入水平阶段，韩国的城市化水平和速度是相对较快的，比日本的速度还要略快些，但超过 70% 之后速度就放缓了，而德国是相对较慢的。四个发达国家一般是在人均 GDP15000 美元以后城市化率达到 70%。与这几个发达国家相比，中国的城市化水平和速度是相对慢的，这可能在一定程度上是受到中国的户籍制度的影响。

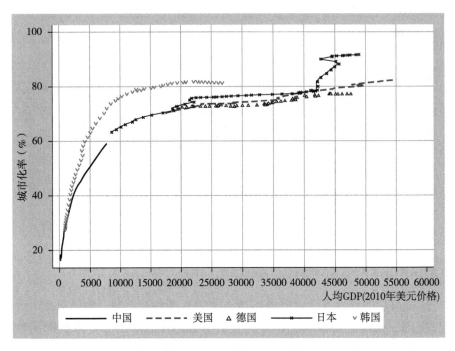

**图 1-6　1960—2017 年中国与发达国家四国城市化水平比较**

资料来源：世界银行 WDI 数据库。

　　目前，发达国家的城市化率普遍在 80%—90%，日本的城市化率较高，已超过 90%。在人均 10000 美元（2010 年美元价格）时，城市化水平至少要达到 60% 的水平；人均 15000 美元（2010 年美元价格）时，城市化水平应达到 70%。从发达国家的历史经验看，城市化水平从 60% 发展到 70% 一般比较快，而从 70% 发展到 80% 就需要较长的时间，美国大约花费了 45 年的时间，日本花了 35 年时间，韩国则用了 15 年时间。城市化问题一般在这个阶段就会不断显现，包括房地产泡沫、环境污染和农村空心化等。按现在的发展水平，2020 年之前中国城市化率会顺利达到 60% 的水平，预计 2025 年城市化率会达到或接近 70% 的水平。这个过程就要求城市发展要与产业结构升级相适应和匹配，而不是单纯农村人口进城的问题。

## 二、要素结构的变化

　　供给结构的变化首先体现为要素结构变化，从长期经济增长的角度看，其中比较重要的要素结构变化包括人口结构的变化、资本存量结构的变化和高等教育结构的变化。

1. 人口结构发生转变

中国的经济总量世界第二，而人口总量是世界第一，至 2018 年末，中国的人口总量为 139273 万人，比人口总量第二的国家印度的人口数多 4011 万。在人口不断增加的过程中，中国的人口结构也正在发生着深刻的变化。

（1）人口总规模。1949 年新中国成立时，中国的总人口为 54167 万人，经过近 70 年的经济发展，2017 年中国的人口总量达 139008 万人，是 1949 年的 2.57 倍，年均增长率为 1.4%。

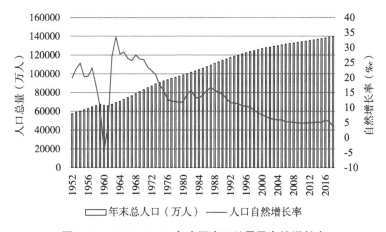

**图 1-7　1952—2018 年中国人口总量及自然增长率**

资料来源：国家统计局网站。

如图 1-7 所示（具体数据见附录中数据四），至 1981 年中国的总人口由建国初期的 5 亿达到 10 亿，2018 年年末人口比 1952 年净增加 82056 万人，年均净增人口数为 1243.27 万人，平均每 8 年人口总量增加 1 亿人。人口的自然增长率从 20 世纪 70 年代之前的 20‰以下，开始快速下降，2018 年降至 3.81‰。

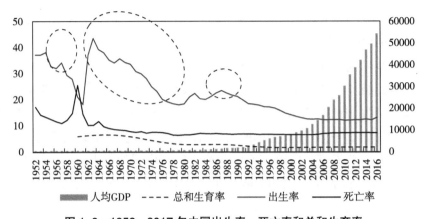

**图 1-8　1952—2017 年中国出生率、死亡率和总和生育率**

资料来源：根据《中国人口统计资料汇编（1949—1985）》和《中国统计年鉴》数据整理。

　　人口自然增长率由出生率和死亡率之差决定，通常死亡率会随着人均收入水平、医疗水平的提高而逐步下降，之后会相对稳定，因此影响人口自然增长率的主要原因就是出生率。如图 1-8 所示，中国有三个阶段出生率比较高，分别是 1952—1957 年、1962—1976 年和 1986—1990 年，这三个阶段经常被称为"婴儿潮"时期。在人口转变的过渡阶段出现"婴儿潮"，就会延缓人口转变的过程，并使人口红利阶段延长。

　　（2）人口结构的变化。由于人口的自然增长率变化，使人口的年龄结构发生了转变，先出现老龄化，后出现少子化。

　　如图 1-9 所示（具体数据见附录中数据五），中国的人口结构变化最显著的特点是 0—14 岁人口比重不断下降，而 65 岁以上人口比重不断上升。中国 65 岁以上人口比重在 1952 年为 4.4%，1990 年为 5.6%，2000 年为 7%，2018 年达到 11.9%，0—14 岁人口比重在 1952 年为 36.3%，1990 年为 27.7%，2000 年为 22.9%，2010 年为 16.6%，2018 年为 16.9%，可见，中国在 2000 年进入老龄化社会，在 2010 年进入少子化社会。老龄化程度在 2000 年之后加速，少子化速度虽然因为生育政策的放松而有所缓减，但从根本上有所改变还是比较困难的。因此，中国自 2000 年以来人口年龄结构的加速转变，已经使中国成为"老龄少子化"社会，预计按现在老龄化的程度中国将于 2027 年成为深度老龄型社会。中国人口的老龄化速度是大大高于其他发展中国家的。

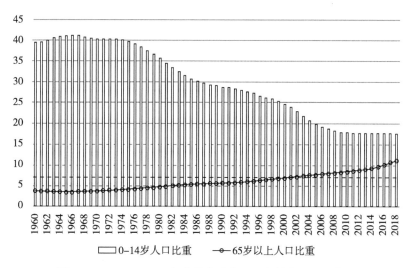

**图 1-9  1960—2018 年中国少儿人口和老龄人口比重变化**

资料来源：世界银行 WDI 数据库。

人口年龄结构的变化使中国的抚养比也随之发生了变化。如图 1-10 所示，中国 1990—2018 年的总抚养比呈现先下降后上升的趋势，这种变动主要由少儿抚养比变化决定的，因为在这个过程中老年抚养比一直处于上升趋势。总抚养比前期下降主要是由于少儿抚养比下降快于老年抚养比上升的速度，后期总抚养比上升是由于 2010 年之后少儿抚养比略呈反弹趋势。虽然总抚养比在整个变化过程中仅下降了 10%，但抚养比内部的结构却发生了本质的改变。

**图 1-10  1990—2018 年中国养比的变化**

资料来源：国家统计局网站。

1990—2018 年总抚养人口中的少儿抚养比重持续下降，所需抚养的老龄人口比重不断上升。如图 1-11 所示，1990 年时少儿抚养比重占总抚养人口的 83.3%，而 2018 年这个比重为 58.7%，相对应的 1990 年老年抚养比重为 16.7%，2018 年上升至 41.6%。少儿抚养比重和老年抚养比重的差值在不断缩小。这种结构变化对未来经济发展将产生深远的影响，是供给结构变化的一个重要方面。

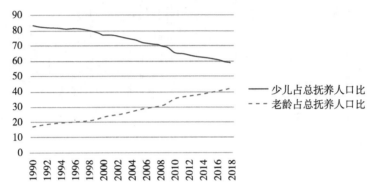

**图 1-11　1990—2018 年中国抚养比结构变化**

资料来源：《中国统计年鉴 2018》。

可以用人口金字塔来综合地展示人口年龄结构的细节。虽然人口金字塔仅能显示截面数据，但由于其按每 5 岁划分不同的年龄组，可以更直接地展示人口新老更替的未来变化趋势。如图 1-12 所示，通过观察 2017 年中国和美国的人口金字塔，不难发现，美国的 5 岁年龄组人口结构十分均匀，表明未来美国人口新老交替比较稳定，人口总量和年龄结构都是稳定的。反观中国的年龄结构图则比较参差不齐，比重较高的 5 岁年龄组主要集中在 25—29 岁、45—49 岁和 50—54 岁三个年龄阶段，这就会使劳动力供给不稳定，会时多时少，这就会使经济增长和就业之间存在一定的矛盾，相对于既定的经济发展水平，短期可能会存在劳动短缺或过剩的状况。因此，人口政策的核心之一，应该是使人口长期保持总量和结构的稳定，最好将总和生育率长期维持在 2.1 左右的水平，美国恰恰就是这样的。

2. 资本存量的变化

工业化的主要任务是进行资本积累，国家通过对物质资本的投资，一方面提高第二产业的比重，吸收第一产业的劳动力转移；另一方面提高劳动生产效率，增加收入水平，促进消费的增加。资本存量的变化可通过固定资产投资的情况来说明。

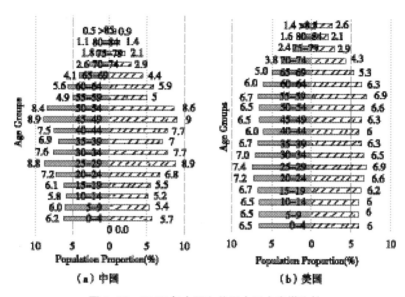

（a）中国　　　　　　　　（b）美国

图 1-12　2017 年中国和美国人口金字塔比较

资料来源：美国人口普查局。

　　为实现工业化，中国的全社会固定资产投资一直保持较高总量水平，1980—2018 年年均 141645 亿元，增长率也保持在较高的水平上，除 1989 年其增长率为负值外，其余年份均为正增长，年均增长率为 19.9%。如图 1-13 所示，中国的全社会固定资产投资表现出明显的周期性，其中 20 世纪 80 年代和 90 年代投资波动较大，2000 年之后投资不再大起大落，相对平稳了，同时次贷危机后，全社会的固定资产投资的增长率不断降低，2018 年仅为 5.9%。

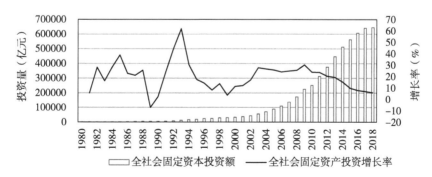

全社会固定资本投资额　　　全社会固定资产投资增长率

图 1-13　1980—2018 年中国全社会固定资产投资额及增长率

资料来源：国家统计局网站和《国民经济和社会发展统计公报》。

　　从固定资产投资的产业结构上看，如图 1-14 所示，1992—2018 年期间，对第一产业固定资产投资比重最小，第三产业最高，第二产业居中。次贷危机后，第一产业投资比重略有提高，由此前不到 3%，逐步提高，于 2018 年达到3.5% 的水平。对第二产业的投资有所减少，对第三产业的投资不断提高。

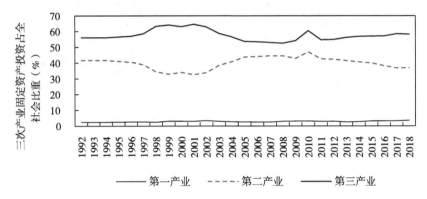

**图 1-14　1980—2018 年三次产业社会固定资产投资结构**

资料来源：国家统计局网站、《国民经济和社会发展统计公报》。

从 GDP 实现的总需求构成看，发达国家的资本形成总额占 GDP 比重（投资率）随着人均 GDP 水平的提高而下降，日本和韩国的投资率最高，占 GDP比重为 35%—40%，而中国的投资率最高接近 50%，因此相比之下中国的投资驱动型的经济增长方式十分明显。从图 1-15 可见，发达国家（仍选美、德、日、韩为例）收入水平越高，投资率越低，到高收入水平阶段，投资率仅为 20% 左右，最多不超过 30%。可见，中等收入水平和高收入水平国家的经济增长方式是不相同的，处于高收入组的发达国家的经济增长方式绝非是由投资驱动的。

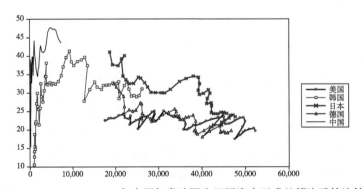

**图 1-15　1960—2017 年中国与发达国家四国资本形成总额比重的比较**

资料来源：世界银行 WDI 数据库。

### 3.高等教育结构优化

为了向中国经济增长提供高素质的劳动力，提高人力资本水平，中国的高等教育不断进行扩张和结构调整。新中国成立以来，以1978年为界线，我国以不同方式发展中国的高等教育（马力、张连城，2017）。

首先，中国的高等教育在受教育者比重数量上获得了显著增长。如表1–4所示，2002年以前中国的高等教育毛入学率均处于15%以下，至2014年达到37.5%；从招生规模的年增长率来看，1999年高校开始扩招，当年的招生规模增长率从1998年的4.34%增加到31.94%，2005年以后降至10%以下，至2014年之后，增长率一般保持在1%左右的水平。随着高校扩招，高等教育的毛入学率不断提高，由1995年的7.2%上升至2017后45.7%，这意味着中国的高等教育即将进入普及阶段。

**表1–4　1995—2017年中国高等教育招生规模和毛入学率**

| 年份 | 招生规模（万人） | 年增长率（%） | 毛入学率（%） | 年份 | 招生规模（万人） | 年增长（%） | 毛入学率（%） |
|---|---|---|---|---|---|---|---|
| 1995 | 19.08 | — | 7.2 | 2007 | 798.89 | 3.71 | 23.0 |
| 1996 | 197.04 | 4.21 | 8.3 | 2008 | 854.86 | 7.01 | 23.3 |
| 1997 | 206.77 | 4.94 | 9.1 | 2009 | 892.07 | 4.35 | 24.2 |
| 1998 | 215.75 | 4.34 | 9.8 | 2010 | 924.00 | 3.58 | 26.5 |
| 1999 | 284.67 | 31.94 | 10.5 | 2011 | 956.03 | 3.47 | 26.9 |
| 2000 | 389.61 | 36.86 | 12.5 | 2012 | 991.76 | 3.74 | 30.0 |
| 2001 | 480.73 | 23.39 | 13.3 | 2013 | 1017.46 | 2.59 | 34.5 |
| 2002 | 563.08 | 17.13 | 15.0 | 2014 | 1024.71 | 0.71 | 37.5 |
| 2003 | 631.38 | 12.13 | 17.0 | 2015 | 1039.13 | 1.41 | 39.8 |
| 2004 | 701.13 | 11.05 | 19.0 | 2016 | 1049.12 | 42.7 | |
| 2005 | 733.97 | 4.68 | 21.0 | 2017 | 1059.61 | 0.99 | 45.7 |
| 2006 | 770.29 | 4.95 | 22.0 | | | | |

资料来源：历年《中国教育统计年鉴》数据。—表示缺失值。

注：《年鉴》中公布的高等教育毛入学率的计算公式：

$$高等教育毛入学率=\frac{研究生+普通高等本专科+成人本科+军事院校专科生+学历文凭考试专科生+电子注册视听折合数+高等教育自考毕业生折合数}{18—22岁年龄组人口数}×100\%$$

由于年鉴中没有明确列出高等教育每年招生数的明确统计范围，以及招生人数统计数据的不连续，本文按年鉴中对高等教育毛入学率的计算公式并考虑到数据的连续可获得性，将高等教育招生规模统计范围定义为研究生、普通高校本专科、高等职业技术学院和成人教育招生规模之和，并以万人为单位，仅供本文研究使用，特此说明。

其次，可以看出高等教育总量结构中高等职业教育发展迅速。在大学和学院、专科和职业技术学院三个层次中，职业技术学院的数量增长最快。职业学院的数量由1995年的仅86所，增加到2013年的1184所，增长了约13倍。职业技术学院数量占比也从1995年的仅8.2%增加到2013年的41.5%。从结构变化的整体趋势看，1995年中国高等教育以本、专科学校为主，经过近20年的结构调整，逐步形成了以职业技术教育和本科教育为主的结构。单纯从学校的数量看，中国高等教育的层次结构中，职业技术学院获得了较快发展，专科学校数量快速减少。这说明中国高等教育培养人才的专用性在不断提高，已经显露出分类培养创新人才和操作性人才的思路。

根据世界银行统计数据显示，美国、德国、日本和韩国相比，韩国的高等教育入学率最高，2007年一度超过100%，2017年为93.8%。而日本和德国的高等教育入学率基本保持在60%以上的水平，美国为89%，也就是对于发达国家而言，高等教育均处于普及阶段。如图1-16所示，与这些国家的现有水平相比，中国的高等教育入学率相差较多，还不到50%，但相对于人均GDP水平而言中国的高等教育入学率的增长很快，且在相同收入水平下，比上述四个发达国家都高。如韩国的高等教育入学率为50%的人均收入水平为12847美元（2010年美元价格），而2017年中国的高等教育入学率达到51%的人均收入水平为7329美元（2010年美元价格），韩国的高等教育入学率从30%—50%一共用了12年，日本用了25年，而中国仅用了5年。这表明，对于追赶型国家，在经济结构不断演进的过程中，向社会培养和输送高等教育人才是结构演进的前提保障。只有教育的投入达到相当高的密度，才能使经济增长和经济结构的演进得到充分的技术和人力资本支持，否则经济结构的演进是不能自然而然地发生的。

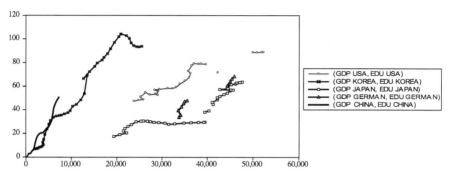

图 1-16　1970—2017 年中国与发达国家四国的高等教育入学率比较

资料来源：世界银行 WDI 数据库。

## 三、需求结构的变化

从支出法核算的 GDP 构成角度分析，总需求首先可以分为内需和外需。如图 1-17（具体数据见附录中数据六）所示，1992 年之前内需和外需基本没有增长趋势，1992 年之后才出现增长趋势，其中内需增长一直比较平稳，外需则极不稳定。外需平稳增长仅存在于 2002—2007 年间，在这段时间内，中国加入世界贸易组织并承接国际产业转移，运用比较优势大力发展加工贸易，使出口能力显著增强。两个波动较大的时期分别是 1994—2002 年和 2007 年至今两个阶段，主要是受两次世界金融危机的影响，进口国经济衰退，货物和服务的净出口在短期内锐减。

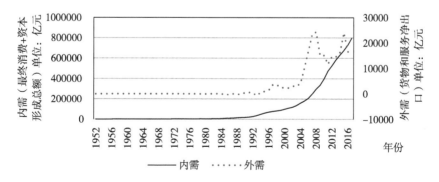

图 1-17　1952—2016 年中国内需和外需情况

资料来源：中国国内生产总值核算历史资料（1952—2004）和历年《中国统计年鉴》

从需求的四部门构成看，如图 1-18 所示，最终消费支出一直高于或略高于资本形成总额，从 1994—2000 年资本形成总额明显落后于最终消费的增长，2001 年以后差距逐步缩小。从平稳性上看，改革开放初期中国对外贸易在贸易顺差和逆差之间来回波动，1994 年以后则在顺差的额度上波动。中国通过对内改革和对外开放极大地促进和带动了经济的快速发展。特别是通过对外开放，使中国经济获得了经济发展的巨大活力和发展机遇。中国的出口依存度最高时为 36%，这意味着中国近四成的生产能力是依靠国际市场的需求实现的。可见，外需虽然不稳定，但它对中国的经济发展是极为重要的。

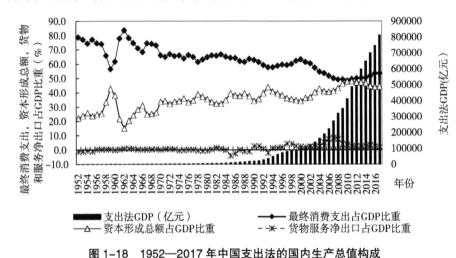

**图 1-18　1952—2017 年中国支出法的国内生产总值构成**

资料来源：《中国国内生产总值核算历史资料（1952—2004）》和历年《中国统计年鉴》。

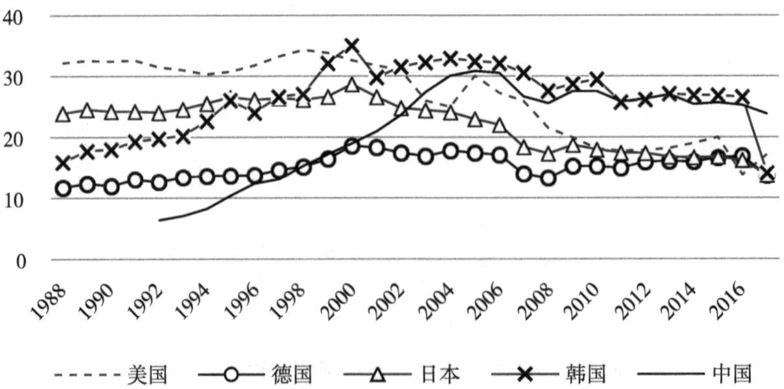

**图 1-19　1988—2017 年中国与发达国家四国的高科技产品出口占制成品的比重**

资料来源：世界银行 WDI 数据库。

最后看一下对外贸易出口商品的结构变化。如图 1-19 所示，中国的高科技产品出口占出口制成品的比重与四个发达国家比较，有数据显示的 1992 年以来，中国的高科技产品的出口占比就不断上升，至 2006 年达到最高值 30%，相继超过了德国、日本和美国，与韩国的比重基本相当。这种出口商品结构的变化表明，中国的制造业结构在向高端升级，其国际竞争力显著提高。

综合上述结构变化特征的国际比较可见，中国的高速经济增长完全是围绕工业化展开的，结构变化中工业化过程较快，城市化过程较慢，为了快速实现工业化，投资驱动的增长方式十分突出，同时也带动了教育结构的快速演进，并提高了出口产品的国际竞争力。

## 四、空间差异

中国国土面积大，幅员辽阔，东西、南北在自然条件和经济发展水平上均存在较大差异，因此无论进行理论研究和政策设计都要首先考虑到地区差异性。由于地域差异较大，经济发展水平的空间分布就不均衡，那么就需要先对地区进行划分。依据《中共中央　国务院关于促进中部地区崛起的若干意见》以及党的十六大报告精神，2011 年将全国 31 个省（不包括港澳特别行政区，也不包括台湾地区）分为四大经济区域，如表 1-5 所示。

表 1-5　中国四大经济区域划分

| | 地区 | 包括省、自治区和直辖市 |
|---|---|---|
| 1 | 东北（3） | 辽宁、吉林、黑龙江 |
| 2 | 东部（10） | 北京、天津、河北、上海、江苏、浙江、福建、山东、广东、海南 |
| 3 | 中部（6） | 山西、安徽、江西、河南、湖北、湖南 |
| 4 | 西部（12） | 内蒙古、广西、重庆、四川、贵州、云南、西藏、陕西、甘肃、青海、宁夏、新疆 |

资料来源：《中国经济年鉴》。

国务院发展研究中心又将这四大板块分为八大综合经济区域，如表 1-6 所示。上述两种区域划分是众多专家学者反复讨论并随着经济发展不断调整的一个分类结果，现阶段对中国经济结构进行空间分析时，一般都遵照该区域分类标准进行研究。后面涉及空间研究时，将沿用这两种空间划分方法，并将其简称为"四大经济区"和"八大综合经济区"。

表 1-6  中国八大综合经济区域划分

|  | 综合经济区 | 包含省、自治区和直辖市 |
|---|---|---|
| 1 | 东北综合经济区（3） | 辽宁、吉林、黑龙江 |
| 2 | 北部沿海综合经济区（4） | 北京、天津、河北、山东 |
| 3 | 东部沿海综合经济区（3） | 上海、江苏、浙江 |
| 4 | 黄河中游综合经济区（4） | 陕西、山西、河南、内蒙古 |
| 5 | 长江中游综合经济区（4） | 湖北、湖南、江西、安徽 |
| 6 | 南部沿海综合经济区（3） | 福建、广东、海南 |
| 7 | 大西南综合经济区（5） | 云南、贵州、四川、重庆、广西 |
| 8 | 大西北综合经济区（5） | 甘肃、青海、宁夏、西藏、新疆 |

资料来源：《中国经济年鉴》。

## （一）经济发展水平的空间差异

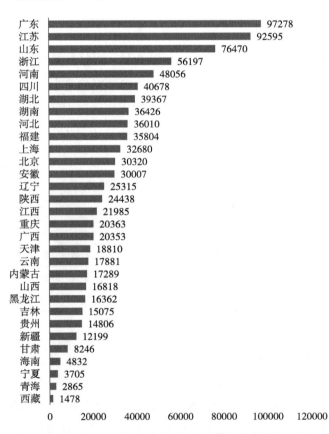

图 1-20  2018 年中国 31 个省 GDP 总量比较（单位：亿元）

资料来源：国家统计局网站。

1.分省比较。从整体上比较 31 个省的经济总量和人口情况。由于经济的规模都是不断累积形成的，因此可以运用截面数据分析地区间规模的差距，2018 年 31 个省份的 GDP 排序如图 1-20 所示，可见省际的经济发展水平差异是较大的。

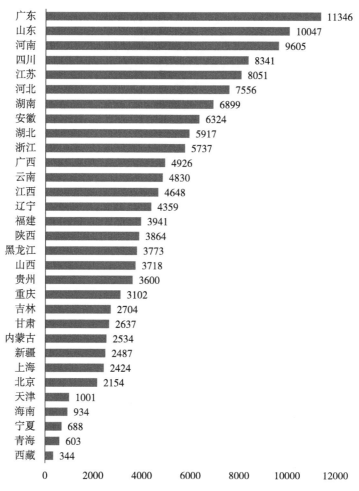

图 1-21　2018 年中国 31 个省人口总量比较（单位：万人）

资料来源：国家统计局网站。

从 31 个省份分省人口总量情况看，广东省和山东省的人口最多，均超过 1 亿人的规模，不足 1000 万或略高于 1000 万人口的省、自治区和直辖市有西藏、青海、宁夏、海南和天津，多数省份人口分布在 2000 万至 5000 万之间，在 5000 万至 1 亿之间的省份有浙江、湖北、安徽、湖南、河北、江苏、四川和河南。如图 1-21 所示，除去四个直辖市外，不同省份间的人口规模差异也是比较大的。

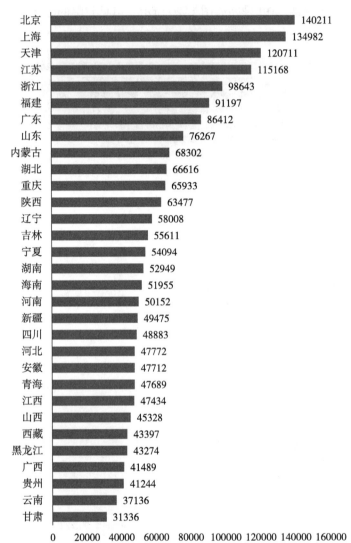

**图 1-22　2018 年中国 31 个省人均 GDP 比较（单位：元 / 人）**

资料来源：国家统计局网站。

相比经济总规模和人口总量，31 个省的分省人均 GDP 相对差距不太悬殊。如图 1-22 所示，2018 年北京市的人均 GDP 最高为 140211 元，超过 10 万元的省份还有上海（134982）、天津（120711）和江苏（115168），最低的是甘肃，为 31336 元，相当于北京人均 GDP 的 22%。

2. 分地区比较。不计港、澳、台，全国共 31 个省、市、自治区，新疆、西藏属于民族地区，海南建省比较晚，如果不考虑这 3 个省，将余下 28 个省作为研究对象（下同）。如表 1-7 所示，GDP 总量平均值最高的是东部地区，平均 GDP 总量为 52907.1 亿元，其次是中部地区，平均 GDP 总量为 32109.7 亿元，再次是东北地区，平均 GDP 总量为 18917.2 亿元，最后是西部地区，平均 GDP 总量为 17062.5 亿元。

表 1-7　2018 年四大地区经济规模和增速比较

| 地区 | 省份 | GDP（亿元） | GDP 增长率（%） | 人均 GDP（元/人） | 人口规模（万人） |
|---|---|---|---|---|---|
| 东北（3） | 辽宁 | 2531 | 5.7 | 5008 | 4359 |
| | 吉林 | 15075 | 4.5 | 55611 | 2704 |
| | 黑龙江 | 16362 | 4.7 | 43274 | 3773 |
| | 地区平均 | 18917 | 5.0 | 52298 | 3612 |
| 东部（9） | 北京 | 30320 | 6.6 | 10211 | 2154 |
| | 天津 | 18810 | 3.6 | 120711 | 1001 |
| | 河北 | 36010 | 6.6 | 47772 | 7556 |
| | 上海 | 32679 | 6.7 | 134982 | 2424 |
| | 江苏 | 92595 | 6.7 | 115168 | 8051 |
| | 浙江 | 56197 | 7.1 | 98643 | 5737 |
| | 福建 | 35804 | 8.3 | 91197 | 3941 |
| | 山东 | 76470 | 6.4 | 76267 | 10047 |
| | 广东 | 97278 | 6.8 | 86412 | 11346 |
| | 地区平均 | 52907 | 6.5 | 101263 | 5806 |
| 中部（6） | 山西 | 16818 | 6.7 | 4328 | 3718 |
| | 安徽 | 30007 | 8.0 | 47712 | 6324 |
| | 江西 | 21985 | 8.7 | 47434 | 4648 |
| | 河南 | 48056 | 7.6 | 50152 | 9605 |
| | 湖北 | 39367 | 7.8 | 66616 | 5917 |
| | 湖南 | 36426 | 7.8 | 52949 | 6899 |
| | 地区平均 | 32110 | 7.8 | 51699 | 6185 |

| 地区 | 省份 | GDP（亿元） | GDP增长率（%） | 人均GDP（元/人） | 人口规模（万人） |
|---|---|---|---|---|---|
| 西部（10） | 内蒙古 | 17289 | 5.3 | 68302 | 2534 |
| | 广西 | 20353 | 6.8 | 41489 | 4926 |
| | 重庆 | 2036 | 6.0 | 65933 | 3102 |
| | 四川 | 40678 | 8.0 | 48883 | 8341 |
| | 贵州 | 14807 | 9.1 | 41244 | 3600 |
| | 云南 | 17881 | 8.9 | 37136 | 4830 |
| | 陕西 | 24438 | 8.3 | 63477 | 3864 |
| | 甘肃 | 8246 | 6.3 | 31336 | 2637 |
| | 青海 | 2865 | 7.2 | 47689 | 603 |
| | 宁夏 | 3705 | 7.0 | 54094 | 688 |
| | 地区平均 | 17063 | 7.3 | 49362 | 3513 |

资料来源：根据国家统计局已公布数据整理。

四大地区的平均经济总量比较如图1-23所示，从经济总量看，东部地区遥遥领先，中部地区相当于东部地区平均GDP总值的60%，东北地区和西部地区（不计西藏和新疆）实力比较接近，分别相当于东部地区平均经济GDP总值的36%和32%，四大地区经济总量比近似为东部∶中部∶东北∶西部＝4∶2∶1∶1。

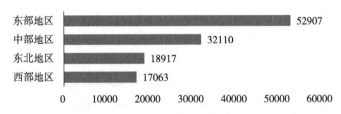

**图1-23　2018年中国四大地区平均经济总量比较**

资料来源：根据表1-7数据绘制。

从经济增长率水平看，2018年中部地区的平均GDP增长率最高为7.8%，西部位列第二位，年均为7.3%，再次是东部地区为6.5%，东北地区最低为5.0%。从增长势头上看，中部、西部有崛起之势，东北地区增长率最低。

人均GDP水平，则是西部地区最低，为49361.8元，东部地区最高为

101262.6 元，其次为东北地区 52297.7 元，中部地区 51698.5 元。如图 1-24
所示，除东部地区外，其他三个地区的人均 GDP 差距并不大，最高人均收入
水平是最低人均收入水平的 2 倍。

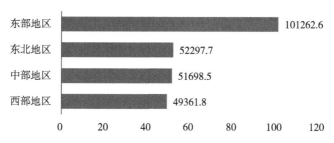

**图 1-24　2018 年中国四大地区平均人均 GDP 比较（单位：元）**

资料来源：根据表 1-7 数据绘制。

四大地区的平均人口如图 1-25 所示，2018 年中部地区省份平均人口总量
最高，为 6185 万人，东北地区省份平均人口总量最小为 3612 万人，东部和
西部地区分别为 5806 万人和 5201 万人。其中东北地区三省的人口总量均呈
现逐年减少的趋势，如黑龙江省从 2014 年 4391 万人的人口总量开始不断下
降至 2015 年的 4382 万人、2016 年的 4378 万人、2017 年的 4369 万人、2018
年的 4359 万人，成为人口净流出地区。

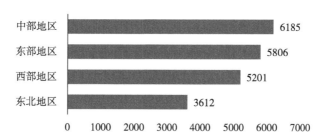

**图 1-25　2018 年中国四大地区平均人口总量比较（单位：万人）**

资料来源：根据表 1-7 数据绘制。

将上述比较结果放在一起并进行排序就可以得到表 1-8 的比较结果，
2018 年四大地区中经济总规模最大和人均 GDP 最高的是东部地区，增长最快
的是中部地区，同时中部和东部地区也是人口最多的地区。相反，西部和东
北地区是人口最少的地区，也是经济规模最小的地区。西部地区与东北地区
相比较而言，虽然人均 GDP 水平最低，但 GDP 增长率较高，且近几年各省均

没有人口净流出的情况。因此综合比较起来，经济和人口实力较强的是东部和中部地区，增长势头较高的是西部地区，而东北地区是发展水平和未来发展潜力均不乐观的地区。

表 1-8　2018 年四大地区经济发展水平比较结果排序

| 排序 | GDP | GDP 增长率 | 人均 GDP | 人口总量 |
|------|------|-----------|---------|---------|
| 1 | 东部 | 中部 | 东部 | 中部 |
| 2 | 中部 | 西部 | 东北 | 东部 |
| 3 | 东北 | 东部 | 中部 | 西部 |
| 4 | 西部 | 东北 | 西部 | 东北 |

资料来源：根据表 1-7 数据比较结果整理。

如果按八大综合经济区来划分，需要将上述四大地区进一步细划，再进行比较，就更可以细致地分析经济发展水平的空间分布情况。因此笔者依然仅对 2018 年的情况进行整理和比较，具体数据如表 1-9 所示。

表 1-9　2018 年八大综合经济区经济规模及其增速比较

| 地区 | 省份 | GDP（亿元） | GDP 增长率（%） | 人均 GDP（元/人） | 人口规模（万人） |
|------|------|-----------|----------------|------------------|-----------------|
| 东北（3） | 辽宁 | 2535 | 5.7 | 8008 | 4359 |
| | 吉林 | 15075 | 4.5 | 55611 | 2704 |
| | 黑龙江 | 16362 | 4.7 | 43274 | 3773 |
| | 地区平均 | 18917 | 5.0 | 52298 | 3612 |
| 北部沿海（4） | 北京 | 30320 | 6.6 | 140211 | 2154 |
| | 天津 | 18810 | 3.6 | 120711 | 1001 |
| | 河北 | 36010 | 6.6 | 47772 | 7556 |
| | 山东 | 76470 | 6.4 | 76267 | 10047 |
| | 地区平均 | 40402 | 5.8 | 96240 | 5190 |
| 东部沿海（3） | 上海 | 32680 | 6. | 134982 | 2424 |
| | 江苏 | 92595 | 6.7 | 115168 | 8051 |
| | 浙江 | 56197 | 7.1 | 98643 | 5737 |
| | 地区平均 | 60491 | 6.8 | 116264 | 5404 |

| 地区 | 省份 | GDP<br>（亿元） | GDP 增长率<br>（%） | 人均 GDP<br>（元/人） | 人口规模<br>（万人） |
|---|---|---|---|---|---|
| 黄河中游<br>（4） | 陕西 | 24438 | 8.1 | 63477 | 3864 |
| | 山西 | 16818 | 6.7 | 45328 | 3718 |
| | 河南 | 48056 | 7.6 | 50152 | 9605 |
| | 内蒙古 | 17289 | 5.3 | 68302 | 2534 |
| | 地区平均 | 26650 | 7.0 | 56815 | 4930 |
| 长江中游<br>（4） | 湖北 | 39367 | 7.8 | 66616 | 5917 |
| | 湖南 | 36426 | 7.8 | 52949 | 6899 |
| | 江西 | 21985 | 8.7 | 47434 | 4648 |
| | 安徽 | 30007 | 8.0 | 47712 | 6324 |
| | 地区平均 | 31946 | 8.1 | 53678 | 5947 |
| 南部沿海<br>（2） | 福建 | 35804 | 8.3 | 91197 | 3941 |
| | 广东 | 972778 | 6.8 | 86412 | 11346 |
| | 地区平均 | 66541 | 7.6 | 88805 | 7644 |
| 大西南（5） | 云南 | 17881 | 8.9 | 37136 | 4830 |
| | 贵州 | 14807 | 9.1 | 41244 | 3600 |
| | 四川 | 40678 | 8.0 | 48883 | 8341 |
| | 重庆 | 20363 | 6.0 | 65933 | 3102 |
| | 广西 | 20353 | 6.8 | 41489 | 4926 |
| | 地区平均 | 22816 | 7.8 | 469375 | 4960 |
| 大西北（3） | 甘肃 | 8246 | 6.3 | 31336 | 2637 |
| | 青海 | 2865 | 7.2 | 47689 | 603 |
| | 宁夏 | 3705 | 7.0 | 54094 | 688 |
| | 地区平均 | 4939 | 6.8 | 44373 | 1309 |

资料来源：根据国家统计局已公布数据整理。

2018 年八大综合经济区的平均 GDP 总量排序如图 1-26 所示，南部沿海最高，其他综合经济区的平均 GDP 总量均低于南部沿海地区，按顺序依次为东部沿海地区、北部沿海地区、长江中游地区、黄河中游地区、大西南、东北地区和大西北，分别约等于南部沿海平均 GDP 水平的 90%、60%、48%、40%、34%、28% 和 7.5%，近似的经济实力比近似于 10∶9∶6∶5∶4∶3∶2∶1。

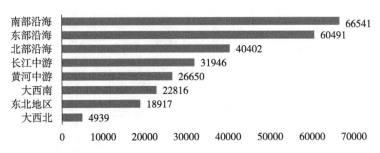

**图 1-26　2018 年中国八大综合经济区地区平均经济总量比较**

资料来源：根据表 1-9 数据绘制。

　　2018 年，八大综合经济区中平均经济增长率最高的是长江中游地区为 8.1%，最低的是东北地区，增长率为 5.0%；与东北地区同处于 5%—6% 区间的还有北部沿海地区，其平均增长率为 5.8%；东部沿海地区和大西北地区的经济增长率同为 6.8%；黄河中游地区、南部沿海地区、大西南地区的增长率均处于 7%—8% 区间，依次是 7%、7.6%、7.8%。整体呈现北低南高，中间最高的分布状态。

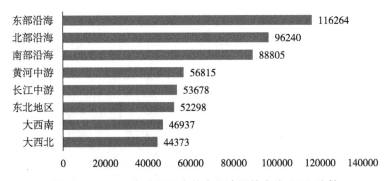

**图 1-27　2018 年中国八大综合经济区的人均 GDP 比较**

资料来源：根据表 1-9 数据绘制。

　　八大综合经济区的人均 GDP 水平差距如图 1-27 所示，最高水平的东部沿海地区是人均 GDP 水平最低的大西北地区的 2.6 倍。从地理分布看，沿海地区高，内河流域其次，内陆地区最低。

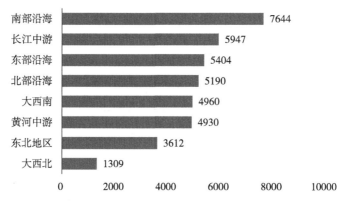

**图 1–28　2018 年中国八大综合经济区的省均人口总量比较（单位：万人）**

资料来源：根据表 1–9 数据绘制。

　　八大综合经济区的省均人口总量最多的是南部沿海地区，2018 年省均人口为 7644 万；其次是长江中游地区，省均人口为 5947 万；最少的是大西北地区，省均 1309 万；第二少的是东北地区，省均人口为 3612 万。如图 1–28 所示，其他地区的省均人口水平相当，基本保持在 5000 万人左右的规模，包括东部沿海 5404 万人、北部沿海 5190 万人、大西南 4960 万人、黄河中游 4930 万人。

　　将 2018 年八大综合经济区的经济规模汇总并排序，结果如表 1–10 所示，相对人口规模较少、经济规模相对较小的地区是东北和大西北地区，相对人口较多、经济规模也较大的是南部沿海、东部沿海地区，也就是经济最发达的地区，长江中游和大西南则是经济增长率较高的地区。

**表 1–10　2018 年八大综合经济区经济规模及其增速比较**

| 排序 | GDP | GDP 增长率 | 人均 GDP | 人口总量 |
|------|------|-----------|----------|----------|
| 1 | 南部沿海 | 长江中游 | 东部沿海 | 南部沿海 |
| 2 | 东部沿海 | 大西南 | 北部沿海 | 长江中游 |
| 3 | 北部沿海 | 南部沿海 | 南部沿海 | 东部沿海 |
| 4 | 长江中游 | 黄河中游 | 黄河中游 | 北部沿海 |
| 5 | 黄河中游 | 大西北 | 长江中游 | 大西南 |
| 6 | 大西南 | 东部沿海 | 东北 | 黄河中游 |
| 7 | 东北 | 北部沿海 | 大西南 | 东北 |
| 8 | 大西北 | 东北 | 大西北 | 大西北 |

资料来源：根据表 1–9 数据整理。

　　上述对不同地区经济发展水平的比较，表明中国经济发展水平的地区差距是客观存在的，这对于碳排放的空间分布具有直接影响。

### （二）经济结构的空间差异

不同地区的经济规模存在差异，经济结构也不同。前面已经对中国整体的产业结构和城市化水平进行了数据分析，下面进一步分省和地区考察经济结构的空间分布情况。下面主要从工业化和城市化两个方面来刻画中国经济结构的变化及地区间差异。

1.产业结构变化的空间差异。仍对 2018 年的情况进行比较和说明，2018 年中国 31 个省份的第一产业结构占 GDP 比重如图 1-29 所示，第一产业比重

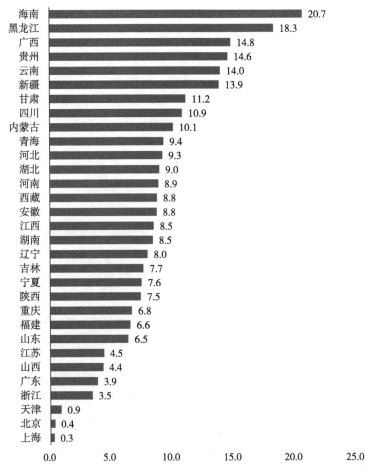

图 1-29　2018 年中国 31 个省第一产业占 GDP 比重排序（单位：%）

资料来源：根据国家统计局已公布数据整理。

最高的是海南省为 20.7%，其余第一产业比重高于 10% 的省份还有黑龙江（18.3%）、广西（14.8%）、贵州（14.6%）、云南（14%）、新疆（13.9%）、甘肃（11.2%）、四川（10.9%）和内蒙古（10.1%）。第一产业比重最低的是上海为 0.3%，其次是北京（0.4%）和天津（0.9%），这三个直辖市第一产业比重不足 1%。其余省份第一产业比重均在 3%—10% 之间。

2018 年中国 31 个省（直辖市、自治区）的第二产业比重排序如图 1-30 所示，有 19 个省（市、自治区）的第二产业比重超过 40%，最高的陕西为 49.7%，有 8 个省第二产业比重介于 30%—40% 之间，低于 30% 的省份有 4 个，

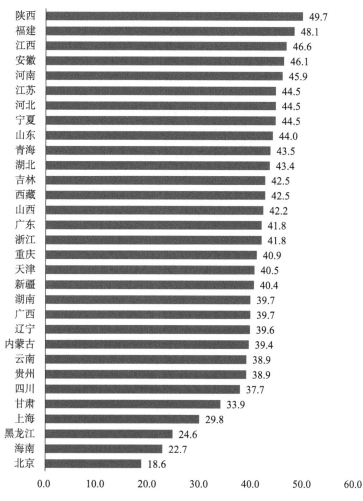

图 1-30　2018 年中国 31 个省第二产业占 GDP 比重排序（单位：%）

资料来源：根据国家统计局已公布数据整理。

最低的是北京市为 18.6%，向上依次是海南（22.7%）、黑龙江（24.6%）和上海（29.8%）。

2018 年 31 个省（直辖市、自治区）第三产业占 GDP 比重排序如图 1–31 所示，31 个省份的第三产业比重均高于 40%，其中 16 个省份第三产业比重处于 40%—50% 之间，13 个省份第三产业比重在 50%—60% 之间，第三产业比重超过 60% 的省份有 2 个，分别是北京（81.0）和上海（69.9%）。

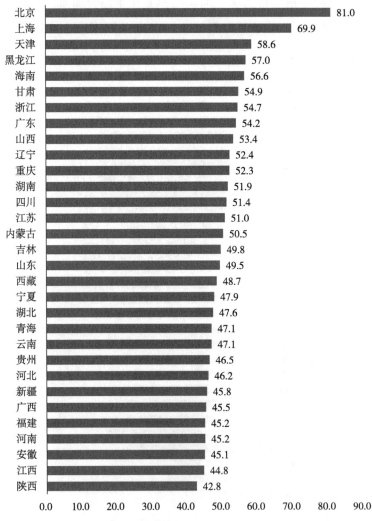

图 1–31　2018 年中国 31 个省第三产业占 GDP 比重排序（单位：%）

资料来源：根据国家统计局已公布数据整理。

2. 城市化水平的空间差异。2017年中国31个省（直辖市、自治区）城市化水平排序如图1-32所示，中国城市化水平分布在30%—90%范围内，25个省份的城市化率超过50%，有6个省份的城市化率低于50%，分别是西藏（30.9%）、贵州（46%）、甘肃（46.4%）、云南（46.7%）、广西（49.2%）和新疆（49.4%），除西藏外，其余5个省份的城市化水平虽然不足50%，但也非常接近50%的水平。城市化率最高是上海（87.7%），超过80%的还有北京（86.5%）和天津（82.9%）。

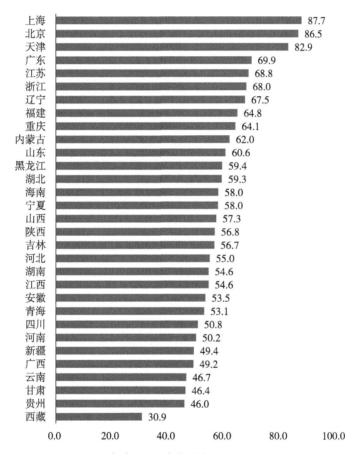

图1-32 2017年中国31个省城市化水平排序（单位：%）

资料来源：根据国家统计局已公布数据整理。

如果分地区进行比较，如表1-11，2018年四大地区的第一产业比重最低的是东部地区，为4.0%；其次是中部地区，为8%，以及西部地区，为10.7%；最高的是东北地区，为11.4%。第二产业比重最高的是中部地区，为 44%；其次是西部地区，为 40.7%；随后是东部地区和东北地区，分别为 39.3% 和 35.6%。第三产业比重最高的是东部地区，为 56.7%；其次是东北地区，为 53.1%，西部地区，为 48.6%，以及中部地区，为 48%。四大地区的城市化率（以人口城市水平衡量）均高于 50%，东部地区最高，为 71.6%，其次是东北地区，为 61.2%，中部地区为 54.6%，最低的是西部地区，为 53.5%。

表 1-11    2018 年四大地区经济结构比较

| 地区 | 省份 | 产业结构 | | | 城市化率（%） |
|---|---|---|---|---|---|
| | | 第一产业 | 第二产业 | 第三产业 | |
| 东北（3） | 辽宁 | 8.0 | 39.6 | 52.4 | 67.5 |
| | 吉林 | 7.7 | 42.5 | 49.8 | 56.7 |
| | 黑龙江 | 18.3 | 24.6 | 57.0 | 59.4 |
| | 地区平均 | 11.4 | 35.6 | 53.1 | 61.2 |
| 东部（9） | 北京 | 0.4 | 18.6 | 81.0 | 86.5 |
| | 天津 | 0.9 | 40.5 | 58.6 | 82.9 |
| | 河北 | 9.3 | 44.5 | 46.2 | 55.0 |
| | 上海 | 0.3 | 29.8 | 69.9 | 87.7 |
| | 江苏 | 4.5 | 44.5 | 51.0 | 68.8 |
| | 浙江 | 3.5 | 41.8 | 54.7 | 68.0 |
| | 福建 | 6.6 | 48.1 | 45.2 | 64.8 |
| | 山东 | 6.5 | 44.0 | 49.5 | 60.6 |
| | 广东 | 3.9 | 41.8 | 54.2 | 69.9 |
| | 地区平均 | 4.0 | 39.3 | 56.7 | 71.6 |
| 中部（6） | 山西 | 4.4 | 42.2 | 53.4 | 58.0 |
| | 安徽 | 8.8 | 46.1 | 45.1 | 57.3 |
| | 江西 | 8.5 | 46.6 | 44.8 | 53.5 |
| | 河南 | 8.9 | 45.9 | 45.2 | 54.6 |
| | 湖北 | 9.0 | 43.4 | 47.6 | 50.2 |
| | 湖南 | 8.5 | 39.7 | 51.9 | 59.3 |
| | 地区平均 | 8.0 | 44.0 | 48.0 | 54.6 |

| 地区 | 省份 | 产业结构 | | | 城市化率（%） |
|---|---|---|---|---|---|
| | | 第一产业 | 第二产业 | 第三产业 | |
| 西部（10） | 内蒙古 | 10.1 | 39.4 | 50.5 | 62.0 |
| | 广西 | 14.8 | 39.7 | 45.5 | 49.2 |
| | 重庆 | 6.8 | 40.9 | 52.3 | 64.1 |
| | 四川 | 10.9 | 37.7 | 51.4 | 50.8 |
| | 贵州 | 14.6 | 38.9 | 46.5 | 46.0 |
| | 云南 | 14.0 | 38.9 | 47.1 | 46.7 |
| | 陕西 | 7.5 | 49.7 | 42.8 | 56.8 |
| | 甘肃 | 11.2 | 33.9 | 54.9 | 46.4 |
| | 青海 | 9.4 | 43.5 | 47.1 | 53.1 |
| | 宁夏 | 7.6 | 44.5 | 47.9 | 58.0 |
| | 地区平均 | 10.7 | 40.7 | 48.6 | 53.3 |

资料来源：根据国家统计局已公布数据整理。

注：受数据可获性限制，城市化率为2017年的数据。

如果将四大地区的产业结构从高到低进行排序，结果如表1-12所示，其中东部地区第一产业比重最低，第三产业比重最高，城市化率也较高，如果以第一产业比重低于10%，第三产业比重高于50%，城市化率高于50%为基准划分发展水平，东部地区为发达地区，而其他地区均为发展中地区。

表1-12　2018年四大地区产业结构比较结果排序

| 排序 | 第一产业比重 | 第二产业比重 | 第三产业比重 | 城市化水平 |
|---|---|---|---|---|
| 1 | 东北 | 中部 | 东部 | 东部 |
| 2 | 西部 | 西部 | 东北 | 东北 |
| 3 | 中部 | 东部 | 西部 | 中部 |
| 4 | 东部 | 东北 | 中部 | 西部 |

资料来源：根据表1-11数据比较结果整理。

再以八大综合经济区进行比较，如表1-13，第一产业平均地区比重最低的是东部沿海地区为2.8%，其次是北部沿海地区为4.3%，南部沿海地区5.3%；最高的是大西南地区，为12.2%，东北地区为11.4%，大西北为9.4%。第二产业比重最高的南部沿海为45%，黄河中游地区为44.3%，长江中游为

44%；第二产业占比最低的是东北地区为 35.6%，北部沿海地区 36.9%，东部沿海 38.7%。第三产业比重最高的地区是北部沿海地区为 58.8%，东部沿海地区 58.5% 和东北地区 53.1%；最低的是长江中游地区为 47.3%，黄河中游 48% 和大西南 48.6%。城市化率（以人口城市率衡量）超过 70% 的地区有东部沿海地区，为 74.8% 和北部沿海地区，为 71.3%，最低的是大西南地区，城市化率为 51.4%，大西北地区为 52.5%。

表 1-13  2018 年八大综合经济区经济结构比较

| 地区 | 省份 | 产业结构 | | | 城镇化率 |
|---|---|---|---|---|---|
| | | 第一产业 | 第二产业 | 第三产业 | （%） |
| 东北<br>（3） | 辽宁 | 8.0 | 39.6 | 524 | 67.5 |
| | 吉林 | 7.7 | 42.5 | 49.8 | 56.7 |
| | 黑龙江 | 18.3 | 24.6 | 57.0 | 59.4 |
| | 地区平均 | 11.4 | 35.6 | 53.1 | 61.2 |
| 北部沿海<br>（4） | 北京 | 0.4 | 18.6 | 810 | 86.5 |
| | 天津 | 0.9 | 40.5 | 58.6 | 82.9 |
| | 河北 | 9.3 | 44.5 | 46.2 | 55.0 |
| | 山东 | 6.5 | 44.0 | 49.5 | 60.6 |
| | 地区平均 | 4.3 | 36.9 | 58.8 | 71.3 |
| 东部沿海<br>（3） | 上海 | 0.3 | 29.8 | 699 | 87.7 |
| | 江苏 | 4.5 | 44.5 | 51.0 | 68.8 |
| | 浙江 | 3.5 | 41.8 | 54.7 | 68.0 |
| | 地区平均 | 2.8 | 38.7 | 58.5 | 74.8 |
| 黄河中游<br>（4） | 陕西 | 7.5 | 49.7 | 428 | 56.8 |
| | 山西 | 4.4 | 42.2 | 53.4 | 57.3 |
| | 河南 | 8.9 | 45.9 | 45.2 | 50.2 |
| | 内蒙古 | 10.1 | 39.4 | 50.5 | 62.0 |
| | 地区平均 | 7.7 | 44.3 | 48.0 | 56.6 |
| 长江中游<br>（4） | 湖北 | 9.0 | 43.4 | 47.6 | 59.3 |
| | 湖南 | 8.5 | 39.7 | 51.9 | 54.6 |
| | 江西 | 8.5 | 46.6 | 44.8 | 54.6 |
| | 安徽 | 8.8 | 46.1 | 45.1 | 53.5 |
| | 地区平均 | 8.7 | 44.0 | 47.3 | 55.5 |

| 地区 | 省份 | 产业结构 | | | 城镇化率（%） |
|---|---|---|---|---|---|
| | | 第一产业 | 第二产业 | 第三产业 | |
| 南部沿海（2） | 福建 | 6.6 | 48.1 | 45.2 | 64.8 |
| | 广东 | 3.9 | 41.8 | 54.2 | 69.9 |
| | 地区平均 | 5.3 | 45.0 | 49.7 | 67.3 |
| 大西南（5） | 云南 | 14.0 | 38.9 | 47.1 | 46.7 |
| | 贵州 | 14.6 | 38.9 | 46.5 | 46.0 |
| | 四川 | 10.9 | 37.7 | 51.4 | 50.8 |
| | 重庆 | 6.8 | 40.9 | 52.3 | 64.1 |
| | 广西 | 14.8 | 39.7 | 45.5 | 49.2 |
| | 地区平均 | 12.2 | 39.2 | 48.6 | 51.4 |
| 大西北（3） | 甘肃 | 11.2 | 33.9 | 54.9 | 46.4 |
| | 青海 | 9.4 | 43.5 | 47.1 | 53.1 |
| | 宁夏 | 7.6 | 44.5 | 47.9 | 58.0 |
| | 地区平均 | 9.4 | 40.7 | 49.9 | 52.5 |

资料来源：根据国家统计局已公布数据整理。

注：受数据来源限制，城市化率为2017年的数据。

如果将八大综合经济区经济结构比较结果排序，如表1-14所示，第一产业比重最低的是东部沿海地区和北部沿海地区，第三产业比重最高的是北部沿海地区和东部沿海地区，城市化率最高的也是东部沿海地区和北部沿海地区，同样结合具体的比重数值，北部和东部沿海地区的经济结构比较发达，其他地区可以视为发展中地区。

表1-14　2018年八大综合经济区经济结构比较结果排序

| 排序 | 第一产业比重 | 第二产业比重 | 第三产业比重 | 城市化水平 |
|---|---|---|---|---|
| 1 | 大西南 | 南部沿海 | 北部沿海 | 东部沿海 |
| 2 | 东北 | 黄河中游 | 东部沿海 | 北部沿海 |
| 3 | 大西北 | 长江中游 | 东北 | 南部沿海 |
| 4 | 长江中游 | 大西北 | 大西北 | 东北 |
| 5 | 黄河中游 | 大西南 | 南部沿海 | 黄河中游 |
| 6 | 南部沿海 | 东部沿海 | 大西南 | 长江中游 |

续表

| 排序 | 第一产业比重 | 第二产业比重 | 第三产业比重 | 城市化 |
|------|------------|------------|------------|-------|
| 7 | 北部沿海 | 北部沿海 | 黄河中游 | 大西北 |
| 8 | 东部沿海 | 东北 | 长江中游 | 大西南 |

资料来源：根据表 1–13 数据整理。

通过上述对中国不同省份和地区的经济发展水平和结构的比较，可以很清楚地看出，中国经济发展水平和结构的空间差异较大。正如大家所熟知的，东部地区较为发达，西部地区较为落后，沿海地区发达，内陆边远地区落后。

这种经济发展水平和结构的空间差异性的存在，对于未来碳排放权的合理分配以及减排安排具有较大的影响，会使共同行动面临博弈困境。

# 第三节　宏观经济面临的新挑战

中国经过高速经济发展阶段，经济总量迅速增加，成为全球经济总量第二的国家，并进入中上等收入国家行列。但同时也积累了许多问题，使中国面临迈向高收入国家行列挑战。这些挑战主要包括以下三个方面：一是需求驱动高速经济增长的方式不可持续；二是供给侧结构性减速；三是外部经济冲击导致的贸易摩擦和金融风险加大。

## 一、需求驱动经济高速增长的方式不可持续

总供给和总需求共同决定均衡产出水平，中国经济长期高速增长主要是通过拉动总需求实现的，并不断形成了投资驱动的经济增长模式。这种方式的形成既有微观基础，也是中央和地方分税制后，地方政府博弈的结果。

中国作为发展中国家，首先要解决工业化的问题，并与工业化同步进行城市化，加之分税制和地方官员晋升激励机制的共同作用，不断形成了投资驱动的增长方式。投资驱动使中国获得了高速经济增长的动力，但该机制的作用力不是永不枯竭的，其最终会出现"投资悖论"，因此在其完全枯竭之前

需要转换动力机制，转变发展方式。

1.投资驱动方式的形成及其扩散

（1）投资驱动方式的形成。如图 1-33 所示，政府支出在国民经济中的比重基本稳定在 10%—20% 的区间上，变化不大，而其他三个部分的变化较为明显。首先看居民消费，1978 年以前，居民的消费支出比重尽管是波动的，但基本高于 50%，在 GDP 中是居于主导地位的，但是 1978 年之后就开始不断处于下降的过程中，其内部的农村居民支出和城镇居民支出也开始逐渐发生结构转换，直到 1984 年，城镇居民支出高于农村居民支出，并不断拉开距离，至 2008 年两者的差距变化有平稳的趋势。这主要是由于早期农村的剩余劳动力不断向城市转移，农村人口减少，农业现代化进展缓慢等原因导致的。其次看资本形成总额，1952 年占 GDP 的约 20%，1978 年占比增加 1 倍，达到近 40%，现在接近 50%，并于 2004 年超过居民消费支出占比，居于主导地位。

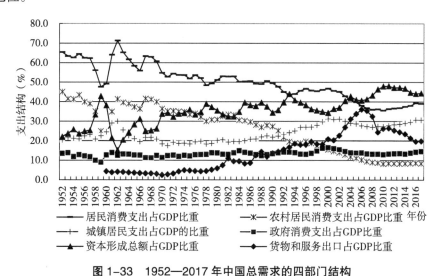

**图 1-33　1952—2017 年中国总需求的四部门结构**

资料来源：根据《中国国内生产总值核算历史资料（1952—2004）》和 2018 年《中国统计年鉴》整理。

注：由于《中国统计年鉴》上仅有海关统计的进出口额，无法对服务贸易进行累计汇总，因此只能直接借用世界银行 WDI 数据库中的结构数据，数据从 1982 开始，因此无法说明 1982 年以前的情况。

资本形成总额包括固定资本形成总额和存货变动两部分。一般认为存货是导致 GDP 波动的原因之一，但 1994 年实行市场化改革之后，存货在资本形成总额的结构中的比重大幅度下降，资本形成总额中的存货比重已由 20 世纪50年代的近50%下降至2000年以后的不足5%，这是市场化建设和信息化建设的共同结果。1994年以后，资本形成总额一直保持平稳状态，波动不大，投资成为经济增长的主要驱动力量。

最后看对外贸易部门，货物和服务贸易出口额在GDP的比重呈阶段性变化，1994年以前不到20%，1994年以后到加入世界贸易组织之前基本维持在30%的水平上，入世后超过30%，2006年达到最高水平接近40%，2008年以后很快下降到30%以下。这种阶段性的变化是受到国内政策调整和外部环境变化冲击的结果。

通过对改革开放前后的比较我们可以清晰地看出，受内部条件和外部环境的影响，中国经济增长的需求侧驱动力量逐渐演变的过程。改革前主要是消费驱动的，改革开放后至国际金融危机以前，逐步形成了投资和出口驱动的增长方式。总需求侧中的投资和出口对推动经济增长做出了很大的贡献。而金融危机后，由于外需严重下滑，在国内的私人消费需求短期难以增加的情况下，为了保证经济平稳增长，中央政府出台财政刺激计划，这样做的结果使投资驱动的机制被强化，促使投资主导的经济增长方式的形成。

从短期看，这样做的结果是经济的平稳增长保住了，但从长期看，供给结构会与长期经济增长的需要严重偏离，进而导致经济的长期平稳增长实现困难和资源浪费。余永定（2014）认为，经济增长速度的趋势性下降与中国旧有经济增长方式的不可持续性有关。

（2）投资驱动的扩散。投资作为需求因素，在短期会影响经济的稳定性，而长期扩大投资会扩大生产能力，影响经济增长的可持续性。投资之所以可以较好地促进经济增长，离不开中国经济内部的扩散和传导机制，除了投资自身具有的性质外，与货币政策的激励也有直接关系。在中国工业化时期，无论是政府还是企业，都偏好于以投资作为增加供给能力的主要出发点和抓手，即政府和企业具有投资偏好，也可称之为投资冲动。政府和企业投资偏好存在的原因在于以下两个方面：一是从政府的角度讲，是地方政府之间进行晋升博弈的结果；二是从企业的角度讲，是"干中学"和技术模仿与套利机制的实现途径。

从政府的角度讲，通过增加财政支出或净贸易收入，当期的产出水平增加，可以提高下一期的投资预期，当下一期的投资和消费增加时提高经济增长率。政府为了避免经济下滑或实现较高的经济增长并获得较高的税收收入，就需要持续增加财政支出或是扩大贸易顺差。政府购买如果以生产性支出为主时，则对经济具有正向冲击作用，使经济扩张。财政的生产性支出有类似于投资的性质，这可以部分地解释中国地方政府参与投资的动力。

从企业角度讲，投资就可以获得技术，进而获得利润。投资获得技术的途径是通过"干中学"。"干中学"或"投中学"的思想是由阿罗（Arrow，1962）提出的，他认为知识是投资的副产品，因为新机器的生产和投入使用能够改变生产的环境，学习能够在新的刺激中不断地发生，阿罗提出了通过投资外部性使技术进步内生化的理论，学习只能发生于解决问题及行动的过程中，学习得来的知识作为一种公共产品，具有溢出效应，提高全社会的劳动生产率，可以部分地抵消报酬递减。张平、刘霞辉（2006）认为"干中学"的技术进步对于后发国家有加速增长的效果，对于后发企业也有同样的激励效应，"干中学"在技术进步扩散方面表现为模仿与套利机制，即一家企业通过引进设备生产一种产品获利后，市场被开发出来，大量的后进企业跟进形成套利。由于先投资者独自承担了技术选择、组织管理和市场开发的风险，使后投资者获得了低风险收益的机会，形成了后进企业的"干中学"的动力机制。林毅夫（2010）将这种现象称为潮涌现象[①]。

2. 过度投资悖论

可见，中国的生产者可在不掌握先进技术的情况下，投资购买发达国家的机器设备，通过边干边学及其扩散机制，缩小与发达国家的工业差距，突破供给瓶颈。另外，在过度竞争和数量扩张的增长格局中，企业有通过增加投资获取竞争优势的愿望，这是提高企业竞争力的一种途径。

上述分析了投资扩散的机制，是投资对经济增长的正向作用。但长期大量过度投资，则会产生一定的负面作用，一是资本积累的不可逆性导致的产能过剩，二是投资的外延假说导致经济增长率下降，其作用机制如图 1-34 所示。上述理论解释恰好说明了中国的实际情况。在微观上讲，在"干中学"——模仿与套利机制下，引进国外的先进技术，由于国外的先进技术多是基于其本国劳动稀缺而资本丰裕的要素禀赋结构进行的研发，因此多为劳

---

[①] 所谓"潮涌现象"是指发展中国家企业所要投资的产业具有技术成熟、成品市场已经存在、处于世界产业链内部等特征，因而全社会很容易对有前景的产业产生正确共识，即存在"潮涌现象"并导致产能过剩。这种现象影响发展中国家经济，不仅需要在产业层面做出安排，在宏观战略和经济发展政策方面也提出了新的挑战。

动节约型技术，这种技术进步带来的后果是资本在产出中收入的份额相应增加，劳动收入的份额相应减少，资本获得较高的回报，会激励投资进一步扩大，而投资的扩大，使资本的边际产出下降，同时企业之间的竞争逐渐演变为古典式竞争，导致产品缺乏差异，价格下降，利润减少。随着竞争的加剧，企业会越来越无力进行技术创新，使技术创新能力和意愿被压抑。在宏观上讲，由于技术进步率没有明显提高，投资的技术选择偏向于劳动节约型，经济增长率下降，同时依托于投资的"干中学"带来的技术进步也会随着时间而不断减弱，影响长期经济增长能力。

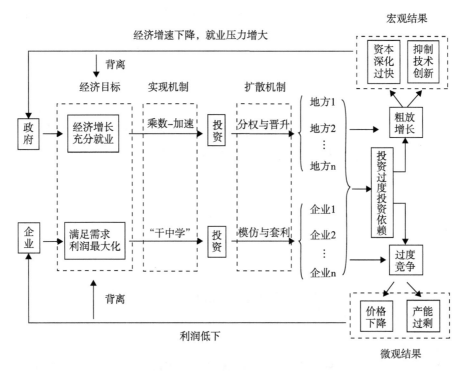

**图1-34 过度投资悖论的机制**

资料来源：根据分析自绘。

在上述投资因素的作用中，政府（特别是地方政府）主要受乘数－加速原理的作用，将财政政策支出转变为"准投资"，以刺激地方经济的增长；"干中学"——模仿与套利机制主要是说明私人投资动机和扩散机制，政府和私人投资的程度不断扩大增强了对投资的依赖，过度投资抑制了消费的增长，同时也抑制企业技术创新的动力，进而决定了粗放的经济增长方式，最终导致了产能过剩和经济增速下降。投资对政府和企业的这种作用，产生了自相矛盾的结果。无论对于中国的政府还是企业而言，依靠投资驱动不但没有产生驱动经济长期增长的内生机制，反而导致了经济长期增长的不可持续性，因此将其称为"过度投资悖论"，这种状态是需要转变的。

中国经济增长与宏观稳定课题组（2010）采用 DEA 的 Malmquist 指数法对 1978—2008 年分省 TFP 测算的结果显示，TFP 增长率在低水平波动，表明经济资本化对于经济超越和效率改进有正面激励效应，但对于技术创新却可能有一定的抑制作用，使其对经济增长的贡献小，认为资源向资产部门过快集中，出现了资产价格快速上涨，产能过剩和实体经济创新不足的问题，需要进行制度和政策调整，才能有效激励内生技术进步，转变发展方式，保持经济可持续增长。

## 二、供给侧结构性减速

从供给角度讲，中国经济增长课题组（2014）认为，中国从工业化到城市化的发展过程必然会由结构性加速转向结构性减速，三重原因决定了结构性减速的发生：一是资本增速的倒 U 形趋势；二是人口转变后人口红利消失；三是"干中学"效率下降，而自主创新还没有形成。的确如此，随着中国经济发展水平的提高，要素的禀赋结构、产业结构、驱动经济的主要动力机制已经发生了深刻的变化，原来高速增长时期所倚重的要素和产业的驱动力减弱了，具体表现为以下三个方面。

1. 人口"老龄少子化"，人口红利消失导致经济结构性减速

如前所述，中国与发达国家"老龄少子化"的不同就在于中国老龄少子化的人口结构出现的时间点不同，如图 1-35 所示，与韩国相比，中国的老龄少子化出现在中等收入时期，而非发达国家的高收入阶段。这样会导致原来由人口红利驱动经济增长的方式没有将收入水平送到位置，就提前减速了。未来中国要向创新和效率驱动的经济增长方式转变，根本上有赖于人力资本的投资和积累，而只有达到较高的人均收入水平时，家庭才有能力向人力资本进行投资。因此，人口红利过早地消失，使依靠人口数量推动经济增长的动力消失，而此时人均收入水平不足，则人均人力资本存量不足，无法有效实现经济转型发展。

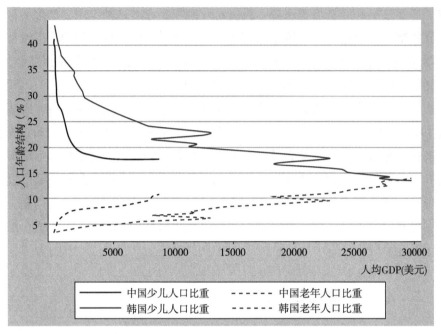

**图 1-35　1960—2018 年中国与韩国少儿人口和老年人口比重相对于人均 GDP 变化比较**

资料来源：世界银行 WDI 数据库。

2. 第三产业为主的经济服务化导致结构性减速

为了展现中国产业结构演进的全貌，选取 1952—2018 年的数据进行说明。如图 1-36（具体数据见附录中的数据二）所示，新中国成立之初，中国经济的三次产业结构是"一三二"的，忽略"大跃进"时期的"二三一"的结构，至 20 世纪 70 年代产业结构呈现为"二一三"，1986 年又转变为"二三一"的结构，在 2013 年第三产业比重首次超过第二产业，最终形成了"三二一"的现代产业结构。

三次产业结构的变化体现了中国由农业大国向工业大国转变的过程，也是中国实现现代化的过程。从三次产业结构转变的时间过程看，改革开放前，中国的工业体系由无到有，并不断丰富，摆脱了落后的农业产业为主的单一产业结构，开启了工业化的进程，为改革开放后中国经济的发展奠定了扎实的工业基础。改革开放后，特别是中国加入 WTO 之后，随着市场化水平和开放程度的提高，为工业发展提供了竞争压力和广阔的市场空间，使工业实力进一步发展壮大。未来随着中国经济转型的实现，服务业也将获得更大的发展空间，成为拉动消费和就业的主导产业。

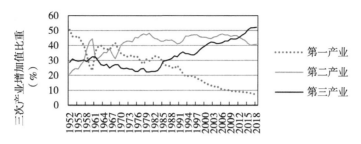

**图 1-36　1952—2018 年中国三次产业的增加值结构变化**

资料来源：国家统计局网站。

从产业结构的演进过程看，随着人均收入水平不断提高，劳动力会从第一产业不断向第二产业和第三产业转移，就业结构会从"一二三"不断向"三二一"结构演进，一般发达国家的服务业就业人数占总就业量的比重为70%—80%，这种第三产业占主导地位的结构也被称为"经济服务化"。

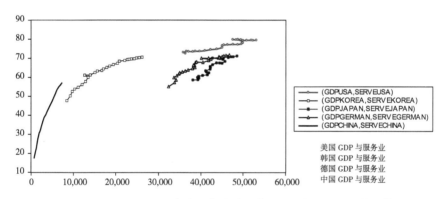

**图 1-37　1990—2017 年中国与发达国家四国服务业就业结构比较**

资料来源：世界银行 WDI 数据库。

这里选取几个代表性国家，包括美国（自由市场经济）、德国（社会市场经济）、日本（政府主导市场经济）、韩国（后发成为发达国家的亚洲国家）作为国际比较对象（下同），分析相对于人均 GDP 水平而言，产业结构演变的典型事实。如图 1-37，与四个发达国家相比，相对于人均收入水平（2010 年美元价格）中国的产业结构演进速度是比较快的。人均收入水平没有达到 10000 美元，服务业就业人数占总就业人数的比重已经接近 60%，而其他四个发达国家的服务人数比重超过 60% 时，人均收入水平都已经超过10000 美元，其中韩国是最低的，为 12652 美元（2010 年美元价格）。

由于三次产业规模和结构的变化，三次产业吸纳劳动力的能力也有所变化。如图 1-38 所示，1952—1978 年 70% 以上的劳动力在第一产业就业，二元化结构显著。1978 年以后，大量劳动力从第一产业中转移至第二产业和第三产业就业，到 2018 年第一产业就业比重下降至 26.1%，年均下降 1.1%。第二产业就业在 2013 年之前比重不断上升，年平均就业比重增加 0.36%，2013 年之后比重有所下降，至 2018 年为 27.6%。相对于三次产业增加值比重的变化，三次产业就业结构调整相对较慢。

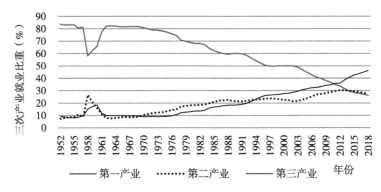

**图 1-38　1952—2018 年中国三次产业的就业结构变化**

资料来源：根据国家统计局公布的三次产业就业人数数据计算。

通过对 1952—2018 年三次产业增加值和就业结构变动的考察可知，中国通过新中国成立 70 多年和改革开放 40 多年的努力，产业结构已经发生了本质性的转变，逐步形成了现代化的产业结构体系。

新中国成立后特别是 1978 年以后，中国的三次产业获得了较快的发展，但三次产业的发展速度有明显的差异。1952—2018 年间，由于工业化的需要，第二产业的发展速度最快，与 1952 年相比，1978 年第二产业的增加值规模增长了约 15 倍，与 1978 年相比，2018 年增长了 55 倍；第一产业是增长速度最低的，1978 年第一产业的增加值规模与 1952 年相比增长了 0.7 倍，而 2018 年则比 1978 年增长了 5 倍；第三产业 1978 年之前增长了 3 倍，而 2018 年与 1978 年相比则增长了 51 倍。如图 1-39 所示，三次产业中第一产业的增加值增长率一般低于第二、第三产业增加值增长率，2015 年之前，第二产业增加值增长率为三次产业中增长最快的产业，2015 年之后，三次产业中第三产业的增加值增长率最高。1978 年之前，三次产业的增加值增长率波动较大，其中第二产业的增长率波动更为显著。1994 年之后，三次产业的增加值增长率均表现为相对平稳，且第二产业与第三产业的增加值增长率有趋同趋势。

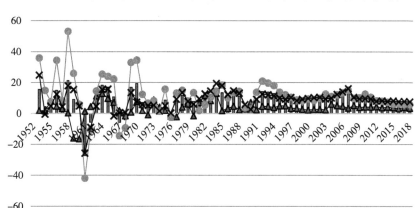

图 1-39　1952—2018 年中国三次产业的增加值增长率（上年 =100）

资料来源：国家统计局网站。

由此可见，经济服务化意味着中国经济将由原来主要由第二产业驱动转为以第三产业为主，而第三产业的增加值增长率一般会低于第二产业，也就是说，产业结构的转变也是中国经济结构性减速的原因之一。

3. "过度投资" 导致的资本深化过快使经济结构性减速

中国通过快速进行物质资本积累，基本实现了工业化。资本积累一方面有效地提高了中国经济的效率和增长率，同时由于资本深化过快，就从时间上缩短了资本驱动经济增长的时长，受资本边际效率递减规律的作用，同时也受人口红利消失的影响，使数量型驱动经济增长的动力不断衰减。用式（1.1）测算三次产业的资本生产效率：

$$E_i^K = \frac{Y_i}{K_i} \qquad (1.1)$$

式（1.1）中，$E_i^K$ 表示 $i$ 次产业的资本生产效率；$Y_i$ 表示 $i$ 次产业增加值（以 1992 年为基期）；$K_i$ 表示 $i$ 次产业资本存量（以 1992 年为基期）。

对 1992—2017 年中国三次产业资本生产效率进行测算，测算结果如图 1-40 所示，从三次产业资本生产效率的变化趋势看，第一产业和第三产业的资本效率均不断下降，二次产业的资本效率呈 "倒 U" 型变化，并且自 2002 年开始就进入效率下降的通道。

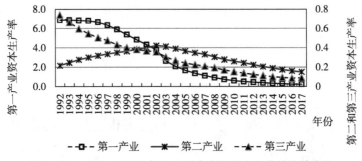

**图 1-40　1992—2017 年中国三次产业资本生产效率的变化**

资料来源：根据《中国统计年鉴 2017》和历年《中国固定资产投资统计年鉴》数据计算。

可见，入世后中国经济虽然进入高速增长的快车道，但也正是从此刻开始，三次产业的资本生产效率就开始下降，次贷危机后，下降的速度虽然放缓了，但效率的整体水平已经是极低的了。因此，过度投资也是导致中国经济出现结构性减速的原因之一。

4. "干中学"效率下降导致 TFP 增长率下降带来的结构性减速

"干中学"的效应主要体现在 TFP 中，因此可以通过对中国 TFP 的测算分析"干中学"效率的变化。由于 TFP 并非实际测算数据，需要通过理论推算，推算的方法和阶段的差异导致结果有较大的偏差。张军、施少华（2003）测算 1979—1998 年中国 TFP 增长率为 2.8%；沈坤荣（2009）认为，1997—2002 年期间中国的 TFP 增长率与经济增长率一样存在波动性，1984 年最大值为 9.12%，1990 年的最低值为 -356%；中国经济增长课题组（2017）认为，2008—2016 年的 TFP 平均增长为 0.30%。

考虑到中国地域宽广，不同地区的禀赋条件差异较大，如果仅从整体上计算可能无法较好体现这种差异性，因此我们用索洛模型方法分别对中国 30 个省、自治区（港澳台和西藏除外）的 TFP 进行了测算，再按算术平均数计算中国的 TFP 增长率，结果如图 1-41 所示，1979—2017 年中国的全要素增长率全部为正值，分布在 0.96%—1.08% 之间。因此，从未来的发展趋势上看，尽管中国的 TFP 增长率处于波动状态，但整体上是正增长的。同时我们相信，未来随着结构改革和经济增长方式的转变，TFP 增长率也应保持正值。但从变化趋势上看，次贷危机后中国的 TFP 增长率趋于下降趋势。这也是中国经济出现结构性减速的一个方面。

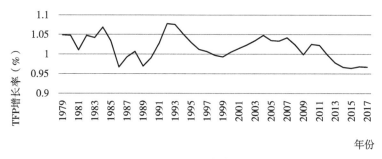

**图 1-41　1979—2017 年中国 TFP 变化**

资料来源：依据各省统计年鉴数据计算。

　　如果与发达国家相比，作为"追赶型"经济体，中国现有的 TFP 增长水平是远远不够的。如图 1-42（a）所示，作为"金砖"国家，无论经济规模如何，与美国相比的相对 TFP 数值都是小于 1 的。而且随着经济规模与美国的接近，"金砖"国家相对于美国的相对 TFP 是下降的。而 OECD 国家则不同，如图 1-42（b）所示，随着经济规模与美国的接近，相对 TFP 是增大的，而且即使经济规模很小的阶段，相对 TFP 的数值很大一部分是大于 1 的。在与美国的相对 GDP 水平为 0.6—0.7 的区间内，OECD 国家的相对 TFP 数据为 0.8—1.0 之间，这也相当于中国的 2 倍。

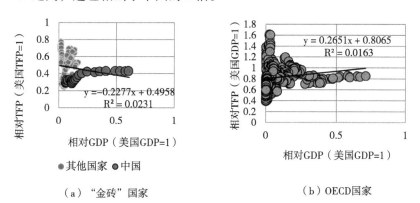

（a）"金砖"国家　　　　　　　　　　（b）OECD 国家

**图 1-42　1991—2017 年"金砖"国家和 OECD 国家的相对 TFP 与相对 GDP 的关系**

资料来源：宾州大学 PWT9.0 数据。

## 三、外部经济冲击导致的贸易摩擦和金融风险加大

　　当前中国经济对内正面临转型问题，对外则面临外部冲击的考验，整体

形势还是比较严峻的。从外部看，冲击的主要来源也有三个：一是受到次贷危机影响，西方发达国家普遍实施量化宽松的货币政策，使包括中国在内的发展中国家的经济受到了较大冲击；二是受美国总统特朗普当选后发起的中美贸易摩擦战影响，中美贸易冲击使中国的出口具有较高的不确定性；三是受世界经济格局调整的影响，地缘政治竞争日趋激烈，使石油的价格波动风险性加大。

1. 中美贸易摩擦加剧

中国和美国分别作为经济总量第一和第二的两个大国，双边贸易额不断攀升，如图 1-43 所示，2001 年双边贸易总额为 804 亿美元，中国对美国的出口额为 542 亿美元，进口额为 261 亿美元，而 2017 年双边贸易额达 5836 亿美元，其中对美国出口额为 4297 亿美元，进口额为 1539 亿美元，两国贸易增长迅速。中国与美国一直是双方重要的贸易伙伴，2006 年中国首次超过墨西哥成为美国第二大贸易伙伴国，2013 年中国成为美国第一大贸易伙伴国。而自中美贸易摩擦以来，2018 年中国仅为美国第三大贸易伙伴国。

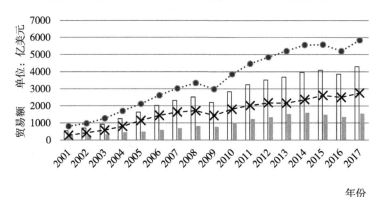

图 1-43　2001—2017 年中国对美国出口额、进口额和顺差额

资料来源：历年《中国统计年鉴》。

中美贸易摩擦无法早日平息的根本原因在于世界经济格局的变化。发达国家在世界经济体系中的主导地位有所下降，经济低迷，出现"日本化"趋势，而发展中国家特别是"金砖"国家超越势头迅猛，特别是中国改革开放之后通过 40 多年的发展，已经成为世界第二大经济体，并将在未来的世界经

济格局中发挥更为深远的作用和影响。因此从世界整体格局的角度看，中美贸易摩擦不是短期可以解决的。这不仅会对中国的对外贸易稳定发展产生较大的冲击，也会在更高层次的创新、知识产权等领域对中国设置障碍，使中国在创新驱动方式转型上面临较大阻力。

2. 西方发达国家量化宽松政策冲击使金融风险加大

从图 1-44 可见，与 1990—2000 年和 2008—2017 年相比，2001—2008 年的世界经济增长速度最高，而高收入国家的经济增长速度则从 1990—2017 年分阶段不断下降，金砖国家的经济增长速度则明显高于高收入国家，世界经济增长的"火车头"不断由发达国家转向了发展中国家。发达国家为了稳定经济和刺激经济复苏，在常规的利率政策无效的情况下，纷纷采取了量化宽松的货币政策，因此次贷危机后量化宽松政策也成为世界经济的一大特点。发达国家纷纷采取量化宽松政策的主要目的是扩张本国经济，同时也可以防止系统性风险的发生。但量化宽松政策放出的大量流动性通过开放国际市场的传导机制，成为世界经济不稳定的主要因素。

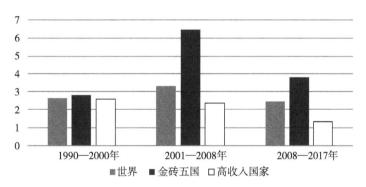

图 1-44　1990—2017 年世界、金砖五国和高收入国家经济增长水平的比较

资料来源：世界银行 WDI 数据库。

日本经济的显著特点是长期面临"平成通缩"的困扰，为了激励经济复苏，2001 年开始实施量化宽松政策（以下简称 QE）。2008 年 11 月美国首次实行了 QE，接手次贷危机的不良债务，主要目标是拯救受损的金融系统，稳定信用体系。此后，为了复苏经济，美国相继实行了第二、第三和第四次 QE。美国实行 QE，通过资产再平稳渠道、通货膨胀预期传导渠道、财政、汇率和信贷渠道（金雪军，曹赢，2016）向其他国家传导，使其他国家的经济也面临困境和冲击。陈虹、马永健（2016）认为美国实行 QE 有利于中国的对

外贸易，带来输入性通货膨胀，大量热钱涌入，推高物价和资本价格；当美国退出 QE 时，则会抽走流动性，会给发展中国家带来经济下行和通货紧缩的风险。

### 3. 石油的价格波动风险性加大

能源地缘政治最早是由美国学者 Melvin（1978）提出来的，从 20 世纪 90 年代起，中国的学者们开始关注能源地缘政治。董秀成、皮光林（2015）认为，能源作为全球稀缺资源，各国对此竞争十分激烈，受油气自然资源分布的影响，全球能源地缘政治博弈的区域主要包括中东、中亚—俄罗斯、亚太、非洲和拉美地区。参与战略争夺的国家主要是美、俄、日、欧和中、印等大国。由于油气资源对各国经济发展和生活具有重要战略价值，加之油气资源主要供给国自身的宗教、种族等内部矛盾和冲突不断，使得能源贸易这一经济活动深受政治力量博弈结果的影响，诸多因素交错，各方势力云集博弈的复杂性，使得能源供应数量和价格波动的风险极高。中国的油气进口依存度较高，油气价格的波动会形成价格冲击，影响中国经济的稳定增长。为此，中国在未来通过外交手段稳定油气进口的基础上，对内要进一步节能减排，加大技术创新投入力度，提高能源的综合利用效率。

## 第四节　中国经济向高质量发展方式转变

中国经济通过改革开放和工业化的过程，获得了较高速的发展，取得了举世瞩目的成就。但次贷危机后，随着世界经济和中国经济的深刻变化，原来的发展模式不可持续了，经济增速放缓，结构性问题突出。中国经济要想在"新常态"下维持经济的可持续平稳增长，就需要将经济增长方式由高速增长向高质量发展的路径转换。

### 一、中国经济发展的战略规划

党的十三大提出经济发展战略分三步走，到党的十八大明确提出了到 2020 年全面建成小康社会，党的十九大报告进一步明确"十三五"是全面建成小康社会的决胜阶段，是实现"两个一百年"奋斗目标的关键时期，从党的十九大到二十大，是"两个一百年"奋斗目标的历史交汇期。

根据习近平总书记的十八大报告，中国特色社会主义现代化建设的"三步走"战略前两个目标已经提前完成。从 2020 年到 21 世纪中叶可以分两个阶段发展。第一个阶段（2020—2035），全面建成小康社会后再奋斗十五年，基本实现社会主义现代化，我国经济实力、科技实力将大幅跃升，跻身创新型国家前列；人民平等参与、平等发展权利得到充分保障，法治国家、法治政府、法治社会基本建成，各方面制度更加完善，国家治理体系和治理能力现代化基本实现；社会文明程度达到新的高度，国家文化软实力显著增强，中华文化影响更加广泛深入；人民生活更为宽裕，中等收入群体比例明显提高，城乡区域发展差距和居民生活水平差距显著缩小，公共服务均等化基本实现，全体人民共同富裕迈出坚实步伐；现代社会治理格局基本形成，社会充满活力又和谐有序；生态环境根本好转，美丽中国目标基本实现。第二个阶段（2035—2050），在基本实现现代化的基础上，再奋斗十五年，把我国建成富强民主文明和谐美丽的社会主义现代化强国。到那时，我国物质文明、政治文明、精神文明、社会文明、生态文明将全面提升，实现国家治理体系和治理能力现代化，成为综合国力和国际影响力领先的国家，全体人民共同富裕基本实现，我国人民将享有更加幸福安康的生活，中华民族将以更加昂扬的姿态屹立于世界民族之林。

## 二、高质量发展的内涵和要求

由于受国内外复杂的经济形势影响，中国经济面临增长模式由高速增长向高质量发展的转变，即经济增长的速度在由高速向中高速换挡的过程中，要提高经济增长的效率，丰富经济发展的内容，从单纯要增长向经济全面、均衡、可持续发展的方向转变。在党的十九大和 2017 年中央经济工作会议上，中央明确提出了未来要促进中国经济实现高质量发展的目标。这表明高质量发展将被作为中国经济当前和今后一个时期内的根本工作指针。

中国社会科学院经济研究所（2018）认为中国转向高质量发展的基本特征可以归纳为以下六点：

（1）以人民为中心的深度城市化。持续提升科教文卫体等知识消费比重，更多地让人民分享发展成果，提高居民初次分配比重，政府提供更多更高质量的公共服务。

（2）创新驱动持续提升效率。包括持续提高劳动生产率、增加全要素生产率的贡献率、促进可持续发展这三个基本效率指标。

（3）保护产权，规范政府行为，实现市场配置资源。政府规制在后发国家的赶超阶段具有重要作用，而在转向高质量发展的过程中，需要让市场在资源配置中发挥决定性作用，完善产权保护，校正过度干预行为，发挥政府的公共服务职能。

（4）经济稳定性。转向高质量发展的阶段经济复杂度更高，全面深化改革开放将难以避免一些内部和外部冲击，需要重视宏观经济的稳定运行。经济稳定的核心是通货膨胀和汇率波动，其背后是城市化过程中积累的土地、金融和财政风险，不仅需要短期政策调节，还涉及特定发展阶段的宏观管理框架，需要结构性改革。

（5）生态文明建设和可持续发展。高质量发展既要满足人民对物质文化生活的需要，也要满足人民对优美生态环境等美好生活的需要，实现可持续发展。

（6）经济协调主体转型。加快改革当前的行政区划体制，以城市作为空间协调发展的引领，配合中央政府的布局规划、激励设计和支出功能完成经济协调主体转型。

## 三、高质量发展的本质

党的十九大将中国现阶段经济发展的主要任务和目标描述为"新时代中国社会主要矛盾是人民日益增长的美好生活需要和不平衡不充分的发展之间的矛盾，必须坚持以人民为中心的发展思想，不断促进人的全面发展、全体人民共同富裕"。这一判断指出了中国转向高质量发展的本质，是要从"物质"生产体系转向"以人民为中心"的消费升级、创新、高效、包容的可持续发展轨道。据此，张平、张自然（2018）将高质量发展的本质总结为"以人民为中心"。

马克思的经典理论主要以资本循环运动作为研究对象，指出了工业化阶段的发展规律，认为生产是起点，消费是附属，消费的作用仅是为了劳动力再生产。但是马克思在社会主义构想中即阐述了关于人的发展、自由联合体和按劳分配的理论，指出了人的解放和全面发展是社会主义发展和实现共产主义的本质。中国作为社会主义国家，在全面建成小康社会的基础上，将"以人民为中心"作为新时代中国特色社会主义的指导思想。人民消费成为经济循环的起点，而不再是生产环节的附属。消费的内涵不仅是提供劳动力再生产的日常消费，而且是通过逐渐偏向知识消费的消费结构升级，实现人的全面发展，提高人力资本水平，促进科技创新与知识生产，并建立消费对于经济效率的补偿机制，以此改善经济效率，实现城市化过程的可持续性。这一模式将形成一个以人民为中心的新经济循环体系，实现创新、效率提升、价值创造与公平分享的高质量发展。

## 四、高质量发展的核心动力

中国向高质量发展方式转变的过程本质上是一个制度创新的过程，主要是如何通过机制设计实现高效增长的问题，因此袁俊（2018）认为，高质量发展的核心动力是提高资源的配置效率，这也是实现高质量发展的抓手，是实现高质量发展的关键所在。这是由于从存量资源利用的角度看，提高资源的流动性，盘活存量，发挥现有资源的利用率，是提高经济效率的关键，特别是全要素生产率的改进是提高资源配置效率的综合表现。实现要素自由流动的条件有两个：一是要素的收益率在不同部门间存在差异；二是存在要素的自由流动的体制机制。实现高质量发展的重点在于通过完善市场机制，改善经济结构和提高经济效率。其中提高经济效率是实现高质量发展的动力，而提高经济效率的主要途径是调整优化经济结构，这是因为经济结构的变化和演进决定经济的稳定性；经济结构调整带动资源的流动，改变资源配置，促进经济效率的提高。

综上可见，中国建立统一碳排放权交易市场是符合中国经济高质量发展的本质和核心动力机制要求的。

# 第五节　中国经济高质量发展和生态资源保护

根据高质量发展的内涵和本质，高质量发展实际是由线性上升转变为螺旋式上升的过程，是经济发展积累到一定量的基础上向质的一个转变，是党中央提出"五位一体"战略和创新、协调、绿色、开放、共享的新发展理念的具体体现和实现途径。

## 一、环境保护和经济发展的矛盾突出

这里环境是指生态环境（Ecological Environment）而不是自然资源，是指影响人类生产生活的各种自然力量（物质和能量）或作用的总和。这里的物质和能量包括水、土、生物、气候等资源，不单纯是指这些物质数量的多少，而是指这些物质、能量与人类生产生活之间的关系，所谓的关系就是指正负反馈机制。

由于一个国家或经济体的经济发展需要消耗自然物质、能量，同时还要向自然界排放废弃物，这样生态环境就会与人类的生产生活产生相互的促进或抑制作用。生态环境并不属于人类，而是属于自然系统，本身实际是独立于人类的，存在自我循环机制和规律。如果人类在进行生产生活的过程中，毫无节制地向生态环境索取和排放，破坏了生态环境的自我循环机制和规律，生态环境就会崩溃；如果能够运用先进技术、制度和理念，保护生态环境，与其和谐相处，生态环境得到很好的保护发展，人类就可以实现可持续发展。国务院发布的《中国的环境保护》白皮书指出自 20 世纪 70 年代以来，中国的经济发展与发达国家通过上百年进行的工业化遇到相似的问题，资源短缺、生态环境脆弱、环境容量不足成为中国经济发展需要面对和解决的重大问题。一些地区环境污染和生态恶化严重，主要污染物排放超过环境的承载能力，经济发展面对的资源环境压力不断增大。

杨春学（2012）对 OECD 国家转型阶段及其特征进行研究，发现发达国家的工业过程的确是走过了发展→污染→治理的过程，此后通过两次转变经济增长方式实现了可持续发展。第一次是 20 世纪 50—60 年代由粗放式增长向集约式增长方式转变；第二次是 20 世纪 70—80 年代由污染型增长向环保型增长转变。其中第二次转型的实现是比较困难的，第二次经济增长方式的转变主要是通过产业结构变迁实现的，通过鼓励向 R&D 投入，使高技术产业和广义上的第三产业成为主导产业，加之有力地推进环境保护的法治化进程，使发达国家很快实现了第二次转型。

中国经过高速的经济增长后，现在既面临从粗放向集约转型，也面临着从污染型经济增长向环保型经济增长方式转变，因此，需要通过技术创新、制度激励、产业规制等综合手段实现产业结构优化和调整，提高经济效率，实现可持续发展。

## 二、高质量发展实现环境保护和经济发展协调统一

中国的环境保护问题是最早受到国际影响的领域，从 20 世纪 70 年代开始，受国内污染事件和国际环保运动的影响，1972 年中国就参加了在斯德哥尔摩召开的人类环境大会，从此开始了中国的环保工作，虽然当时由于工业不发达，并没有过多的环境污染问题。改革开放以后，中央也一直比较重视环境保护工作，1982 年以后，环境保护被写入了政府工作报告中，1984 年还成立了直属于国务院的专门机构——国务院环境保护委员会，年底成立了国家环保局。1992 年之后，由于经济高速发展后积累了一些环境方面的问题，中央开始将环境保护正式纳入中央工作会议的议题，同时开始加快了环境立法工作。在产业政策方面，运用财政、税收等优惠措施鼓励环保产业发展，推行环保标志，发放环保许可证，建立环境评估体系，并对国民进行环保教育。但受经济增速较快及中国当前所处的经济发展阶段等综合因素的影响，中国目前的环境保护工作还是比较艰巨的，包括农村的地力下降问题，城市的水、气、声等污染持续增加问题，应对气候变化等问题也越来越迫切。

为了应对国际国内错综复杂的形势变化，也为了使中国经过高速经济增长后积累的一系列问题得到解决，2017 年 10 月 18 日在中国共产党第十九次全国代表大会上，习近平总书记指出中国特色社会主义已经进入新时代，并首次提出中国由高速经济增长进入高质量发展阶段，要用新理念建设现代化经济体系。报告特别指出要加快生态文明体制改革，一方面要推进低碳绿色发展，同时还要着力解决突出的环境问题，加大生态保护力度，改革生态监管体制。高质量发展是中国为了应对内国外复杂形势而提出的一个系统性

解决方案，是中国经济进入新常态后，国内的主要矛盾已经发生变化的情况下，解决国内的经济转型、经济发展不均衡、经济发展和环境矛盾突出等问题的必由之路，也是应对世界经济增长乏力、政治经济等风险加大的必然选择。

实现高质量发展需要面对和解决的矛盾包括：公平和效率之间的关系、破除旧动能和培育新动能的关系、经济发展和环境保护的关系等。从环境保护的角度讲，中国经济向高质量发展转型，就可以避免随着经济发展环境进一步恶化。以牺牲环境为代价单纯追求经济增长，不是好的发展。好的发展应是在经济增长与环境保护之间建立正向的反馈机制，经济发展和环境保护并不是对立的两个事物，通过实现高质量发展可以将经济发展和环境保护协调统一起来。潘闽、张自然（2019）通过研究和测算发现，2003 年至 2016 年四大地区环境质量分化、经济增长分化，将环境引入经济增长动力模型后，结果表明提高环境质量有利于促进经济增长。因此他主张应构建经济带，协调区域内经济发展，并实施差别化环境政策。

## 三、实现碳减排是高质量发展的内容之一

二氧化碳虽然不同于二氧化硫，不是污染物，但是由于二氧化碳的过量排放导致全球气候变暖加剧，对人类和其他生物的生存都造成了极其严重的影响，因此减少二氧化碳排放也是环境保护的重要内容之一，同时也是实现高质量发展的要求和任务之一。在党的十九大报告中专门指出实现高质量发展要加快生态文明体制改革，在建设美丽中国时，专门提到要建立健全绿色低碳循环发展的经济体系，构建市场导向的绿色技术创新体系、壮大节能环保产业、清洁生产产业、清洁能源产业，构建清洁低碳、安全高效的能源体系。倡导简约适度、绿色低碳的生产方式。

由此可见，无论是从可持续发展的角度，还是承担应对全球气候变暖的责任角度，减少碳排放都是中国政府高度重视的一项工作，并包括在高质量发展的内容中，未来将落实到中国经济发展的过程中。

# 第六节　中国经济发展阶段的划分

对经济增长的阶段进行划分可以有多种角度,首先可以按经济周期进行划分,其次可以依据不同的制度安排进行阶段划分,即计划经济发展阶段和社会主义市场经济体系发展阶段。

## 一、按经济周期和经济体制划分

对经济周期进行划分的方法有两种,即:峰—峰法和谷—谷法。张连城(1999,2008)和刘树成(2000,2005)分别采用上述两种不同方法对中国的经济周期进行了划分,划分结果如表 1–15 所示。

表 1–15　1953—2017 年中国经济运行周期划分

| 作者(年份) | 划分方法 | 1978 年以前 | 1978 年以后 |
|---|---|---|---|
| 张连城(1999,2008) | 峰—峰法 | 1953—1957<br>1958—1963<br>1964—1969<br>1970—1977 | 1978—1983<br>1984—1991<br>1992—2006<br>2007—2017 |
| 刘树成(2000,2005) | 谷—谷法 | 1953—1957<br>1958—1962<br>1963—1968<br>1969—1972<br>1973—1976 | 1977—1981<br>1982—1986<br>1987—1990<br>1991—2001<br>2002—2017 |

资料来源:

①张连城.我国经济周期的阶段特征和经济增长趋势[J].经济与管理研究,1999(1):14—16.

②张连城.中国经济波动的新特点与宏观经济走势[J].经济与管理研究,2008(3):11—16.

③刘树成,张平,张晓晶.中国经济周期波动问题研究[A].首届中国经济论坛论文集[C].2005,611—633.

笔者根据张连城(1999,2008)的峰—峰法将中国自 1953—2018 年划分为 8 个周期,并运用描述经济周期的统计指标对这 8 个周期进行平稳性测算。经济周期划分和测算的结果如表 1–16 所示,在 1978 年之前周期的持续时间较短,振幅较大,离散程度相对于 1978 年之后也偏大,因此可以根据经济增长的平稳性,将中国的经济发展阶段分为两个阶段:

表 1-16  1953—2018 年中国经济增长的周期平稳性描述

| 次序 | 年份 | "五年"计划期 | 持续时间（年） | 扩张／缩 | 峰位（%） | 谷位（%） | 振幅 | 离散程度 |
|---|---|---|---|---|---|---|---|---|
| 1 | 1953—1957 | 一五 | 5 | 1.5 | 15.6 | 4.2 | 11.4 | 0.53 |
| 2 | 1958—1963 | 二五 | 6 | 0.5 | 21.3 | -27.3 | 48.6 | 12.92 |
| 3 | 1964—1969 | 调整期 三五 | 6 | 0.5 | 18.3 | 5.7 | 24.0 | 1.13 |
| 4 | 1970—1977 | 四五 五五前 | 8 | 0.6 | 19.4 | -1.6 | 21.0 | 0.83 |
| 5 | 1978—1983 | 五五后 六五前 | 6 | 0.5 | 11. | 5.2 | 6.5 | 0.25 |
| 6 | 1984—1991 | 六五后 七五 | 8 | 0.3 | 15.2 | 3.8 | 11.4 | 0.40 |
| 7 | 1992—2006 | 八五 九五 十五 | 16 | 0.9 | 1.2 | 7.6 | 6.6 | 0.20 |
| 8 | 2007—2018 | 十一五 十二五 十三五 | 11+ | X/0 | 14.2 | 6.7 | 7.5 | 0.13 |

资料来源：根据《中国国内生产总值核算历史资料（1952—2004）》、历年《中国统计年鉴》和国家统计局发布的《2018 年经济和社会统计公报》中的数据计算。

注：X 表示未来的扩张期出现以及会延续时间未知。

（1）1952—1977 年为非平稳发展阶段。这个阶段中国实行社会主义计划经济体制，计划经济体制下经济增长具有周期性，且波动幅度较大，张连城（2017）认为，社会主义计划经济中存在的以需求膨胀为特征的经济周期应当源于社会主义计划经济制度本身，即这种制度下所形成的企业的特殊性质和它所具有的软预算约束特征，构成了社会主义计划经济体制下经济周期的微观基础。

（2）1978—2018 年为平稳发展阶段。1978 年开始，中国进行了改革开放，通过改革开放中国经济获得了平稳而又高速的增长。渐进式的制度变革引入市场机制并不断完善社会主义市场经济体制，激活了生产要素的活力，释放出巨大的发展潜力。这个阶段上的经济周期持续时间变长，振幅减小，离散程度收窄，经济周期的平稳性明显提高。在这个过程中，经济周期波动性减弱，经济获得平稳增长。

如果依据"峰—峰法"可以将 1953—2018 年划分为 8 个周期，划分结果如表 1–16 所示，据此描述的 8 个经济周期如图 1–45 所示，可以清楚地看出，在 1978 年之前周期的持续时间较短，振幅较大，离散程度相对于 1978 年之后也偏大。张连城（2017）认为，经济的周期性波动主要是由经济制度决定的，从实践的结果看，市场经济体制比计划经济体制有助于减少经济波动，可以避免经济的大起大落，保持经济平稳增长。主要是因为在社会主义市场经济条件下，一方面市场比较有效地向生产者传递需求者的相关信息，使生产与需求相适应；另一方面社会主义制度也避免了在资本主义条件下，单个生产者无组织进行生产导致整个社会的无序性，且在社会主义条件下，生产者无限扩张和劳动者收入有限的矛盾已经不存在根本的对抗性。因此，相比计划经济时期，改革开放后，特别是社会主义市场经济体制确立后，中国经济增长的周期平稳性提高了，这在一定程度上有利于提高碳排放权分配的稳定性（张连城，2017）。

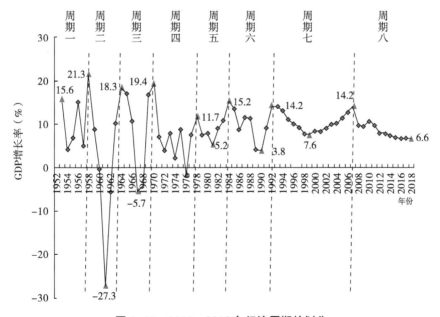

**图 1–45　1952—2018 年经济周期的划分**

资料来源：根据中国国内生产总值核算历史资料（1952—2004），历年《中国统计年鉴》和世界银行 WDI 数据库数据整理。

## 二、按不同的经济改革内容划分

刘志彪（2018）认为，中国改革的核心在于正确决定市场取向，并在这个过程中处理好市场和政府的关系，根据中国改革的特点，可以从以下三个视角对中国进行的渐进式改革进行阶段划分。

视角一：政府和市场关系。（1）计划经济为主，市场经济为辅阶段（70年代末至80年代末），这个阶段上，逐渐在计划经济中加入市场调节成分；（2）大幅市场取向改革阶段（1992年至入世之前），这个阶段计划和市场开始有机结合，改革开始触及微观基础；（3）建立社会主义市场经济体制阶段（入世至今），在这个阶段继续转变政府职能，加强市场取向，市场发挥决定性作用。

视角二：政府和市场改革方法。（1）政府创造市场，政府通过放开控制，形成市场；（2）市场冲击政府，由于缺少规范，市场秩序混乱，界限不清；（3）政府矫正市场，政府对市场秩序进行规范和整顿；（4）政府调整市场，政府不断完善市场体制机制，完成市场无法完成的职能。

视角三：套利理论。（1）城乡套利阶段，劳动力由农村向城市流动，冲破了城乡二元结构，开启市场化进程；（2）国内外市场套利阶段，通过对外开放和加入WTO，利用国内和国外的两种资源、两个市场，带动中国经济的发展；（3）要素套利阶段，这是跨越中等收入陷阱的关键时期，中国要改变以往的依靠低价格要素开拓市场的方式，转向由高级要素进行创新带动经济发展的阶段。

## 三、按工业化和城市化水平划分

张平、袁富华（2019）根据中国工业化和城市化的水平将中国的经济增长划分为三个阶段：（1）起飞阶段（1949—1991），从农业社会向工业化社会转变，摆脱了贫困陷阱实现了起飞。在这个阶段中，中国经济制度不断进行调整和适应，经历了社会主义改造，建立了社会主义计划经济体制，后推行家庭联产承包责任制，因此经济波动较大，且有个别年份经济增长率为负值，但整体平均经济增长率还是比较高的。（2）走向成熟阶段（1992—2011），这个阶段中国确立了社会主义市场经济体制，稳定的市场环境使经济继续保持高速增长，且波动性降低，发展重工业，扩大开放度，实现出口增长的同时，城市化进程加快。（3）大众高消费阶段（2012—2035），这个阶段以城市化为主要发展动力，预计城市化率达到70%以上，在这个阶段上，中国将跨过中等收入陷阱，迈入高收入国家行列，经济增长方式面临转型，向高质量发展方式转变。

## 四、考虑碳排放变化的经济发展阶段划分

综合前面所有的阶段划分思想以及对中国经济发展历程的回顾，再考虑上述因素都会对碳排放造成影响，将上述情况综合在一起，即在研究碳排放的条件下，结合中国的经济体制、经济周期、经济增长方式和收入水平、特别是工业化和城市化水平等因素，对中国1949—2035年的经济发展阶段进行划分，共划分为五个发展阶段，分别是：

计划经济阶段（1949—1977）。中国取得了"当惊世界殊"的成就，基本表现为每30年进行一次跨越式发展。在新中国成立之初的30年，对社会主义制度进行了伟大而艰难的探索，建立了社会主义计划经济体系，并通过该体系的动员力量，改变原有"一穷二白"的落后面貌，使中国从一个落后的农业国成功转变为具有较为完整的工业体系的国家，为日后的经济起飞奠定了雄厚的物质、技术等基础。

这个阶段上工业体系刚刚建成，整体的经济结构仍是以农业为主的，还没有大规模工业化，能源消费较少，碳排放量也较少。即使考虑农业的碳排放量，由于耕作方式现代化程度不高，也基本不涉及碳排放的问题。

双轨制阶段（1978—1991）。这个阶段中国重点对农村和农业进行改革。伴随着土地承包制的推广，农村经济具有了巨大的活力，为乡镇企业的快速发展提供了有利的条件。农民个体企业迅速发展壮大，特别是1984年明确地将社队企业和社员联办、合作和个体企业称为乡镇企业之后，乡镇企业逐步成为社会主义市场化条件下成长起来的企业主体。后来乡镇企业经过一系列整顿和改革后，不断成长为股份企业或私营企业。这一时期，中国仍是以计划经济为主，市场经济为辅，特别是价格实行双轨制，实质是中国由计划经济向市场经济过渡的阶段，完成了经济的"起飞"准备。

这个阶段以乡镇企业为主，主要发展轻工业，能源消费水平也不高，因

此碳排放量的增长也不是很快。

高速增长阶段（1992—2006）。这个阶段中国工业化加速发展，重点进行城市改革和建设，使城市化水平获得了显著提高。通过建立并不断完善社会主义市场经济体系，借助市场机制的激励作用，我国获得了超高速的经济增长，工业化加速发展，出口导向加工贸易带动轻工业发展，并促进重工业的发展，入世后，中国成为制造业大国。在这个阶段上经济超高速发展，年均经济增长率达2位数，为10.5%。通过这个阶段的发展，中国经济实力倍增，成为世界上经济总量较大的经济体，进入中等收入国家行列。后于2010年经济总量超过日本，如表1-17所示，成为世界经济总量第二的国家，同年进入上中等收入国家行列。

表1-17　主要工业国家的经济规模和人均收入

| 国家 | 2006 年 | | 2010 年 | |
|---|---|---|---|---|
| | GNI<br>（亿美元） | 人均 GNI<br>（2010 年不变价美元） | GNI<br>（亿美元） | 人均 GNI<br>（2010 年不变价美元） |
| 中国 | 27470 | 3057 | 60611 | 4531 |
| 美国 | 140730 | 49387 | 151267 | 48902 |
| 日本 | 46491 | 46191 | 58473 | 45657 |
| 德国 | 30542 | 41154 | 34844 | 42609 |
| 英国 | 27001 | 40549 | 24546 | 39106 |
| 法国 | 23650 | 411664 | 27038 | 41579 |
| 意大利 | 19502 | 38019 | 21208 | 35778 |

资料来源：世界银行官方网站。

这个阶段是中国工业化加速发展的阶段，并且重工业得到大力发展。伴随着重工业的发展，能源消费水平较高，碳排放量也相应增长较快。

减速换挡阶段（2007—2022）。这个阶段是经济转型发展阶段，是系统性自我调整阶段，需要向更加有效率、均衡和可持续的方向转变。受次贷危机的冲击，2008年起中国经济增速就出现了放缓的趋势，GDP增长率从2007年的14.2%一路下行至2018年的6.6%。如表1-18所示，按世界银行对不同国家人均收入的等级划分标准（2018年7月最新标准），中国经济当前已经处于中等偏上收入向高收入迈进的阶段，这是一个重大的历史转折时期。以现有经济增长水平，预计 2022—2025 年中国的人均 GDP 将接近或超过 1.2 万美元，成为高收入国家。

表 1-18　世界银行经济体分类标准　　　　　　　　　　单位：美元

| 国家等级 | 低收入国家（L） | 中等偏下收入国家（LM） | 中等偏上收入国家（UM） | 高收入国家（H） |
|---|---|---|---|---|
| 人均收入 | NI < 995 | 996 ≤ GNI < 3985 | 3986 ≤ GNI < 12055 | GNI ≥ 12056 |

资料来源：世界银行 WDI 数据库。

专家一致认为，2007 年之后的本轮经济周期，中国经济增长速度一直在下行，并非周期性的，而是国际和国内不利环境和因素导致的非周期性减速，同时也是中国总的经济体量上升，由上中等收入向高收入跨越的阶段导致的，具有"三期叠加"（增长速度进入换挡期、结构调整面临阵痛期、前期刺激政策消化期）性质，使我们无法再按原有的路径发展经济，需要选择新的发展道路。因此，中央提出向高质量发展方式转变。这个阶段是中国经济发展的关键阶段，在这个阶段不但要应对国内外复杂多变的形势，防止系统性风险的爆发，同时还要跨越中等收入陷阱，实现经济增长方式的转变，还要保护生态环境和自然资源，实现可持续发展。可见，这个阶段的任务是多重的、高风险的，也是重要的、全面系统性的工作。

在这个阶段，伴随着中国经济结构的服务化和城市化水平的提高，经济增长方式转型，经济处于向高收入过渡的阶段，能源消费效率会不断提高，碳排放的效率也会相应提高，碳排放量的增长率应有所下降。

高收入阶段（2023—2035）。顺利进入高收入国家行列后，中国已经迈入后工业化阶段，工业化和城市化均达到较为发达的水平，就需要进一步培育新的经济增长动力，提高人力资本的积累水平，提高人口素质，实现创新驱动，实现均衡发展，使社会资源配置更加均等化，促进经济效率稳步提升，真正实现高质量发展。

在这个阶段，中国将进入后工业化时代，城市化也接近成熟，经济增长方式转变为创新驱动和效率驱动，以第三产业为主，基本成为发达国家，因此，碳排放效率会进一步提高，而碳排放总量应在达峰后开始减少。

表 1-19　中国经济不同发展阶段划分及碳排放特征

| 经济发展阶段 | 起止时间 | 人均GNI | 经济增长 | 产业结构 | 城市水平 | 能源消费 | 碳排放 |
|---|---|---|---|---|---|---|---|
| 计划经济阶段 | 1949—1977 | 低收入 | 高波动 | 农业为主 | <20% | 少量 | 少量 |
| 双轨制阶段 | 1978—1991 | 低收入 | 高趋稳 | 发展轻工业 | <30% | 数量增长 | 数量增长 |
| 高速增长阶段 | 1992—2006 | 下中等收入 | 超高平稳 | 发展重工业 | <50% | 大量效率低 | 大量强度高 |
| 减速换挡阶段 | 2007—2022 | 上中等收入 | 中高减速 | 经济服务化 | 70% | 大量效率提高 | 大量强度降低 |
| 高收入阶段 | 2023—2035 | 高收入 | 适中平稳 | 第三产业为主 | 70%—80% | 清洁能源 | 总量达峰后下降 |

资料来源：根据对经阶段划分及不同阶段特点总结。

　　由于在经济发展的不同阶段，碳排放的情况和水平不同，考虑碳排放水平和效率变化的中国经济发展阶段的划分如表 1-19 所示，因此下文在对碳排放权分配的讨论中将进一步结合这里对中国经济发展阶段的划分，考虑不同阶段以及地区间碳排放的差距，设定不同的减排机制和方案。

　　与中国的改革开放一样，通过建立全国碳排放权交易市场的方式来减少碳排放量，其本质也是一个渐进市场化改革并与国际接轨和融合的过程，需要解决的重点和难点问题也是结构性的，这与中国建立社会主义市场经济体制具有一定相似性。通过对中国经济发展历史回顾，可以清晰地看到，中国经济发展的特色在于通过渐进式制度变迁，实现政府和市场有机结合，分阶段通过结构演进实现经济发展目标，在此过程中不断提高与世界经济接轨融合的能力，提高中国的竞争力和影响力。据此，中国建立全国统一碳排放权交易市场也应是一个渐进化制度创新的过程，面对的问题重点在于区域和产业性结构碳排放资源配置问题。

## 参考文献

[1] 白重恩，张琼. 中国经济增长前景 [J]. 新金融评论，2015（6）：1—22.

[2] 蔡昉. 人口转变、人口红利与经济增长可持续性 [J]. 人口研究，2004（2）：2—9.

[3] 陈虹，马永健. 美国量化宽松货币政策与退出效应及其对中国的影响研究 [J]. 世界经

济研究，2016（6）：22—31.

［4］陈学慧，林火灿.我国经济正处于增长速度换挡期、结构调整期、前期改革刺激政策消化期：三期叠加是当前中国经济的阶段性特征［N］.经济日报，2013-8-8（001版）.

［5］程绍海.美、日量化宽松政策之比较［J］.东北亚学刊，2018（1）：26—32.

［6］邓宏图，徐保亮，邹洋.中国工业化的经济逻辑——从重工业优先到比较优势战略［J］.经济研究，2018（11）：17—31.

［7］董秀成，皮光林.能源地缘政治与中国能源战略［J］.经济问题，2015（2）：6—8.

［8］高德步，刘文革，邵宇佳.世界经济新格局与中国特色地缘政治经济学理论［J］.经济研究，2018（10）：192—196.

［9］干春晖，郑若谷.改革开放以来产业结构演进与生产率增长的研究——对中国1978—2007年"结构红利"假说的检验［J］.中国工业经济，2009（2）：55—65.

［10］胡鞍钢，鄢一龙.老龄化、少子化的双重挑战［N］.当代贵州，2017-2-22.

［11］胡汉昌，郭熙保.后发优势战略与比较优势战略［J］.江汉论坛，2002（9）：25—30.

［12］胡永刚，刘方——劳动调整成本、流动性约束与中国经济波动［J］.经济研究，2007（10）：32—43.

［13］黄少安，杨华磊.放松生育管制能解决老龄化和"劳动力短缺"问题吗？——兼论人口世代更迭背景下宏观政策选择［J］.江海学刊，2015（6）：74—81.

［14］贾康.新供给：经济学理论的中国创新——在现代化新阶段历史性的考验中，从供给端发力破解中国中长期经济增长、结构调整瓶颈［J］.财政研究，2014（2）：6—10.

［15］金雪军，曹赢.量化宽松货币政策研究综述［J］.浙江社会科学，2016（11）：143—150.

［16］李伟.高质量发展有六大内涵［N］.人民日报海外版，2018-1-22（03）.

［17］李扬，张平，刘霞辉，等.中国经济增长报告（2013—2014）TFP和劳动生产率冲击与区域分化［M］.北京：社会科学文献出版社，2014：1—32.

［18］厉以宁.中国经济双重转型之路［M］.北京：中国人民大学出版社，2013：102—128.

［19］林毅夫，巫和懋，邢亦青——"潮涌现象"与产能过剩的形成机制［J］.经济研究，2010（10）：4—19.

［20］刘伟，张辉.中国经济增长中的产业结构变迁的技术进步［J］.经济研究，2008（11）：4—15.

［21］刘霞辉.供给侧的宏观经济管理［J］.经济学动态，2013（10）：9—19.

［22］刘志彪.中国改革开放的核心逻辑、精神和取向［J］.东南学术，2018（4）：60—66.

［23］吕炜.美国产业结构演变的动因与机制——基于面板数据的实证分析［J］.经济学动态，2010（8）：131—135.

［24］吕铁.比较优势、增长型式与制造业发展战略选择［J］.管理世界，2001（8）：64—67.

［25］马力，张连城.高等教育结构与产业结构、就业结构的关系［J］.人口与经济，2017

（2）：77—89.

[26] 潘闽，张自然.环境质量、区域经济分化和经济增长［J］.经济与管理研究，2019（3）：71—85.

[27] 逄锦聚.经济发展方式转变与经济结构调整［N］.光明日报，2010-2-23（经济周刊）.

[28] 彭秀健.低生育率，人口老龄化与劳动力供给［J］.中国劳动经济学，2007（7）：43—62.

[29] 钱颖一."中等收入"阶段的创新型人才更难得［J］.中国企业报，2014-12-23（G03）版.

[30] 王德文，蔡昉，张学辉.人口转变的储蓄效应和增长效应：论中国增长可持续性的人口因素［J］.人口研究，2004（9）：2—11.

[31] 王军，邹广平，石先进.制度变迁对中国经济增长的影响：基于 VAR 模型的实证研究［J］.中国工业经济，2013（6）：70—82.

[32] 王军.准确把握高量发展的六大内涵［N］.证券日报，2017-12-23（A03）.

[33] 王金营.中国劳动参年龄模型变动及未来劳动供给结构分析［J］.广东社会科学，2012（2）：6—14.

[34] 王寿林.论我国改革开放的基本经验［J］.新视野，2018（6）：17—19.

[35] 王小鲁，樊纲.中国经济增长的可持续性：跨世纪的回顾与展望［M］.北京：经济科学出版社，2000.

[36] 王钰，张自然.中国人口结构特征与经济效率、经济转型：基于 1992-2017 年中国分地区面板数据的分析［J］.商业研究，2019（12）：126—135.

[37] 夏杰长，徐斌.人力资本与经济增长——基于非线性 STR 模型的实证研究［J］.首都经济贸易大学学报，2014（2）：5—13.

[38] 姚洋，余淼杰.劳动力、人口和中国出口导向增长模式［J］.金融研究，2009（9）：1—13.

[39] 杨春学.劳动力、人口和中国出口导向增长模式［J］.金融研究，2009（9）：1—13.

[40] 杨华磊.中国宏观经济的人口学逻辑：口世代更迭对宏观经济的影响［J］.国际金融，2016（2）：43—51.

[41] 余泳泽，刘冉，杨晓章.我国产业结构升级对全要素生产率的影响研究［J］.产经评论，2016（7）：45—58.

[42] 张连城.中国经济增长路径与经济周期研究［M］.北京：中国经济出版社，2012：47—50.

[43] 张连城，沈少博，郎丽华.社会主义经济周期的根源、形成机制与稳定增长的制度安排：一个马克思主义经济学制度分析的视角［J］.经济学动态，2017（5）：33—40.

[44] 张军，陈诗一.结构改革与中国工业增长［J］.经济研究，2009（7）：4—20.

[45] 张平，张自然.高质量发展的本质是以人民为中心［N］.经济参考报，2018-10-10.

[46] 张晓.产能过剩并非"洪水猛兽"——兼论当前讨论中存在的误区［N］.学习时报，

2006-4-10.

［47］张自然，张平，刘霞辉.中国城市化模式、演进机制和可持续发展研究［J］.经济学动态，2014（2）：58—73.

［48］张自然，袁富华，张平，等.中国经济增长报告（2016-2017）［M］.社会科学文献出版社，2017：16.

［49］中国经济增长与宏观稳定课题组.干中学、低成本竞争机制和增长路径的转变［J］.经济研究，2006（4）：4—14.

［50］中国经济增长与宏观稳定课题组.资本化扩张与超越型经济的技术进步［J］.经济研究，2010（5）：4—20.

［51］中国经济增长前沿课题组.中国经济增长的低效率冲击与减速治理［J］.经济研究，2014（12）：4—17.

［52］周宏春，季曦.中国改革开放三十年环境保护政策的演变［J］.南京大学学报（哲学人文社会科学版），2009（1）：31—40.

［53］周建超.论当代中国改革开放成功的历史经验［J］.社会主义研究，2018（5）：54—61.

［54］周文.中国道路与中国经济学：来自中国改革开放40周年总结［J］.经济学家，2018（7）：11-19.

［55］Barro Robert and J.W.Lee.Source of Economic，Growth［J］.Carnegie-Rochester Conference Series on Public Policy，1994，Vol.40：1—46.

［56］Bloom，David and Richard B. Freeman.The Effect of Rapid Population Growth on Labor Supply and Employment in Developing Countries［J］.Population and Development Review，1986，Vol 12：381—414.

［57］Bloom，David and Jeffrey G Williamson.Demographic Transitions，Human Resource and Economic Miracles in Emerging Asia［B］.J Sachs and D. Bloom.Emerging Asia［A］.Asian Development Bank，1997.

［58］James A. Brander and Steve Dowrick.The Role of Fertility and Population in Economic Growth：Empirical Results from Aggregate Cross-National Data［J］.Journal of Population Economics，1994，Vol.7：1—25.

［59］Fogel，Robert W.Economic Growth，Population Theory and Physiology：The Bearing of Long-term Process on the Making of Economic Policy［J］.American Economic Review，1994，Vol. 84：369—395.

［60］Kuznets Simon.Population and Economic Growth［J］.Proceeding of the American Philosophical Society，1967，Vol. 111：170—193.

［61］Schultz T. Paul. Economics of Population［M］.Boston：Addision-Wesley Publishing Company，1990.

［62］Bartel Ann and Frank Lichtenberg.The Comparative Advantage of Educated Workers in

Implementing New Technology［J］.Review of Economics and Statistics 1987, Vol. 69: 1—11.

［63］Doepke Matthias.Accounting for Fertility Decline during the Transition to Growth［J］. Journal of Economic Growth, 2004, Vol. 9: 347—383.

［64］Holmes Thomas.The Location of Sales offices and the Attraction of Cities［J］.Journal of Political Economy, 2005, Vol. 113: 551—581.

［65］Barry Naughton.Growing out of the Plan: Chinese Economic Reform 1978-1993［M］. Cambridge: Cambridge University Press, 1996.

［66］Biao Gu, Jianfeng Wang, Jingfei Wu.An Estimated DSGE Model for Business Cycle Analysis in China［J］.Front Econ.China, 2013, 8（3）: 390—429.

［67］Bloom David E., Jeffrey G.Williamson.Demographic Transitions and Economic Miracles in Emerging Asia［J］.World Bank Economic Review, 1998,9（12）: 419—455.

［68］Campbell.J.Y., G.N.Mankiw.Are Output Fluctuations Transitory?［J］.Quarterly Journal of Economics, 1987（102）: 857—880.

［69］Charles Feinstein.Structural Change in the Developed Countries during the Twentieth Century ［J］.Oxford Review of Economic Policy, 2009（4）: 35—55.

［70］Dwight Perkins.Completing China's Move to the Market［J］.Journal of Economic Perspectives, 1994（2）: 23—46.

［71］Elmeskov. J..High and Persistent Unemployment: Assessment of the Problem and Its Causes' ［R］.OECD Economics Department, Working Paper 1993, No. 132.

［72］Goldsmith, R. .A Perpetual Inventory of National Wealth［J］.NBER Studies in Income and Wealth, 1951（14）: 5—61.

［73］Hall, R., C.Jones. .Why do Some Countries Produce So Much More Output Per Worker than Others?［J］.Quarterly Journal of Economics, 1999（114）: 83—116..

［74］Hiroya Vena.A Long-term Model of Economic Growth of Japan, 1906-1968［J］. International Economic Review, 1972,3（3）: 619—643.

［75］Jeffrey Sachs, Wing Thye Woo.Structural Factors in Economic Reforms of China, Eastern Europe and the Former Soviet Union［J］.Economic Policy, 1994（4）: 102—145.

［76］Kenneth J.Arrow.The Economic Implications of Leaning by Doing［J］.The Review of Economics Studies, 1962, 29（3）: 155—173.

［77］Margarida Duarte, Diego Restuccia.The Role of the Structural Transformation in Aggregate Productivity［J］.The Quarterly Journal of Economics, 2010（2）: 129—173.

［78］Morrison C.J. .Primal and Dual Capacity Utilization: An Application to Productivity Measurement in the U.S Automobile Industry［J］. Journal of Business and Economic Statistics, 1985（3）: 312—324.

［79］Nazrul Islam, Kazuhiko Yokota.Lewis Model and China's Industrialization［J］.Asian Economic Journal, 2008（4）: 359—396.

［80］Raj B .International Evidence in Persistence in Output in the Presence of an Episodic Change ［J］. Journal of Applied Econometrics，1992（7）：281—293.

［81］Richard Grabowski.Agricultural Productivity and Industrialization ［J］.Forum for Development Studies，2013（2）：309—325.

［82］Rolf Gerritsen，Benxiang Zeng，Dan Gerritsen.The Future of the Chinese Miracle：Will Neo-Statist Soes Persist in China's Development Model? ［J］.Australasian Journal of Regional Studies，2014（2）：258—285.

［83］Sherrill Shaffer.Industrial Structure and Economic Stability ［J］.Applied Economics Letters，2009（16）：549—555.

［84］Stiglitz Joseph E.，Partha Dasgupta.Industrial Stucture and the Nature of Innovation Activity ［J］.Economic Journal，1980（90）：266—293.

［85］Young Alwyn.Gold into Base Metals：Productivity Growth im the People's Republic of China during the Reform Period［J］. Journal of Political Economy，2003,111（6）：1220—1261.

# 第二章 中国经济增长与能源消费、碳排放的关系及减排路径

**内容摘要：** 随着中国的经济增长和工业化、城市化的深入，中国能源消费总量不断增加，入世后制造业的能源消费量增长迅速。结合中国经济发展的历史背景看，这主要是中国自身工业化和入世后承接国际产业转移的结果，是"世界工厂"的副产品，与中国经济发展阶段密切相关，表现为能源消费与经济增长、第二产业增长率具有同步性，碳排放增长与经济增长周期性波动同步的特征。通过对碳排放影响因素的回归分析，认为中国碳减排的路径应选择技术进步和制度激励相结合的道路。

同时，通过国际比较发现，中国的碳排放效率，包括单位能源碳排放量、单位 GDP 碳排放还有人均碳排放量，都与发达国家存在一定的差距，也就是说中国的碳排放效率改进具有较大的潜力。中国能源结构仍是以煤炭消费为主的能源结构，因此依靠转变能源消费结构减少碳排放也存在较大的潜力。

## 第一节 中国经济增长与能源消费的关系

中国作为发展中国家，从新中国成立以来一直在为实现工业化而努力，随着工业化的进行，特别是重工业的发展，能源消费水平不断提高。

### 一、中国能源消费总量和周期性变化

1953 年中国的能源消费总量为 5411 万吨标准煤，1978 年为 57144 万吨标准煤，2018 年能源消费总量为 464000 万吨标准煤，如图 2-1 所示（具体数

据见附录中的数据七），与中国经济增长率的变化相似，能源消费总量的年增长率在计划经济时期波动较大，进入市场经济之后波动逐渐趋于平稳。

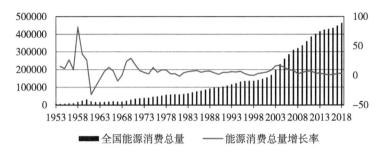

**图 2-1　1953—2018 年中国能源消费总量及增长率　单位：万吨标准煤；%**

资料来源：中经网数据库。

如图 2-2 所示，1953—2018 年中国能源消费总量增长率、GDP 增长率和第二产业增加值增长率的变化高度相关。由此导致经济增长周期性会传导到能源方面，也就是可以认为能源消费同样具有周期性的特点。

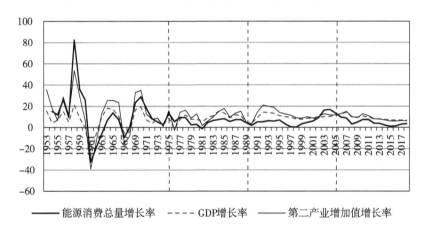

**图 2-2　1953—2018 年中国能源消费总量增长率、GDP 增长率和第二产业增加值增长率**

资料来源：国家统计局网站、中经网数据库。

如果将能源消费的这种周期性置入第一章的阶段划分中，1977 年之前，受计划经济体制的影响，经济处于波动较大的状态，能源消费量也伴随着出现较大的波动性，特别是 1958 年第二产业增加值增长率为 53.6%，GDP 增长率为 21.3%，此时能源消费增长率达 82.5%，到 1961 年第二产业增加值增长率为 -38.9%，GDP 增长率为 -27.3%，而能源消费增长率为 -32.5%。这是波动性最大的阶段。

如果将这个波动较大阶段除去，单独看 1978—2018 年之间三者的关系，还是有一定细微区别的。如图 2-3 所示，1978—1991 年三者波动频繁，但高度同步，其中能源消费增长率明显低于第二产业增加值增长率和 GDP 的增长率。1992—2006 年间，三者的变化出现了前后两个阶段不同的趋势。1992—2001 年，这是中国正式确立社会主义市场经济体制之后，没有加入 WTO 之前，这个阶段中，第二产业增加值增长率最高，GDP 增长率其次，能源消费的增长率明显低于前两者，可见在中国经济的增长中工业起到了明显的拉动作用，但主要是依靠轻工业，因此能源消费的增长率不高。加入 WTO 后（2002—2006 年），能源消费的增长率起初是高于 GDP 和第二产业增长率的，至 2005 年之后，GDP 增长率和第二产业增加值增长率开始高度同步，而能源消费增长率却开始出现下降趋势，表明入世后再度工业化，高能耗产业加快发展。而 2007 年之后，中国经济增长开始减速，第二产业增加值增长率和能源消费的增长率都开始下降，其中能源消费增长率下降最快，三者中处于最低位置，这应与中国产业结构服务化有关，也应与技术进步相关。

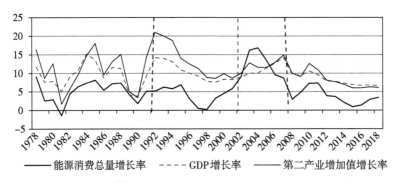

**图 2-3　1978—2018 年中国能源消费总量增长率、GDP 增长率和第二产业增加值增长率**

资料来源：国家统计局网站、中经网数据库。

## 二、中国能源消费结构的变化

中国能源消费结构与其生产结构有关，从资源禀赋的角度看，中国一直以来就是"富煤贫油少气"的国家，而且一直奉行内向型自给自足的能源战略，这就导致中国从以煤为主的资源结构转化为以煤为主的能源消费结构，石油消费其次，天然气的消费比重最低。

如图 2-4 所示（具体数据见附录中的数据七），1953—2018 年中国能源消费结构不断发生变化，其中煤炭消费的比重不断下降，而其他能源消费的比重不断提高。煤炭消费比重已经从 1953 年的 94.3% 下降至 2018 年的 59%，石油消费比重从 1953 年的 3.8% 上升到 18.9%，天然气消费比重从 1953 年的 0.02% 上升到 7.8%，水电和其他一次能源消费比重由 1953 年的 1.8% 上升到 2018 年的 14.3%。从整体变化看，中国能源消费结构中煤炭的比重已经有了大幅度的下降。根据 2011 年中国工程院杜祥琬院士主持的重大咨询项目《中国中长期能源发展战略研究报告》的研究结果显示：目前世界上只有经济落后的国家或欠发达的国家才以煤为主要能源，而发达国家在 20 世纪 60 年代就完成了由煤向油气为主的能源结构的转变过程，这个转变过程大约需要 60 年完成。

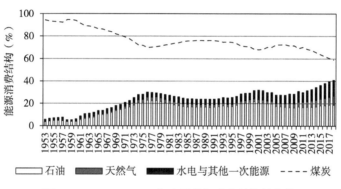

**图 2-4　1953—2018 年中国能源消费结构的变化**

资料来源：国家统计局网站、中经网数据库。

改革开放以来，特别是中国加入了 WTO 后，中国一直不断提高运用国际能源和资源的能力，扩大优质能源进口。至 2018 年为止，中国煤以外的能源消费总量占能源消费总量的 41%，表明中国现在的能源消费结构仍是以煤为主的，因此至 2050 年中国达到中等发达国家收入水平之前，仍需继续不断改善能源结构。同时，在提高能源使用效率和减少能源消费的环境污染方面仍有很多工作要做。

### 三、中国能源消费强度和人均能源消费量的测算

通常可以从两个角度测算能源的消费效率，一是单位 GDP 产出水平的能源消费水平，即能源消费强度；二是平均每人的能源消费数量，即人均能源消费量。

#### （一）能源消费强度

1953—2018 年中国的能源消费强度的变化如图 2-5 所示（具体数据见附录中的数据八），1953—1977 年能源消费强度较高，而且增长率的波动性较大，其中 1960 年的能源消费强度最高，为 20.4 标准煤 / 万元，1958 年能源消费强度的增长率最高达 50.4%。而 1978 年之后能源的消费强度则不断下降，1978 年能源消费强度为 16.9 吨标准煤 / 万元，1992 年为 9.1 吨标准煤 / 万元，相对于 1978 年下降了 46%；2007 年为 5.9 吨标准煤 / 万元，相对于 1992 年下降了 35%；2018 年则下降至 3.7 吨标准煤 / 万元，相对于 2007 年下降了 37%。

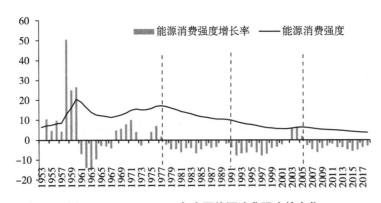

**图 2-5　1953—2018 年中国能源消费强度的变化**

资料来源：国家统计局网站、中经网数据库。

通过各阶段对比，中国能源的消费强度是不断下降的，可以看出能源消费强度下降最快的阶段是 1978—1991 年，其次是 2007—2018 年阶段，略慢的是 1992—2006 年阶段。其中在中国加入 WTO 后最初的 2002—2005 年，中国能源消费的强度增长率为正，2004 年增长率最高达 6.1%。

## （二）人均能源消费量

从现有的情况看，人均能源消费量与经济发展水平正相关，随着人均收入水平不断提高，人均能源消费量将不断提高。如图 2-6 所示，新中国成立初期，由于工业化水平不高，人均能源消费量较低，受经济波动影响，人均能源消费量的增长率波动也较大，改革开放后，人均能源消费增长率基本都是正的。入世后，人均能源消费数量增长较快，人均消费量由 2001 年的 1.22 吨标准煤迅速增加到 2018 年的 3.33 吨标准煤。结合发达国家的经验看，未来随着人均收入水平的进一步提高，人均能源消费水平还会有所提高。

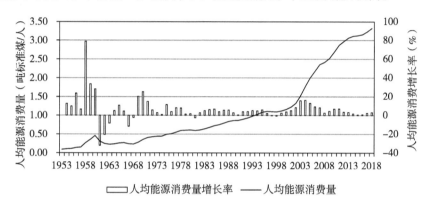

图 2-6 1953—2018 年中国人均能源消费量变化

资料来源：国家统计局网站、中经网数据库。

如图 2-7（a）所示，与发达国家相比，尽管中国的人均能源消费量增长较快，但与发达国家相比，水平还是较低的，美国的人均能源消费量基本为 8—10 吨标准煤，日本和德国的水平较为接近，且 2000 年之后均呈下降趋势，2015 年处于 5 吨标准煤的水平，而韩国则是不断增长，有赶上美国的趋势。有如图 2-7（b）所示，虽然中国的人均能源消费量在绝对数量上远低于发达国家，但相对于人均 GDP 水平而言，中国在相同的人均 GDP（2010 年不变美元价格）水平上的能源消费量还是较高的，至少在相同的人均 GDP 水平下，比韩国的人均能源消费量高。可见，中国在提高能源消费效率方面还是有较大的潜力的。同时，还可以看出，当人均 GDP（2010 年不变美元价格）水平达到 2 万以上时，人均能源消费水平才有所稳定或开始递减。

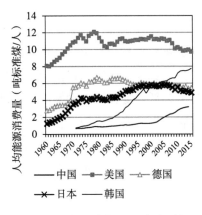 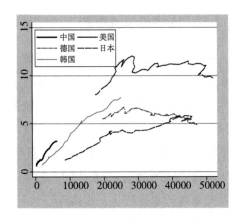

（a）人均能源消费量绝对水平比较　　（b)相对于人均GDP水平人能源消费量的比较

**图 2-7　1960—2015 年中国与发达国家人均能源消费量变化比较**

资料来源：世界银行数据库。

## 四、经济增长与能源消费的关系

分省的单位 GDP 能耗计算结果表明，随着经济发展水平的提高，能源消费效率会不断提高，也是随着 GDP 的增长，能源消费量增长速度应不断下降，表现为一定程度的负相关的特征。

如图 2-8 所示，中国 1953—2018 年的 GDP（1953 年不变价格）和能源消费量的关系在一定程度上表现为"倒 U"形。

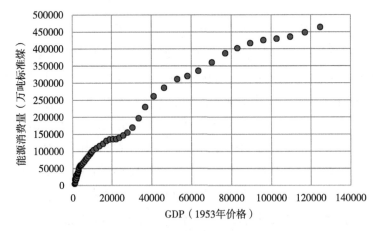

**图 2-8　1953—2018 年中国能源消费总量与 GDP 的关系**

资料来源：国家统计局网站、中经网数据库。

# 第二节　中国经济增长与碳排放的关系

按 IPCC 原有的谈判成果要求，2020 年世界各国开始进行碳排放总量减排。无论将来全球气候变化国际谈判进展如何，中国作为碳排放量最大的国家，都需要关注自身可以进行总量减排的条件和影响。

## 一、国际统计的中国碳排放总量

依据世界银行 WDI 数据库公布的数据，中国碳排放量及其年增长率的变化如图 2-9 所示，1992 年中国的二氧化碳排放量总计为 2690455.9 千吨，2014 年的排放量为 10291926.9 千吨，是 1993 年 3.8 倍，年均增长率为 6.4%。从这一阶段二氧化碳排放量的增长率的变化趋势看，入世后的碳排放量增长较快，至次贷危机后增长率开始大幅度下降，2003 年的排放量增长率最高，为 17.92%，而 2014 年则下降至 0.33%，增长率水平与入世前的情况相当。由此可见，碳排放随着经济周期变化也具有一定的周期性特征。

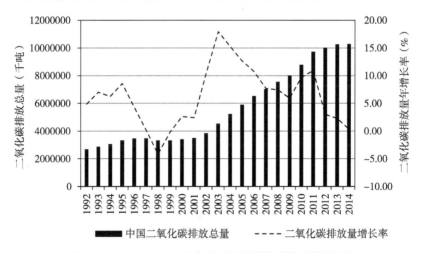

图 2-9　1992—2014 年中国二氧化碳排放量及其增长率

资料来源：世界银行 WDI 数据库。

## 二、中国碳排放的"库兹涅茨"曲线

环境的库兹涅茨（EKC）可以用于分析环境和收入水平之间的关系，对碳排放的库兹涅茨曲线（CKC）进行回归的模型一般可以用静态、动态模型，选两次多项式、对数或者双对数多项式模型，Poor（2006）研究发现发达国家适用三次多项式，而发展中国家的情形适用二次多项式模型，Grossman（1994）采用三次多项式模型，许广月（2010）采用二次多项式模型。对中国的 CKC 进行拟合，结果表明采用双对数三次多项式模型比较适合。

CKC 模型设定如式（2.1）所示：

$$\ln Y_t = a_i + \delta T_i + \beta_1 \ln(GDP_t) + \beta_2 \ln(GDP_t)^2 + \beta_3 \ln(GDP)^3 + \varepsilon_t$$

（2.1）

其中 $t$ 表示年份，$Y_t$ 表示 $t$ 年人均 $CO_2$ 排放量，$GDP_t$ 表示 $t$ 年人均 GDP（美元），使用调整后的实际 GDP 水平，T 表示时间趋势项，$\alpha$、$\beta_1$、$\beta_2$、$\beta_3$、$\delta$ 表示待定系数，$\varepsilon_i$ 表示随机误差项。1960—2014 年的人均碳排放量和人均 GDP（美元）数据均来自 WDI 数据库。

$$\ln Y_i = -10.75939 + 0.009825 T_i + 4.399512 \ln(GDP) - 0.589454 \ln(GDP)^2 + 0.028192(GDP)^3$$
$$（0.0025）（0.3960）\quad（0.0070）\quad（0.0057）\quad（0.0063）$$
$$R^2=0.9657755 \qquad P=0.0000$$

（2.2）

回归结果如式（2.2）所示，由上述回归结果可知，中国碳排放的库兹涅茨曲线存在，如图 2-10 所示，为"反 N"型，第二个拐点为 2001 年，因此以中国加入 WTO 后 $CO_2$ 排放量和 GDP 的关系进行测算，按中国从 2001 年后的年均 GDP 增长率为 5%—6% 的速度测算，2030—2035 年左右可以达到 CKC"反 N"型后的另一个拐点。国内其他学者如湛莹等（2015）也认为 2030 年前会达到拐点。也存在不同的预测结果，一种认为有拐点，认为拐点会较早出现，如中国尽早实现二氧化碳排放峰值的实施路径研究课题组（2017）认为中国在 2025 年前可以达到峰值；可能出现得会更晚些，如许海平（2012）认为人均 GDP 在 1.6 万美元时达到拐点；周俊等（2015）认为拐点在人均 GDP 处于 2.3 万—2.5 万美元之间（2005 价格），朱永彬等（2009）认为 2040—2043 年左右中国能源和碳排放量会达到峰值。另一种认为没有拐点，如赵爱文等（2012）。

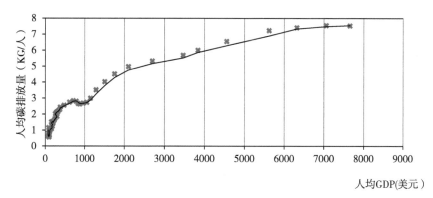

**图 2-10　1960—2014 年中国二氧化碳排放环境库兹涅茨曲线**

资料来源：世界银行 WDI 数据库。

## 三、中国与发达国家 CKC 曲线的比较

碳排放的环境库兹涅茨曲线表明随着经济总量水平不断提高，碳排放量将随着 GDP 水平不断增长，当经济总量达到一定水平后，会出现"脱碳"，即经济总量继续增长，而碳排放总量将持平或者进入下降通道。如图 2-11 所

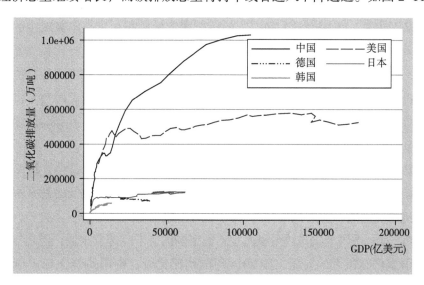

**图 2-11　1960—2014 年中国与发达国家二氧化碳排放量与 GDP 关系对比**

资料来源：世界银行 WDI 数据库。

示，从发达国家 CKC 曲线的变化趋势上看，美国、日本虽然没有明显进入"脱碳"的下降通道，但是基本上保持了 $CO_2$ 排放量不再随着 GDP 增长了，德国有"脱碳"趋势，韩国虽然经济总量没有中国大，碳排放量也少很多，但是和中国的相似之处在于韩国也没有达到 CKC 曲线的"脱碳"拐点。中国的不足在于，在相同的经济总量水平时，中国碳排放量明显是高于发达国家在相同 GDP 水平的排放量。从历史上看，中国在加入 WTO 前，CKC 曲线的轨迹基本与美国相同，而入世后，碳排放量水平增长轨迹开始明显高于美国，可见中国的国际化有可能是 CKC 曲线不断处于上升通道的主要诱因。

## 四、中国碳排放的效率

衡量二氧化碳排放效率的指标有若干个，包括单位能源、单位 GDP 人均碳排放量。计算这些指标的目的是便于国际比较，特别是通过与发达国家的对比，明确中国碳排放效率的情况和改进目标。由于涉及国际比较，采用世界银行 WDI 数据库中的数据，与前文中的能源使用单位不同，世行采用石油当量作为能源的计量单位，而非标准煤（由于不涉及与其他章节内容进行比较，因此这里没有折算成标准煤）。

如图 2-12 所示，显示的是 1960—2014 年单位石油当量能源的碳排放数量，从图中看，美国、日本和韩国的单位能源的碳排放量是不断减少的，并在数量上趋同，基本处于 2.5 的水平上，按 2014 年的情形进行比较，韩国的单位当量能源消费的碳排放量最低，其次是美国和日本。而中国的单位能源的碳排放量却是不断增加的，并明显高于这三个国家，高于美国和日本是在 1978 年之后，高于韩国是在 1992 年之后。这与能源结构和产业结构的变化都有关系。

1960—2014 年中美日韩四国的单位 GDP 按 2010 年美元价格计算碳排放量如图 2-13 所示，按单位 GDP 可比价格计算的碳排放量最低的是日本，其次是美国和韩国，上述三国的单位 GDP 碳排放量仍呈现不断下降趋势，均低于 0.5 千克。中国的碳排放量虽然是不断下降的，下降速度很快，但是与上述三个国家仍有较大的差距，按 2014 年的情况比较，中国的单位 GDP 碳排放量是同期美国的 3.8 倍，是日本的 6.0 倍，是韩国的 2.6 倍。这表明未来中国在向高质量发展转变的过程中，能源效率提升的空间还很大。

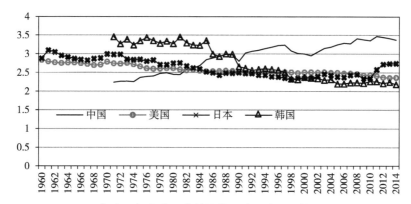

**图 2-12　1960—2014 年中国与发达国家单位能源碳排放量比较（单位：千克/石油当量能源使用千克数）**

资料来源：世界银行 WDI 数据库。

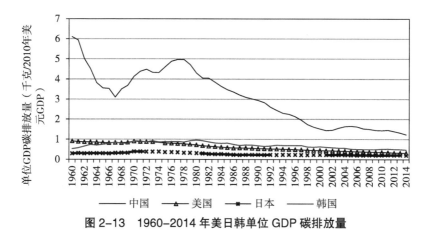

**图 2-13　1960-2014 年美日韩单位 GDP 碳排放量**

资料来源：世界银行 WDI 数据库。

　　中美日韩四国的人均碳排放量如图 2-14 所示，中国的人均碳排放量最少，美国最高，其次是日本和韩国。中日韩三国的人均碳排放量虽然低于美国，但数量却是逐年递增的，有和美国趋同的趋势。虽然从数值看，中国的人均碳排放量效率是最高的，但中国人口众多，经济发展水平低，地区差异大，未来随着经济发展水平的提高，人均碳排放量会有很大的上升压力，减排提高碳排放效率的任务也是比较重的。

　　通过以上对比可见，中国的碳排放效率相对还是比较低的，与发达国家相比有一定差距，未来向高质量发展方式转变过程中，实现可持续发展的主要任务应包括提高碳排放效率。

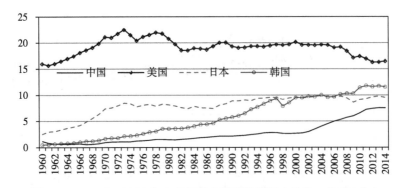

图 2-14 1960—2014 年中美日韩人均碳排放量（单位：公吨／人）

资料来源：世界银行 WDI 数据库。

## 第三节 影响中国碳排放的因素及减排路径选择

从以 OECD 为代表的发达国家的经验看，经济增长方式一般分为两个阶段：从"粗放型增长"向"集约型增长"转变；再从"集约型"向"环保型"或"可持续"增长转变（杨春学，2012），并且这种经济转型发展过程的实现应是"机制"重于"结果"（张平，2012）。由于制造业是碳排放较高的产业，中国经济减排应以打造制造业低碳竞争优势为核心，并借此提高中国制造业的国际竞争力（潘家华，2010），未来调整产业结构、转变经济增长方式的切入点和抓手之一也应包括制造业的减排（何建坤，2010）。杨晓晋等（2010）；伍华佳（2010）；王志华等（2012）；贾卓等（2013）；张志元等（2013）通过对不同省份或中国制造业整体低碳化发展情况分析后，也均认为通过优化能源结构、调整产业结构、加强技术创新，提高能源使用效率，降低碳排放强度是实现制造业低碳化转型发展的路径。

由上可见，对于中国减排路径的选择问题，国内学者主张通过提升效率和调整结构实现减排，而国外学者却认为中国制造业应通过能源价格市场化的"价格倒逼"机制实现节能减排。对此，课题组认为单纯对能源进行市场定价是不能从根本上解决问题的。一方面，从源头上讲，中国的能耗和碳排放水平的快速增长正是加入 WTO，承接国际产业转移并成为"世界工厂"的结果。另一方面，市场机制作用需要满足比较严格的条件，碳排放本身具有很强的外部性和信息不对称性，是否能通过市场机制间接提高能效和减少碳排放，是不确定的。

为了证明中国制造业向低碳经济增长方式转型的"效率"和"结构"化路径是否存在，下面采用修正的 *STIRPAT* 模型，分析效率和结构因素是否起到了作用，以便为中国制造业向低碳经济增长方式转型的机制建立提供有效建议（王钰、张连城，2014）。

为了明确已有的 $CO_2$ 排放强度下降机制的影响因素，选取 1995—2012 年数据，运用 *STIRPAT*（Stochastic Impacts by Regression on Population, Affluence and Technology）模型，运用动态面板数据采用 *System GMM* 的回归方法进行分析。

## 一、影响中国碳排放的因素分析

分析人文因素对环境产生压力的常用模型是 IPAT 及其变种模型 IMPAT 和 STIRPAT。数名学者运用 *STIRPAT* 模型对碳排放的影响因素进行研究。*STIRPAT* 模型表示为式（2.3）：

$$I_i = a \times P_i^b \times A_i^c \times T_i^d \times e_i \qquad (2.3)$$

其中 $a$、$b$、$c$、$d$ 为模型系数，为待估参数；$P$ 为人口规模；$A$ 为富裕程度；$T$ 为技术水平；$e$ 为模型误差项；$i$ 代表时间。

本研究以二氧化碳排放强度（*CEI*）作为被解释变量，并根据式（2.3）对 *STIRPAT* 模型中的解释变量作出以下相应改进和扩展。

（1）将 $P$ 变量用制造业不同产业的人均固定资产存量表示，用 *KL* 表示。固定资产 $K$ 使用历年《中国工业统计年鉴》中的固定资产原价，劳动人数 $L$ 数据源于《中国工业经济统计年鉴》和《中国统计年鉴》中的各行业年均劳动人数，为了保证其可比性，选用《中国统计年鉴》中的固定资产投资价格指数时调整至 1995 年为基期的不变价格水平。

（2）$A$ 以制造业各产业的人均增加值作为解释变量，用 $y$ 表示。由于制造业碳排放总量与增加值之间存在"反 N"型关系，因此需将 $y$ 分解为一次项、二次项、三次项，以 1995 年不变价格计算。

（3）国内的学者在 *STIRPAT* 的模型使用过程中，对 $T$ 指标做了一定的修正。如邵帅（2010）将 $T$ 分解为研发强度和能源效率两项指标；渠慎宁、郭朝先（2010）、孙敬水等（2011）分别用碳排放强度和能源强度表示 $T$ 变量。为了更现实地表现制造业生产中的技术状况和中国的工业化现状，本文拟选用能源消费强度、清洁能源消费比重代表技术水平，分别用 $EI$ 和 $CCG$ 表示。

（4）根据中国制造业在全球化中的地位和现状，本文将再引入另外几个关键变量。一是经济周期，用 C 表示，来表示中国历年的经济增长率。对中国经济周期的划分依据，张连城、郎丽华（2012）对中国宏观经济走势的基本判断。二是出口额和外商直接投资额。分别用 $EX$ 和 $FDI$ 表示制造业特定产业产品的出口额和外商直接投资总额。$EX$ 的数值可以通过 UNCOMTRADE 数据库中的数据进行归类计算，而 $FDI$ 在各行业中的投资情况拟选用各行业外商投资企业（不包括港澳台企业）的实收资本表示，由于该数据在年鉴中仅从 2002 年开始，所以 1995—2001 年期间为缺失值。三是时间趋势变量。为了考虑随着时间变化外部政策和环境条件变化的影响，引入时间趋势变量 $T$。

由于二氧化碳排放具有一定的滞后性，邵帅（2010）、何小钢（2012）均认为二氧化碳的排放具有较强的路径依赖的特征，因此应引入动态面板模型。

根据上述对式（2.3）的分解过程并进行对数变换后，得式（2.4）：

$$\ln(CEI_{it}) = \alpha_0 + \alpha_1 \ln(CE_{it-1}) + \alpha_2 (\ln y_{it}) + \alpha_3 (\ln y_{it})^2 + \alpha_4 (\ln y_{it})^3 + \alpha_5 (\ln KL_{it})$$
$$+ \alpha_6 (\ln EI_{it}) + \alpha_7 (\ln CCG_{it}) + \alpha_8 (\ln C) + \alpha_9 (\ln EX_{it}) + \alpha_{10} (\ln FDI_{it}) + \alpha_{11} T + \varepsilon_{it}$$
$$(2.4)$$

其中，$i$ 表示产业，$t$ 表示年份，$\alpha_i$（$i$=1,2,3…9）为待估参数，$\varepsilon_{it}$ 表示随时间和个体而改变的随机扰动项。

自变量间存在明的多重共线或误差时，不能直接采用普通最小二乘（$OLS$）估计方法进行回归分析。另外，由于二氧化碳排放量的核算并不是针对所有碳源进行的，变量值存在测量误差。基于上述两点考虑，采用系统广义矩法（System GMM）进行估计。通过 Arella-Bond 估计和过度识别检验，扰动项 $\{\varepsilon_i\}$ 存在一阶自相关，但二阶或更高阶不存在自相关，可以进行 Diff_GMM。由于固定资产投资随时间变动的速度比较慢，因此将 $KL$ 及其滞后项作为工具变量，对差分后的结果进行工具变量有效性检验，所有工具变量均显著有效，因此可以进行 Sys-tem GMM 估计。估计的结果如表 2-1 所示。

表 2-1　被解释变量为二氧化碳排放强度（CEI）的 System GMM 估计结果

| | (1) lnCEI | (2) lnCEI | (3) lnCEI | (4) lnCEI | (5) lnCEI | (6) lnCEI | (7) lnCEI |
|---|---|---|---|---|---|---|---|
| L.lnCEI | 0.849*** (30.21) | 0.392** (1918) | 0.350*** (12.04) | 0.399*** (6.98) | 0.315** (9.73) | 0.321*** (5.08) | 0.330** (5.2) |
| lnKL | 0.252*** (4.54) | -0.064 (-0.99) | 0.100 (-.40) | 0.051 (-0.94) | -0.0230 (-0.33) | -0.388** (-5.0) | -0.31*** (-3.7) |
| L.lnK/L | -0.266*** (-7.57) | -0.01 (-0.15) | -0.001 (-0.06) | -0.034 (-1.28) | -0.042 (-0.74) | 0.384*** (4.71) | 0.193 (1.59) |
| lny | -0.0585*** (-2.82) | -0.0795*** (-0.28) | -0119*** (-2.92) | -0941*** (-2.19) | -0807*** (-2.05) | -0.105* (-2.44) | -00729 (-1.64) |
| ly² | 0.010 (0.71) | 0.040 (1.51) | .0764* (2.49) | 0.059 (1.86) | 0.045 (1.70) | 0.0587 (1.88) | 0.419 (128) |
| lny³ | -0.0018 (-0.55) | -0.006 (-1.28) | 0.0110* (-2.47) | -0.0083 (-1.77) | -0.0051 (-1.33) | -000855 (1.59) | -0.0080 (-1.6) |
| lnEI | | 0.818** (12.25) | 0.924*** (11.18) | 0.955** (10.48) | 1.029*** (12.00) | 0.22*** (19.15) | 0.24*** (17.32) |
| lnCCG | | | -0.050** (-2.2) | 0.0368 (-1.33) | 0.0602* (-2.50) | 0.0704*** (-6.0) | .0723** (-6.9) |
| lnC | | | | 0.048 (1.66) | 0.040 (1.38) | 0.080 (0.95) | 0.041 (1.29) |
| lnEX | | | | | -0.0412 (-1.86) | -0.105 (-5.32) | -0.0895 (-2.49) |
| lnFDI | | | | | | 0.0717** (2.82) | .0626* (2.31) |
| T | | | | | 0.872* (2.38) | 1.611** (4.53) | 0.026 (0.7) |
| _cons | -0.040 (-0.35) | 0.112 (1.02) | 0.288 (2.52) | 0.114 (0.67) | | | -22.41 (-0.71) |
| Saran 检验（P） | 26.263 1.000 | 24.8628 1.000 | 22.6688 1.000 | 22.1495 1.000 | 20.7673 1.000 | 22.219 1.000 | 21.6111 (1.000) |
| AR（1） | 0.004 | 0.010 | 0.168 | 0.227 | 0.137 | 0.069 | 00095 |
| AR（2） | 0.2664 | 0.4314 | 0.7434 | 0.6709 | 0.7405 | 0.5452 | 0.8056306 |
| 样本量 | 448 | 48 | 48 | 48 | 48 | 30 | |

注话号里为 t 统量，*、**、*** 分别代表 $P < 0.5$ 和 $P < 0.01 < 0.001$ 显著性水平。

从表 2-1 可知，$lny^3$ 项的系数为负数，说明二氧化碳排放强度与制造业人均增加值呈"反 N"型趋势，表明 $CO_2$ 排放强度随着人均增加值的增加存在拐点，拐点后 $CO_2$ 排放强度的产出弹性为负。在不考虑 $T$ 影响的情况下，与 $CO_2$ 排放强度较为显著负相关的变量为 $lnKL$、$lnY$、$lnCCG$，其中最显著的是 $lnCCG$，$lnEX$ 虽然不显著，但也呈现负相关的关系。可见清洁能源的消费比重是能够减少二氧化碳排放的首要影响因素。此外，随着制造业的资本深化和人均产出水平的提升，制造业的排放效率也得到了提升。而出口与 $CO_2$ 排放强度的关系与我们通常想象的不同，出口增加是导致 $CO_2$ 排放强度下降的原因之一，虽然这种影响的显著水平不高。这可能与中国以加工贸易为主的方式有关。与二氧化碳排放强度正相关的变量为 $lnEI$、$lnC$、$lnFDI$，影响效果最显著的是 $lnEI$，即能源消费强度，其次是 $lnFDI$，而经济周期 C 对 $CO_2$ 排放强度有弱正相关的影响。可见，降低 $CO_2$ 排放强度最首要的任务是提高能源消费效率，注重引进优质 FDI 项目。如果考虑时间趋势项 T，我们会发现外部环境和政府政策均是导致 $CO_2$ 排放强度提高的因素。结合实际看，不难发现从入世到中国工业化进程的深入，本质上都增加了能源需求，导致了 $CO_2$ 排放水平的增加。

## 二、中国减排路径选择

从高质量发展的角度讲，实现低碳经济既是实现可持续发展的要求，也是提高经济效率的要求。具体应从大力发展清洁能源技术和设计减排激励机制两个方面着手。

### （一）长期大力发展清洁能源技术

一方面要改变能源的消费结构，减少由于能源消费产生的二氧化碳排放量，如果应用的能源氢含量较高，那么能源使用过程产生的产物多为水，环境的负面影响将大为下降。现在的"煤变油"技术可以将煤炭液化，可以解决中国"多煤少油"的能源格局，有利于降低运输和储存成本，也有利于提高碳排放效率。减少碳排放的另一种方法是实现碳捕捉技术。但目前这两种技术都不成熟，无法进行商业化。

实际上大力发展清洁能源技术是实现低碳经济的长期根本解决之道，短期不能大面积推广实现。因此，在短期内应主要通过制度激励实现减排。

### （二）短期建立减排激励机制

由于碳排放具有外部性，同时也具有信息不对称性，无法通过市场机制自发提高效率，因此需要建立碳交易机制，通过分配碳排放配额的方式，强制减少碳排放数量。不过以欧盟的经验看，建立碳排放交易机制的重点在于核查碳排放数量，这涉及机器设备的能耗和能效，也与能源品类不同有关，是比较复杂的系统工程。

唐敏等（2017）通过对四大直辖市的共同减排路径的分析，也认为可行的减排路径包括三个方面：一是调整能源结构，主要通过积极寻求新能源替代现有的高碳能源，或者通过技术改革提高现有能源利用率。二是调整产业结构，包括积极进行产业间转型升级和产业内部结构升级。三是大力发展低碳技术。

### 参考文献

［1］何建坤.打造低碳竞争优势［N］.人民日报，2010-4-12.

［2］何小刚，张耀辉.中国工业碳排放影响因与CKC重组效应：基于STIRPAT模型的分行业动态面板数据实证研究［J］.中国工业经济，2012（1）：26—35.

［3］贾卓，陈兴鹏，善孝玺.低碳试点省份工业部门低碳化转型实现路径：以陕西省为例［J］.软科学，2013（3）：85—89.

［4］李宾，周俊，田银华.全球外部性视角下的碳排放与产业结构变迁［M］.资源科学，2014，（12）：2483—2490.

［5］李宾.气候变化的宏观经济分析［M］.中国经济出版社，2018.

［6］潘家华.走低碳之路提高国际竞争力［N］.人民日报，2010-4-12.

［7］渠慎宁，郭朝先.基于STIRPAT模型的中国碳排放峰值预测研究［J］.中国人口·资源与环境，2011（20）：121—126.

［8］吴建新，郭智勇.基于连续动态分布方法的中国碳排放收敛分析［J］.统计研究，2016（1）：107—115.

［9］许广月，宋德勇.中国碳排放环境库兹涅茨曲线的实证研究——基于省域面析数据［J］.中国工业经济，2010（5）：37—47.

［10］许海平.空间依赖、碳排放与人均收入的空间计量研究［J］.中国人口·资源与环境，2012（9）：149—157.

［11］邵帅，杨莉莉，曹建华.工业能源消费碳排放影响因素研究——基于研究STIRPAT模

型的上海分行业动态面板数据实证分析[J].财经研究，2010（11）：16—27.

[12] 孙敬水，陈稚蕊，李志坚.中国发展低碳经济的影响因素研究：基于扩展的STIRPAT
模型分析[J].审计与经济研究，2011（7）：85—93.

[13] 唐敏，王路云，刘一平，等.四大直辖市碳排放现状及差异化低碳发展路径[M].北
京：经济管理出版社，2017.

[14] 王钰.基于低碳经济的中国产业国际竞争力研究[J].北京大学出版社，2014.

[15] 王钰，张连城.中国制造业向低碳经济型增长方式转变的影响因素及机制研究：基于
STIRPAT模型对制造业28个行业动态面板数据的分析[J].经济学动态，2015（4）：
35—41.

[16] 王钰，张自然.中国实现高质量发展的供给结构与效率的关系研究[M].首都经济贸
易大学出版社，2019.

[17] 王志华，缪玉林，陈晓雪.江苏制造业低碳化升级的锁定效应与路径选择[J].中国
人口·资源与环境，2012（5）：278—283.

[18] 文昌.本刊执行总编朱敏对话经济学家张平——调结构，机制重于结果[J].新经济
导刊，2012（5）：14—21.

[19] 伍华佳.中国高碳产业低碳化转型产业政策路径探索[J].社会科学，2010（10）：
27—34.

[20] 许广月，宋德勇.中国碳排放环境库兹涅茨曲线的实证研究——基于省域面板数据
[J].中国工业经济，2010（5）：37—47.

[21] 杨春学.OECD国家增长方式转变的经验与教训——某些特征和政策[J].经济理论与
经济管理，2012（12）：5—14.

[22] 杨晓晋，徐祖春，张海林.关于湖南省工业低碳化转型的若干思考[J].文史博览（理
学习论），2010（4）：56—60.

[23] 谌莹，张捷.碳排放峰值与能耗峰值及其影响因素——跨国及中国的实证研究[J].
国际贸易问题，2015（6）：92—100.

[24] 张连城，郎丽华.中国经济走势与宏观经济政策取向[J].经济理论与经济管理，
2012（5）：5—11.

[25] 张平."结构性"减速下的中国宏观政策和制度机制选择[J].经济学动态，2012
（10）：3—9.

[26] 张为付，周长富.我国碳排放轨迹呈现库兹涅茨倒U型吗？基于不同区域经济发展与
碳排放关系分析[J].经济管理，2011（6）：14—23.

[27] 张志元，李兆友.我国制造业低碳化转型探讨[J].理论探索，2013（6）：97—101.

[28] 赵爱文，李东.中国碳排放的EKC检验及影响因素分析[J].科学学与科学技术管理，
2012（10）：107—115.

[29] 中国尽早实现二氧化碳排放峰值的实施路径研究课题组.中国碳排放尽早达峰[M].
中国经济出版社，2017.

［30］朱永彬，王铮，庞丽，等.基于经济模拟的中国能源消费与碳排放高峰预测［J］.地理学报，2009（8）：935—944.

［31］周俊，李宾.人均碳排放拐点的国际比较分析［J］.中国科技论坛，2015（2）：155—160.

［32］Gene M·Grossman.Alan B·Krueger.Economic Growth and the Environment［J］.NBER working paper series（NO.4634）.1994：1—21.

［33］Huw Mckay，Ligang Song.China as a Global Manufacturing Powerhouse：Strategic Considerations and Structural Adjustment［J］.China & World Economy，2003，Vol.18，No.1：1—32.

［34］Karen Fisher-Vanden.The Effects of Market Reforms on Structural Change：Implications for Energy Use and Carbon Emissions in China［J］.The Energy Journal，2003，Vol.24，No.3：27—62.

［35］Richard York，Eugene A Rosa，Thomas Dietz.STIRPAT，IPAT and IMPAT：Analytic Tools for Unpacking the Driving Forces of Environmental Impacts［J］.Ecological Economics，2003，Vol.46，No.3，October：351—365.

# 第二篇

# 碳排放权的界定与减排的国际治理

# 第三章　全球气候变暖及其
# 适应与减缓战略

**内容摘要：** IPCC 对全球气候变化的前五轮评估（包括观测和对未来模拟）结果清楚地表明，全球气候变暖是不争的事实，碳排放量的增长是导致升温的主要原因，它是人类活动导致的，而且未来这个过程会加剧。IPCC 第五轮评估报告指出应对气候变化的战略包括适应和减缓两个方面，其中适应是被动应对策略，减缓是根本和决定性的措施。减缓方案的内容包括提高碳排放效率、增加清洁能源的消费比重和增加碳汇。2019 年召开的马德里 COP25 会议的目标是：2030 年碳排放应实现温室气候排放减少 45%，2050 年实现气候中立，本世纪末全球升温控制在 1.5℃以内。中国通过前三期评估结果也表明中国也正经历气候变暖，平均情况比国际水平高。第四次评估报告重点在减缓方面提出了相应的政策建议。因此，未来中国在提高对气候变暖的适应能力的同时，也应加大减缓方面的努力，依据国际框架安排，其方案的重点也应聚焦于提高碳排放效率、增加清洁能源的消费比重和增加地基行业碳汇三个方面。

还必须指出的是，美国退出《巴黎公约》虽然对于国际社会应对全球气候变化的大方向和趋势没有影响，但对碳排放量最大的中国而言，应对气候变化特别是进行减排的压力增大了，难度也增大了。面对国际社会的压力，我们在减排时也要与中国的发展阶段相结合，要与自身的能力相适应。

从 20 世纪 70 年代，美国的学者莱斯特·R·布朗提出了生态经济学理论，到 20 世纪 80 年代联合国教科文组织政府间海洋委员会（IOC）、国际科学联合会理事会（ICSU）、世界气象组织（WMO）联合对"世界气候研究计划"进行资助后，气候问题就被国际社会所广泛关注。

# 第一节　全球气候变化

1988 年联合国的环境规划署（UNEP）和世界气象组织（WMO）共同建立了政府间气候变化专门委员会（IPCC），该组织由来自各国的数百名专家组成，分成三个工作组，定期地对世界气候变化进行观测和报告，并为减缓气候变化提供科学依据。1992 年在巴西里约热内卢订立了《联合国气候变化框架公约》（UNFCCC），共有 197 个缔约国，1994 年生效后每年召开缔约国会议。2019 年 12 月 2 日在西班牙首都马德里召开的第二十五届气候变化大会（COP25），虽然没有达成强制性条款，但通过了三个目标：2030 年将温室气体排放量减少 45%；2050 年实现净零碳足迹（也称气候中立）；到 21 世纪末将全球气温上升稳定在 1.5 度。

## 一、全球气候变暖的事实——全球气候变化的主要特征

IPCC 共对全球气候变化进行了六次评估（见表 3-1），其中第六次评估于 2016 年开始启动，最终将于 2022 年提供综合报告，通过前五次的综合评估，已经确定了全球气候变暖是不争的事实。气候变化的内容包括很多方面，其中最主要的特征为气候变暖。

IPCC 现有的评估报告及其提出的政策建议，对于全球应对气候变化具有很强的指导意义，为全球以及世界各国应对气候变化的行动提供了理论依据和行动指南，也是全球协调行动的基础。因此，在具体分析中国应如何进行碳减排，如何进行配额分配前，有必要对 IPCC 的报告内容进行简要的梳理。

表 3-1　IPCC 六次气候评估报告及其结果

| 评估轮次 | 报告年份 | 综合报告 | 内容 |
|---|---|---|---|
| 1 | 1990 | FAR | 过去 100 年全球平均地面温度升高 0.3—0.6℃，海平面上升 10—20cm，自工业革命（1750—1800）后温室气体浓度上升了 123ml/m³（由 230ml/m³ 上升至 353ml/m³），2025—2050 年，温室气体浓度将增加 1 倍左右，2025 年将比 1990 年前升高 1℃，到 21 世纪末将升高 3℃左右。通过运用大气—海洋—陆面耦合模式（CGCM）对未来气候变化进行模拟，结果表明未来 50—100 年全球平均气温将升高 1.5—3℃ |

| 评估轮次 | 报告年份 | 综合报告 | 内容 |
|---|---|---|---|
| 2 | 1996 | SAR | 至2100年相对于1990年全球平均温度上升1—3.5℃，海平面上升15—95cm，受水循环加速的影响，全球一些地区会出现干旱洪涝灾害，一些地区灾害会减轻。气候变化对人类健康、陆地、水生态系统和社会经济系统的影响有些是有利的，但不利影响是不可逆的。提出了稳定气候变化的措施，提出了应制定公平政策和公约，以便实现可持续发展 |
| 3 | 2001 | TAR | 过去百年温度已经上升了0.4—0.6℃，20世纪海平面上升了10—20cm。极端气候事件有所上升，总结了气候变化对自然和人类系统的影响及其脆弱性，提出减缓的措施包括减少温室气体排放和增加"碳汇"，同时指出减缓行动的有效性主要取决于社会、经济与技术发展水平 |
| 4 | 2007 | AR4 | 工业革命以来，受人类活动影响，全球二氧化碳、甲烷、一氧化二氮浓度均有所增加，其中$CO_2$浓度从280ml/m³增加到379ml/m³（2005年），近百年全球平均地表温度上升了0.56—0.92℃，20世纪海平面上升了17cm。从导致升温的原因看，太阳辐射、城市热岛效应都不是主要原因，主要原因是人类活动。这将导致未来不同地区的干旱洪涝灾害风险加大，冰川和雪盖减少。分情景模拟的结果也表明，未来如果不采取措施，全球气候变暖会进一步加剧 |
| 5 | 2014 | AR5 | 通过观测发现近年来人为温室气体排放达到了历史最高值，持续的温室气体排放将会导致气候系统所有组成部分进一步变暖并出现长期变化，会增加对人类和生态系统造成严重、普遍和不可逆影响的可能性。通过模拟认为21世纪气候变化的影响会导致热浪频发、极端降水强增多、海洋持续升温和酸化，全球平均海平面不断上升。气候变化还会对自然和人类系统产生新的风险，风险分布不均，通常对发展中国家的弱势群体影响更大。未来随着变暖程度加大，突变和不可逆风险也进一步加大。适应和减缓是减轻和管理气候变化风险相辅相成的战略。许多适应和减缓方案均有助于应对气候变化，仅靠单一方面不足以应对。适应路径的特点：可降低气候变化影响的风险，但其效果有限。减缓路径的特点：目前有多种减缓路径可将升温控制在相对于工业化前水平增加2℃以内，这些路径的实现需要国家在未来几十年内显著减排，到21世纪末，需要使$CO_2$和其他长寿命温室气体排放接近于零。如果延迟减排，则会使以后的控制难度加大。适应的响应方案：各行业都有适应方案，但落实背景和降低气候相关风险的潜力因行业和地区而不同。一些响应包括显著的协同效益、协作和权衡。但是不断加剧的气候变化将加大对许多适应方案挑战。减缓的响应方案：各主要行业均有减缓方案，减缓更具有成本效率，前提是使用综合方法，即结合各类措施，以降低最终行业的能源使用、温室气候强度、脱碳能源供应，降低净排放以及提高碳汇 |

| 评估轮次 | 报告年份 | 综合报告 | 内容 |
|---|---|---|---|
| 6 | 2022 | AR6 | 已经发布的分报告首次对高山地区与极区冰冻圈和海洋进行了评估，结论是这些地区在全球气候变暖后普遍发生了退缩，未来冰冻圈将进一步消融，海洋加速酸化，极端海洋事件频发，因此需要积极和持久地采取适应和减缓行动（王朋岭等，2020）。<br>将为2020年以后人类应对气候变化提供科学依据，为应对气候变化新机制运行提供政策支持，为2030年人类应对气候变化提供行动指南 |

资料来源：王朋岭,黄磊,巢清尘,等.IPCC SROCC 的主要结论和启示［J］.气候变化研究进展,2020,16（2）：133—142.

　　IPCC 的历次评估报告对确认和应对气候变化意义重大。如果没有多轮评估，最初气候变暖是被质疑的，甚至被认为是伪命题。如图 3-1 所示，上述报告不但为气候变化提供了科学依据，还为国际社会应对气候变化提供了决策的政策基础。

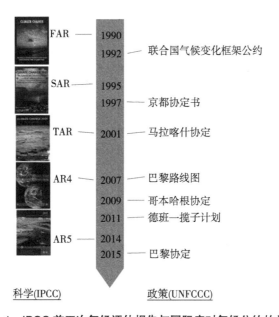

**图 3-1　IPCC 前五次气候评估报告与国际应对气候公约的关系**

资料来源：张永香,巢清尘,黄磊,等.气候变化科学评估与全球治理博弈的中国启示［J］.中国科学,2018（8）：2313—2319.

　　IPCC 的评估报告对于全球气候变化的评估内容分为两部分：实际观测结果和不同情境模拟预测部分。从现有的评估结果看，两者都毋庸置疑地表明全球气候变暖在加剧,这个过程是不可逆的,加剧的不可逆意味着气候系统的脆弱性,可能会使整个自然系统中的各个圈层在某个瞬间(或某个临界值)出现系统性崩溃,进而导致生存在生态系统内的人类系统面临巨大的灾难。

IPCC 第五次评估报告(AR5)的特点在于对气候变化的风险、影响与人类活动(社会活动和经济活动)的相互作用关系进行了分析,并提出适应和减缓的相应措施和行动可以减少气候变化的风险(姜彤等,2014)。《综合报告(SYR)》显示,如图 3-2 所示,1850 年以来,陆地和海表温度不断上升,海平面也不断上升,同时全球温室气体浓度,如图 3-3 所示,特别是 1950 年之后 $CO_2$ 的浓度迅速提高。从二氧化碳来源看,如图 3-4 所示,人类的活动是 $CO_2$ 排放的主要来源,可见人类活动是导致全球气候变暖的主要诱因。

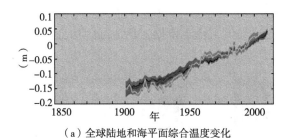

(a)全球陆地和海平面综合温度变化

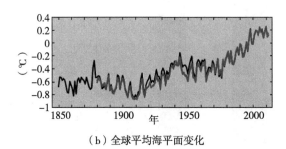

(b)全球平均海平面变化

**图 3-2 全球陆地和海表综合温度变化和平均海平面变化**

资料来源:IPCC AR5 2014;SYR.

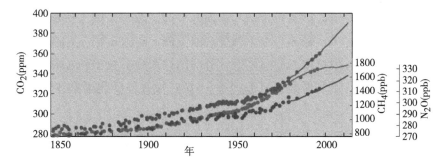

**图 3-3 全球平均温室气体浓度变化**

资料来源：IPCC AR5 2014：SYR.

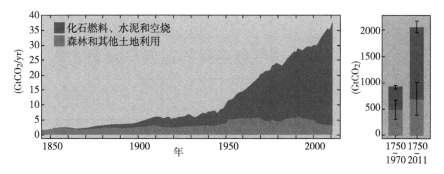

**图 3-4 人类活动对全球二氧化碳排放的影响**

资料来源：IPCC AR5 2014：SYR.

## 二、气候变化对中国的影响

2015 年科技部、中国气象、中国科学院和中国工程院多部门联合对中国的气候变化情境进行了第三次综合评估，评估结果显示，1909—2011 年中国陆地平均增温 0.9℃—1.5℃，最近五六十年中国年平均气温上升速率约为 0.21℃—0.25℃/10a，增温幅度高于全球水平。中国气候变化，其中一少半与大西洋多年代涛动（AMO）相关，多半是由人类排放温室气体引起的。考虑到 2030 年中国基本完成工业化与城镇化，为 $CO_2$ 排放达到峰值提供了条件。现有的许多研究也显示碳排放的峰值预测将出现在 2030 年，但是由于中国进入中等收入国家后，未来将面临经济增速、发展方式和消费模式、技术创新等方面的不确定性，中国碳排放峰值出现的时间可能会略有提前或置后。

　　气候变化对中国的影响是正面和负面共存的，敏感领域包括农业、水资源、海岸、近海海洋、森林与生态系统、冰冻圈、重大工程、人体健康，这些影响正在逐步显现出来，但整体上综合评估结果是弊大于利。未来是增温幅度较高的时期，不利影响会日趋严重（《第三次气候变化国家评估报告》，2015）。

　　巢清尘等（2020）基于对综合评估中国气候变化观测的结果、驱动力以及对未来情况的模拟结果，认为中国的气候变暖在持续，大气中温室气体的浓度在提高，人为因素是导致气候变化甚至是极端气候出现的主要原因，中国陆地系统中的固碳量在增加。

## 第二节　对全球气候变化的适应与减缓战略

　　由于气候变化的影响不是短期可以过去的，影响累积后会不断扩大和增大，且是不可逆的，这种不可逆的影响对于全球各个国家的生态、社会、经济等领域都会造成影响，这种影响很大，而且差异性较大，不确定性也非常高。因此 IPCC 的前两次报告都对气候变化的影响给予了高度关注，至第五次评估报告将适应与减缓作为应对气候变暖的两个重要支点。将全球应对气候变化战略途径归纳为两个方面：一是适应；二是减缓。巢清尘（2009）认为，两者的区别在于三个方面：（1）两者的时空有效性不同。在空间上，减缓是全球获益的，而适应仅对某个局部有效。在时间上，适应措施效果立竿见影，而减缓受温室气体的平均生命周期较长（几十年至几百年）影响，要很长时间以后才能看到效果。（2）两者的作用对象不同。适应涉及的对象比较广泛，只要受到气候变化影响的部门，包括个人都涉及适应的问题，而减缓可能适用于某些产业，对发达国家可能主要涉及能源、交通部门，对发展中国家还会涉及工业、农业。（3）两者的效益可比性不同。适应涉及的领域多，人员复杂，其效益应以减少的损失计算，比较复杂，不容易计算。减缓则主要涉及对减少的排碳量的核算，相对好计算，也容易比较。

## 一、IPCC 的适应与减缓战略

从 IPCC AR5（2014，SYR）的内容看，适应和减缓两个方面的工作都需要做而且要注意两者的协同关系。综合两者的关系看，适应是一种被动应对，是对气候变化风险事后的预防性治理，是考虑气候变化会带来有利影响和不利影响两方面的可能性，趋利避害的提前准备。例如，气候变化使中国东北地区的温度升高，有利于农业发展，因此应考虑未来温度升高后，增加东北地区的农作物种植品种或轮次；再如，考虑到气候变化会导致某些地区降雨量增大，因此可以提高该地区农村、城市的基础设施防御能力。而减缓则是一种主动应对，是对引起气候变暖的主要诱发因素——温室气体的控排，是从根本上和源头上解决问题的事前应对，是抓住事物主干，"擒贼先擒王"的快、好、省的解决问题方法。只有严格的减缓活动是确保气候变化的影响保持在可适应范围内的关键。

但由于当前人类尚处于以石化燃料为主的能源消费时代，全球气候变暖是受碳累积排放量决定的，减少碳排放在一定程度上会对产业发展、经济增长产生一定的影响，各国发展程度不一，累积碳排放量差异较大，减缓需要世界各国协调。高广生（2002）认为，气候变化的国际谈判的实质是争夺未来各国在能源发展和经济竞争中的优势地位问题，是对过去的历史责任和未来发展权利的分配。各国对此分歧较大，因此很难在短期内达成一致，并付诸行动。在远水解决不了近渴的情况下，适应就是必须要做的了。但是适应的问题在于，减缓的速度慢了，气候变化的速率不断提高，对适应的要求就会提高，需要适应的条件也在不断变化，适应的难度就加大了。而且适应是以物质投资的，对资金投入的要求较高，落后的国家和地区是很难实现的。

## 二、中国应对气候变化的适应与减缓战略

中国从 1992 年签署《联合国气候变化框架公约》（UNFCCC）以来，一直对适应气候变化的战略进行研究和追踪，将适应和减缓战略结合在一起，积极采取各种措施趋利避害，主动应对气候变化。2013 年发布了《国家适应气候变化战略》，提出了"突出重点、主动适应、合理适应、协调配合、广泛参与"的工作方针。2019 年《第四次气候变化国家评估报告》进一步为中国

应对气候变化战略，提出相应的减缓措施，包括为落实国家自主贡献（NDC）目标提供技术支撑和政策建议。

在减缓气候变化的影响方面，中国依据国际应对气候变化的基本框架，依据中国的实际情况，遵循国际气候公约中的"共同但有区别的责任"原则，依靠科技创新和技术进步，积极参与、广泛合作，将应对气候变化与其他经济社会政策相结合。在减缓气候变暖方面，将其与可持续发展战略、创新型国家相结合，采取一系列法律、行政、经济等手段，包括改善能源结构、提高能源使用效率、完善气候变化应对管理体制机制、植树造林等，大力打造低碳经济（高广生，2006，2007）。

1992年中国签署了UNFCCC，同时发布了《21世纪议程》，1994年制定并实施《中国21世纪议程——中国21世纪人口、环境与发展白皮书》，提出了促进中国资源环境、经济社会发展的总体战略和行动方案，1998年5月中国签署了《京都议定书》。

中国对气候变化问题高度重视还体现在组织机构的设置中，1990年成立了国家气候变化协调小组，1998年该机构更名为国家气候变化对策协调小组。2007年为了协调工作方便，成立了国家应对气候变化领导小组，小组长为国务院总理，国务院机构改革后，领导小组中的成员单位由原来的18个增加到20个，国家发展改革委、财政部、工业信息部等都是成员单位。国家发展改革委中还专门设立了气候变化司。1988年，原来隶司于城乡建设环境保护部的环境保护局转为国务院直属副部级单位，成立国家环保局。1998年，国家环保局升级为国家环保总局，为了方便工作，2008年升格为环境保护部。2018年因国务院机构改革，组建生态环境部，并将原来属隶于发改委的应对气候变化司并入生态环境部。中国气候变化应对组织机构设立最初是为了满足订立国际公约的需要，是外因性的，但随着中国经济发展的转型，特别是向高质量发展的转变，节能减排和应对气候变化逐步成为内在要求，机构建设也从中央逐步向地方延伸（田宇丹，2013）。

为了具体落实应对气候变化的工作，处理好经济发展和应对全球气候变化的关系，中国作为发展中国家一直都在进行自主减排，在国家层面制定了明确的减排目标、战略和政策措施，以便确保把减排工作落实到国家行动中。自2006年的"十一五"规划起就将能源安全和应对气候变化列入国家发展规划，并作为一项重要目标，提出了减少单位GDP能耗和主要污染物排放总量

的具体目标。2007 年中国发布了第一部应对气候变化的政策文件《中国应对
气候变化国家方案》，提出了中国应对气候变化"以控制温室气体排放、增强
可持续发展能力为目标"[①]，同时规定了应对气候变化的具体原则、重点领域和
措施，这是履行 UNFCCC 的举措。2009 年在哥本哈根气候大会召开前，中国
宣布了至 2020 年的减排目标：单位 GDP 二氧化碳排放比 2005 年下降 40%—
45%，非化石能源消费占一次能源消费比重达 15% 左右；通过植树造林和加
强森林管理，森林面积比 2005 年增加 4000 万公顷，森林蓄积量比 2005 年
增加 13 亿立方米。2011 年国务院《"十二五"控制温室气体排放工作方案》
要求至 2015 年单位 GDP 排放比 2010 年下降 17%，实现单位 GDP 能耗下降
16%，非化石能源占一次能源消费比重达 11.4%，森林覆盖率提高到 21.66%，
森林蓄积量增加 6 亿立方米[②]。同时决定在"十二五"期间建立应对气候变化
的政策体系、体制机制、统计核算体系，逐步建立碳排放交易市场，推进低
碳试点示范，全面提升中国控制温室气体的能力。2013 年 11 月，发改委会同
财政部等单位联合制定了《国家适应气候变化战略》，以 2020 年为目标期提
出了适应目标、重点任务、区域格局和保障措施，为统筹协调开展适应工作
提供了指导。2014 年 8 月，发改委发布了《单位国内生产总值二氧化碳排放
目标考核评估办法》，为了确保减排目标的完成，国务院将二氧化碳强度下降
指标分解到各省（自治区、直辖市），并纳入各地区（行业）经济社会发展综
合评价体系和干部政绩考核体系。具体的指标分解情况如表 3-2 所示。

表 3-2　"十二五"期间各地区单位 GDP 二氧化碳排放下降指标任务

| 省份 | 单位 GDP 二氧化碳排放下降（%） | 单位 GDP 能源消耗下降（%） | 省份 | 单位 GDP 二氧化碳排放下降（%） | 单位 GDP 能源消耗下降（%） |
|---|---|---|---|---|---|
| 北京市 | 18 | 17 | 湖北省 | 17 | 16 |
| 天津市 | 19 | 18 | 湖南省 | 17 | 16 |
| 河北省 | 18 | 17 | 广东省 | 19.5 | 18 |
| 山西省 | 17 | 16 | 广西壮族自治区 | 16 | 15 |
| 内蒙古自治区 | 16 | 15 | 海南省 | 11 | 10 |

---

① 国务院.国务院关于印发中国应对气候变化方案的通知［EB/OL］.http：//www.gov.cn/zwgk/2007-06/08 /
content _ 641704.htm，2007-6-8.

② 国务院.国务院关于印发"十二五"控制温室气体排放工作方案的通知［EB/OL］.http：//www.gov.cn /
zhengce /content /2012-01/13/content_1294.htm，2012-1-13.

| 省份 | 单位 GDP 二氧化碳排放下降（%） | 单位 GDP 能源消耗下降（%） | 省份 | 单位 GDP 二氧化碳排放下降（%） | 单位 GDP 能源消耗下降（%） |
|---|---|---|---|---|---|
| 辽宁省 | 18 | 17 | 重庆市 | 17 | 16 |
| 吉林省 | 17 | 16 | 四川省 | 17.5 | 16 |
| 黑龙江省 | 16 | 16 | 贵州省 | 16 | 15 |
| 上海市 | 19 | 18 | 云南省 | 16.5 | 15 |
| 江苏省 | 19 | 18 | 西藏自治区 | 10 | 10 |
| 浙江省 | 19 | 18 | 陕西省 | 17 | 16 |
| 安徽省 | 17 | 16 | 甘肃省 | 16 | 15 |
| 福建省 | 17.5 | 16 | 青海省 | 10 | 10 |
| 江西省 | 17 | 16 | 宁夏回族自治区 | 16 | 15 |
| 山东省 | 18 | 17 | 新疆维吾尔族自治区 | 11 | 10 |
| 河南省 | 17 | 16 | 合计 | 17 | |

资料来源：中国人民共和国国务院."十二五"控制温室气体排放工作方案［EB/OL］.http：//www.gov.cn /zhentce /content/2012–01/13/content_1294.htm.2012–1–13.

2014 年 9 月国务院通过了《国家应对气候变化行动规划（2014—2020）》，对"十二五"后的中长期温室气体控制目标提出了新要求，提出 2020 年应对气候变化的目标是：（1）全面控制温室气体排放；（2）低碳试点取得显著进展；（3）大幅提升适应气候变化能力，重点领域和生态脆弱地区适应气候变化能力显著增强。（4）能力建设取得重要成果。应对气候变化的法规体系基本形成，基础理论研究、技术研发和示范推广取得明显进展。（5）广泛开展国际交流合作，不断加强气候变化国际交流、对话和务实合作，进一步深化"南南合作"①。2015 年中国向联合国提交了中国自主减排预案《强化应对气候变化行动——中国国家自主贡献》，提出了到 2030 年的自主行动目标是：争取二氧化碳排放到 2030 年尽早达峰；单位 GDP 二氧化碳排放比 2005 年下降 60%—65%，非化石能源占一次能源消费比重达 20% 左右，森林蓄积量比 2005 年增加 45 亿立方米左右。同时中国还将继续主动适应气候变

---

① 国务院.国务院关于国家应对气候变化规划（2014–2020 年）的批复（国函［2014］126 号］.http：//www.gov.cn /zhengce/ content/2014–09/19/content_9083.htm.2014–6–19.

化①。依据这个减排承诺，中国在 2005—2030 年的碳排放强度年下降率约为
3.6%—4.1%，相比而言，同期美国和欧盟自 1990 年以来的减排年下降率约为
2.3%②，可见这个目标对于中国来说难度还是较大的。为了实现这一目标，中
国还要付出更多的努力。

　　2016 年 3 月，为了兑现中国政府在 UNCFFF 的承诺，国务院制定颁布了
《"十三五"控制温室气体排放工作方案》，到 2020 年，单位国内生产总值二
氧化碳排放比 2015 年下降 18%，碳排放总量得到有效控制。全国碳排放权
交易市场启动运行，应对气候变化法律法规和标准体系初步建立，统计核算、
评价考核和责任追究制度得到健全，低碳试点示范不断深化，减污减碳协同
作用进一步加强，公众低碳意识明显提升③。"十三五"各省（自治区、直辖
市）的能耗总量和强度"双控"目标如表 3-3 所示。

表 3-3　"十三五"各地区能耗总量和强度"双控"目标

| 地区 | "十三五"能耗强度<br>降低目标（%） | 2015 年能源消费总量<br>（万吨标准煤） | "十三五"能耗增量<br>控制目标（万吨标准煤） |
|---|---|---|---|
| 北　京 | 17 | 6853 | 800 |
| 天　津 | 1 | 8260 | 1040 |
| 河　北 | 1 | 29395 | 3390 |
| 山　西 | 15 | 19384 | 3010 |
| 内蒙古 | 14 | 18927 | 3570 |
| 辽　宁 | 15 | 21667 | 3550 |
| 吉　林 | 15 | 8142 | 1360 |
| 黑龙江 | 15 | 12126 | 1880 |
| 上　海 | 17 | 11387 | 970 |
| 江　苏 | 17 | 30235 | 3480 |
| 浙　江 | 17 | 19610 | 2380 |
| 安　徽 | 16 | 12332 | 1870 |

---

① 新华社.授权发布：强化应对气候变化行动——中国国家自主贡献.http：//www.xinhuanet.com/ politics/
2015-06/30/ c_1115774759.htm.2015-6-30.

② 新华网.中国提交 2030 年"绿色"答卷——解读应对气候变化国家自主贡献文件.http：//www.xinhuanet.
com// politics/2015-07/01/c_1115787779.htm.2015-7-1.

③ 国务院.国务院关于印发"十三五"控制温室气体排放工作方案的通知.http：//www.gov.cn/zhengce/
content/ 2016-11/04/content_5128619.htm#.2016-10-27.

| 地区 | "十三五"能耗强度降低目标（%） | 2015年能源消费总量（万吨标准煤） | "十三五"能耗增量控制目标（万吨标准煤） |
|------|------|------|------|
| 福　建 | 16 | 12180 | 2320 |
| 江　西 | 16 | 8440 | 1510 |
| 山　东 | 17 | 37945 | 4070 |
| 河　南 | 16 | 23161 | 3540 |
| 湖　北 | 16 | 16404 | 2500 |
| 湖　南 | 16 | 15469 | 2380 |
| 广　东 | 17 | 30145 | 3650 |
| 广　西 | 14 | 9761 | 1840 |
| 海　南 | 10 | 1938 | 660 |
| 重　庆 | 16 | 8934 | 1660 |
| 四　川 | 16 | 19888 | 3020 |
| 贵　州 | 14 | 9948 | 1850 |
| 云　南 | 14 | 10357 | 1940 |
| 西　藏 | 10 | — | — |
| 陕　西 | 15 | 11716 | 2170 |
| 甘　肃 | 14 | 7523 | 1430 |
| 青　海 | 10 | 4134 | 1120 |
| 宁　夏 | 14 | 5405 | 1500 |
| 新　疆 | 10 | 15651 | 3540 |

资料来源：国务院关于印发"十三五"节能减排综合工作方案的通知（附件1）[EB/OL].http：//www.gov.cn/ zhengce/content/2017–01/05/content_5156789.htm.2017–1–15.

注：西藏自治区相关数据暂缺。

2017年，习近平总书记在党的第十九次代表大会上的报告中提出"构建政府为主导，企业为主体，社会组织和公众共同参与的环境治理体系。积极参加全球环境治理，落实减排承诺"①。

由此可见，节能减排作为中国的国家战略，具有明确的目标和任务，并且对其进行了地区分解，2030年之前的主要任务就是通过切实可行的政策措

① 新华网．习近平在中国共产党第十九次全国代表大会上的报告，[EB/OL].http：//www.china.com.cn/19da/2017–10/27/content_41805113_6.htm.2017–10–27.

施实现上述目标。

# 第三节　美国退出《巴黎协定》的影响

2015 年在巴黎气候变化大会上近 200 个缔约方通过，2016 年在纽约签署后于 2016 年底生效的《巴黎协定》是对 2020 年以后国际社会应对气候问题的行动安排，是继《联合国气候变化框架公约》（1992）、《京都议定书》（1997）后，应对气候变化的第三个具有里程碑意义的国际条约。中国于 2016 年 9 月经全国人大常委会批准加入该协定，并成为第 23 个缔约方。美国于 2017 年 6 月 1 日宣布退出《巴黎协定》（2019 年协定生效三年后才可以正式申请退出，2019 年 11 月美国国务卿正式通知联合国美国退出巴黎协定），成为唯一没有加入《巴黎协定》的国家，主要原因是特朗普认为《巴黎协定》对美国不公平。美国的这种行为也不是历史上第一次，此前的气候变化协定也曾经被加拿大、俄罗斯和日本拒绝过（见附录中的数据九）。

## 一、美国退出《巴黎协定》给中国提供了一定的机遇

首先，美国退出会增加中国的话语权。美国在减排谈判中的基本立场是自利性的，退出《巴黎协定》更是缺失道义的行为，这有利于中国占据道义优势，提高话语权，提升中国国际形象和软实力，习近平总书记提出的构建人类命运共同体也为中国提升全球气候治理的话语权奠定了基础。

其次，有利于中国在《巴黎协定》后的谈判中发挥更大作用。美国退出表明美国不可能兑现其自主减排的承诺，其未来对气候治理全球谈判的影响力将下降，这在客观上有助于中国在未来的规则制定中发挥更大作用。

最后，为中美双边在清洁能源领域提供了更大的合作空间。美国退出《巴黎协定》，并不意味着美国放弃在新能源领域的技术研发，而中国在这方面与美国有着巨大的合作空间，美国在核能、碳捕捉等技术方面具有优势，这有利于中国向清洁、高效能源技术转型（科学技术部社会发展科技司，中国 21 世纪议程管理中心，2019）。

## 二、美国退出《巴黎协定》给中国带来减排压力

从国际社会的角度看，美国正式退出《巴黎协定》后，不会影响国际社会应对气候变化大的格局和方向。但这使得中国作为碳排放量最大的国家，承担的减排压力大幅度提高，在国际协定没有强制性减排的情况下，中国需要承担自主减排承诺和成本，有很多理论、技术、资金、制度设计等方面的问题都需要独立面对和解决，这对于一个发展中国家而言，挑战是巨大的。需要强调的是，对于任何一个国家来说，制定对策都需要考虑阶段性问题，需要考虑我们国家具有的能力和条件，还要与国家的产业发展目标相结合。

### 参考文献

［1］巢清尘，严中传，孙颖，等.中国气候变化的科学新认知［J］.中国人口、资源与环境，2020（3）：1—9.

［2］巢清尘.气候政策核心要素的深化及多目标的协同［J］.气候变化研究进展，2009（3）：151—155.

［3］《第三次气候变化国家评估报告》编写委员会.第三次气候变化国家评估报告［R］.北京：科学出版社，2019.

［4］高广生.《中国应对气候变化国家方案》减缓内容简介［J］.能源与环境，2007（8）：5—8.

［5］高广生，李丽艳.气候变化国际谈判进展及其核心问题［J］.中国人口、资源与环境，2002（12）：5—8.

［6］高广生.中国在减少温室气体排放方面做了什么？［J］.中国科技投资，2006（7）：73.

［7］黄磊，张永香，巢清尘，等."后巴黎"时代中国应对气候变化能力建设方向［J］.中国科学，2020（5）：373—379.

［8］姜彤，李修仓，巢清尘，等.《气候变化2014：影响、适应与脆弱性》的主要结论和新认知［J］.气候变化研究进展，2014（5）：157—166.

［9］科学技术部罕发展科技司，中国21世纪议程管理中心.应对气候变化国家进展报告2019［M］.北京：科学出版社，2019.

［10］马晓哲，刘筱，王诗琪，等.国际碳排放治理问题［M］.北京：科学出版社，2018.

［11］全国人大环资委调研室.国务院成立国家应对气候变化及节能减排领导小组［J］.中国建设动态（阳光能源），2007（8）：5.

［12］田丹宇.中国目前气候治理组织机构评析［J］.中国政法大学学报，2013（1）：139—149.

［13］王朋岭，黄磊，巢清尘，等．IPCC SROCC 的主要结论和启示［J］.气候变化研究进展，2020（3）：133—142.

［14］张永香，巢清尘，郑秋红，等.美国退出《巴黎协定》对全球治理的影响［J］.气候变化研究进展，2017（9）：407—414.

［15］张永香，巢清尘，黄磊，等.气候变化科学评估与全球治理博弈的中国启示［J］.中国科学，2018（8）：2313—2319.

［16］IPCC.Climate Change 2014：Mitigation of Climate Change［M］.Cambridge，UK：Cambridge University Press，2014.

［17］IPCC.Climate Change 2007：Synthesis Report［M］.Cambridge，UK：Cambridge University Press，2007.

［18］IEA.New Energy Outlook 2016：Powering a Changing World［R］.Bloomberg，2016.

［19］Nordhaus W..Critical Assumptions in the Stern Review on Climate Change［J］.Science，2017：1682.

［20］Smithers J.，Smith B..Human Adaptation to Climatic Variability and Change［J］.Global Environmental Change，1997（2）：129—146.

# 第四章　碳排放权的相关理论及
# 全球治理体系

**内容摘要：**因为碳排放具有公共物品、外部性和信息不对称叠加的属性，因此碳排放是全球最大的市场失灵、最大的"公地悲剧"，也是最棘手的外部性问题。减排涉及自然系统和人类系统的交互关系，需要自然科学、经济学、政治等各方面的知识和能力，在全球范围内协调近200个国家来解决。面对全球气候变化问题，从真伪的争论、其影响有多大的证实，直到如何解决的争论，诺德豪斯（William D.Nordhaus）的贡献最大。对于应当采用价格机制减排还是采用总量机制减排一直是有争议的，诺德豪斯本人也主张采用碳税减排，但是考虑到减排的迫切性，世界各国在UNFCCC谈判中的激励博弈以及欧盟一些国家的实践表明，在目前的情景下，国际气候变化的治理体系需要建立在总量减排的基础上，即通过碳排放权交易是较为适合的可行途径。由于碳排放权的初始分配量与企业利润正相关，因此选择碳排放权交易减排时，碳排放初始配额分配数量将成为企业间竞争的关键因素。从法理角度讲，不主张将碳排放权交易与碳税叠加使用。从现在已有的碳排放权制度安排看，各国采用的形式各有特色。未来中国要在与国际减排制度体系接轨的前提下，充分考虑中国的发展阶段、国情和能力，结合其他国家和自身积累的经验，不断完善碳排放权交易体制机制。近期则要注重提高2020年之后对《巴黎协定》新规则的适应性和能力建设。

人类文明和进步的标志是生产力的提高，本质是对自然界的认知和掌控能力的增强。人类经过农业革命开启工业革命而进入现代化阶段，通过数次科技革命开始利用能源，借助机器进行专业化大生产，由此带来了一个起初被忽视了的附产品——碳排放。此后科学家们又观测到地球在升温，由此引发了对全球气候变化的国际关注和争论。

# 第一节　全球气候变化的国际关注和国际争论

我们知道现在在很多情况下人类进行经济活动需要燃烧化石燃料，把 $CO_2$ 排放到大气中，这些被排出来的碳积蓄在自然界中，特别是大气中，并会对自然界原有的生态系统造成不可逆的影响。伴随着这些影响的累积，越过某个临界点后，自然界的生态系统可能会崩溃，这就是全球气候变化为什么会引起国际社会高度关注的原因。这些经济活动可能是生产活动也可能是消费活动，这些活动的目的当然不是直接进行碳排放，却间接引起了碳排放的增加，因此称之为副产品。而生态系统或大气是全球的公共资源，因此这种影响并非由排放者独自承担，这就带来了"外部性"，而且以"负外部性"为主。这些此前我们是不知道的。所以在这之前，对于全球气候是否变暖，以及全球气候变暖是否由碳排放引起的等一系列问题是存在争议的。

## 一、气候变化是全球最大的市场失灵

全球气候变暖是一个非常棘手的外部性问题，并通过如下链条影响未来福利：碳排放→碳浓度提高→碳扩散→碳沉积（大气、海洋）→影响气温→降雨、海平面等（自然系统）→影响农业等产业（人类活动）（Nordhaus，2019）。斯特恩报告指出"全球气候变暖是最大的市场失灵"（Stern，2007），地球变成了"公地"，这种悲剧是没有管制下市场失灵的结果。

### （一）诺德豪斯在全球应对气候变化中的贡献

诺德豪斯从 20 世纪 70 年代起就开始关注气候问题，诺德豪斯在应对气候变化中的地位是在不断与其他学者和部门进行学术争论的过程中确立起来的。这些争论涉及气候变化是否是存在的、是否急于应对气候变化、用什么方法对气候变化的影响进行模拟以及采取什么样的措施应对气候变化等问题。

在《气候赌场》中，诺德豪斯批评了全球气候变化的反对者，他们认为地球没有变暖，模型是错误的，减缓的政策即使延迟 50 年，也不会有严重的经济和环境后果，其观点包括：（1）地球没有变暖；（2）夸大了变暖的程度；（3）认为二氧化碳不是污染物；（4）气候变暖可能是有益的。诺德豪斯的模型和 IPCC 的数轮报告已经从科学的角度提供了可信的证据，说明气候变暖是毋庸置疑的。除了 IPCC 外，世界气象组织下属的世界气候研究计划（World Climation Research Plan，WCRP）于 1980 年启动，接受国际科学理事会（ICSU）、世界气象组织（WMO）、联合国教科文组织（UNESCO）的政府间海洋科学委员会（IOC）资助，也在同步对全球气候进行监测预测，也证实了气候变化的确是存在的。尽管证据确凿，但仍有部分科学家持反对意见，这在一定程度上导致政治家和公众的无所适从。因此，全球气候变暖的棘手性不仅在于它是一个关于没有管制的市场失灵的经济问题，它也是一个科学问题，还是一个政治问题。

1992 年在改进 1977 年气候经济学模型的基础上改进形成了气候变化综合评价的 DICE 模型（Dynamic Intergrated Model of Climate and the Economy，DICE），其模型的基础架构如图 4-1 所示，1996 年在对 DICE 进行完善的基础上，得到了气候与经济区域综合模型（Regional Integrated Model of Climate and the Economy，RICE），此后进一步提出了气候变化综合评估模型（Integrated Assessment Models，IAM）。DICE 和 RICE 模型的区别就在于，DICE 是将全球经济增长作为一个整体，而 RICE 则将全球分了十个区域，有人也称 DICE 是 RICE 的区域版，AIM 是分析经济与气候变化长期作用的模型（赵作权，2019）。

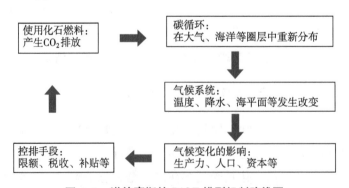

图 4-1　诺德豪斯的 DICE 模型机制路线图

资料来源：姜维．威廉·诺德豪斯与气候变化经济学［J］.气候变化研究进展，2020（3）：1-9.

IPCC 最初对气候变暖的研究方法与诺德豪斯有所不同，最终两者较量的结果是 IPCC 接受了 IAM 方法。同时诺德豪斯运用 RICE 模型对哥本哈根协议运行的结果进行预测，指出各国即使各自按承诺行事，也不能实现将全球升温控制在 2℃以内的目标。

在应对气候变化的制度安排上，诺德豪斯认为常见的手段主要有三种：行政管制、数量控制（许可证及其市场交易）、价格机制（碳税）。全球范围内没有超国家的主权，因此通常无法采用行政管制方式，而碳税与数量控制比较而言，诺德豪斯认为碳税会更为有效。因此，他认为京都议定书的数量管制治理框架是缺乏效率的。对于征收碳税的幅度，Stern 的气候政策坡道说（Olmstead and Stavins，2006），即短期减排力度可以缩小，中远期再逐步加大减排的力度，且不区分发达国家与发展中国家。诺德豪斯基本同意碳税征收应先少后多，但不同意对发达国家和发展中国家采取相同的待遇。诺德豪斯主张采取碳税的方法减缓气候变暖，并运用成本—收益法分析得出了均衡时碳税水平分布均值为 32.5 美元 / 吨（不同意 Stern 的碳税为 360 美元 / 吨的结论）。但是，对于采取征收碳税的价格机制的具体做法，如各国是否应征收相同的碳税、碳税应该如何调整等问题还没有一致的结论。

威廉·诺德豪斯（William D. Nordhaus）与保罗·罗默（Paul M. Romer）一起获得 2018 年的诺贝尔经济学奖，他们两个的贡献在于分别从负外部性和正外部性两方面将温室气体排放和知识内生到长期的宏观经济增长模型中，他们共同的研究起点是罗伯特·索洛（Robert Solow，1987 年诺贝尔经济学奖获得者）新古典增长模型（诺贝尔经济学奖委员会，2018）。

### （二）社会公众对全球气候变化的关注度有所提高

从现在的实际情况看，随着科学家们工作的深入，社会公众对于全球气候变暖危机的认识还是不断提高的，《科学美国人》杂志就记录了很多相关的民间科学研究和观察成果，不断向公众发出警示，预示着如果不采取有效的措施，未来的后果不堪设想。

### 二、中国高度关注气候变化问题

目前，中国是全球碳排放量最大的国家，无论从全球还是自身的可持续发展角度，都应该坚持"节能减排"的国策。中国政府一直高度重视气候变化问题。2021 年 10 月 27 日中国发布了《中国应对气候变化的政策与行动》白皮书，指出"气候变化是全人类的共同挑战。应对气候变化，事关中华民族永续发展，关乎人类前途命运。"书中再一次重申了中国对这个问题的关注和承诺，"面对气候变化的严峻挑战，中国愿与国际社会共同努力、并肩前行，助力《巴黎协定》行稳致远，为全球应对气候变化做出更大贡献。"[1]

根据 2014 年北京大学国家发展研究院能源安全与国家发展研究中心《中国能源体制改革研究报告》数据显示，中国单位 GDP 能耗水平是世界平均水平的 1.93 倍，是美国的 2.45 倍，德国的 3.65 倍，日本的 4 倍，虽然中国在这方面通过艰苦努力，取得了显著的成效，但与发达国家相比，仍有较大的差距。随着中国经济向高质量发展转型，这个问题受重视的程度也在不断提高。中国的北京大学能源环境经济与政策研究室（LEEEP）也正基于经济和环境之间的这种关系，开发和构建中国自己的适用于多个层面政策，不同省份的能源、环境和经济可持续发展的综合模型（Integrated Model of Energy, Environment and Economy for Sustainable Development）[2]，为中国相应的能源环境政策提供科学分析支持。

中国民间对这个问题的重视度也很高。2010 年 4 月中国人民大学和北京大学等相关的科研院所联合成立了中国气候传播项目中心，主要对全球气候变化中的气候传播理论与实践进行研究，定期向中国公众对气候变化的心声进行调研，并发布《中国公众气候变化与传播认知报告》[3]。2021 年 10 月中国举办了首次中国—太平洋岛国应对气候变化合作中心，主要任务是与包括汤加、萨摩亚在内的 37 个发展中国家进行南南合作。

---

[1]　新华社 . 中国应对气候变化的政策与行动 . 中华人民共和国中央人民政府网站 .2021–10–27. http：//www. gov.cn/zhengce/2021–10/27/content_5646697.htm.

[2]　北京大学能源环境经济与政策研究室，IMED Model Overview. http：//scholar.pku.edu.cn/ hanchengdai/imed_ general.

[3]　中国气候传播项目中心专家委员会成立 两院院士任主任委员 . 人民网 .http：//media.people.com.cn/ n/2013/1011/c120837–23166632.html.

# 第二节 碳排放权和碳排放权交易的理论基础

目前，依据京都议定书的基本框架，我国采取总量限制的方式进行减排，即采取碳排放交易的方式减排。为此需要对涉及碳排放权交易的相关理论进行梳理。

## 一、碳排放权的起源和界定

### （一）碳排放权的起源和界定

郑爽（2018）研究认为，碳排放权源于排污权，1997 年在国内被首次提出，目前没有统一的定义，而且各个领域（涉及经济学、法学、资源环境学、公共管理学）对它的理解有所不同，甚至对其是否是一种权利都存在争议。丁丁等（2012）认为碳排放权是一种排污权，原因有以下三点：一是它与排污权的客体相同，都属于环境容量范畴；二是与排污权的内容相同，都具有使用权和收益权；三是与排污权的初始取得方式相同，都是在政府确定总量的基础上，通过法定的程序，经行政途径进行分配取得的。从国际公约的角度，《京都议定书》在其规定对碳排放数量进行限制的第 3 条第 1 款中将碳排放权与排放数量等同，而且在《京都议定书》中，三种灵活交易机制的单位，并没有使用权利这个称谓，包括核证减排量（Certified Emission Reductions，CERs）、减排单位（Emission Reduction Units，ERUs）和分配数量单位（Assinged Amount Units，AAUs）。因此从碳排放权的法律属性上看，碳排放权属于人权中的环境权，基于环境容量的稀缺性，它属于自然资源，具有经济属性。同时碳排放权也是（准）物权，按中国《物权法》规定，国家是自然资源的所有者。但是由于大气环境资源的特殊性，它具有全球流动性、一体性的特征，即无论哪个国家宣称对其有所有权，也无法行使其他权利，这是大陆法系的缺陷。与此不同的是英美法系，认为财产权是权利束，并且没有所有权也可以行使其他权利。同时，由于碳排放权的对象是特定的气体，虽然看不到，但是有"物"的属性，也具有经济价值，即具有用益物权属性（叶勇飞，2013）。因此，碳排放权可以由政府来分配，并由微观主体拥有使用及转售获利的权利。

郑爽（2019）认为碳排放权的含义包括两个方面：一方面是指气候变化国际公约中，以可持续发展、共同但有区别责任为基础，排放主体为了满足国民经济发展需要，而向大气中排放温室气体的权利。另一方面，特指碳排放交易制度中的碳排放权，是在大气中温室气体容量有限的情况下，得到的对大气容量的使用权。这种使用权可以通过法律确权而私有化，因此可以在碳交易市场中进行交易。从碳排放权交易的角度讲，碳排放权具有经济和法律双重属性。其经济属性表现为碳排放权具有稀缺性，具有使用价值，因此可以通过价格机制确定价格，从而进行交易。

夏梓耀（2016）从专业的法理学角度详尽地对碳排放权进行了界定和说明。碳排放权是《京都议定书》为了减少碳排放而将温室气体排放界定成以碳配额（Allowance）和碳信用（Credit）为凭证的量化权利，通过允许其交易创造经济诱因实现减排。

碳排放权的主体是碳排放权利益的享有者，是可以支配碳排放权客体的具有法律资格的人，其可以是符合法律规定获得该权利的法人、其他组织或个人。从法律上讲，其权利内容包括两方面：一是权利人实现权利，可实现的权利包括占有权、使用权、收益权和处分权。二是权利人可以排斥他人对自身拥有的权利的不法侵害。碳排放权的客体是容许碳排放量（Allowable Carbon Emission Volume），即经法律允许的在一定时间和空间范围内排放的温室气体数量，其包括存量和增量两个部分。存量是在不考虑消除大气中温室气体排放会因减排项目而减少的情况下，容许排放的温室气体量。它是总量控制交易中所容许的排放数量，它通过法律拟制形成的无形物（温室气体）的有形表征物（碳配额），即在总量控制的减排方式中，需要确定和分配碳配额的数量。增量是指存量以外，通过人为消除或减少温室气体排放活动所创造的容许排放量。一般在基线信用减排方式中，低于基线而减少的碳排放量即为容许的增量，它也同样通过法律确认形成拟制的无形物的外在表征物，即碳信用。碳配额和碳信用在本质上是相同的，都是容许碳排放权，只是来源不同。

在实际中，碳排放量被划分为若干等量的基本单位，一个基本单位是一个二氧化碳当量，碳配额和碳信用都运用这个基本单位进行测算和记录，每一个配额或信用都有一个对应的序列号，被登记在权利人的账户中。

### （二）碳排放权的取得、转让和消灭

如前所述，由于碳排放权属于公共物品，需要国家通过立法创造出稀缺资源的所有权归国家原始所有。国家再将排放权让渡给企业或其他拥有排放权的微观主体，目的在于促进企业减少碳排放，同时降低减排成本。这个过程相对于企业而言，是取得碳排放权的过程，而对国家而言是对碳排放权进行初次分配，这被称为碳排放权的一级市场。

企业取得初始碳排放权之后，可以向其他微观主体进行转让，这是碳排放权的二级市场。依据科斯定理，当交易成本费用不为零时，初始的产权配置对效率起决定作用，因此通过碳排放权交易进行减排的过程中，碳排放权的初次分配将对减排的效果起决定作用。碳排放权的转让主要是在二级市场中进行，即碳排放权交易市场。

当碳排放权基本功能实现之后，即通过履约抵消了碳排放量后，碳排放权归于消灭。在现实当中，对应在碳排放权的电子登记系统中，当碳排放权使用完成后，在国家的电子登记系统中，将权利人账户中对应的额度注销，一般导致碳排放权被消灭的事由可以归结为履约、抛弃、期限届满、被撤销等。

## 二、碳排放权交易

一般认为碳排放权交易是由美国经济学家戴尔斯于 1968 年首先提出的，其目的是为了让污染物具有合法的排放权，将这种权利通过发放许可的形式表现出来，并能够像商品一样买卖。当时主要用于废水、$SO_2$ 和 $NO_2$ 等污染物的治理，最早美国政府采用该方法对污染物进行治理，此后欧洲国家也开始仿效，后来就成为《京都议定书》中的三大灵活减排机制之一。

### （一）碳排放权交易

碳排放权交易也被简称为碳交易（以下简称碳交易），是温室气体排放权交易的统称，是通过市场机制来解决减少碳排放的问题，交易是通过排放量大的一方向排放量小的一方购买排放额度获得的排放权，买方可以用购买的额度来抵消自己超标的排放量，而卖方则获得了减排的补偿，激励其进一

步进行减排技术创新。

碳交易有两种类型，即总量控制与交易（Cap-and-Trade）和基线与信用交易（Baseline-and-Credit）。在总量控制与交易过程中，先要确定温室气体的排放总量（Cap），再将这些数量以配额（Allowance）的形式分配给配额主体或排放源。如果实际排放的数量比配额少，就有剩余的配额可以出售（Trade）。在基线信用交易过程中，先设定一个技术标准基线（Baseline），对于优于这个基准线的可以将节约出来的碳排放量核算成碳信用（Credit），出售给比基准线高的企业或排放源以冲抵排放量。一般认为总量控制和贸易的方式是原则性和柔性相结合的理想减排手段。因为对总量进行限制使排放具有刚性，而交易则使微观主体可以选择是运用减排技术减少碳排放量，还是通过市场购买碳配额以抵消超标的排放量。

### （二）碳交易涉及的温室气体

碳交易中的"碳"并不仅是指二氧化碳，而是指含碳的温室气体，依据UNFCCC的温室气体清单，温室气体主要包括以下六种：二氧化碳（$CO_2$）；甲烷（$CH_4$）、氧化亚氮（$N_2O$）、氢氟碳化物（HFCS）、全氟碳（CFS）、六氟化硫（$SF_6$）。如表4-1所示，温室气体的种类不同，其生命期、增温效应也有所不同。在这六种温室气体中，二氧化碳是寿命比较长，而且是增温效应最高的气体，因此减排主要是减少二氧化碳的排放量。

表4-1　UNFCCC 六种温室气（GWP）体清单

| 气体种类 | 化学分子式 | 1995 年 IPCC 计算的全球升温潜能值 | 增温效应（%） | 生命期（年） |
|---|---|---|---|---|
| 二氧化碳 | $CO_2$ | 1 | 63 | 50—200 |
| 甲烷 | $CH_4$ | 25 | 15 | 10—12 |
| 氧化亚氮 | $N_2O$ | 298 | 4 | 120 |
| 六氟化硫 | $SF_6$ | 22800 | 7 | |
| 氢氟碳化物（HFCs） | | | | |
| HFC-23 | $CHR_3$ | 14800 | | |
| HFC-32 | $CH_2F_2$ | 675 | 11 | 13.3 |
| HFC-41 | $CH_3F$ | 92 | | |

续表

| 气体种类 | 化学分子式 | 1995 年 IPCC 计算的全球升温潜能值 | 增温效应（%） | 生命期（年） |
|---|---|---|---|---|
| 全氟化碳（CFs） | | | | |
| 全氟甲烷 | $CF_4$ | 7300 | | |
| 全氟乙烷 | $C_2F_2$ | 12200 | | 50000 |
| 全氟丙烷 | $C_3F_8$ | 8830 | | |

资料来源：UNFCCCC，Revision of the UNFCCC Reporting Guidelines on Annual Inventories for Parties Included in Annex Ⅰ to the Convention［EB/OL］.http：//unfccc.int/resource/docs/2013/cop19/eng/10a03.pdf#page=2，2014：24.

双碳目标提出后，2022 年生态环境部起草了《碳排放权交易管理暂行条例》，通过立法明确碳交易中的一些关键问题。一是明确碳交易覆盖的温室气体的种类和行业范围；二是需要明确重点排放单位的条件和调整程序，哪些单位必须进入碳交易市场；三是明确碳排放权分配的原则和程序①。

## 三、碳交易的理论依据——科斯定理

从经济学角度讲，碳排放权属于经济学中的产权，因此从起源上就遵循了科斯的产权理论。科斯定理一直被认为是排污权交易的理论基础。科斯定理可以被总结为两个部分，即"科斯第一定理"和"科斯第二定理"（科斯去世后由斯蒂格勒等人总结科斯的相关思想得到的）。

科斯第一定理：假定在交易费用为零的情况下，只要产权明晰，无论初始产权如何分配，最终都可以通过市场交易实现资源的最优配置。

科斯第二定理：如果交易费用大于零，产权的初始分配会影响经济效率，也就是说，在交易费用大于零时，不同的初始产权分配会导致不同效率的资源配置。

在现实经济生活中，因为交易成本费用很难等于零，因此在碳排放权交易过程中，产权的分配是市场交易的前提，产权分配的方式决定了最终交易的效率。

---

① 生态环境部.《碳排放权交易管理暂行条例》何时出台？生态环境部答 21 世纪经济报道 . 人民号 .https：//rmh.pdnews.cn/Pc/ArtInfoApi/article?id=31540103.

科斯定理在碳排放权交易中的应用如图4-2所示，如果不考虑交易成本，当两家企业（A和B）碳排放数量相同（$Q_AQ'=Q_BQ'$）时，由于企业进行碳减排的边际成本不同，企业A的边际减排成本为$P_1$，企业B的边际成本为$P_2$，$P_1<P_2$，A的碳排放成本就是S（Ⅰ），企业B的碳排放成本是S（Ⅱ+Ⅲ+Ⅳ+Ⅴ），社会碳排放的总成本为S（Ⅰ+Ⅱ+Ⅲ+Ⅳ+Ⅴ）。如果企业A和B进行碳排放权交易，企业A和B碳排放边际成本相等为P，企业A和B的碳排放量分别为$Q_AQ$和$Q_BQ$，此时的社会总成本为S（Ⅰ+Ⅱ+Ⅲ），相对于没有碳排放权交易前，社会排放总成本减少了S（Ⅳ+Ⅴ），排放效率提高，社会福利增进，且各方均受益。

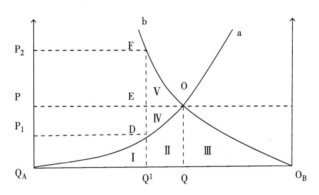

**图4-2　科斯定理在碳排放权交易中的应用**

资料来源：廖振良.碳排放权交易理论与实践［M］.同济大学出版社，2016.

## 四、碳交易与碳税的比较

同样作为减缓的经济政策，对于应当采用价格机制（碳税）还是数量限制（排放权交易）的形式进行减排，一直存在两派观点，理论上的争议导致各国在实践中采取了不同的方式。

但从两者作用机制的角度看，两者各有优势和劣势，如表4-2所示，整体上还是碳排放权交易更有利于减排目标的实现。因为碳排放权是交易前先设定减排目标，在分配排放权之前就强制决定了减排的数量，而后的交易只是为了发现价格。Coast（1960）用产权理论解释外部性，在碳交易中，可以将负外部性内部化，从而能够有效地解决气候变化的治理问题。在市场经济条件下，碳排放能够反映资源的稀缺程度和治理成本，其价格信号功能能够引导市场参与者的投资行为，因此碳排放也就具有商品属性，其可交易性也就成为一种必然。Montgomer（1972）认为，排放权交易具有最低的减排成本。Parry（2010）通过比较不同分配方式下的减排成本发现，在将拍卖获得用于减少收入税时的减排运行成本最低。Fullerton（2011）也得到了类似的研究结论。在减排激励性角度方面，Stern（2007）认为碳排放权交易的实施难度小，减排是有效的。Montero（2011）认为，可以通过激励机制使企业致力于减排技术的研发，从而减少污染排放。

表 4-2　碳排放权交易与碳税的比较

| | 碳税 | 碳排放权交易 |
|---|---|---|
| 减排目标确定性 | 减排目标不确定，难以确定效果 | 总量控制下可以明确减排目标，并知道最终能否达标 |
| 成本有效性 | 信息完全时具有成本效率，信息成本高 | 具有成本效率，实施成本比较高 |
| 适用范围 | 分散式，中小型排放源 | 大型集中排放源 |
| 分配公平性 | 依赖于监管机构的征收范围和对碳税收入的支配 | 依赖于配额最初如何分配，以及监管机构如何支配有偿分配配额收入 |
| 技术创新 | 对企业投资开发减排技术具有稳定的刺激作用，碳税收入可以专门投入鼓励技术创新 | 具有刺激企业投资开发减排技术的作用，但碳价不稳可能削弱这种激励 |
| 接受性 | 政策实施对象接受程度较低 | 达标选择的灵活性减少了接受阻碍 |
| 适应增长 | 会对产业增长造成影响，影响程度取决于税率 | 内在机能够适应新的增长 |
| 监管体系 | 单向、垂直、线式监管 | 网络式监管，多重监管 |
| 促进金融化 | 不利于与金融市场结合 | 利于实现金融化 |

资料来源：伦纳德·奥托兰诺.环境管理与影响评价［M］.郭怀诚译.化学工业出版社，2004.

而碳税正好相反，碳排放交易是先确定价格，然后再通过价格机制实现减排，其作用的有效性主要取决于税率的设定，而后通过价格机制作用促进减排的实现。而依靠价格机制减排，最终作用的结果有较高的不确定性。从各国的实践结果看，也正是如此。如丹麦原计划通过征收碳税在 1990 年排放水平的基础上减排 21%，但最终结果是排放量增长了 6.3%（Chreisina，2007）。同样的事情也发生在挪威，1991 年以碳税为手段减排，至 1999 年碳排放量没有减少，却增加了 19%（Kathryn，2011）。蒋金荷（2014）认为，北欧国家，包括芬兰、瑞典、挪威早在 1990 年就开始征收碳税的目的是解决高福利国家人口老龄化和高失业率的税收压力，将税收由劳动力转向了环境。

其特点主要包括以下三个方面：一是北欧国家的碳税是从原有的环境税过渡而来的，对税基和税率进行了相应的调整；二是碳税收入的用途主要是补偿削减的个人所得税和企业社会保障税，而非用于激励减排的技术进步；三是不同行业实施差别化全面性补偿政策，对于受影响较大的能源密集型行业和出口行业实行差别化待遇，以保护这些行业的竞争力。无论这些国家初始设置碳税的目的是什么，从该政策效果看，并没有达到减排的作用。

采用碳交易的方式减排，优点还包括：（1）对技术进步具有激励作用。企业间的生产成本和减排能力差异较大，通过碳交易使减排成本高的企业通过购买排放权，让减排成本低的企业代替其减排，减排能力高的企业也得到了激励和补偿，有利于激励有能力减排的企业向节能减排的方向进行技术进步。历史上美国的"酸雨计划"就取得了较好的效果。（2）有利于开展国际合作。通过技术进步减少的排放量可以在全球范围内进行交易，有利于展开国际合作，而征收碳税则涉及国家主权，不利于进行国际合作。（3）碳排放权交易更利于被企业接受。Montgomery（1972）和Stern（2007）都证明了在各种减排方式中，碳排放权交易的减排成本最低。任志娟（2018）运用古诺模型对碳税和碳交易对企业利润的影响进行了对比分析，结果表明厂商的利润是各自碳排放权初始分配量的函数，且由于初始分配量的存在，碳交易下的厂商利润要比碳税情况下大，因此厂商会有动机参与碳交易市场。同时也说明在碳交易情形下，厂商会为了提高利润而将争夺更多的初始分配配额作为竞争的关键要素。另外有的学者认为两者可以优势互补，协同发挥作用，这会导致对同一标的进行重复征税，这从法理上是不能获得支持的（夏梓耀，2016）。

# 第三节　全球碳排放权分配的国家博弈困境和治理体系

《联合国气候变化框架公约》所说的气候变化，是指由于直接或间接的人类活动（排放温室气体，也称碳排放）改变了地球大气的组成成分而造成的气候变化，解决气候变化的根本途径就是减少温室气体的人为排放。从长远看，各国都希望保护气候，避免气候变化对自然生态系统和人类系统产生不利影响。而从近期看，由谁来减排，如何减，减多少，是各国利益冲突的根本，任何一个国家都不愿意因为减少碳排放，限制本国经济发展，影响本国产业的国际竞争力（国家气候变化对策协调小组办公室，中国 21 世纪议程管理中心，2005）。

由于碳排放具有"公共物品"属性，同时又具有"外部性"，世界上的众多国家要对全球最大的"公共物品"进行分配，碳排放的特殊性在于排放多少是无法直接观测到的，无法有效监督，存在信息不对称，因此存在碳排放权分配的困境。这种困境产生的原因主要在于：一是碳是公共物品，各国的大气圈、水圈、生物圈是共有的，公共物品存在的问题同样适用于碳排放问题，包括搭便车等；二是即使可以有针对性地进行谈判，参与的国家众多，需要谈判的内容也很多，除了排放数量分配外，还包括技术、资金等一系列问题，就谈判本身而言，需要协调的当事人众多，需要协调的内容也多，而各方当事人关注的重点和目标又存在较大的差异，达成一致的难度是可想而知的。因此，当前在没有达成全球统一的碳排放权分配方案和协议前，各国只有各自依据国际框架公约的原则，自行安排减排或控排的制度体系；三是缺乏外部统一的权威，无法进行强制制度安排。

## 一、全球碳排放权分配的国家博弈困境

首先由于世界各国的地理位置、经济发展水平、发展阶段、产业结构、技术水平、经济实力等的不同，对于气候变化的敏感度不同，对于减排的迫切性要求不同，利益诉求也就不同。

1. 碳排放是公共物品，存在"搭便车"问题

大气中碳容量虽然是有限的，但是其边界不清，如果将参与碳排放国际谈判的国家都视为经济人，这些国家为了追求自身利益最大化，都会希望其他国家能够自主承担责任和成本，而本国不承担或少承担责任和成本，即搭便车。

用表 4-3 中的"智猪博弈"模型来说明发达国家和发展中国家都希望在碳排放问题上可以搭对方便车。发达国家与发展中国家存在较大差异，因此如同"智猪博弈"中的大猪和小猪，他们都希望对方去触发取食按钮，而自

已坐享其成。在国际碳减排问题上，发展中国家和发达国家均有两种策略，即率先采取行动进行减 / 控排，在这个博弈中有四种结果：（1）其中如果双方都不采取行动，对碳排放问题置之不理，气候恶化不利于可持续发展，这是双方都不希望的，不是明智之举。（2）如果发展中国家减 / 控排，而发达国家不采取实际性措施，这显然是不公平的。因为根据美国橡树岭国家实验室对全球 $CO_2$ 排放数据的测算，1775—2005 年，全球源自矿物燃烧累积形成的 $CO_2$ 排放量约为 11770 亿吨，70% 是发达国家排放的。在这个过程中，1775—1950 年间，燃烧化石燃料产生的 $CO_2$ 中的 95% 是发达国家排放的，1950—2000 年间，发达国家排放了 77%。因此如果全部由发展中国家来承担减排的义务和成本，这是不符合公平原则的。（3）如果发达国家减排而发展中国家不采取相应的措施，那么实际上由于发达国家本身排放量大，减排对气候稳定作用显著，而发展中国家也可以不受约束地发展自身经济，因此双方均受益。（4）如果双方都同时采取实际措施减排，由于发达国家的技术水平和效率均高于发展中国家，因此发达国家受益比发展中国家大。如果从纳什均衡的角度看，该博弈的均衡解为发达国家减排，而发展中国家不减排，即发展中国家搭便车。

**表 4-3 搭便车的"智猪博弈"**

| 发达国家 | | 发展中国家 | |
|---|---|---|---|
| | | 减 / 控排 | 不减 / 控排 |
| | 减 / 控 | (3, 1) | (4, 4) |
| | 不减 / 控排 | (10, –2) | (0, 0) |

2. 国际谈判的异质性

这是目前国际碳排放权分配最大的问题，也是国际碳排放迟迟没有统一治理方式的主要障碍。如表 4-4 所示，气候变化国际治理框架下，不同国家形成不同的利益集团。他们对于减排持不同的态度，其中比较积极的是欧盟和小岛国家联盟，反对的主要是伞形国家和石油输出国，而发展中国家多数担心减排会对自身发展形成约束，最不发达国家则没有态度。

**表 4-4　气候变化国际治理中的国家利益集团**

| 利益集团 | 典型国家 | 应对气候变化的态度 |
|---|---|---|
| 欧盟 | 德国、法国 | 极力要求采取较为激进的碳减排措施 |
| 伞形国家 | 美国、澳大利亚 | 反对立即采取数量化碳减排措施 |
| 发展中大国 | 中国、印度 | 不希望碳减排措施阻碍自身经济发展 |
| 石油输出国 | 沙特阿拉伯 | 大多数采取低调和反对态度 |
| 小岛国联盟 | 马尔代夫 | 迫切要求立即采取碳减排措施 |
| 最不发达国家 | 乌干达 | 没有明确立场 |

资料来源：于雪霞.公平与碳排放权分配［M］.哈尔滨工程大学出版社，2017.

从参与博弈的国家的力量对比看，可能已经形成了三足鼎立的局面。因为从人口、经济体量、能源消费、碳排放量等方面，中国、美国和欧盟都是份额较大的国家，因此未来博弈主要决定力量将来自这三方。如图 4-3 所示，从这三方所持立场来看，三方既有利益相同点，又各有不同点。如欧美同作为早期工业化国家，是历史累积碳排放量较多的国家，虽然他们对于减排的态度不同，但是他们都不希望承担过多的历史责任。而同作为发展中国家的小岛国联盟和发展中大国，虽然都重视经济发展，但是由于地理位置不同，小岛国联盟希望立即减排，以免受海平面上涨的影响，而发展中大国则希望给予更多的缓冲期，以便其可以达到峰值后再减排。

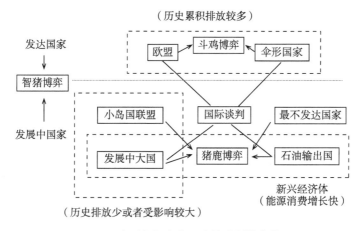

**图 4-3　应对气候变化国家的谈判博弈格局**

如果从经济学角度讲，解决公共物品分配应运用公共选择理论，通过集体决策的方式来解决，那么国际碳减排协议的达成就是集体选择和集体行动过程。最理想的状态是能够达成一个使所有人满意的协议，使所有国家都满意，形成一致通过。如果无法一致通过，只能大多数人同意通过。如果采取表决的方式，此时中间方的立场就是最关键的，而规则的制定则是博弈的焦点。结合各方在集体行动中的异质性看，达成一致是几乎不可能的。如表 4-5 所示，发达国家由于已经完成了工业化，并且生活富裕，技术发达，对能源消费的效率较高，研发利用新能源的能力较强，如果需要其承担历史上累积碳排放量较大的责任，就很容易退出协议，拒绝合作。对于发展中国家而言，按现在的国际框架规定的原则，虽然发展中大国由于能源消费效率低，受到减排的压力较大，但是其历史责任小，因此减排成本小，可以在时间上为经济发展争取更大权利，只要全球气候不过快恶化，在全球应对气候变化过程中将是受益较大的。

**表 4-5　国际社会减少碳排放集体行动的异质性表现**

| 异质性表现 | | 发达国家 | 发展中国家 |
|---|---|---|---|
| 时间 | 责任 | 碳排放的历史责任大 | 碳排放历史责任小，当前压力大 |
| | 状态 | 资源效率高，对减排依赖性弱 | 资源效率低，应对气候变化脆弱性高 |
| | 行为 | 退出威胁高 | 需要在经济发展和减排之间权衡 |
| 空间 | 成本 | 碳减排成本相对较高 | 碳减排成本相对低 |
| | 收益 | 气候变化受控时，收益低；气候恶化时，收益高 | 气候变化受控时，收益高；气候恶化时，损失大 |

在国际碳排放权分配谈判中各利益集团之间以及各个利益集团的内部也存在利益博弈，分别是发达国家内部为了争夺话语权而进行的"斗鸡博弈"，和发展中国家内部为了保持自身的经济发展水平不受影响而形成的"猎鹿博弈"。

如表 4-6 所示，在国际气候谈判过程中，两个发达国家为了争夺碳市场中的话语权，成为制定规则的领导者，如同两只狭路相逢的"公鸡"，为了争路而互不相让。两个发达国家可能的博弈结果有四种：（1）两个国家争夺领导者地位，相互拆台会导致两败俱伤，一般这种局面不会出现，特别是在两个大国之间；（2）两个国家都想做追随者，都不主动制定规则。如果相互推诿，那么就会导致谈判停滞，气候恶化，这也不是发达国家所希望的。（3）（4）是一个作为领导者，而另一方作为追随者，从博弈的均衡结果看，这是对双方都有利的占优策略。双方可以在不同的谈判事项上相互妥协，交替作领导者和追随者，这样是比较有利的做法。

表4-6　发达国家间的"斗鸡博弈"

| | | 发达国家 A | |
|---|---|---|---|
| | | 领导 | 追随 |
| 发达国家 B | 领导 | （-2，-2） | （<u>3</u>，<u>-1</u>） |
| | 追随 | （<u>-1</u>，<u>3</u>） | （-1，-1） |

在发展中国家内部，由于发展中国家都要争夺发展权和发展时间，但是由于发展中国家较多，各自处的发展阶段有所不同，资源禀赋和产业结构差异较大，因此在国际气候谈判中，可能会协调合作，也可能为了自身的利益，不进行协调合作。如表4-7所示，此时发展中国家间的博弈也有四种结果：（1）如果双方不合作，各自独立进行减排，整体上有利于控制气候变化；（2）、（3）如果两个发展中国家单方面向另一个发展中国家提供帮助，包括资金、制度、技术等支持，则接受帮助的国家有正的收益，而付出的国家收益为0；（4）如果两个发展中国家采取合作的方式，将会取得更大的收益。无疑从均衡的角度讲，两个发展中国家采取合作策略是占优策略。

表4-7　发展中国家间的"猎鹿博弈"

| | | 发展中国家 A | |
|---|---|---|---|
| | | 合作 | 非合作 |
| 发展中国家 B | 合作 | （<u>8</u>，<u>8</u>） | （0，5） |
| | 非合作 | （5，0） | （4，4） |

3. 缺乏统一的外部权威，无法进行强制制度安排

关于应在强制还是自愿基础上安排碳排放制度，在理论上对这个问题有两种观点：一是认为这种国际公共物品可以由国际公共机构或国际权威机构统一组织安排，采取集权式进行计划和强制性减/控排（Ehrenfield，1972；Heilbroner，1974）；二是主张可以将这种公共物品私有化，建立完全私有产权，通过市场来调节（Demsetz，1967；Smith，1981；Welch，1983；Sinn，1984）。这

两种方式的共同点在于均需要借助于制度变迁实现，不同点在于需要的外部力量不同。但是由于在国际范围内，并不存在超国家的权威机构，因此无法制定统一的规则对碳排放进行分配、监督、核算、奖励以及制裁，主要因为涉及信息不对称的问题。如果信息对称，惩罚机制就会有效，迫使所有参与者都接受减排的制度安排。如果在信息不对称的情况下，只有当强权机构能够在正确惩罚的概率 ρ ≥ 0.75 时，才能迫使参与者接受减排制度安排（于雪霞，2017）。由于气体是流动的，因此即使存在权威机构，也不能建立完全的私有权。据此，只能在各国相互信任的基础上，通过合作机制自愿达成具有约束力的条约，采用自主谈判达成协议的自治方式是最优选择。全球气候变化治理的目标在于解决大气容量不足的问题，通过谈判实现当前与长远利益、国家间利益的平衡，是科学认知、经济利益和政治意愿三方面的国家博弈（庄贵阳等，2009）。

结合实际情况看，全球碳排放的治理正是建立在自愿、自治、合作基础上进行多边谈判的模式，并且已经成功地制定了应对气候变化的温控管理目标，形成了"共同但有区别"的减排原则，并在不断深入地推进全球治理进程。多边谈判的主要分歧焦点在于减排的责任和目标分摊问题（Hedegarrd and Kololec，2011），涉及各缔约国的经济损失和利益分配问题。主要是因为这些责任和目标对于各国的经济影响具有不确定性，因此需要提供一个各方均能受益的方案。王铮等（2015）通过综合模拟六种不同减排方案的影响认为，Stern 方案对发达国家有利；Nordhaus 方案对于发展中国家有利；人均及累计人均碳排放趋同方案有利于中低发展中国家，但对于包括中国在内的主要国家比较不利；经济平稳方案对发展中国家不利；而帕累托改进方案由于可以使所有国家都受益，有较高的公平性和可行性。

## 二、《巴黎协定》的新规则

2019 年 12 月 COP25 在马德里召开，这是《巴黎协定》在 2020 年全面启动前的最后一次缔约国会议。《巴黎协定》后续谈判需要解决的问题还包括以下六个方面：（1）1.5℃目标的科学评估；（2）NDC（Nationally Determined Contribution，NDC）的属性范围、格式和核算问题；（3）全球盘点（Global Stocktake）机制；（4）透明度规则；（5）资金机制；（6）能力建设问题（科学技术部，2019）。

《巴黎协定》的 13—15 条提出将建立一个促使缔约国履约又不以惩罚性为主的遵约机制（Compliance Mechanism），目前该条款还只是一个框架，细则还没有达成一致。该机制是针对自主贡献机制设立的。自主贡献机制（NDC）是全球气候减排协议的核心机制，有效地保证了减排国际条约的达成，但在执行过程中，由于缔约国自主承诺，难免会受到质疑。易卫中（2020）认为，《巴黎协定》之所以建立遵约机制是内外部情况共同要求的。从内部看，在成员国自主承诺、"自下而上"自愿减排的情况下，需要有科学识别、核算各缔约国履约的机制。从外部看，英美气候政策发生了变化，对发展中国家履约会带来一些影响，同时发展中国家也会存在无力履约情况，无论是哪种情况，都需要建立相应的促进和帮助机制，提高发展中国家的履约能力。《巴黎协定》遵约机制包括以下三个方面：（1）透明度框架（the Transparency Framework）；（2）全球盘点（Global Stocktake）；（3）遵约的便利与执行机制（梁晓菲，2018）。杨博文（2020）认为遵约规则未来的细则应该体现促进和强制并重、共同但有区别的责任原则。

《巴黎协定》所有缔约方减排是通过自主贡献的减缓合作模式进行的，但在实际递交减排承诺时，表达方式各不相同，从科学的角度讲，很难进行测算和比较。因此，确定和统一 NDC 的范围、核算等是必要的。

透明度框架主要是促进缔约国履约的，但这种促进不是以惩罚为手段，是促进性、非惩罚性的，其内容主要包括两个方面：行动和支助。行动透明度是指缔约国应提供自主贡献和适应行动的进展信息；支助透明度则是指缔约国需要提供有关减排的能力建设、资金、技术转让、适应和自主贡献的信息，对于缔约国提交的信息将通过专门设立的技术专家评审机构评审，该制度还将帮助发展中国家进行透明度能力建设。

全球盘点是核查缔约国履约的，指应定期对缔约国的履约情况进行核查，并阶段性评估履约情况对实现长期目标可能性的影响。第一次全球盘点在 2023 年进行，此后每五年一次，盘点内容包括与 NDC 相关的行动和支助，以及国际合作情况。

由此可见，依据《巴黎协定》，2020 年之后，相关机构将对各国应对气候变化的相关信息进行全面核查和披露，并对减排的效果进行监督和比较。为此，中国未来在制度建设中，包括透明度的制度建设应进一步与国际接轨，尽快出台应对气候变化的法律法规，构建温室气体报告制度，提升信息披露透明度，为此中国还要完善国内的测算、核实、统计、报告、评估的能力，加强减排能力建设，此外还要加强国际交流合作（张焕波，2017），提高履约水平，维护好大国形象（科学技术部，2019）。

# 第四节　全球碳排放权交易市场体系

目前全球碳排放权交易市场相对比较稳定，按地域、排放权的性质和交易机制可以分为三种基本类型：一是按地域不同存在国际和国内市场；二是依据交易性质可以分为一级市场和二级市场；三是依据交易机制可以分为基于项目交易市场、强制配额交易市场和自愿交易市场。1997年《联合国气候变化框架公约京都议定书》被签订，其中创设了三大灵活履约机制，包括清洁发展机制（Clean Development Mechanism，CDM）、联合履行机制（Joint Implementation，JI）和国际排放贸易机制（International Emission Trading，IET），标志着碳排放权全球交易被纳入法治化轨道。按照交易原理，国际碳排放权市场被分为基于项目的市场、基于配额的市场，如图4-4所示，在《京都议定书》体系下，CDM和JI都属于基于项目的交易，其原理是基准与信用原理；CDM是发达国家（附件一国家）与发展中国家（非附件一国家）通过项目合作，允许发展中国家将项目减排额转让给发达国家，而JI是发达国家间基于项目获得的排放额转让，IET属于配额市场，依据总量控制与交易（Cap and Trade）原理，允许发达国家之间进行配额买卖。如表4-8所示，CDM的交易单位为CER，JI的交易单位为ERU。

为了落实减排承诺，欧盟从2000年起在其内部建立碳排放交易体系，2005欧盟碳排放交易机制（European Union Emission Trading Scheme，EU-ETS）正式启动，欧盟成为全球第一个强制配额交易市场的典型代表，至目前为止，也是交易最大的市场，并且属于全域碳市场。自愿交易的代表是美国的芝加哥气候交易所（Chicago Climate Exchange，CCX），属于区域碳市场。CCX成立于2003年，是全球第一个自愿参与温室气体减排交易的平台，是全球第二大碳汇贸易市场，是全球唯一同时开展IPCC清单中六种温室气体交易，并建立了现行减排补偿项目明细的碳汇市场①。CCX 交易的单位是 VER。

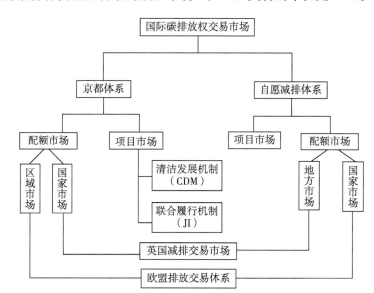

**图 4-4　国际碳排放交易市场构成**

**表 4-8　国际碳排放交易分类表**

| | 基于项目的交易市场<br>（Projected-based Market） | | 基于配额的交易市场<br>（Quota-based Market） | |
|---|---|---|---|---|
| 交易<br>类型 | 一级市场<br>二级市场（不产生实际减排量） | | 强制排放交易市场<br>（Compulsory Carbon Market） | 自愿碳排放交易市场<br>（Voluntary Carbon Market） |
| 主要<br>机制 | 清洁发展机制<br>（CDM） | 联合履行机制<br>（JI） | 欧盟碳排放交易体系<br>（EU ETS） | 芝加哥气候交易所（CCX） |
| 交易<br>单位 | 核证减排量<br>（CER） | 减排单位<br>（ERU） | 欧盟碳排放权配额<br>（EUA） | 自愿减排量<br>（VER） |

　　世界主要的碳排放权交易市场其交易的主要商品如表 4-9 所示，其余的没有提到的市场各有特色，如新西兰碳排放交易体系（New Zealand Emission Trading System，NZ-ETS）是覆盖农业林业（加入碳汇）的碳交易市场，日本东京都碳市场是覆盖建筑物的碳市场等。

---

① 中国碳交易网. 芝加哥气候交易所（CCX，Chicago Climate Exchange）.http：//www.tanjiaoyi.com/ article-4218-1. html?from=app.

表 4-9 碳市场中交易的商品

| 碳排放体系 | 主要交易的商品 |
|---|---|
| 京都议定书 | 分配配额单位（AAU） |
| 京都议定书——清洁发展机制（CDM） | 核证减排量（CER） |
| 京都议定书——联合履行机制（JI） | 减排量单位（ERU） |
| 欧盟排放权交易体系 | 欧盟排放配额（EUA、EUAA） |
| 加州总量控制交易计划 | 加州碳配额（CCA） |
| 美国区域温室气体减排计划 | 区域温室气体减排量（RGGI） |
| 新西兰排放权交易体系 | 新西兰排放单位（NZU） |
| 国际自愿减排市场 | 自愿减排量（VER） |
| 中国碳交易试点 | 北京碳排放配额（BEA）<br>上海碳排放配额（SHEA）<br>天津碳排放配额（TJEA）<br>深圳碳排放配额（SZA）<br>广东碳排放配额（GDEA）<br>湖北碳排放配额（HBEA） |
| 中国自愿减排体系 | 中国核证自愿减排量（CCER） |

资料来源：王君彩等.中国碳经济发展的体制机制研究［M］.经济科学出版社，2019.

受全球气候变化压力的影响，全球碳排放权交易市场建设不断加快，2021 年国际碳行动伙伴组织发布了《2021 年度全球碳市场进展报告》，报告指出：2020 年以来，虽然新冠疫情对很多国家的经济造成了巨大的影响，这些影响对全球主要碳市场造成了一定的冲击，但是全球碳市场在这个过程中表现出了很强的韧性，体现了碳交易在未来碳中和之路上的巨大潜力。过去一年的经验也充分证明，精心设计的碳交易市场能抵御经济动荡的冲击。同时，尽管受到新冠疫情的影响，但是数个国家和地区也把碳市场扩展到了新的行业部门，还有几个国家宣布将建立碳交易机制。其中最引人注目的是中国碳市场的进展，尤其是 2020 年下半年和 2021 年初出台的一系列政策，为全球最大的碳市场的启动铺平了道路。[1]

---

① 国际碳行动伙伴组织.2021 年度全球碳市场进展报告.https：//icapcarbonaction.com/zh.

# 参考文献

［1］丁丁，潘方方.论碳排放权的法律属性［J］.法学杂志，2012（9）：103—109.

［2］国家气候变化对策协调小组办公室，中国21世纪议程管理中心.全球气候变化——人类面临的挑战［M］.商务印书馆，2005.

［3］何晶晶.构建中国碳排放权交易法初探［J］.中国软科学，2013（9）：10—22.

［4］《环境科学》杂志社，外研社科学出版工作室.2036，气候变化或将灾变：环境与能源新解［M］.外语教学与研究出版社，2016.

［5］姜维.威廉·诺德豪斯与气候变化经济学［J］.气候变化研究进展，2020（3）：1—9.

［6］蒋金荷.中国碳排放问题和气候变化政策分析［M］.中国社会科学出版社，2014.

［7］科学技术部社会发展科技司，中国21世纪议程管理中心.应对气候变化国家研究进展报告2019［R］.科学出版社，2019.

［8］廖振良.碳排放权交易理论与实践［M］.同济大学出版社，2016.

［9］栾晏.发达国家发展中国家能源消费与碳排放控制研究：基于产业结构演变的视角［M］.中国社会科学出版社，2016.

［10］梁晓菲.论《巴黎协定》遵约机制：透明度框架与全球盘点［J］.西安交通大学学报（社会科学版），2018（3）：109—116.

［11］任志娟.中国碳排放区域差异与减排机制研究［M］.知识产权出版社，2018.

［12］诺贝尔经济学奖委员会，李海蓉译，刘译芳校.经济增长、技术变革和气候变化［J］.经济学动态，2018（12）：121—149.

［13］威廉·诺德豪斯.气候赌场［M］.梁小民译.中国出版集团.

［14］刘屹岷.世界气候研究计划2010年—2015年执行计划［M］.气象出版社，2010.

［15］王君彩.中国低碳经济发展的体制机制研究［M］.北京：经济科学出版社，2019.

［16］王铮，顾高翔，吴静，等.CIECIA：一个新的气候变化集成评估模型及其对全球合作减排方案的评估［J］.中国科学，2015（10）：1575—1596.

［17］夏梓耀.碳排放权研究［M］.北京：中国法制出版社，2016.

［18］肖红蓉.全球气候变化与碳排放权交易问题研究［M］.武汉：华中师范大学出版社，2018.

［19］向国成，李宾，田银华.威廉·诺德豪斯与气候变化经济学：潜在诺贝尔经济学奖得主学术贡献评介系列［J］.经济学动态，2011（4）：103—107.

［20］徐玉高，郭元，吴宗鑫.碳排放权分配：一种新的发展权［J］.数量经济技术经济研究，1997（3）：72—77.

［21］杨博文.《巴黎协定》减排承诺下不遵约情事程序研究［J］.北京理工大学学报（社会科学版），2020（3）：134—141.

［22］杨泽伟.碳排放权分配——一种新的发展权［J］.浙江大学学报，2011（5）：40—49.

［23］夏梓耀.碳排放担保融资法律问题研究［J］.金融法苑，2016（92）：96—105.

［24］叶勇飞.论碳排放权之用益物权属性［J］.浙江大学学报（人文社会科学版），2013（6）：74—81.

［25］易卫中.后巴黎时代气候变化遵约机制的建构路径及我国的策略［J］.湘潭大学学报（哲学社会科学版）2020（3）：92—97.

［26］于雪霞.公平与碳排放权分配［M］.哈尔滨：哈尔滨工程大学出版社，2017.

［27］赵作权.威廉·诺德豪斯对空间经济学的贡献［J］.经济学动态，2019（1）：103—115.

［28］张焕波.《巴黎协定：全球应对气候变化的的里程碑》［M］.北京：中国经济出版社，2017.

［29］郑爽.碳排放权性质评析［J］.中国能源，2018（6）：10—15.

［30］郑爽.碳排放法律确权剖析［J］.宏观经济研究，2019（10）：169—175.

［31］邹冀，傅莎，陈济，等.论全球气候治理：构建人类发展路径创新的国际体制［M］.北京：中国计划出版社，2009.

［32］庄贵阳，朱仙丽，赵行姝.全球环境与气候治理［M］.杭州：浙江人民出版社，2009.

［33］Christina K. Harper. Climate Change and Tax Policy［J］.Boston Colledge International and Comparative Law Review，2007,30（2）：411—460.

［34］Coase R H.. The Problem of Social Cost［J］. Journal of Law and Economics，1960：1—44.

［35］Demsetz.H.Toward a Theory of Property Rights［J］.American Economic Review，1967, 57（2）：347—359.

［36］Ehrenfield D W..Conserving life on Earth［M］.Oxfod University Press，1972.

［37］Fullertion D.. Six Distributional Effects of Environmental Policy［J］.NBER Working Paper，2011.

［38］Heilbroner R L.An Inquiry into the Human Prospect［M］.New York：Norton，1974.

［39］Hedegaard C，Kololec M.Statement at the Opening of the High Level Segemnt of COP17［EB/OL］.2011，http：//unfccc.int/files/meetings/duban_nov_2011.

［40］Kathryn M Merritt-Thrasher.Tracing the Steps of Norway's Carbon Footprint：Lessions Learned from Norway and the European Union Concerning the Regulation of Carbon Emissions［J］.Indiana International & Comparative Law Review，2011：330—357.

［41］Montero J P. .A note on Environmental Policy and Innovation when Governments cannot Commit［J］.Energy Economics，2011：13—19.

［42］Montgomery W D.. Markets in Licenses and Efficient Pollution Control Programs［J］.Journal of Economic Theory，1972：395—418.

［43］Nordhaus W D..Economic Growth and Climate：The Case of Carbon Dioxide［J］.American Economic Review，1977：341—346.

［44］Nordhaus W D..An Optimal Transition Path for Control Greenhouse Gases［J］.Science，1992, 258（5086）：1315—1319.

［45］Nordhaus W D. and Z.Yang.A Regional Dynamic General–Equilibrium Model of Alternative Climate Change Strategies［J］.American Economic Review，1996，86（4）：741—765.

［46］Nordhaus W D..Estimateds of the Social Cost of Carbon：Concepts and Results from the DICE_2013R. Model and Alternative Approaches［J］. Journal of the Association of Environmental and Resource Economists，2014，1（1/2）：273—312.

［47］Nordhaus W D..Projections and Uncertainties about Climate Change in an Era of Minimal Climate Policies［J］.NBER Working Paper，22933，2017.

［48］Nordhaus W D..Evolution of Modeling of the Economics of Global Warming：Changes in the DICE Model，1992—2017［J］.NBER Working Paper，23319，2018.

［49］Nordhaus W D..Can We Control Carbon Dioxide?（from 1975）［J］.American Economic Review，2019，109（6）：2015—2035.

［50］Parry I W. H Williams R C..What are the Coasts of Meeting Distributional Objectives for Climate Policy?［J］.NBER Working Paper，NO. 16486，2010.

［51］Sinn H W.Common Property Resources，Storage Facilities and Owership Structures：a Cournot Model of the Oil Market［J］.Economica，1984，51（23）：235—252.

［52］Smith R J.Resolving the Tragedy of the Commons by Creating Private Property Rights in Wildlife［J］.CATO Journal，1981，1（2）：439—468.

［53］Stern N..The Economics of Climate Change：The Stern Review［M］.Cambridge University Press，2007.

［54］Welch W P.The Political Feasibility of Full Ownership Property Rights：the Cases of Pollution and Fisheries［J］.Policy Sciences，1983（2）：165—180.

# 第三篇

## 中国经济发展不同阶段的碳排放权分配机制研究

# 第五章　碳排放权分配机制及其比较

**内容摘要：**中国采用总量控制与交易型碳减排，对碳排放权进行初始分配是总量控制与交易的基础和实现途径，也是核心环节。从内容上看，碳排放权分配机制方案的构成要素应主要涉及总量控制的范围、分配标准、分配方式、分配周期和配额的柔性机制五个方面的内容。同时考虑到拍卖是未来进行配额分配的主要方式，着重对拍卖的四种基本方式进行了比较，结合欧盟的相关经验以及国内学者对拍卖机制设计的成果，认为现阶段在碳排放权分配中，现阶段试点市场采用的单轮有保留价格的英式拍卖是比较适合的，不宜采用过于复杂化的拍卖方法，提高拍卖有效性的主要方法应是通过增加拍卖信息的透明度和提高拍卖频率来实现。而且还应当考虑在全国范围内进行区域拍卖的协调问题。进一步对国内七个碳排放权交易试点市场的碳配额分配机制进行比较，可以发现其相同点在于配额分配的方式基本是以免费为主，拍卖为辅，其中免费分配的方法是历史法和基线法；涉及的控排行业多是能源行业或重化工业；配额分配对象为企业，而非排放源；都允许 CCER 进入市场。不同点在于纳入控排的行业、企业标准不同；有无柔性机制不同；是否纳入碳汇不同。在未来构建全国统一碳市场中，上述不同点是需要特别关注和协调的。从未来形成全国统一碳市场的角度看，试点市场普遍存在的问题包括：（1）统计数据等基础设施薄弱；（2）分配机制还需要进一步完善；（3）配额分配中的柔性机制欠缺或不完善；（4）纳入的行业、企业标准还需要进一步统一和规范；（5）保障措施不足。

前面我们说过，在 UNFCCC 框架下，减少碳排放有三种机制，即清洁发展机制（CDN）、联合履行机制（JI）和排放交易机制（ET），这三种机制下减少的碳排放量可以在缔约国之间进行转让交易。由于三种减排机制中产生碳资产的方式不同，对应的交易方式也有所不同。碳交易方式可以分为两种：

基于配额型交易和基于项目型交易，其中配额型交易适用于总量控制下的排放交易机制（ET）。项目型交易则适用于清洁发展机制（CDN）和联合履行机制（JI），主要是针对项目产生的减排单位进行交易。在配额型交易之前，首先需要做的就是进行碳排放权的初始分配，即在对总排放量进行控制的基础上，按一定的原则或方法将其配置给微观经济主体，预先确定排放权数量，至期末结算阶段，核算完成后，低于配额的微观主体就可以通过交易转让排放权；而高于配额的微观主体则需要买入排放权以抵消自己超额的排放量。从这个意义上讲，碳排放权的初始分配是否合适就决定了有无碳交易，也会较大地影响碳交易的价格。

# 第一节　碳排放权初始分配及其重要性

碳排放权的初始分配是总量控制型减排模式的基础和核心环节，是减排能否实现的依托。

## 一、碳排放权初始分配

碳排放权的初始分配是总量减排的起点，决定了减排的幅度和压力，本质上是对大气中碳容量的配置。此外，一般认为碳交易是对排放权的二次配置，交易不决定是否减排，但具有发现价格的作用。

在总量控制与交易模式下，国家先要根据历史排放量和减排目标，确定总的排放量，再根据排放源等情况将排放量分成配额（Allowance），以有偿或者无偿的方式分配给减排主体，这也被称为碳排放权的初始分配（Allocation of Initial Carbon Emission Allowances，下面简称为碳排放权分配）。

## 二、碳排放权初始分配的重要原因

排放权初始分配对于碳交易而言是至关重要的，主要原因可以归结为以下两个方面：

首先，碳交易市场中的供给和需求关系是通过碳排放权的初始分配形成的。如果初始分配量过多，会使得碳交易市场中供过于求，碳价接近于零；而分配过少就会出现后期市场交易中供不应求，碳价会高涨。而碳交易减排的作用机制正是通过后期交易的价格发现功能，通过价格信号形成成本压力激励排放主体节能减排，降低排放量，并向低碳技术转型。因此配额数量分配的是否得当，就决定了碳排放交易中供求双方是否同时存在。

如图 5-1 所示，如果配额分配数量过宽，则会导致配额交易的供给过剩，缺少需求，则碳价低迷，没有投资价值。反之，如果配额数量过少，价格过高，就会对企业造成过高的负担，增加投机机会，失去了减排作用。因此，决定总量控制与交易型减排机制是否成功最重要的因素就是碳排放权配额初始分配的合理性。

其次，碳排放权的初始分配本身是对环境资源的初始配置，依据科斯定理，交易费用不为零时，初始配置将决定最终的资源配置效率，分配方案不同效率也就不同，通过后期的二次分配，即市场交易是无法改变资源配置的效率的。

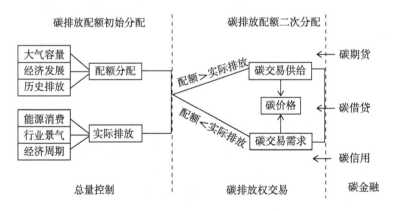

**图 5-1  碳排放配额初始分配的重要性**

资料来源：作者自绘。

# 第二节　碳排放权初始分配方案的要素和内容

自欧盟 2005 年开始进行总量控制与交易减排之后，至 2015 年为止，全球已经有 16 个总量控制与交易型碳排放市场。欧盟是最早的，因此相对成熟，经验多，其余包括韩国、美国加州、加拿大魁北克、瑞士、哈萨克斯坦以及中国的七个试点市场，中国的碳交易市场相对是起步较晚的（潘晓滨等，2015）。实践中经常有"无总量控制无碳排放权交易（No Cap，No Trade）"的说法。Gert Tinggaard Svendsen 和 Morten Vesterdalb（2003）研究了碳交易的排放配额分配、碳交易与其他政策工具的整合、碳交易政策的执行力提升等，提出要综合经济要素、政府管理、政治变化等因素，构建可行的碳交易机制和体系。

## 一、碳排放权初始分配方案的要素

在总量控制与交易型碳排放市场中，需要先进行碳排放权初始分配。如表 5-1 所示，赵黛青等（2017）认为碳排放权分配的主要议题应包括分配方式、分配条件、分配程序、分配量的变更和其他内容。

表 5-1　碳排放权分配机制主要议题

| 内容 | 方式 |
|---|---|
| 分配方式 | 免费分配<br>拍卖<br>固定价格出售<br>混合 |
| 分配条件 | 基准年<br>分配的指标：排放量、产出、投入<br>既存与新设厂<br>先期行动鼓励 |
| 分配程序 | 分配机构<br>分配时间<br>分配对象 |
| 分配量变更 | 开厂、关厂 |
| 其他 | 政府保留量排放权期效等 |

资料来源：赵黛青，文军，骆刚，等.广东省碳排放权交易试点机制解构与评估［M］.中国环境出版社，2017.

## 二、碳排放权初始分配方案的内容

结合现有的研究成果和调研情况（见第九章）的汇总，认为配额分配方案的内容应该包括总量控制的范围、配额分配的标准、配额初始分配方式、分配周期和配额总量调整的柔性机制，由于表 5-1 中分配程序的内容已经包括在分配范围和分配周期中，不单独列出来讨论。

### （一）总量控制的范围

真正意义上的减排应当是基于总量的减排，如果没有总体数量的减少，全球应对气候变化就不会取得目标效果。

1. 总量控制的范围

这里总量控制的范围应该包括这三个方面：地域范围、行业范围和气体范围。

（1）地域范围。从地域范围由大到小排列，总量控制的地域范围应该是全球、国别和区域。全球总量控制是由于大气是人类共同的"公地"，具有全球一体性，为了全球的可持续发展，需要在全球范围内进行公平减排。UNFCCC 属于全球范围内的总量控制，并且为在全球范围内实现碳排放的总量控制提供了可能的平台。这个平台即使没有实际上进行碳配额的分配，但是正如前面分析的，这个平台提供了解决的制度框架体系，现在进行制度设计也应与 UNFCCC 的制度框架保持一致，或者说我们这样做正是在履行和兑现中国在 UNFCCC 的承诺。国别总量控制是指一国对其温室气体排放总量进行限制，而区域总量控制则是在一个国家境内的某些区域内进行碳排放限制。

中国原来的碳排放权交易试点市场就是区域碳排放市场，现在刚建立的全国统一碳市场就是国别碳排放市场。先建立区域市场的目的是为建立全国市场积累经验，探索最优减排制度安排。在选择某个区域时，一般需要考虑区域的经济发展水平、碳排放量的大小以及产业结构等因素。一般而言，区域范围大，包括的企业数量多，参与交易的主体也就多，市场就较为活跃。如美国东北部及北大西洋中部 10 个州组成的区域温室气体减排协议（RGGI）市场就比澳大利亚新南威尔士温室气体减排体系（GGAS）的活跃度高。对于中国区域碳排放市场的选择标准应该包括：生产力标准（人均 GDP、工业化发展阶段）、碳排放强度标准（人均碳排放标准、地均碳排放标准、碳排放总量标准）和限排行业标准（王毅刚等，2011）。郝海青（2014）认为，碳排放权交易制度的前提条件是对温室气体排放总量进行量化控制，并使其有一定富余，总量控制的导向是源头控制、全程控制，通过对环境容量使用设定上限的方式，明确排放权的稀缺性，为碳排放权交易奠定基础。美国成功治理酸雨的经验也在于建立了科学合理的总量控制制度（Richard，2009）。

（2）行业范围。行业范围应当是在地区或国别范围内对碳排放权的一种细分方向，一般先确定地域范围，再确定行业范围，如果空间范围是"块"，行业范围是"条"，那么实际上确定范围的过程是一种条块结合管理的实现过程。发达国家在选择减排行业时主要考虑两个方面的因素：行业碳排放量、行业的产业国际竞争力或产业的可贸易性情况。选择接受碳规制产业的决策过程应该是先看碳排放量的大小，选择碳排放量大的产业，然后再按产业竞争力或贸易程度，率先选择国际竞争力弱或者可贸易程度低而碳排放量大的产业作为碳规制产业。欧盟的 2003/87/EC 指令 [①] 和美国 Waxman-Markey 法案 [②] 都是将电力行业涵盖在内，美国 RGGI 只规制电力行业，原因也就在于电力行业是可贸易程度低且碳排放量多的产业。

另外，被纳入碳排放总量管理的行业数量越多，则行业间的差异较大的可能性就越大，此时对碳排放权进行交易的可能性就越高，但是管理难度和复杂性也越大。特别是在碳排放市场建立初期，例如在试点阶段，不要纳入所有的行业，而应当采用渐进的方式不断增加受控行业范围。美国加利福尼亚碳排放市场就采用渐进式总量控制的方式（California Air Resources Board）。欧盟也采取类似的做法，在 EU-ETS 运行第一阶段（2005—2007）被纳入的行业包括电力、钢铁、造纸、玻璃、陶瓷、石化等高能耗产业；第二阶段（2008—2012）被纳入的行业为交通业；第三阶段（2013—2020）又扩大了覆盖行业范围，最引人注目的是将航空业纳入其中。

（3）气体范围。地球的大气中有一些微量的气体，如水汽、二氧化碳、臭氧等，它们都能使太阳的短波辐射透过，而强烈吸收地面和大气发射的长波辐射，从而维持地球表面温暖舒适的温度。他们的作用等同于温室的玻璃，产生的增温效应称为"温室效应"，相应地这些气体被称为"温室气体"。这

---

[①]　The European Parliament and the Council of the European Union.Directive 2003/87/EC of the European Parliament and of the Council of 13 October 2003 .Official Journal of the European Union，2003.10.25：232—275.

[②]　Stephen L. Kans .Waxman –Markey Climate Change Bill［J］.New York Law Journal，2009. 6.

些温室气体包括自然存在的水汽、二氧化碳（$CO_2$）、甲烷（$CH_4$）、氧化亚氮（$N_2O$）、臭氧（$O_3$），还有完全由人类活动产生的氢氟碳化物（HFCs）、氯氟碳化物（CFCs）、全氟化碳（PFCs）、含氯氟烃（HCFCs）、六氟化碳（$SF_6$）等。实际上温室效应最强的是水汽，占温室效应的60%—70%，但由于其守恒，所以总量不变，浓度不会变化。全球气候变暖主要是人类活动导致的，这些活动包括矿物燃料的燃烧、毁林、土地利用变化、畜牧、使用化学肥料等。如前所述，《京都议定书》列出的温室气体清单主要包括六种气体。而二氧化碳是所有人为排放的温室气体中生命最长、升温效果也较高的气体。其次是甲烷（丁一汇，2010）。

碳排放市场中纳入的气体范围越大，报告、核查的范围也越大，与碳市场覆盖的行业范围一样，碳市场最初成立时，也应只纳入少量的气体种类，如果只纳入一种，首选气体是二氧化碳，之后再扩大气体种类。EU-ETS对于气体控制范围也采取了渐进的方式，第一期和第二期均只将二氧化碳纳入规制范围内，第三期才将氧化亚氮和全氟化碳纳入气候管控范围。这样做的好处在于可以方便管理和交易，容易计算和测算，降低早期交易和管理成本。当市场逐步成熟之后，后期再增加其他温室气体，则可以提高市场活跃度。

2. 确定总量的影响因素

如何确定总量既有利于应对全球气候变化，又不会对经济发展造成太大的冲击；既使发达国家乐于减排，也能使发展中国家接受，这是最棘手的问题，也是各方利益争论的焦点。确定碳排放总量也是进行配额分配的前提和基础，这个问题本身是比较复杂的，很多情况下是无法得到帕累托最优的结果的，此时需要在各方面进行权衡，而权衡的标准又不是唯一的，不同选择后面出现的结果往往还存在一定的不确定性。在理论上讲，需要考量的因素包括应对全球气候变化的总量控制需要、经济社会发展程度、历史排放情况和衡量公平的标准等因素。

（1）应对全球气候变化的总量控制需要。建立碳排放市场最重要的目的就是减少碳排放量，所以首先需要考量的因素就是应对气候变化的需要。按2018年IPCC的报告，为了避免全球气候系统出现不可逆的情况，2050年全球碳净排放量必须降至零（也称净零排放），未来十年（大约相当于2030年前）要将碳排放量减少到2010年的45%。按以前的经验看，这种转变是前所未有的。如果在碳排放具有外部性、公共品、信息不对称等多重失灵的情况下，采用市场机制来减排，那就需要相当精巧的机制设计，对制度设计的要求很高。同时最重要的问题就是减排量在全球各国之间应当如何分配，这方面依赖于国际谈判。在世界各国没有达成统一意见之前，各国无疑会视本国的经济发展需要而采取适当的措施进行减排。从应对全球气候变暖的需要角度可见，如果按前面大多数学者们（包括本书认为的 2030—2035 年）研究预计的结果，中国将在 2030 年实现碳达峰的目标，在此之前，中国不具备进行总量减排的能力和条件，这可能是发展中国家普遍面临的问题。

（2）经济社会发展程度。由于需要限制的温室气体是来自人类活动，在短期内技术没有显著变化的情况下，限制和减少温室气体排放量，本质上就是要减少或限制人类活动，这就自然会涉及对应对气候变化和发展经济两个问题的权衡。实际上，即使对发达国家而言，在减少碳排放量时，也需要充分考虑自己的条件和能力。如在《京都议定书》中规定，至 2010 年所有发达国家排放的温室气体要减少 5.2%，发展中国家不承担减排义务。2008—2012 年需要完成的目标包括：2012 年与 2008 年相比，在 1990 年的基础上欧共体、欧洲大多数国家、爱尔兰减排 8%，美国减排 7%，日本、加拿大减排 6%，而澳大利亚增排 8%，挪威增排 1%①。以澳大利亚为例，澳大利亚之所以可以增排是因为考虑到澳大利亚的能源结构是以煤炭为主，其电力的 75% 是煤电，其产业结构主要以金属冶炼业为主。由此可见，即使在国际框架体系内，也是要考虑到各国经济发展的相关特征的，即实行"共同但有区别的责任"原则。

（3）历史排放情况。通常历史排放量多是指基准年的排放量，也可以是历史上若干年份排放量的均值。如果想确定历史排放情况，首先需要确定基准年，这对于确定历史排放很重要。例如以 1990 年为基准年，则俄罗斯等东欧国家因为 1990 年之后经济一直处于减排状态。因此，如果选择的基准年处于经济周期的繁荣阶段，则此后将会得到较大的排放量许可，而基准年经济状况不景气，则此后得到的容许碳排放量就会少。王清军（2011）指出，美国之所以主张以 2005 年为基准年，而不是 1990 年，第一是因为 2005 年的碳排放量为 70.8 亿吨，1990 年为 60.8 亿吨；第二是因为碳排放量历史信息的准

---

① UNFCCC.Kyoto Protocol to the United Nations Framework Convention on Climate Change（FCCC/CP/1997/L.7/ Add.1）. https：//unfccc.int/documents/2409.

确性。由于此前没有进行过碳排放源和排放量的统计核查工作，报告的碳排放量的统计数据可能会失真，王毅刚等（2011）就指出在欧盟碳排放市场成立之初，由于统计数据失真，碳排放量被过高估计，配额发放过多，使碳价格几乎下降至零的水平。

（4）衡量公平的标准。王文军，庄贵阳（2012）认为，目前国际社会对于碳排放权分配提出了诸多方案，并且高度关注这些方案的公平性。这种公平性应当具有相当丰富的内涵，不仅应当包括人际公平，还涉及代内公平和代际公平，以及人与自然关系的和谐，同时也要能够体现过程和结果的公平。郑艳等（2011）研究认为，在国际应对气候变化过程中的公平，应包括程序公平和结果公平两个方面。程序公平主要是指主权协商、平等参与、全球政治共识等，结果公平则应体现历史责任、差别待遇、成本效率、尊重现状等原则。国际社会对已经建立的"共同但有区别的责任"的解释分为两派，即平等人权派和历史责任派。单纯就减缓机制（不包括适应机制）而言，国际上应考虑将责任、能力和效率三者相结合进行配额分配的机制设计。德国瓦里安（Varian）也认为，分配公平需要体现效率和人际公平两个方面的因素。

碳排放问题所谓的"公平"本质上是在各国"不公平"的现状背景下寻求"公平"，其本质是对各国碳排放数量和减排责任的分配问题（何建坤，2004）。因此，碳排放的公平程度主要体现在配额分配标准和原则的选择和确定上。依据 UNFCCC 的内容，确定各国的碳排放量和减排量应遵循"共同但有区别的责任"原则和"可持续发展"的原则。由于发展中国家与发达国家的经济发展水平不同、现实和历史碳排放水平的差异，在这个问题上存在较大分歧。如表 5-2 所示，潘家华、郑艳（2009）对上述各种标准进行了界定。

发达国家和发展中国家对碳排放配额分配"公平"性认识的分歧通过表 5-3 说明，包括美国、英国等发达国家（包括 UNFCCC 第一阶段的强制减排主要针对附件 I 国家中的发达国家）一般都主张通过当期碳排放量分配配额或减排责任，一般选用的计算标准是用单位 GDP 标准（GCI 采用人均碳排放量），这是因为发达国家经济发展水平高，单位产出的碳排放效率高，人口相对少且增长率低甚至为负。而发展中国家则均提议采用累积碳排放原则进行配额分配，而计算标准是人均碳排放量，因为发展中国家单位产出的碳排放效率低，而人口众多且增长率高。

**表5-2　各种碳排放标准在国家层面的界定**

| 分类 | | 标准 | 含义 | 提议者 | 是否公平的评价 |
|---|---|---|---|---|---|
| 总量 | 当期量 | 总量 国家碳排放（National Total Carbon Emissions） | 一国在单位时间（通常是一年或一个核算期）的碳排放总量（包括化石能源消耗和工业生产等过程中的排放） | 京都议定书 | 忽略了发展中国家的发展权利 |
| | 积累量 | 国家累积碳排放（National Cumulative Carbon Emissions） | 一国在某一时间段（如碳排放的过渡期）逐年累积的碳排放量（包括化石能源消耗和工业生产过程中的排放） | 巴西案文 | 只考虑了国家排放责任的公平，但没有考虑人际公平 |
| | 未来量 | 碳预算（Carbon Budget） | 以总量气候安全为基准核算全球各许的碳排放预算问题，再通过人均方式分配给所有地球人 | 基础四国碳预算方案 | 对初始碳排放权分配实现公平与正义 |
| 人均量 | 当期量 | 人均碳排放（Carbon Emmissions per Capita） | 一国在单位时间（通常是一年或一个核算期）根据总人口平均的碳排放量（包括化石能源消耗和工业生产等过程中的排放） | 英国全球公域研究所（GCI） | 在趋同前发达国家高于趋同值，发展中国家低于趋同值，等于发展中国家发展设置了限制 |
| | 积累量 | 人均累积碳排放（Cumulative Carbon Emissions per Capita） | 一国在某一时间段（如碳排放的过渡期）逐年累积的人均碳排放量（包括化石能源消耗和工业生产过程中的排放） | 中国学者 | 同时考虑了人际公平和国家排放历史责任 |
| | 积累量 | 人均累积碳消费排放（Cumulative Consumption Carbon Emissions per Capita） | 一国在某一时间段内累积的碳排放量减去净出口碳排放称为累积碳消费排放，将累积碳消费碳排放按总人口平均，即得到人均累积碳消费排放 | 中外学者 | 排放责任应归于污染的驱动方，而不是直接归于污染的生产者，即考虑碳隐含碳物分配 |
| | 积累率 | 人均累积碳排放率（National Cumulative Carbon Emissions） | 一国人均累积碳排放量与世界各国同期人均累积碳排放量总和的比值。 | 中国学者 | 主要考虑化石能源消费对全球碳资源空间的占有，但没有考虑升温与排放的复杂关系 |

资料来源：

①潘家华，郑艳.基于人际公平的碳排放概念及其理论含义[J].世界经济与政治，2009（6）：5-8；樊纲，苏铭，曹静.最终消费与碳减排责任的经济学分析[J].经济研究，2010（1）：6-16.

②王文军，庄贵阳.碳排放权分配与国际气候谈判中的气候公平诉求[J].外交评论，2012（1）：72-84.

③Pan Jiahua, Chen Ying.Carbon Budget Proposal: A Framework for an Equitable and Sustainable International Climate Regime [J].Social Sciences in China, 2010（1）: 5-34.

表 5-3　主要国家和机构提出的全球碳排放配额分配方案及其公平原则

| | 时间 | 机构 | 方案 | 公平原则 | 公平标准 |
|---|---|---|---|---|---|
| 1 | 1992 | 联合国气候变化大会（UNCCC） | 联合国气候变化框架公约 | 当期责任 | 当年碳排放量 |
| 2 | 2001 | 美国政府 | 晴朗天空与全球气候变化行动 | 经济发展 | 单位GDP碳排放量 |
| 3 | 2002 | 巴西政府 | 巴西案文 | 历史责任 | 累积碳排放量 |
| 4 | 2004 | 英国全球公域研究所（GCI） | 紧缩－趋同方案 | 人际公平 | 人均碳排放量 |
| 5 | 2007 | 中国社会科学院（CASS） | 中国碳预算方案 | 人际平等的历史责任、未来需求 | 人均累积碳排放量 |
| 6 | 2008 | 瑞典斯德哥尔摩环境研究所（SEI） | 温室气体发展权方案 | 人口规模、经济实力和历史责任 | 单位GDP累积碳排放量 |

资料来源：王文举，李峰.国际碳排放核算标准选择的公平性研究［J］.中国工业经济，2013（3）：59—71.

　　考虑到中国地域差异大，在建设全国统一碳排放权交易市场时也会面对地区间"公平"分配碳排放量和减排量的问题，这些对全球碳排放配额分配公平性的研究结论具有很强的借鉴和指导意义。中国地域辽阔，各地之间经济发展水平、发展阶段具有较大差距，这种情况曾经被概括为"一个国家，四个世界"，即一个国家包含了从类似于发达国家的第一世界至最贫穷落后的第四世界（杨永恒，胡鞍钢等，2006），现在中国的地域差距虽然没有那么严重了，但在空间上仍存在一定的东西差距和南北差距，而且近年来学者们的研究结果表明地域差距的变化趋势是"W"型的，即1978—1990年为差距缩小阶段；1990—2003年为差距扩大阶段；2003—2008年为差距缩小阶段，2008年之后有扩大趋势[①]。张自然（2017）对2016年导致中国地区经济发展差距的因素进行分析发现，包括人力资本、城市化、市场化程度、医疗条件、开放程度等14个指标的测算结果显示，地区差距较大，且有扩大趋势。因此，中国在形成全国统一碳市场的过程中，实际上也面临对着全球在减排过程中遇到的问题，在减排时也要考虑和确定什么是地区间"公平"标准，这个标

① W型演变过程为"U"型→"反N"型→"W"型：（1）高帆（2012）研究认为，1978—2003年中国地区经济发展差距以1990年为拐点呈"U"型；（2）甘春晖，郑若谷（2010）研究认为，1978—2007年中国地区经济发展差距以1990和2003年为拐点呈"倒N"型；（3）李善同（2017）研究认为，近几年中国地区经济发展差距有扩大趋势。

准既要与国际做法接轨，同时也应该随着经济发展阶段的不同而有所不同。因为不同的核算标准在公平性度量方面存在很大差异（王文举等，2013）。

### （二）配额分配的标准

通过前述公平性分析，碳排放数量多少的标准可以采用人均碳排放量标准，也可以采用单位 GDP 碳排放量标准，对于上述两个指标的统计测算方法又分别可以分为当期排放量和累积排放量。

（1）人均碳排放量标准。如前所述人均碳排放量标准可以分为当期量和积累量两种。其中在全球范围内基于人均碳排放量标准进行碳排放总量和减排责任分配，Niklas Höhne（2006）提出了"紧缩—趋同（Contraction and Convergence，C&C）"原则[1]，IPCC 的 Group Ⅲ 和 GCI（Global Commons Institute）对此进行了进一步分析[2]。依据 Höhne（2006）的设想，由于大气是公共品，在确保大气中碳当量浓度安全的前提下，每一个人都有平等地向大气中排放等量碳的权利，据此可以先确定每个人可以排放的碳数量，即趋同值，再乘以人数就可以得到各国容许排放的碳了。在全球减排过程中，在一个减排核算期内，应逐步将人均碳排放量高于趋同水平国家的人均排放量降下来（一般是发达国家），允许人均碳排放量低于趋同水平的国家（一般应是发展中国家）增加人均排放量，直到所有国家都达到趋同值，再一起进行总量减排。通过这种方式就实现了从人均碳排放量控制向总量控制的转换。目前全球依据人均碳排放量可以将世界各国分为三个利益集团，分别是欧盟（大约人均 6—10t）、伞形国家集团（大约人均 15—20t）和发展中国家（大约人均 4.2t）（潘家华等，2009）。C&C 做法主要存在两个问题：一是总人口的数量统计和预测可能会不准确，而且人口有流动问题；二是这种减排方式不是以历史排放为标准的，只考虑当前的碳排放水平，允许发达国家不断降低人均碳排放水平，虽然允许发展中国家的人均碳排放量不断提高，但实际上是以趋同值为上限的，发展中国家由于所处的经济发展阶段，工业化和城市化都需要消费大量的能源，为发展中国家设定一个未来发展的上限，会损害

---

① Global Greenhouse Warming.Rational for Contraction and Convergence.http：//www.global-greenhouse-warming. com/ contraction-and-convergence.html.

② Global Commons Institute.Contraction and Convergence（C&C）the First Years（1989-2009）. http：//www.gci. org.uk/.

发展中国家的发展权。Sheehan（2007）提出中国和印度是近年碳排放量增量的主要来源国，特别是中国经济发展增速较快，带动了能源消费的高速增长，因此在全球应对气候变化的过程中，这两个国家应采取相应的控排措施。

从发展中国家的利益出发，一般认为要考虑到累积碳排放标准才是"公平"的。何建坤等（2006）主张"一个标准，两个趋同"的原则，即各国应以人均碳排放量相等为原则，在大气浓度保持在 550ppm 的前提下，在 IPCC 的过渡期内（1990—2100）的目标年（2100）达到发达国家与发展中国家的人均碳排放量趋同（1.33t-c/ 人），同时人均总碳排放量也趋同（110 年人均累积 165t-c/ 人）。

（2）单位 GDP 碳排放标准。单位 GDP 碳排放通常被称为碳排放强度，是指一国将碳排放量控制与 GDP 相结合，一般的目的在于从碳强度减排向总量减排过渡。中国在 2009 年哥本哈根国际气候会议上承诺，2020 年中国的单位 GDP 碳排放将比 2005 年下降 40%—45%，为了实现这一自主承诺，中国在"十二五"期间明确把 2015 年比 2010 年单位 GDP 碳排放量下降 17% 纳入发展规划。"十三五"时期，国务院在《"十三五"节能减排综合工作方案（国发〔2016〕）74 号》中明确"十三五"期间纳入的总量控制目标，实行总量和强度"双控"，并将目标进行了地区分解，目标规定到 2020 年单位 GDP 万元能耗比 2015 年下降 15%，力争将能源消费总量控制在 50 亿吨标准煤以下 [①]，预计 2020 年将碳排放总量控制在 105 亿吨的水平。单独采用单位 GDP 排放量作为总量控制的标准对经济转型国家也是不利的（王清军，2011）。因为这些国家碳排放强度较高，而人均碳排放量不高，如果以碳排放强度作为总量控制的唯一标准，将会对发展中国家的经济发展造成较大的束缚。美国实际在应对气候变化时，也采用 GDP 强度指标，国家气候变化对策协调小组办公室，21 世纪议程管理中心（2005）认为单独采用这种指标为减排目标，对经济的影响最低，但是并不能确保环境保护目标的实现。依据美国当年承诺的目标进行测算，美国的温室气体排放总量不是减少了，而是继续上升。

---

[①] 发改委 . "十三五" 节能减排工作的主要目标是什么？中国碳排放交易网 .http://www.tanpaifang.com/jienenjianpai / 2017/0109/58196.html.

### （三）配额初始分配方式

碳排放权的初始分配一般分为无偿分配和有偿分配两种。无偿分配是国家依据排放主体的历史碳排放量或者（新企业）相应的可以推测其排放量的数据，或者根据某种标准确定排放主体的碳排放配额数量；有偿分配则需要排放主体通过购买的方式获得碳排放配额。其中无偿取得的分配方法包括祖父（Grandfathering）/历史法和标杆（Benchmarking）/基准法，有偿取得则包括固定价格取得和拍卖取得。不同的初始分配的基本方式和方法均各有利弊，具体差别如表5-4所示。

无偿取得属于政府为主导的配额分配的方式，具有行政强制性，有利于快速实现减排目标，并建立碳排放交易制度。不利在于价格和配额数量均由政府决定，确定难度较大，也容易出现权力寻租现象。有偿取得属于市场机制分配配额，可以充分发挥其配置效率高的优势，具有"说真话"机制作用，避免信息不对称时由政府配置配额出现的错配问题。但不足也是很明显的，一方面可能导致需要配额的主体无法获得其需要的配额数量，另一方面可能导致碳价格在一级市场就被大企业操纵，二级市场即使有交易也无法改变初始分配失灵的情况。采用历史法容易产生"鞭打快牛"的问题，越是历史排放量大的企业获得的配额越多，历史排放量小的反而获得的配额少，无法起到鼓励先进的作用，甚至有可能导致碳排放效率高的企业配额缺口大，而碳排放效率低的企业反而配额有盈余。另外还要统一和明确不同行业适用的分配方法，包括特殊行业，如空分气体生产企业的配额核算和分配问题（李彦，2018）。

在碳排放权分配方式哪种更有效率的研究上，学术界基本是具有共识的，即拍卖比免费分配更有效率。根据Sijm（2007）和姜晓川（2018）的研究，对历史法、标杆法和拍卖法对经济效率八个方面的影响进行了定性分析，从综合的结果看，如表5-5所示，相对标杆法和拍卖的综合影响为正值；而历史法的综合影响为负值；绝对标杆的影响为中性。从对比的结果看，即使理论上认为拍卖是最好的方法（Chevallier et. 2009，Jouvet 2005,2011），但也可能不能体现公平原则。

表5-4 总量控制—交易型碳排放权初始分配基本方式和方法比较

| 方式 | 分配方法 | 内涵 | 优势 | 劣势 | 好处和不足 |
|---|---|---|---|---|---|
| 无偿取得（政府主导） | 祖父/历史法（Grandfathering） | 依据历史排放发放碳排放额。配额额度＝基准期历史排放比例×减排量 配额数量＝基准期历史排放比例×减排期间 | 综合考虑历史和现状，对排放影响小，易于实施 | 鼓励落后，鞭打快牛；确定合适的减排比例比较困难；对于历史数据要求高，新企业无历史数据进行配额分配 | 好处：不会增加企业成本；企业容易接受；不会损害产业国际竞争力；不存在新企业的进入壁垒。不足：不会存在碳泄露，政府方便管理。无减排成本压力，企业乐得"意外之财"，不能解决外部性问题，不利于减排 |
| | 标杆/基准法（Benchmarking） | 以标准排放率或排放绩效为基准确定配额数量。碳排放配额数量＝标准排放率×生产量＝标准量×减排期间 | 鼓励先进，促进企业使用减排技术 | 对于基础数据储备标准的设计要求高；由于各个行业甚至行业内部各企业的技术、燃料使用效率等差别较大，确定标杆和制度成本高昂 | |
| 有偿取得（市场主导） | 固定价格取得（Fixed Price） | 国家事先确定碳排放权价，各排放主体或排放源按固定价格取得配额。量的确定可以采用历史法或标杆法 | 可以避免免费取得无价格机制的问题，配额数量由政府决定，有利于减排的实施，强制减排的实施 | 通过固定价格取得时，信息不对称，政府无法准确地知道企业的减排成本，因而无法科学确定碳价 | 好处：可以直接将碳排放的"外部"性内部化；可以发挥价格机制对减排和产业结构调整的"倒逼"作用；有利于新企业创新技术形成对技术创新的激励，可以为减排筹集资金；有利于二级市场交易的形成。不足：增加企业负担，削弱产业竞争力；可能发生"碳泄露"；增加新企业的进入壁垒；企业管理成本高；可出现对碳排放配额的垄断和价格操纵 |
| | 拍卖取得（Auction） | 通过排放主体在国家认可的拍卖平台参与竞拍决定配额价格和数量 | 充分发挥市场机制作用和拍卖的"讲真话"信息披露作用，避免了信息不对称情况下，政府分配对碳排放权分配的盲目性 | 通过拍卖取得时，企业是否能够买到足够的排放权是不确定的，可能会影响排放主体的经济活动 | |

资料来源：根据现有的资料综合整理。

表 5–5　主要碳排放配额分配方式的影响

| 评价标准 | 历史法 | 标杆法 | | 拍卖 |
| --- | --- | --- | --- | --- |
| | | 绝对 | 相对 | |
| 经济效率 | 0 | + | − | ++ |
| 环境有效性 | + | + | − | + |
| 产业竞争力 | 0 | 0 | + | − |
| 社会可接受度 | + | + | − | − |
| 确定性 | 0 | 0 | 0 | 0 |
| 透明度 | 0 | 0 | | 0 |
| 简单性 | 0 | − − | − | + |
| 交易成本 | | − − | | + |
| 综合评比 | − | 0 | + | + |

资料来源：

① J.P.M.Sijm., M.M.M.Berk, M.G.J. den Elzen, R.A. van den Wijngaart.Opttions for Post–2012 EU Burden Sharing and EU–ETS Allowcation ［R］.Climate Change Scientific Assessement and Policy Analysis.WAB Report 500102009, MNP Report 500105001, ECN Report ECN–E–07–016 March 2007.

②姜晓川.我国碳排放权的初始分配制度研究［M］.中国政法大学出版社，2018.

注：表示 very Poor；—表示 Poor；0 表示中性；＋表示 Good；＋＋表示 very Good.

Gramton（2002）等认为免费分配的低效率主要源于以下两个方面：一是造成了社会的负外部性，企业不需要承担任何成本，而社会公众也没有得到补偿；二是降低了企业的竞争意识，即企业获得类似福利的权利，而在碳减排技术研究上缺少竞争意识。

Kruger（2004）等认为，拍卖方式会更加有效率，且可以实现公平竞争。更多支持拍卖分配方式的观点，可参考 Betzt 等（2010），Goeree 等（2010），Lopomo 等（2011）。但是，这种拍卖方式也可能引起垄断和价格操纵等损害市场公平的问题。在当前的实践中，免费分配成为分配的主要方式，其原因在于初期实施的可操作性，即免费分配可以提高碳排放主体的积极性，而采用拍卖的方式则容易使减排受阻。

实际上，混合分配在很多国家和地区实践中也频繁出现，如欧盟、美国、澳大利亚等，然而，实行碳排放拍卖方式是一个必然趋势，Holt 等（2007）通过实验，验证了拍卖分配的合理性。2008 年欧盟委员会提交的一个重要的修订提案就是对碳排放权的分配采取拍卖的方式。据统计，2008—2012 年欧盟碳市场中配额拍卖分配比例约 10%，2013—2020 年这一比例提升至 57%，其中电力行业完全以拍卖方式分配。

由此可见，中国由区域碳排放权交易市场向建立全国统一碳排放市场的过渡过程中，均应综合考虑两种分配方式的优劣，做好碳排放权初始配额分配工作，这对于后续二级市场的交易、减排目标的实现、减排技术激励机制的作用发挥均具有不可替代的作用。

Markusand Lars（2005）就考虑了减排技术应用的问题，将碳排放配额的分配方式分为四种：（1）基于排放为基础的配额分配法；（2）以生产为基础的具有特殊排放因子的配额分配法；（3）以生产为基础具有标杆作用的配额分配法；（4）以生产为基础基于数据和最佳适用技术的配额分配法。中国在未来的减排过程中，在配额分配时，除了考虑通过价格机制倒逼减排外，也应考虑如何通过配额分配机制促进企业选择减排技术或进行减排技术创新，从长期看，这应是配额分配制度创新的重点。

此外，为了使各种初始分配方式相互取长补短，在实践中多采用混合分配方式，如免费分配方式和拍卖同时采用。

冷罗生（2010）指出，无论采取哪种初始配额分配方式，均应满足以下五个基本原则：依据产值分配、均等分配、成本有效性、市场交易和折衷原则。这些原则也是各有优缺点[1]，本书认为在中国建立总量控制与交易机制的过程中，应充分考虑地区、产业的差别，结合中国在应对全球气候变化中承担的国际责任，选择合适的混合模式安排碳排放配额的初始分配。

### （四）配额分配的周期

为了使减排制度安排具有稳定性和连续性，碳排放权配额分配一般都有分配的周期。这个周期应该分三个层次：大、中、小周期。大周期是目标减排周期；中周期是初始配额分配周期，小周期是履约周期。

所谓的减排目标周期是指根据长期的气候变化趋势的预期，以稳定大气浓度为目标，或者一国根据中长期经济发展情况和碳市场建设步伐作出的碳排放总量限制的时间长度。如表 5-6 所示，欧盟分三个阶段进行减排，每个

---

[1] 碳排放权有哪些分配原则？中国碳排放交易网 . http://www.tanpaifang.com /tanzhibiao/201503/ 1743196. html.

阶段相当于一个目标周期；中国承诺到 2020 年的单位 GDP 碳排放量在 2005 年的基础上减少 40%—45%，则 2005—2020 年就是一个减排目标周期。课题作者认为决定目标周期的起止年份主要应结合一国经济发展阶段和碳排放市场的成熟度来考虑。

所谓的初始配额分配周期是指一国（或区域）根据其地域范围内的行业发展水平和减排能力等因素，规定一次性配额发放的有效期。EU-ETC 在同一个阶段内（减排目标周期内），每年都发放配额，且每年发放的时间都比应履约时间早两个月，这就意味着企业如果有配额盈余可以留到下一年度使用，如果本年度配额不足也可以占用下一年度的配额，但这种"借贷"或"储蓄"仅限于同一个阶段内（目标期内）。上海市的碳排放初始配额发放期是三年，每一年履约一次，中国其他碳排放试点市场基本都是一年发放一次配额。

**表 5-6　欧盟不同减排目标周期比较**

| | 起止年份 | 减排目标和任务 | 配额发放方式和方法 |
|---|---|---|---|
| 第一期 | 2005—2007 | 实施《京都议定书》的热身阶段（制度和配套设施建立、实验和引入） | 以祖父法免费发放为主（自下而上，分散决策，自愿减排） |
| 第二期 | 2008—2012 | 与《京都议定书》共存（集体履约在 1990 年水平上减排 8%） | 以祖父法免费发放为主（自下而上，分散决策，强制减排） |
| 第三期 | 2013—2020 | 由于《京都议定书》第二承诺期谈判难难，欧盟减排目标开始与内部的《能源-气候一揽子计划（Energy-Climate Package）》保持一致，目标为"20-20-20[①]"，年减降率为 1.74%。 | 引入拍卖并彻底实现有偿发放（自上而下，集中决策，强制减排） |
| 第四期 | 2021—2030 | 2018 年修改了立法框架，与节能政策框架相符，排放总量比 2005 年水平减少 43%，年减降率提高到 2.1% 实行市场稳定储备机制，避免配额过剩 | 有偿为主（57% 拍卖），免费为辅（自上而下，集中决策，强制减排）免费发放部分配额，保障碳泄露部门国际竞争力和促进技术进步 |

资料来源：朱利恩·谢瓦利尔，程思，刘蒂，雅雪.碳市场计量经济学分析——欧盟碳排放权交易体系与清洁发展机制［M］.杨继梅等译.东北财经大学出版社，2016.

选择合适的目标周期和分配周期对于碳排放机制的调整、减排主体的适应性和积极性、碳配额的松紧、碳排放权交易市场供求、碳价的波动等均具

---

① 欧盟的"20-20-20"整体目标是指 2020 年相比 2005 年减少碳排放量 20%，能源效率提高 20%；能源结构中可再生能源比例提高 20%。换算成 2005 年相当于减少排放 14%。因为还包括 EU-ETS 之外进行的减排，因此，EU-ETS 的减排目标是 2005 年的 21%。

有重要影响。

### （五）配额总量调整的柔性机制

为了增加配额分配的灵活性和有效性，配额分配机制中应引入适当的数量调节机制，这主要因为配额总量设定对于碳交易和减排均具有重要意义。

为了保证总量控制与交易机制的有效性，如图 5-2 所示，潘晓滨等（2017）认为碳排放配额制度需要调整的内容不仅包括配额分配数量，还应包括覆盖的产业范围、分配机制、分配标准，都应随着不同阶段对大气容量控制要求、经济发展的情况、产业状况而进行相应的调整，以适应实际排放情况变动，也就是反映对排放权的需求情况。但由于分配是事前进行的，而实际排放发生在配额分配之后，实际排放的情况会受到企业能源消费、行业和经济整体运行情况的影响，加之信息不对称等因素作用，导致事前的配额分配不适当。另一方面，由于经济中各种因素均在动态变化，对于减排的要求、行业减排情况、企业减排能力等都会发生变化，因此分配碳配额的方式方法也应是动态变化的，而不能一成不变。

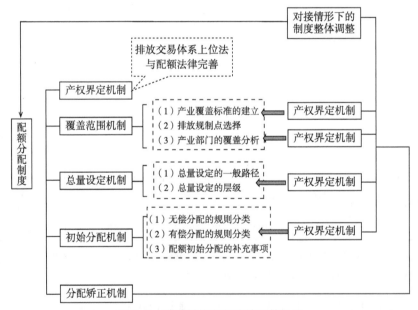

**图 5-2 碳配额分配制度的调整机制**

资料来源：潘晓滨.碳排放交易配额分配制度——基于法学与经济学视角的分析［M］.南开大学出版社，2017.

依据欧洲国家的经验，配额总量不能全部用于当期分配，而应有一定的保留，这种保留可以称为配额储备。从其他国家和中国试点市场的情况看，储备的主要用途包括以下两个方面：一是用于新进入企业的配额发放；二是为了应对市场交易配额不足。考虑到中国由于碳排放还没有达到峰值，预计在 2030—2035 年会达峰，是否会按预期达峰是不确定的，因此中国未来面对的碳排放市场的复杂性应高于欧盟等发达国家。为了应对这种复杂局面，并保证碳排放机制减排的有效性，做好充足的储备工作。如表 5-7 所示，应建立战略配额储备、配额分配储备和市场调节储备三位一体的储备系统。

表 5-7　碳配额分配制度的分配矫正机制

| 储备类型 | 作用 |
| --- | --- |
| 战略配额储备 | 用于特定阶段期内，配额总量中的配额分配储备和市场调节储备不足以应对经济高涨情形下的配额需求时，则需要建立战略配额储备进行配额投放。其设计特点是：（1）在排放峰值到来之前，从未来排放预算中借入配额；（2）在排放峰值到来之后，将减排节省下来的富余配额弥补配额赤字；（3）与配额分配储备双向连接，与市场调节储备单向连接 |
| 配额分配储备 | 与传统排放交易体系所设置的新进入者储备相比包括的范围更大，专门作为免费分配的补充性来源，并与基于产量的动态基准线法相对接。其具体用途包括：（1）向符合纳入要求的新成立实体或既有实体扩大的产能进行配额分配，回收关闭实体的免费配额。（2）配额分配事后调整所对应实际产量增加或减少的配额需求；（3）非碳泄漏行业无偿与有偿分配过渡中免费配额的补充和回收；（4）设置比例取决于产能变化的预期以及无偿分配量的调整 |
| 市场调节储备 | 专门用于抑制市场中配额价格的异常波动，调整市场上的配额流通量，保障二级市场的稳定运行。其设计特点是：（1）基于数量和价格变化的梯度触发机制；（2）设置比例取决于不确定性的预期，并与市场调节手段紧密相连；（3）与配额分配储备单向连接，仅支出配额；（4）与战略配额储备单向连接，仅接收配额 |

资料来源：潘晓滨.碳排放交易配额分配制度——基于法学与经济学视角的分析［M］.南开大学出版社，2017.

王毅刚等（2011）将这种调节机制命名为柔性或灵活机制，是指在不影响排放交易体系目标实现的前提下，为增强管制对象履约能力，降低排放交易体系对管制对象的履约成本及对排放交易体系覆盖的区域和行业的竞争力、安全性和区域经济的潜在影响，而设计的灵活履约机制，通常包括：抵消机制（Offset）、储备机制（Banking）、借贷机制（Borrowing）、安全阀机制（Safety Valve）。

表5-8 柔性或灵活机制内容

| 分类 | 内容 |
| --- | --- |
| 抵消机制<br>（Offset） | 主要用于某一地区（非覆盖地区）的减排项目产生的减排量补偿或抵消覆盖地区的同等的温室气体排放量的机制，也包括覆盖地区强制减排以外的行业或企业、减排项目参与碳排放交易。其作用有两个方面：（1）降低受规制企业减排成本；（2）将减排延伸至排放体系覆盖的行业及区域之外，适用于强制体系中的抵消，也适用于自愿减排行业。京都议定书中的灵活三机制中的联合履约（JI）、清洁发展（CDM）都为抵消机制 |
| 储备机制（Banking） | 主要是允许企业将未用完的配额或减排信用额度储存起来，以便于未来需要的时候进行使用或出售。储备分为跨期储备和非跨期储备。跨期储备是允许配额在履约期后或者配额分配期后使用的，而非跨期配额可在本履约期可分配期内使用 |
| 借贷机制（Borrowing） | 允许受规制企业在紧急尾部下，出现配额数量不够时，从管理当局预支一部分未来的配额数量，未来一段时间内可以通过在碳排放交易市场中购买相等的配额，归还其透支部分。因为目前的市场成熟度低，因此很少有市场允许企业进行碳配额借贷 |
| 安全阀机制（Safety Valve） | 为了保证碳市场的稳定性，防止价格波动过大，设立的保护受规制企业的措施。如RGGI的正常履约期为三年，在触发安全阀机制时，可以延长至四年 |

资料来源：王毅刚，葛兴安，邵诗洋，李亚东.碳排放交易制度的中国道路［M］.经济管理出版社，2011.

齐绍洲等（2020）对欧盟碳排放市场第三阶段（2012—2020）运行的绩效进行分析时发现，欧盟碳市场在第三阶段为了改善在前两个阶段中由于配额分配制度不完善和经济冲击的影响，导致碳市场配额供求不均衡、交易活跃度不高、碳价格低位徘徊等问题，推出了四项非常具有成效的改革措施，即配额总量递减、折量拍卖、市场稳定储备机制和标杆值的更新机制，促进了碳市场的稳定运行，同时也为欧盟第四阶段（2020—2030）稳定碳价格起到了重要作用。中国应在未来构建碳排放市场中设置配额柔性调整机制，刺激交易主体参与碳减排的积极性，稳定碳价，同时保证碳交易市场保持流动性。

欧盟的EU-ETS是世界上最早建立总量控制与交易机制的区域碳排放市场，许多经验都值得中国学习和借鉴。从课题组调查研究的情况看，中国试点市场配额分配的最大困难也在于柔性不足。特别是在现阶段，中国在建立统一碳市场过程中，正值中国经济增速放缓转型期，未来一段时间内经济增长速度下调，能源消费和碳排放量的增速也会相应下调，短期内包括受到新冠肺炎疫情的影响，但下降多少是不能事前准确进行预测的，而配额一旦发放就无法收回，因此在配额分配中探索建立完善的柔性机制是十分必要的。

**表 5-9　欧盟 EU-ETS 第三期总量调整机制**

| 分类 | 内容 |
|---|---|
| 配额总量递减<br>（Total Allowance Diminishing） | 欧盟在统一配额分配方案时对同一个减排内的减排任务进行年度分解，配额总量将逐年递减，欧盟将规定逐年递减的比例 |
| 延迟 / 折量拍卖<br>（Back Loading） | 修改欧盟原有的配额拍卖条例，调整配额拍卖时间，将本应在第三期早期拍卖的配额推迟至第三期晚期拍卖。由于这样做起到了类似于减少原有配额的效果，也被称为折量拍卖 |
| 市场稳定储备<br>（Market Stability Reserve，MSR） | 为了弥补延迟拍卖对市场造成的结构和总量影响而建立的一项制度，长期目标在于提出能够稳定预见总量和结构变化的解决方案。 |
| 标杆值的更新<br>（Banchmark Update） | 标杆法的标杆值在第三期开始前的 2011 年，根据生产同种产品采用的先进的 10% 的设施在 2007—2008 年碳排放量的情况确定，并且一直保持不变。考虑到技术进步的因素，欧盟准备在第四期时，基于奖励创新和先进行业的方法学，标杆值将分两次更新，第一次是在 2021—2025 年，第二次在 2026—2030 年。默认统一递减比率为每年 1%，如果是基于 2013—2017 年数据，核证的年效率提高小于每年 0.5% 或大于每年 1.5%，统一递减比率分别为 0.5% 和 1.5%。标杆从 2008 到配额分配的中间年份，如 2021—2025 年的中间年份为 2023 年，2026—2030 年的中间年份为 2026 年。欧盟这样做的主要目标是为了防止碳泄露 |

资料来源：根据现有资料整理。

综合上述学者们的研究，本书认为，学者们提到的总量调整机制都是有道理的，只是应根据柔性机制分阶段引入。分阶段引入的意思是指后续阶段在前续阶段柔性机制的基础上，再增加总量调整机制。具体内容及其所属阶段划分如表 5-10 所示。

**表 5-10　总量调整的柔性机制及其对应引入阶段**

| 阶段 | 柔性机制类型 | 内容 |
|---|---|---|
| 初级阶段 | 分配储备 | 用于初始分配时的预留配额（包括对新进入企业的预留） |
| | 借贷储备 | 用于分配周期内履约周期间数量调整（配额的跨期使用） |
| | 抵消机制 | 用于自愿减排碳信用、碳汇配额进入市场 |
| 中级阶段 | 市场调节储备 | 应对经济和产业波动，稳定碳市场供求和价格 |
| | 安全阀 | 延迟履约或特殊原因导致的配额可跨分配周期使用 |

| 阶段 | 柔性机制类型 | 内容 |
|------|------------|------|
| | 标杆值更新 | 新的分配周期更新基准线 |
| 高级阶段 | 配额总量递减 | 新的分配周期更新总量减排规则 |
| | 延迟拍卖 | 推迟定期拍卖，稳定碳市场供求和价格 |

资料来源：自行整理。

# 第三节　碳排放权分配拍卖机制原理

单纯从资源配置的角度讲，拍卖作为市场机制的代表形式，对配额分配是最有效率的，但是不一定符合碳排放权分配对公平的认识，也不意味着拍卖就是一种完美无缺的分配方式。张庭溢（2018）对增价式碳排放权拍卖机制研究发现，碳排放配额的多少将决定拍卖价格的高低，碳排放强度逐步下降，会推高均衡碳价，但却未必能激励企业进行减排。

拍卖作为一种已经存在了千年之久的买卖方式，被经济学界关注并作为前沿进行研究是始于维克里（William Vickery）的《反投机、拍卖和竞争性密封投标》（Vickery，1961），在这篇经典论文中维克里对单物品拍卖的形式进行了讨论，得出了收益等价定理，以及在二级密封价格拍卖（也称维克里拍卖）中，所有的竞拍者都会诚实报价的结论。

## 一、拍卖的一般分类（维克里分类）

拍卖是指将一组商品配给一组竞标人的机制，配置依据是竞标人的报价（Y.Narahari，内拉哈里，2017）[①]。现实生活中的拍卖形式比较多，最基本的形式有四种，其余的都可以认为是这四种基本形式的变形。

---

[①] Y.内拉哈里.博弈论与机制设计.[M].曹乾译.中国人民大学出版社，2017.

## （一）增价拍卖（英式拍卖）

在这种拍卖中，采取拍卖主持人公开叫价的方式，价格从低向高，升高到只剩下一个人时，拍卖物按这一价格成交。这种方式的变体是由买方自行叫价，直到剩下最后一个买方时成交。一般这种方法适合于现场对稀有（古玩、字画）商品的买卖活动。

## （二）减价拍卖（荷兰式拍卖）

拍卖从高价向低价进行，由拍卖主持人公开从最高价按规定幅度向低价喊价，直到有人愿意接受时成交。这种拍卖形式虽然没有英式拍卖经过的轮次多，但对于参与拍卖的买者压力较大，理论上认为成交的价格应该比英式拍卖高。最早应用于荷兰的郁金香买卖。

## （三）一级价格拍卖（一级密封价格拍卖，也称招标拍卖、邮寄拍卖）

竞标者在规定时间内以密封标书的形式，独立地向拍卖人递交报价，再由拍卖者在规定的时间开标，开标后出价最高的人获得拍卖品。一般用于工程项目采购。

## （四）二级价格拍卖（二级密封价格拍卖、维克里拍卖）

与一级价格拍卖一样，竞标者需要在规定时间内递交标书，独立向拍卖人递交报价，中标的人也是出价最高的人，但不同的是成交价格不是按其出的最高价成交，而是按次高价成交。这种拍卖方式避免了一级价格拍卖时，买方会虚报价格或压低价格的状况，讲真话按自己真实的想法出价将是参与拍卖人的最优选择。

表 5-11　四种基本拍卖方式的分类

| | 依据形式 | | 依据结果 |
|---|---|---|---|
| 公开叫价 | 英式拍卖和荷兰式拍卖 | 最高价成交 | 荷兰式拍卖和第一价格拍卖 |
| 密封叫价 | 第一价格拍卖和第二价格拍卖 | 次高价成交 | 英式拍卖和第二价格拍卖 |

资料来源：根据现有资料整理。

上述四种拍卖中，如表 5-11 所示，从形式上看经常被分为两类，英式拍卖和荷兰式拍卖均是公开叫价的拍卖，而第一价格拍卖和第二价格拍卖均是密封拍卖。从结果上看，英式拍卖和第一价格拍卖等价，荷兰式拍卖与第二价格拍卖等价。

从博弈的角度分析，荷兰式拍卖和第一价格拍卖都是以最高价获得拍卖品，并且按这个价格成交。在荷兰式拍卖中，拍卖参与人在拍卖开始前就需要明确自己对拍卖品的出价（参与人心理对这个拍卖品的真实评价）是多少，如果在拍卖过程中，价格下降到这个水平，拍卖参与人就喊价并取得拍卖品，如果其他拍卖参与人比他对拍卖品的出价高，其他参与人就会先于他喊价并取得拍卖品，该参与人就没有机会喊价了。该拍卖参与人在确定出价时会面临选择，如果他出价低，他未来赢得拍卖的概率就小，但一旦赢得了拍卖，其获得的额外收益就大；反之如果他出价高，他获得拍卖的概率是提高了，但是他获得的收益将减少，甚至可能出现"赢者的诅咒"。同样，在第一价格拍卖中，拍卖参与人在决定出价时也面临着同样的选择困难，出价高赢得拍卖的概率高，但收益下降，如果出价低，赢得拍卖的概率小，但收益大。因此，拍卖参与人在这两种拍卖方式中，需要考虑和决定的问题本质是一样的，只需要考虑所出的最高报价是多少。

而在第二价格拍卖时，由于拍卖参与人按自身出价（参与人心理对这个拍卖品的真实评价）把报价写在信封里，但实际成交价格按次高价成交，此时，如果拍卖参与人赢得了拍卖，则其出价和实际成交价格之间的差额就是拍卖参与人的额外收益，如果拍卖参与人报价比自己愿意的出价低，则拍卖参与人就会面临无法得到拍卖品的风险，而报价如果高于愿意的出价，则拍卖成功就会有损失，因此他的占优策略就是按实际出价报价。在英式拍卖中，拍卖参与人虽然与其他参与人进行多轮叫价，但最终的结果与第二价格拍卖一样。因为在价格被不断喊高的过程中，拍卖参与人随时需要决定报更高的价格还是退出竞拍。如果被喊的价格低于拍卖参与人的出价，只需比喊价略高就可以获得拍卖品，而此时如果成交，成交价格一般也会低于参与人的出价，因此也可以被认为是次低价成交。这两种拍卖机制都有显示私人真实信息的激励，特别是第二价格拍卖，参与人的占优策略就是在密封报价中写上自己的真实出价，而英式拍卖是通过不断提高价格向参与人的真实出价逼近。虽然过程不同，但结果是一样的。

拍卖与其他的碳配额分配方式相比，具有的优势在于：（1）能够实现最优配置（满足帕累托最优）；（2）满足激励相容和显示性原理；（3）避免寻租和信息不对称下的人为分配不当。

## 二、对于四种拍卖方式的理论比较

上述四种拍卖类型可以分为两种类型进行讨论，可以看出这四种拍卖方式的本质区别。下面仅以单独物品私人价值基准模型来说明这四种拍卖形式之间的区别。

1. 基准模型假设

（1）参与人对物品的价值是私人信息，其对拍卖品价值的判断只依赖于自身的类型，与其他人无关；

（2）参与人的类型是相互独立的，且他们的概率分布是相同的；

（3）参与人都是风险中性的；

（4）参与人没有预算约束，也就是有能力支付所报的价格；

（5）参与人均独立决定自己的报价，参与人之间没有合谋行为，即没有形成有约束力的合作性协议。

上述对人的描述被称为对称的独立私有价值（Symmetric Independent Private Value）。我们进一步假设拍卖者（以下简称卖者）有某一个物品，$n$ 个风险中性拍卖参与人（以下简称参与人），其类型标记为 $\theta_i$，拍卖物品的模型为 $Y = \{y \in (0,1)\}^n : \sum y_i = 1\}$ 的一个特例，参与人的收益可写作：$\theta_i y_i + t_i$，其中 $t_i$ 为对应的转移支付。参与人的价值是 $[\underline{\theta}_i, \overline{\theta}_i]$，分布的独立密度为 $\psi_i(\bullet) > 0$，$\underline{\theta}_i < \overline{\theta}_i$，其累积分布函数为 $\Phi_i(\bullet)$。

如前所述，由于荷兰式拍卖与一级价格拍卖在结果上是等价的，英式拍卖和二级价格拍卖在结果上是等价的，因此下面的分析仅以密封拍卖的两种形式作为代表，对不同的拍卖结果进行比较说明。

2. 拍卖机制的均衡

（1）一级价格拍卖

在一级价格拍卖中，参与人 $i$ 的价值假定为 $\theta_i$，报价为 $b_i$，其他参与人报价为 $b_j$，$j \neq i$，此时参与人 $i$ 的效用函数为 $U_i = \theta_i y_i(b_i, b_{-i}) + t_i(b_i, b_{-i})$，且满足式（5.1）

$$y_i(b_i, b_{-i}) = \begin{cases} 1, 若 b_i > \max_{i \neq j} b_j, \\ 0, 若 b_i < \max_{i \neq j} b_j \end{cases} \quad (5.1)$$

若 $b_i = \max_{i \neq j} b_j$，则按同等概率随机分配给参与人，则有式（5.2）：

$$t_i(b_i, b_{-i}) = \begin{cases} -b_i, 若 b_i > \max_{i \neq j} b_j, \\ 0, 若 b_i < \max_{i \neq j} b_j \end{cases} \quad (5.2)$$

如果其他参与人选择策略 $\beta^I(\bullet)$，只有当 $b_1 > \beta(\vartheta_1)$ 时，参与人才能赢得拍卖，否则就会失去拍卖品。由于 $\vartheta_i$ 是一个连续的随机变量，$b_1 = \beta(\vartheta_1)$ 的概率为 0，因此不必考虑。$\theta_j$（$j \neq 1$）都服从 $\vartheta$（其密度函数为 $\Phi(\bullet)$）的密度分布，可以得到 $\vartheta_1$ 的分布函数为 $\Psi(\bullet) = \Phi^{n-1}(\bullet)$（对应的密度函数为 $\psi$）。

如果其他参与人选择策略 $\beta(\bullet) = \beta^I(\bullet)$，价值为 $\theta$ 同时报价为 $b$ 的参与人的事中期望效用为式（5.3）：

$$E_{\theta_{-1}} U_1 = \Psi(\beta^{-1}(b))(\theta - b) \quad (5.3)$$

其中 $\beta^{-1}(\bullet)$ 是 $\beta(\bullet)$ 的反函数。

$b$ 的一阶条件可以记作式（5.4）：

$$\frac{\psi(\beta^{-1}(b))(\theta - b)}{\beta'(\beta^{-1}(b))} - \Psi(\beta^{-1}(b)) = 0 \quad (5.4)$$

在均衡时有 $b = \beta(\theta)$，则有：

$$\beta'(\theta) = \frac{\psi(\theta)}{\Psi(\theta)}(\theta - \beta(\theta)) \quad (5.5)$$

由于 $\beta(0) = 0$，则式（5.5）的解为：

$$\beta(\theta) = \frac{1}{\Psi(\theta)} \int_0^\theta \vartheta_1 \psi(\vartheta_1) \, d\phi_1 = E[\vartheta_1 | \vartheta_1 < \theta] \quad (5.6)$$

可知，$\beta(\theta) < \theta$，由式（5.6）可以得出 $\beta' > 0$，所以 $\beta(\bullet)$ 是增函数。这个结果表明一级价格拍卖是贝叶斯—纳什均衡策略。

同时，如果其他参与人的选择是 $\beta = \beta^I$，该参与人 $i$ 在 $\theta$ 下选择报价为 $\beta(\tilde{\theta})$，此时该参与人的事中期望效用为：

$$\bar{U}_i(\theta,\tilde{\theta}) \equiv E_{\theta-i}[\theta y_i(\beta(\tilde{\theta}),\beta_{-i}(\theta_{-i})) + t_i(\beta(\tilde{\theta}),\beta_{-i}(\theta_{-i}))]$$

$$= \Psi(\tilde{\theta})(\theta-\tilde{\theta}) + \int_0^{\tilde{\theta}}\Psi(\vartheta_1)d\vartheta_1 \qquad (5.7)$$

因此，无论是 $\theta \geqslant \tilde{\theta}$ 还是 $\theta \leqslant \tilde{\theta}$，都有：

$$\bar{U}(\theta,\theta) - \bar{U}(\theta,\tilde{\theta}) = \Psi(\tilde{\theta})(\tilde{\theta}-\theta) + \int_0^{\tilde{\theta}}\Psi(\vartheta_1)d\vartheta_1 \geqslant 0 \qquad (5.8)$$

则贝叶斯 – 纳什均衡可以写为：

$$\beta^I(\theta) = \theta - \frac{1}{\Psi(\theta)}\int_0^{\theta}\Psi(\vartheta_1)d\vartheta_1 < \theta \qquad (5.9)$$

因为 $\beta^I(\theta)$ 是一个单调增函数，表明均衡竞价与私人出价正相关，但报价会小于私人出价，因此可以得出结论，一级价格拍卖所有参与人没有激励显示其真实的类型。

（2）二级价格拍卖

假设其他参与人的最高报价为 $\bar{b}_{(i)} \equiv \max_{j\neq i} b_j$，其中 $b_j$ 是参与人 $j$ 的报价。有私人出价为 $\theta_i$ 的参与人 $i$，报价为 $b_j$ 的效用为 $U_i = \theta_i y_i(b_i,\bar{b}_{(i)}) + t_i(b_i,\bar{b}_{(i)})$，其中：

$$y_i(b_i,\bar{b}_{(i)}) = \begin{cases} 1,若 b_i > b_{(i)}, \\ 0,若 b_i < b_{(i)} \end{cases} \qquad (5.10)$$

$$t_i(b_i,\bar{b}_{(i)}) = \begin{cases} -\bar{b}_{(i)},若 b_i > b_{(i)}, \\ 0,若 b_i < b_{(i)} \end{cases} \qquad (5.11)$$

（a）当 $\theta_i > \bar{b}_{(i)}$ 时，报价 $b_i \geqslant \bar{b}_{(i)}$ 与参与人出价 $\theta_i$ 所带来的收益 $\theta - \bar{b}_{(i)} > 0$ 相同；当报价 $b_i < \bar{b}_{(i)}$ 时就不会赢得拍卖，从而小于真实出价是 $\theta_i$ 时所带来的收益。因此在 $\theta_i > \bar{b}_{(i)}$ 时，$\beta^{II}(\theta) = \theta$ 是一个弱占优策略。

（b）当 $\theta_i < \bar{b}_{(i)}$ 时，报价 $b_i < \bar{b}_{(i)}$ 与参与人出价 $\theta_i$ 所带来的收益相同；当报价 $b_i \geqslant \bar{b}_{(i)}$ 时的收益为 $\theta - \bar{b}_{(i)} < 0$，小于真实出价是 $\theta_i$ 时所带来的收益。因此在 $\theta_i < \bar{b}_{(i)}$ 时，$\beta^{II}(\theta) = \theta$ 也是一个弱占优策略。

（c）当 $\theta_i = \bar{b}_{(i)}$ 时，选择任何报价 $b_i$ 都与选择 $\theta_i$ 时所得到的收益相同。

因此，对于任意的 $\bar{b}_i$，真实 $\theta_i$ 显示都是一个弱占优策略。

所以在二级价格拍卖中，所有的拍卖参与人都会"讲真话"，按自己的真实出价进行报价是占优策略，也就是说认为拍卖品的价值有多高，就报多高。而在一级价格拍卖中，参与人的报价都是低于自己对拍卖品的真实出价的。这一结论说明，一级价格拍卖时，参与人按自己的真实出价报价，即使赢得了拍卖，也没有额外收益，为了获得额外收益，拍卖人会报比自己心理真实出价低的价格，而这一问题在第二价格拍卖时被克服掉了。

3. 所有拍卖的配置效率是符合帕累托最优的

通过前面的证明过程可知，荷兰式拍卖和第一价格拍卖不是占优策略，最后的成交价格是最高报价，也是帕累托最优的。因为从理论上来讲再也不用其他方式使其中的任何人通过新的方式获得更多的收益。而英国式拍卖和第二价格拍卖虽然是以次高的价格成交的，即是出价最高的人赢得了拍卖品。从理论上讲，这种结果也不存在帕累托改进的余地了，否则拍卖即使结束了，拍卖品也会随即从出价相对低的人手中流出，出价高的人就会与这个虽然赢得拍卖品，但出价却不高的人进一步交易，这样双方的收益都会进一步改进。由于第二价格拍卖虽然成交价是次高价，而实际上由对他评价最高的人获得了，因此拍卖结束也没有帕累托改进的余地了。

4. 所有拍卖形式的收益等价定理

拍卖的收益等价定理内容为：给定拍卖参与人的数量，假设所有参与人都是风险中性的，相互是价格独立的，并且满足以下两个条件的所有拍卖都会得到相同的期望收入。这两个条件是：（1）对拍卖品出价最高的参与人总是会赢得拍卖；（2）相反拥有最低出价的参与人期望剩余为零。也就是说对于有效的单品拍卖形式，只要保证出价最高的参与人赢得拍卖，无论采取哪种形式进行拍卖，最终每个参与人的期望收益都是相同的，拍卖人的预期收益也是相同的（米尔格罗姆，1989）。

这里需要注意的是收益等价定理是需要在一定限制条件下才成立的，需要所有的假设条件同时存在才成立的，在现实生活中是很难同时满足这些条件的。通过前面对于两组拍卖机制的比较，再结合现实情况看，英国拍卖和第二价格拍卖是建立在占优策略的基础上的，而荷兰拍卖和第一价格拍卖并不是建立在占优策略的基础上的，所以英国拍卖和第二价格拍卖的稳定性会好于荷兰拍卖和第一价格拍卖，因此预期收益就会更可靠些。

## 三、碳排放权初始分配的拍卖机制选择

基于拍卖的优势，王文举等（2018）认为碳排放权拍卖对中国碳排放权交易市场的建设是十分必要的。其意义主要体现在以下两个方面：（1）从宏观上讲，拍卖通过市场机制实现，相对公平、公正，避免了政府分配时各地区和各行业的寻租或游说行为；提高政府管理效率，节约社会成本，提高减排的有效性。（2）从微观上讲，碳排放权通过拍卖有利于形成碳价格，在初始分配环节就实现了"污染者付费"；提高了受规制企业参与的积极性，有效地激励企业采用节能减排技术，同时也避免了祖父法（历史法）"鞭打快牛"的问题，促进了减排目标的实现。正是基于拍卖具有的上述优势，欧盟的 EU-ETS 也不断地将配额分配的方式转向了以拍卖为主。同时考虑到现实当中的拍卖一般不会如拍卖基准模型中的假设对拍卖参与人没有购买力约束，在碳排放权拍卖中，拍卖参与人至少是受到自身减排边际成本约束的，另外，参与拍卖还要向组织拍卖的政府部门缴纳佣金，因此如果将上述预算约束引入到拍卖模型中，可以看出多轮一级价格拍卖使碳排放配额流向了减排成本高的企业，减排的实际任务是由减排效率高的企业完成的，因此多轮一级价格拍卖降低了减排的社会总成本，提高了减排的效率。而如果有配额分配中采取双向叫价拍卖的机制（相当于双方直购谈判方式），结果是这种拍卖将有利于配额的需求方，需求方的效用会增加，而配额供给方的效用增减是不确定的，因此如果使用双向拍卖的方式，政府就需要对减排成本低且效率高的企业给予一定的扶持。

表 5-12　对欧盟各成员国之间拍卖方案是否进行统一的调查结果

| | | 独立拍卖 | 协调拍卖 | 委托同一个第三方 | 联合拍卖 |
|---|---|---|---|---|---|
| 拍卖机构数量 | | 27 | 27 | 27 | 27 |
| 补贴原则 | | + | | + | |
| 执行失败的风险 | | — | | — | — |
| 卖方交易费用 | | — | — | | |
| 参与者类型 | 只有一次 | | | + | + |
| | 可能经常 | | | + | + |
| | 仅执行 ETS 计划 | | + | + | + |

|  |  | 独立拍卖 | 协调拍卖 | 委托同一个第三方 | 联合拍卖 |
|---|---|---|---|---|---|
| 协调 | 拍卖同时会发生需求疲软 | − | − |  |  |
|  | 政府具有最大化税收的优先权 | − | − |  |  |
|  | 锁定国家纯随机分配 | − |  |  |  |
| 可预见性 | 有可支撑低限价的保留价格 |  |  | + | + |

资料来源：Matthes Chr. Felix，Neuhoff arsten.Auction Design ［A］.The Role of Auction for Emissions Trading ［C］.Published by Climate Strategies，2008.

注：+ 表示支持，—表示反对。

　　Matthes 和 Neuhoff（2008）在欧盟关于《拍卖在碳交易中的角色》报告中的研究结论认为，对于大量的配额进行拍卖适用于最简单的拍卖方式，这是进行拍卖机制设计时的一个原则，拍卖机制设计的目的在于满足市场对配额的需求，可以改善和调节市场中配额现货的流动性，防止恶意操纵配额，使配额交易市场稳定发展。从这一点上考虑选择单轮密封拍卖就可以较好地满足上述目标，避免拍卖参与人之间合谋或操纵拍卖的最好方法是提高拍卖的频率（至少每月一次），而不是增加机制设计的复杂性。此外对于政府更为重要的问题在于，需要考虑在欧盟内部国家众多的情况下，如何协调拍卖活动的问题。成员国之间可以采取的拍卖方式包括以上四种，即独立拍卖、协调拍卖、委托同一个第三方机构拍卖和联合拍卖，通过调研欧盟内部的 27 个碳配额拍卖机构，得到了对于上述问题的调研结果，如表 5-12 所示，从调研的反馈结果看，拍卖参与人大多希望可以采用委托同一个第三方或者联合拍卖的方式，主要是因为独立拍卖或者协调拍卖下会存在拍卖失败的风险、卖方交易费用较高、市场疲软、政府随机分配的概率高和国家可能以实现税收最大化为原则分配配额等不利因素存在。

　　国内学者对于碳排放权的拍卖机制研究起步于 2013 年左右，也就是 EU-ETS 开始主要应用拍卖为主的配额分配开始。王晔等（2013）设计了基于谈判的二阶段博弈拍卖机制，认为通过增价式拍卖可以使资源优化配置，也就是说碳排放通过增价式拍卖是有效率的。王明喜等（2017,2019）；王明荣等

（2017）同样基于增价式拍卖，拍卖的基准是模型中考虑了保留价格的碳排放权拍卖设计问题，基于三阶段博弈提出了"菜单式"拍卖机制。由于在理论上英式拍卖可以防止拍卖参与人共谋压低价格，因此欧盟的 EU-ETS 和中国的碳排放权拍卖采用了英式拍卖的方法，并设置了保留价格。在"菜单式"拍卖下，拍卖前政府应当公布保留价格和二级市场的调控价格，企业第一步可以决定是否参与拍卖。如果决定参与拍卖，则可以研究竞标策略，在竞标的过程中，再根据拍卖现场情况和二级市场控制价格决定是继续参与碳配额的初始分配，还是退出，等待在二级市场上参与二次配置。分析的结果表明，这种英式拍卖下的"菜单"式拍卖机制通过两个重要的参数，即拍卖保留价格和对二级市场理想交易价格的显示表达，不但解决了历史法下企业的逆向选择问题，还解决了二级市场价格波动过大的风险，政府税收增加，减排企业会有福利损失，但整体上的社会总福利是正的。

胡东滨等（2019）基于 Agent 的拍卖仿真模型，分析不同拍卖中报价学习行为对碳价格和年履约水平的影响，研究结果说明报价学习能力可以提高履约水平。当市场处于供给过剩的情况下，歧视价格拍卖和统一价格拍卖可以降低碳价和拍卖效率，市场均衡时，歧视性拍卖的价格高于统一价格拍卖，但统一价格拍卖有效地避免了新进入企业没有学习经验导致的拍卖结果不公平的问题。

丁黎黎等（2015）认为，在政府主导碳排放权分配过程中，如果拍卖仅以价格高低来评价拍卖的效率，可能会使最终结果偏离政府进行规制的本来目的。因此政府以拍卖人的身份对碳排放权进行分配时，不应仅以经济收益最大化为目标，还应充分考虑非经济目标。研究结果表明，当政府实行附加了质量约束（绿色标志、清洁能源等）的统一价格密封拍卖时，可以更好地促进企业改善其生产技术和投入，更有助于减排目标的实现。因此可以避免政府在拍卖过程中单纯以税收最大化为目标，而没有将减排的根本目标通过碳排放权分配传导给企业。

结合上述现有的国内外研究成果，本书认为，碳排放权拍卖非单件品，拍卖量大，且会反复进行，不宜采用过于复杂的拍卖机制。现有的碳排放权试点市场采用的单轮有保留价格的拍卖方式是现阶段碳排放权市场需要的，既实现了资源的最优配置，以第二价格成交也有利于激发企业参与的积极性，避免了密封拍卖价格时的共谋，简化了程序，降低了管理成本。提高拍卖效率的有效做法是提高拍卖信息的透明度，增加拍卖的频率。

同时在全国统一碳市场建立过程中，运用拍卖机制进行碳排放权分配的比重将会不断增大，需要明确的问题应包括如下几个方面：（1）无偿分配和拍卖的比例（不宜全部拍卖）；（2）拍卖方式的选择；（3）省际之间基于拍卖协调方式的选择和安排。

# 第四节　中国碳排放权交易试点的分配机制现状

从全球范围看，碳排放权交易分配机制使用较为普遍，虽然各国在分配的方式和具体机制上略有不同，但整体上有很多相近之处。

## 一、世界主要国家和区域碳排放权分配机制内容比较

如表 5-13 所示，各国的碳排放分配机制都包括明确的阶段性总量控制目标、覆盖范围、分配方式、数量灵活调整机制。减排目标都选择一个基准年，并明确减排总量，产业覆盖的范围多围绕发电行业和能源密集型产业，以直接对排放源进行监控并对排放量进行测量，配额分配方法使用的基本趋势是：在配额分配的初期以祖父法免费发放开始，之后向以有偿发放为主过渡，同时为了避免配额的过度分配和供给不足，都设置了柔性灵活机制，柔性灵活机制是碳配额分配的必需要素，其基本形式是抵消、储备和借贷。

表 5-13　部分国家和地区的碳排放分配机制内容

| | 减排目标 | 覆盖范围 | 分配方式 | 柔性/灵活机制 | |
|---|---|---|---|---|---|
| | | | | 抵消 | 储备 |
| 美国酸雨计划（AP） | 2010 年之前相比 1980 年 SO$_2$ 排放水平减少 50% | 全国，发电设施（2000 多个） | 祖父法＋新进入者拍卖（总配额的 3%） | 无 | 有 |

续表

| | 减排目标 | 覆盖范围 | 分配方式 | 柔性/灵活机制 | |
|---|---|---|---|---|---|
| | | | | 抵消 | 储备 |
| 美国东北部NO<sub>X</sub>预算计划（NBP） | 2005年以前相比1990年减少NO<sub>X</sub>排放75% | 东北部12州，超过（含）25兆的发电设施和超过（含）250mmBtu/h的化石燃料锅炉 | 祖父法 | 无 | 有限制 |
| 美国区域清洁空气激励市场（RECLAIM） | 2003年以前相比1990年水平减排80% | 加州南岸地区，年排放量超过4吨的任何点源，重点控制NO<sub>X</sub>排放，基本是电厂和使用大型锅炉的工厂 | 祖父法 | 有 | 无（禁止，多余结算后作废） |
| 区域温室气体减排行动（RGGI） | 2009—2014年维持现有排放量不变，2015年后每年递减2.5%，2018年比2009年减少10% | 装机容量超过25MW的化石燃料电厂 | 拍卖 | 有 | 有 |
| 丹麦 | 2005年之前相比1998年水平减少CO<sub>2</sub>排放20% | 全国，发电设施 | 祖父法 | 有 | 有 |
| 智利 | 减少总悬浮颗粒物排放 | 圣地亚哥地区，工业锅炉、流量fhgp1000m³/h的烤箱 | 祖父法 | 无 | 无 |
| 英国排放交易体系（UK-ETS） | 减少温室气体排放 | 全国所有经济部门均可自愿参与 | 历史基线和减排承诺配额 | 无 | 有 |
| 荷兰NO<sub>X</sub>排放许可计划 | 2010年之前相比1995年水平减少NO<sub>X</sub>排放50% | 全国，大于20MW的所有固定排放源 | 基于绩效标准的免费分配 | 无 | 无 |
| 欧盟排放交易体系（EU-ETS） | 2020年之前相比2005年水平减少温室气体排放20% | 全欧盟地区，能源生产和能源消费密集型行业的大型排放源 | 祖父法+基准拍卖 | 有 | 有 |
| 澳大利亚的碳排放权交易体系（NSW-GGAS） | 2011年澳大利亚政府确定的长期减排目标为到2050年比2000年减少60% | 电力生产和消费 | 基准法 | 有 | 有 |

续表

| | 减排目标 | 覆盖范围 | 分配方式 | 柔性/灵活机制 | |
|---|---|---|---|---|---|
| | | | | 抵消 | 储备 |
| 新西兰排放交易体系（NZ-ETS） | 2020年比1990年减少排放10%—20%，2050年比1990年减少50% | 阶段1林业；阶段2液化石油燃料；阶段3工业；阶段4农业、废弃物 | 阶段1免费发放；阶段2拍卖；阶段3部分加工部门免费；阶段4农业部门90%免费发放 | 有 | 有 |
| 东京都总量控制与交易体系（TM-CTS） | 到2020年在2000年的基础上减少20% | 年消耗能源超过1500千升原油当量的大型设施 | 祖父法免费发放 | 有 | 有 |

资料来源：根据资料整理。

## 二、中国碳排放权试点市场分配机制比较

基于"十二五"规划的工作安排，2011年中国的碳交易试点工作启动，2013年6月之后逐步开市，即区域碳排放权试点市场开始运行。"十三五"期间的2017年12月中国启动碳排放交易体系，开始进行建立全国碳排放交易市场工作。

发展中国家发展低碳经济实际上选择的道路也不尽相同，例如印度就是"CDM+碳汇"的方式（唐敏等，2017），而中国选择通过碳排放权交易的形式进行减排，本质上是选择了与发达国家一样的总量控制减排的方式，可见对于减排的决心之大。中国在碳排放权交易试点工作安排上本质是自下而上进行制度设计探索，这与UNFCCC的解决框架思路是一致的。从碳市场的制度设计方面看，中国与欧盟的情况有相近之处，加之欧盟起步早，并一直处于制度的实践中，可借鉴的东西较多，因此从制度设计上参考和借鉴欧盟的EU-ETS较多。

中国七个碳排放权交易试点关于配额分配的主要特点如表5-14所示，从表中的内容可以看出，试点市场的配额分配体现了地区间在经济发展水平、产业结构、能源消费等因素上的差异。

表5-14　主要区域碳排放交易市场配额分配方法比较

| 区域市场（启动时间） | 交易场所 | 配额总量设定 | 配额分配办法 | 配额取得方法（借贷存储） | 涉及行业 | 纳入控排企业标准 | 占总排放比例 | 可交易配额种类 |
|---|---|---|---|---|---|---|---|---|
| 北京市（2013.11.18） | 北京环境交易所 | 灵活配额总量下，无总量约束 | 历史法、基线法 | 免费（可借贷不可存储） | 电力、热力、水泥、石化等工业和服务业 | 1万吨以上 | 49% | BEA, CCER, 节能量, 碳汇 |
| 天津市（2013.2.26） | 天津排放权交易所 | 灵活配额总量下，无总量约束 | 历史法、基线法 | 免费（可借贷可存储） | 电力、热力、铁、化工、石化、油气开采 | 2万吨以上 | 60% | TJEA, CCER |
| 上海市（2013.1.28） | 上海环境能源交易所 | 灵活配额总量下，无总量约束 | 历史法、基线法 | 免费为主、拍卖为辅 | 工业（电力、钢、化工等）和非工业（机场、港口、商场、宾馆） | 工业：2万吨以上；非工：1万吨以上 | 7% | SHEA, CCER |
| 重庆市（2014.6.19） | 重庆碳排放权交易中心 | 绝对配额总量下，无总量约束 | 政府与企业协商 | 免费 | 电力、电解铝、铁合金、电石、烧碱、水泥、钢铁 | 2万吨以上 | 40% | CQEA, CCER |
| 深圳市（2013.6.18） | 深圳碳排放权交易所 | 灵活配额总量下，无总量约束 | 基准线、竞争博弈 | 免费为主、拍卖为辅 | 工业（电力、水务、造业）和建筑业 | 工业：5000吨以上；公共建筑：20000m³，机关建筑：10000m³ | 40% | SZA, CCER |
| 广东省（2013.12.19） | 广东碳排放权交易所 | 灵活配额总量下，无总量约束 | 历史法、基准线、历史强度下降法 | 免费发放为主，有偿为辅，逐步扩大有偿发放比例。（可借贷可存储） | 第一批：电力、钢铁、水泥、石化，第二批：纺织、塑料、陶瓷、造纸、建筑等 | 年排放2万吨以上的工业企业或综合能源消费1万吨标准煤；公共建筑和交通等领域企业纳入标准由主管部门和行业主管部门确定。 | 54% | GDEA, CCER |
| 湖北省（2014.4.2） | 湖北环境资源交易中心 | 灵活配额总量下，无总量约束 | 历史法、基线法 | 免费、拍卖 | 电力、钢铁、化工、水泥、汽车制造、有色金属、玻璃、造纸等重工业行业 | 年综合能耗6万吨标准煤以上 | 35% | HBEA, CCR |

资料来源：根据各试点披露信息和文件及相关信息资料整理。
注：BEA 北京碳配额；TJEA 天津碳配额；CQEA 重庆碳配额；SHEA 上海碳配额；SZA 深圳碳配额；GDEA 广东碳配额；HBEA 湖北碳配额；CCER 国家核证自愿减排量。

其中的共同点包括：（1）分配的办法基本是以免费为主，免费分配依据的方法都是历史法和基线法，部分也有采取政府和企业协商或者行业内协调的办法。即使采取拍卖的形式，拍卖的数量也很小。（2）覆盖的行业基本多是本地区的能源企业或重化工业企业。（3）纳入碳排放规制对象是以企业为目标，而非排放源，由此可知对碳排放量的核证方法是间接法，而非直接法。（4）都允许 CCER 进入市场。

其不同点在于：（1）不是所有的试点市场均有配额的柔性机制，只有北京、天津和广东允许借贷但不能存储。（2）纳入控排企业的标准不同。天津、上海、重庆、广东的工业企业纳入控排范围的标准均是年排放量 2 万吨以上的企业，而北京、深圳则标准较低，湖北是以能耗标准为依据。（3）没有普遍将碳汇纳入碳市场中。

在形成全国统一碳市场的过程中，上述试点取得的经验或是共同的部分可以成为全国市场中的组成部分，而不同之处可能会成为形成统一碳市场时，在碳排放配额分配时需要着重考虑或者完善之处。

从现在试点的情况看，所有试点市场在碳排放配额分配过程中共同面对或存在的问题包括：（1）统计数据等基础设施建设还比较薄弱，采用间接方法进行核算可能存在对排放量的重复计算；（2）对配额分配的法律体系和方法还有待进一步统一和完善；（3）配额分配中的柔性和灵活机制还有待完善；（4）对于纳入的行业、企业标准还需要进一步统一和规范；（5）保障措施还显不足。

## 参考文献

［1］程会强，李新.四个方面完善碳排放交易市场［J］.中国科技投资，2009（7）：14—17.

［2］丁黎黎，王晓玲，徐寅峰.质量门槛约束下的碳排放权拍卖机制研究［J］.系统工程学报，2015（10）：628—635.

［3］丁一汇.气候变化［M］.气象出版社，2010.

［4］樊钢，苏铭，曹静.最终消费与碳减排责任的经济学分析［J］.经济研究，2010（1）：6—16.

［5］甘春晖，郑若谷.中国经济区域差演变及其产业分解［J］.中国工业经济，2010（6）：27—36.

［6］高帆.破解中国区域经济差异难题——基于二元经济结构的剖析［J］.探索与争鸣，

2012（6）：21—23.

[7] 国家气候变化对策协调小组办公室，21世纪议程管理中心.全球气候变化——人类面临的挑战[J].商务印书馆，2005.

[8] 郝海青.欧美碳排放权交易法律制度研究[M].中国海洋大学出版社，2014.

[9] 何建坤，刘滨，陈文颖.有关气候变化问题上的公性分析[J].中国人口·资源与环境，2004（6）：12—15.

[10] 胡东滨，胡紫娟，陈晓红.基于Agent的报价学习对碳排放权拍卖的影响[J].系统工程学报，2019（4）：170—184.

[11] 姜晓川.我国碳排放权的初始分配制度研究[M].中国政法大学出版社，2018.

[12] 李凯杰，曲如晓.碳排放权交易体系初始分配机制的研究进展[J].经济学动态，2012（6）：130—138.

[13] 李彦.福建碳排放权交易试点的现状、问题与对策[J].宏观经济管理，2018（2）：66—71.

[14] 冷罗生.构建中国碳排放权交易机制的法律政策思考[J].中国地质大学学报（社会科学版），2010（2）：26—31.

[15] 潘家华，郑艳.基于人际公平的碳排放概念及其理论含义[J].世界经济与政治，2009（6）：5—8.

[16] 潘晓滨.碳排放交易配额分配制度——基于法学与经济学视角的分析[M].南开大学出版社，2017.

[17] 齐绍洲，王薇.欧盟碳排放权交易体系第三阶段改革对碳价格的影响[J].环境经济研究，2020（1）：14—21.

[18] 唐葆君，胡玉杰，周慧玲.北京市碳排放研究[M].科学出版社，2016.

[19] 唐敏，王路云，刘一平，等.四大直辖市碳排放现状及差异化低碳发展路径[M].经济管理出版社，2017.

[20] 王明喜，胡毅，曹杰."菜单式"碳排放权拍卖机制及其配置效率[J].环境经济研究，2017（4）：7—22.

[21] 王清军.排污权初始分配的法律调控[M].中国社会科学出版社，2011.

[22] 王文举，李峰.国际碳排放核算标准选择的公性研究[J].中国工业经济，2013（3）：59—71.

[23] 王文举，等.中国碳排放总量确定、指标分配、实现路径机制设计综合研究[M].首都经济贸易大学出版社，2018.

[24] 王文军，庄贵阳.碳排放权分配与国际气候谈判中的气候公平诉求[J].外交评论，2012（1）：72—84.

[25] 王毅刚，葛兴安，邵诗洋，等.碳排放交易制度的中国道路[M].经济管理出版社，2011.

[26] 王晔，刘俊玲.基于谈判的碳排放权拍卖机制设计[J].通化师范学院学报（自然科

学），2013（5）：142—145.

[27] 闫云凤.中国碳排放权交易的机制设计与影响评估研究［J］.首都经济贸易大学出版社，2017.

[28] 杨永恒，胡鞍钢，张宁.中国人类发展的地区差距和不协调——历史视角下的"一个国家，四个世界"［J］.经济学季刊，2006（4）：803—816.

[29] 张庭溢.碳排放权配额统一增价拍卖均衡下企业减排研究［J］.福建工程学院学报，2018（3）：14—17.

[30] 郑艳，梁帆.气候公平原则与国际气候制度构建［J］.世界经济与政治，2011（6）：71—92.

[31] 周茂荣，谭秀杰.欧盟碳排放交易体系第三期的改革、前景及其启示［J］.国际贸易问题，2013（5）：94—103.

[32] 朱利恩·谢瓦利尔，程思，刘蒂，等.碳市场计量经济学分析：欧盟碳排放权交易体系与清洁发展机制［M］.杨继梅等译.东北财经大学出版社，2016.

[33] Betz R，Seifert S，Gramtion P，Kerr S.Auctioning Greenhouse Gas Emissions Permits in Australia［J］.Australian Journal of Agriculture and Resource Economics，2010，54：219—238.

[34] California Air Resources Board.Final Regulation Order：California Cap on Greenhouse Gas Emission and Market-Based Compliance Mechanisms.https：//ww3.arb.ca.gov /cc/ capandtrade/allowance allocation/allowanceallocation.htm.

[35] Catherine Boemare，Philippe Quirion.Implementing Greenhouse GasTrading in Europe：Lessons from Economic Theory and International Experience［J］. Ecological Economics，2002,43（2-3）：213—230.

[36] Chevallier J.，Jouvet PA，Michel P，Rotillon G..Economic Consequences of Permis Allocation Rules［J］.Int Economics，2009（120）：77—90.

[37] Gert Tinggaard Svendsen，Morten Vesterdal.How to Design Greenhouse Gas Trading in the EU?［J］.Energy Policy，2003（31）：1531—1539.

[38] Goeree J K，Holt C A，Palmer K et al.An Experimental Study of Auctions Versus Grandfathering to Assign Pollution Permits ［J］.Journal of the European Economics Association，2010,8（2-3）：514—525.

[39] Gramton J K，Kerr S.Tradable Carbon Permit Auctions：How and Why to Auction not Grandfather［J］.Energy Policy，2002,30（4）：333—345.

[40] Grubb M.，Betz R，Neuhoff K.National Allocation Plans in the EU Emission Trading Scheme：Lessons and Implications for Phase Ⅱ［M］.Earthscan，2007.

[41] H.Varian.Equity，Envy and Efficiency［J］.Journal of Economic Theory，1974（9）：63—91.

[42] Holt C，Shobe W，Burtraw D，et al.Auction Design for Selling CO2 Emission Allowances

under the Regional Greehouse Gas Initiative [R].RGGI Reports, 2007.

[43] Jouvet P A, Michel P, Rotillon.Optimal Growth with Pollution: How to use Pollution Permits? [J]. J Economics Dyn Control, 2005 (29): 1579—1609.

[44] Jouvet P A, Michel P, Rotillon .Equilibrium with a Market of Permits [J].Res Econ, 2005 (59): 148—163.

[45] Kruger J, PizerW.The EU Emissions Trading Directives: Opportunities and Poterntial Pitfalls [J].Resources for the Future, Discussion Paper, 2004.

[46] J.P.M., M.M.M.Berk, M.G.J. den Elzen, R.A. van den Wijngaart.Opttions for Post-2012 EU Burden Sharing and EU-ETS Allowcation [R].Climate Change Scientific Assessement and Policy Analysis.WAB Report 500102009, MNP Report 500105001, ECN Report ECN-E-07-016 March 2007.

[47] Lopomo G, Marx L M, Mc Adams D et al.Carbon Allowance Auction Design: an Assessment of Options for the United States [J]. Review of Economics and Policy, 2011,5 (1): 25—43.

[48] Markus Aihman, Lars Zetterberg. Options for Emission Allowance Allocation under the EU Emissions Trading Directive [J].Mitigation and Adaptation Strategies for Global, 2005,10 (4): 597—645.

[49] Matthes Chr. Felix, Neuhoff Karsten.Auction Design [A].The Role of Auction for Emissions Trading [C].Published by Climate Strategies, 2008.

[50] Mingrong Wang, Mingxi Wang, Lihua Lang.Reconsidering Carbon Permit Auction Mechanism: an Efficient Dynamic Model [J].The World Economy, 2017: 1624—1645.

[51] Mingxi Wang, Ming Li, Qiang Feng, Yi Hu.Pros and Cons of Replacing Grandfathering by Auctioning for Heterogeneous Enterproses in China's Carbon Trading [J].Emerging Markets Finance & Trade, 2019, (55): 1264—1279.

[52] Niklas Höhne.What is next after the Kyoto Protocol?: Assessment of Options for International Climate Policy Post 2012 [M].Amsterdam: Techne Press, 2006.

[53] Niklas Hoehne, Michel den Elzen, Martin Weiss.Common but Differentiated Convergence (CDC): a New Conceptual Approach to Long-term Climate Policy [J].Climate Policy, 2006,6 (2): 181—199.

[54] Pan Jiahua, Chen Ying.Carbon Budget Proposal: A Framework for an Equitable and Sustainable International Climate Regime [J].Social Sciences in China, 2010 (1): 5—34.

[55] Richard Conniff.The Political History of Cap and Trade in American [J]. Smithsonian Magzine. Augest 2009.https: //www.smithsonianmag.com/science-nature -of-cap-and-trade-34711212/the-political-history.

[56] Roger B. Myerson.Incentive compatibility and the Bargaining Problem [J].Econometrica,

1979, Vol.47, No.1: 61—73.

[57] Roger B. Myerson.Bayesian Equlibrium and Incentive Compatibility: An Introduction [A]. Social Goals and Social Organizationa: Eassys in Memory lf Elisha Pazner [C].Leonid Hurwicz, David Schmeidler, Hugo Sonnenschein. Cambridge: Cambridge University Press, 2005.

[58] Sheehan Peter.The New Global Growth Path: Implications for Climate Change Analysis and Policy.Climatic Change Working Paper, No14.2007.

[59] Solmakallio, Samopo, Perrels, Adriaan, Honkatukia, Juha, Moltmann, Sara, Höhne. Analysis and Evaluation of the Triptych 6 Case Finland [J].VTT Working Papers, 48,2006.

[60] Stephen L. Kans .Waxman −Markey Climate Change Bill [J].New York Law Journal, 2009 June 15.

[61] The European Parliament and the Council of the European Union.Directive 2003/87/EC of the European Parliament and of the Council of 13 October 2003 .Official Journal of the European Union, 2003.10.25: 232—275.

[62] William Vickery .Counterspeculation, Auction and Competitive Sealed Tenders [J].The Journal of Finance, 1961, 16 (1): 8—37.

# 第六章 对区域和产业碳排放权 分配机制研究

**内容摘要：** 随着中国的经济增长和工业化发展，中国能源消费的总量不断增加，结构也不断发生变化，进而导致了排放的数量增长。受经济发展水平差异化的影响，碳排放在区域和产业上均存在较大的差异性，因此建议形成全国统一碳排放市场，碳配额的分配应采取"先条块分割分配，后块融合条趋同转变"的渐进机制。由于碳排放量、碳效率在区域及产业间均存在明显的差异性，这个差异需要随着经济发展水平不断缩小而缩小，因此在全国统一碳市场形成的初期，应先按地区进行配额分配，再在不同地区内部向产业进行配额分配，后期再逐步将产业结构和碳排放效率相近的地区合并，并协调内部的产业分配方案，最后形成统一的全国基于产业的分配方案。结合国际经验和国内实践，建议采取渐进方式时，率先纳入全国统一碳排放市场的产业应满足以下四个特点：（1）空间差异较小；（2）碳泄露的可能性小；（3）外向化程度低；（4）对其他产业的影响比较均衡。在进行碳排放权区域分配时，建议初期为了掌握基本数据和情况，保持经济平稳性，采取历史法比较稳妥；而后期为了提高排放效率可以采用碳排放强度、人均碳排放强度或两者结合为标准进行分配，是相对公平而有效率的方式。

## 第一节 中国碳排放区域差异

中国作为发展中国家，经济发展的过程就是进行工业化和城市化的过程。随着工业化和城市化的加深，能源消费增加，因而导致碳排放总量会随之而上升。如图6-1所示，能源消费主要用于生产和生活两个方面，因此从能源消费角度讲，碳排放主要源于生产能耗和生活能耗。从生产能耗的角度看，影响能耗的主要原因在于产业结构和产业的空间分布情况，生活能耗水平主要决定人均收入水平和人口结构。无论是生活能耗还是生产能耗都会基于对产业的需求而产生碳排放，包括商业、交通、工业、建筑等。如果在不影响生产和生活总规模的情况下，减少碳排放的主要路径应该是提高能耗效率，改善能源结构。这也是课题组在报告2中所提到的减排路径。

但是由于中国地域辽阔，不同省份和区域工业化和城市化的水平客观上存在差距，人口总量和结构、人均收入水平等因素都存在较大差距，因此无论是能源消费总量、效率还是碳排放的总量、效率在空间上均存在明显的差异性。这种差异性，在建立统一碳排放权交易市场，进行配额分配时，首先应考虑到。

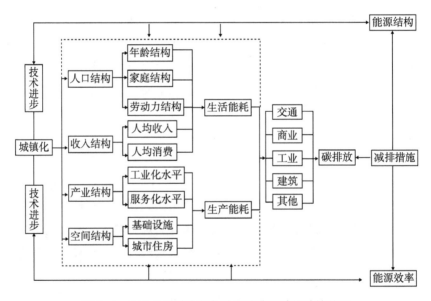

**图 6-1 工业化和城市化与能源消费和碳排放的关系**

资料来源：廖振良.碳排放权交易理论与实践［M］.同济大学，2016.

如图 6-2 所示，中国 1994—2017 年三次产业能源消费和生活能源消费均是增长的，其中比重最大的是第二产业能源消费量，其后依次是第三产业能源消费量、生活能源消费量，最少的是第一产业能源消费量。由此可见，工业化和城市化是能源消费的主要来源。

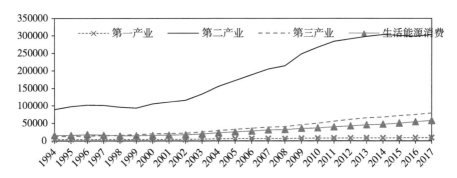

图 6-2　1994—2017 年中国三次产业能源消费和生活能源消费变化

资料来源：根据历年《中国能源统计年鉴》数据计算。

## 一、能源消费总量和效率的空间差异

选取中国现有的 34 个省（自治区、直辖市）（下面统一简称省）中的 30 个省（不包括港澳特别行政区，不包括台湾地区，不包括西藏）作为主要样本，分析能源消费和碳排放的空间异质性。

（1）能源消费总量的区域差异。如表 6-1 所示，1992—2017 年 30 个省的能源消费总量。从横向比较的结果看，同一年份省际间的能源消费总量的差异性较大，纵向比较看，2001 年入世之前，各省的能源消费总量增长幅度不大，相对变化比较平稳，入世后则增加得较快。如果对 1992—2017 年分省的年均能源消费总量进行比较和排序，结果如图 6-3 所示，年均能源消费量最大的五个省份分别是山东、河北、广东、江苏、辽宁，而排在最后五位的是海南、青海、宁夏、江西和甘肃。如果将 1992—2017 年分省能源消费总量进行积累和排序，得到的排序结果与年均消费量排序基本完全一致（由于基本完全一致，就不另行作图展示）。

表 6-1　1992—2017 年中国省际能源消费总量　单位：万吨标准煤

| 年份<br>省（市） | 1992 | 1993 | 1994 | 1995 | 1996 | 1997 | 1998 | 1999 | 2000 |
|---|---|---|---|---|---|---|---|---|---|
| 北京 | 2987.0 | 3259.4 | 3375.9 | 3517.9 | 3663.0 | 3833.0 | 3913.0 | 3986.0 | 4144.0 |
| 天津 | — | — | — | 2568.8 | 2500.0 | 2459.0 | 2445.0 | 2553.0 | 2793.7 |
| 河北 | 6866.3 | 7861.9 | 8263.3 | 8989.6 | 8938.0 | 9033.0 | 9151.0 | 9379.0 | 11195.7 |
| 山西 | 5034.4 | 5493.9 | 5961.8 | 8413.5 | 6848.0 | 6983.0 | 6626.0 | 6501.0 | 6728.0 |

| 省（市）＼年份 | 1992 | 1993 | 1994 | 1995 | 1996 | 1997 | 1998 | 1999 | 2000 |
|---|---|---|---|---|---|---|---|---|---|
| 内蒙古 | 2555.0 | 2676.1 | 2812.2 | 2632.3 | 2822.0 | 3374.0 | 3050.0 | 3803.0 | 3549.3 |
| 辽宁 | 7191.6 | 8695.5 | 9204.6 | 9671.5 | 9738.0 | 9474.0 | 9106.0 | 9384.0 | 10655.8 |
| 吉林 | 3614.6 | 3793.8 | 3856.5 | 4109.1 | 4175.0 | 4333.0 | 3751.0 | 3693.0 | 3766.4 |
| 黑龙江 | 5531.2 | 5078.3 | 5745.1 | 5935.3 | 5869.0 | 6435.0 | 5975.0 | 6058.0 | 6166.2 |
| 上海 | 3546.4 | 3784.1 | 3957.5 | 4465.9 | 4782.0 | 4759.0 | 4874.0 | 5208.0 | 5499.5 |
| 江苏 | 6296.5 | 6625.8 | 7357.7 | 8047.2 | 8111.0 | 7991.0 | 8118.0 | 8164.0 | 8612.4 |
| 浙江 | 2533.8 | 2919.3 | 3885.8 | 4580.2 | 4853.0 | 5069.0 | 5222.0 | 5457.0 | 6560.4 |
| 安徽 | 3138.3 | 3396.7 | 3738.1 | 4194.1 | 4516.0 | 4405.0 | 4575.0 | 4683.0 | 4878.8 |
| 福建 | 1624.0 | 1849.0 | 1995.0 | 2279.9 | 2452.0 | 2536.0 | 2579.0 | 2772.0 | 3463.4 |
| 江西 | 1871.4 | 1946.1 | 2071.5 | 2391.7 | 2155.0 | 2132.0 | 2028.0 | 2134.0 | 2505.0 |
| 山东 | — | — | — | 8779.9 | 9163.0 | 9154.0 | 9012.0 | 9068.0 | 11361.9 |
| 河南 | 5583.0 | 5862.0 | 6225.0 | 6472.5 | 6654.0 | 6711.0 | 7244.0 | 7380.0 | 7918.8 |
| 湖北 | 4472.4 | 4344.3 | 4762.9 | 5655.5 | 5998.0 | 6109.0 | 6046.0 | 5988.0 | 6269.1 |
| 湖南 | — | — | — | 5425.6 | 5473.0 | 4808.0 | 4894.0 | 4087.0 | 4070.7 |
| 广东 | 4553.7 | 4983.8 | 5693.9 | 7345.3 | 7746.0 | 7953.0 | 8376.0 | 8735.0 | 9447.7 |
| 广西 | 1549.3 | 1809.2 | 2048.0 | 2383.9 | 2422.0 | 2605.0 | 2438.0 | 2473.0 | 2669.3 |
| 海南 | 214.6 | 241.8 | 278.7 | 302.8 | 345.0 | 390.0 | 407.0 | 431.0 | 480.0 |
| 重庆 | 1601.0 | 1644.9 | 1696.7 | — | 1871.1 | 2656.0 | 3277.0 | 3689.0 | 2428.0 |
| 四川 | — | — | — | 9525.0 | 9442.0 | 6628.0 | 6750.0 | 6370.0 | 6517.8 |
| 贵州 | 2518.8 | 2545.5 | 2819.7 | 3183.2 | 3690.0 | 3960.0 | 4315.0 | 4018.0 | 4278.6 |
| 云南 | 2016.6 | 2089.8 | 2282.8 | 2640.6 | 2768.0 | 3429.0 | 3364.0 | 3288.0 | 3468.3 |
| 陕西 | 2440.8 | 2476.3 | 2599.0 | 3134.3 | 3525.0 | 3111.0 | 3022.0 | 2668.0 | 2731.2 |
| 甘肃 | 2349.0 | 2508.1 | 2683.6 | 2737.6 | 2803.0 | 2581.0 | 2687.0 | 2917.0 | 3011.6 |
| 青海 | 499.3 | 560.0 | 625.4 | 688.0 | 698.0 | 707.0 | 739.0 | 939.0 | 897.2 |
| 宁夏 | 705.0 | 715.8 | 740.8 | 759.1 | 801.0 | 805.0 | 827.0 | 848.0 | 1179.4 |
| 新疆 | 2260.8 | 2497.0 | 2605.7 | 2830.1 | 3224.0 | 3230.0 | 3280.0 | 3215.0 | 3327.6 |
| 省（市）＼年份 | 2001 | 2002 | 2003 | 2004 | 2005 | 2006 | 2007 | 2008 | 2009 |
| 北京 | 4313.0 | 4436.0 | 4648.0 | 5140.0 | 5521.9 | 5904.1 | 6285.0 | 6327.1 | 6570.3 |
| 天津 | 2918.0 | 3022.0 | 3215.0 | 3697.0 | 4084.6 | 4500.2 | 4942.8 | 5363.6 | 5874.1 |
| 河北 | 10391.0 | 11588.0 | 13483.0 | 15782.0 | 19836.0 | 21794.1 | 23585.1 | 24321.9 | 25418.8 |
| 山西 | 7968.0 | 9340.0 | 10386.0 | 11251.0 | 12749.8 | 14098.2 | 15601.1 | 15675.4 | 15575.8 |

续表

| 省（市）＼年份 | 2001 | 2002 | 2003 | 2004 | 2005 | 2006 | 2007 | 2008 | 2009 |
|---|---|---|---|---|---|---|---|---|---|
| 内蒙古 | 4073.0 | 4560.0 | 5778.0 | 7623.0 | 9666.1 | 11220.8 | 12777.2 | 14100.3 | 15343.6 |
| 辽宁 | 10656.0 | 10602.0 | 11253.0 | 13074.0 | 13610.7 | 14986.8 | 16543.9 | 17801.3 | 19111.9 |
| 吉林 | 3863.0 | 4531.0 | 5174.0 | 5603.0 | 5315.4 | 5908.1 | 6557.3 | 7221.4 | 7697.8 |
| 黑龙江 | 6037.0 | 6004.0 | 6714.0 | 7466.0 | 8050.0 | 8731.0 | 9377.1 | 9979.4 | 10466.7 |
| 上海 | 5818.0 | 6249.0 | 6796.0 | 7406.0 | 8225.1 | 8875.7 | 9670.5 | 10207.4 | 10367.4 |
| 江苏 | 8881.0 | 9609.0 | 11060.0 | 13652.0 | 17167.4 | 19041.0 | 20948.0 | 22232.2 | 23709.3 |
| 浙江 | 6530.0 | 8280.0 | 9523.0 | 10825.0 | 12031.7 | 13218.9 | 14524.1 | 15106.9 | 15566.9 |
| 安徽 | 5118.0 | 5316.0 | 5457.0 | 6017.0 | 6506.0 | 7069.4 | 7739.4 | 8325.4 | 8895.9 |
| 福建 | 3163.0 | 3762.0 | 4121.0 | 4625.0 | 6141.6 | 6827.9 | 7587.1 | 8254.0 | 8916.5 |
| 江西 | 2329.0 | 2933.0 | 3426.0 | 3814.0 | 4286.0 | 4660.1 | 5052.5 | 5383.0 | 5812.5 |
| 山东 | 9955.0 | 14599.0 | 16837.0 | 19624.0 | 24162.0 | 26759.3 | 29176.6 | 30570.0 | 32420.2 |
| 河南 | 8244.0 | 9055.0 | 10595.0 | 13074.0 | 14624.6 | 16232.4 | 17837.8 | 18976.3 | 19751.2 |
| 湖北 | 6052.0 | 6713.0 | 7708.0 | 9120.0 | 10082.0 | 11049.1 | 12143.1 | 12844.7 | 13707.8 |
| 湖南 | 4622.0 | 5045.0 | 5562.0 | 7134.0 | 9709.3 | 10580.9 | 11629.0 | 12355.3 | 13331.0 |
| 广东 | 10179.0 | 11355.0 | 13099.0 | 15210.0 | 17921.0 | 19970.9 | 22217.1 | 23476.2 | 24653.7 |
| 广西 | 2669.0 | 3120.0 | 3523.0 | 4203.0 | 4868.6 | 5390.4 | 5997.4 | 6497.1 | 7075.0 |
| 海南 | 520.0 | 602.0 | 684.0 | 742.0 | 822.2 | 920.5 | 1057.0 | 1135.3 | 1232.5 |
| 重庆 | 3016.0 | 2662.0 | 3009.0 | 3590.0 | 4942.9 | 5368.5 | 5946.9 | 6472.4 | 7029.8 |
| 四川 | 6810.0 | 7510.0 | 9204.0 | 10700.0 | 11816.1 | 12986.5 | 14214.2 | 15145.1 | 16321.8 |
| 贵州 | 4438.0 | 4470.0 | 5534.0 | 6282.0 | 5641.3 | 6172.5 | 6799.7 | 7084.0 | 7566.3 |
| 云南 | 3490.0 | 4131.0 | 4450.0 | 5210.0 | 6024.0 | 6620.6 | 7132.6 | 7510.8 | 8032.1 |
| 陕西 | 3257.0 | 3713.0 | 4170.0 | 4776.0 | 5571.3 | 6129.4 | 6774.9 | 7417.5 | 8043.6 |
| 甘肃 | 2905.0 | 3174.0 | 3525.0 | 3908.0 | 4367.7 | 4743.1 | 5109.3 | 5346.3 | 5481.6 |
| 青海 | 930.0 | 989.0 | 1066.0 | 1364.0 | 1670.4 | 1903.4 | 2095.0 | 2279.2 | 2348.2 |
| 宁夏 | — | 1378.0 | 2015.0 | 2322.0 | 2536.1 | 2829.8 | 3077.3 | 3229.3 | 3387.7 |
| 新疆 | 3496.0 | 3723.0 | 4177.0 | 4910.0 | 5506.5 | 6047.3 | 6575.9 | 7069.4 | 7525.6 |

| 省（市）＼年份 | 2010 | 2011 | 2012 | 2013 | 2014 | 2015 | 2016 | 2017 |
|---|---|---|---|---|---|---|---|---|
| 北京 | 6954.1 | 6995.4 | 7177.7 | 6724.0 | 6831.0 | 6853.0 | 6962.0 | 7135.7 |
| 天津 | 6818.1 | 7598.5 | 8208.0 | 7882.0 | 8145.0 | 8260.0 | 8245.0 | 8013.8 |
| 河北 | 27531.1 | 29498.3 | 30250.2 | 29664.0 | 29320.0 | 29395.0 | 29794.0 | 30390.3 |
| 山西 | 16808.0 | 18315.1 | 19335.6 | 19761.0 | 19863.0 | 19384.0 | 19401.0 | 20060.2 |

续表

| 省（市）＼年份 | 2010 | 2011 | 2012 | 2013 | 2014 | 2015 | 2016 | 2017 | |
|---|---|---|---|---|---|---|---|---|---|
| 内蒙古 | 16820.3 | 18736.9 | 19785.7 | 17681.0 | 18309.0 | 18927.0 | 19457.0 | 19924.0 | |
| 辽宁 | 20946.5 | 22712.2 | 23526.4 | 21721.0 | 21803.0 | 21667.0 | 21031.0 | 21557.2 | |
| 吉林 | 8297.3 | 9103.0 | 9443.0 | 8645.0 | 8560.0 | 8142.0 | 8014.0 | 8014.1 | |
| 黑龙江 | 11233.5 | 12118.5 | 12757.8 | 11853.0 | 11955.0 | 12126.0 | 12280.0 | 12538.4 | |
| 上海 | 11201.1 | 11270.5 | 11362.2 | 11346.0 | 11085.0 | 11387.0 | 11712.0 | 11864.7 | |
| 江苏 | 25773.7 | 27589.0 | 28849.8 | 29205.0 | 29863.0 | 30235.0 | 31054.0 | 31426.5 | |
| 浙江 | 16865.3 | 17827.3 | 18076.2 | 18640.0 | 18826.0 | 19610.0 | 20276.0 | 21025.8 | |
| 安徽 | 9706.6 | 10570.2 | 11358.0 | 11696.0 | 12011.0 | 12332.0 | 12695.0 | 13050.4 | |
| 福建 | 9808.5 | 10652.6 | 11185.4 | 11190.0 | 12110.0 | 12180.0 | 12358.0 | 12889.1 | |
| 江西 | 6354.9 | 6928.2 | 7232.9 | 7583.0 | 8055.0 | 8440.0 | 8747.0 | 8992.1 | |
| 山东 | 34807.8 | 37132.0 | 38899.3 | 35358.0 | 36511.0 | 37945.0 | 38723.0 | 38684.1 | |
| 河南 | 21437.8 | 23061.9 | 23647.1 | 21909.0 | 22890.0 | 23161.0 | 23117.0 | 22932.5 | |
| 湖北 | 15137.6 | 16579.2 | 17674.7 | 15703.0 | 16320.0 | 16404.0 | 16850.0 | 17152.9 | |
| 湖南 | 14880.1 | 16160.9 | 16744.1 | 14919.0 | 15317.0 | 15469.0 | 15804.0 | 16167.9 | |
| 广东 | 26908.0 | 28480.0 | 29144.0 | 28480.0 | 29593.0 | 30145.0 | 31241.0 | 32334.2 | |
| 广西 | 7919.0 | 8591.4 | 9154.5 | 9100.0 | 9515.0 | 9761.0 | 10092.0 | 10455.7 | |
| 海南 | 1358.5 | 1600.6 | 1688.0 | 1720.0 | 1820.0 | 1938.0 | 2006.0 | 2102.4 | |
| 重庆 | 7855.5 | 8792.0 | 9278.4 | 8049.0 | 8593.0 | 8934.0 | 9204.0 | 9544.0 | |
| 四川 | 17891.8 | 19696.2 | 20575.0 | 19212.0 | 19879.0 | 19888.0 | 20362.0 | 20871.1 | |
| 贵州 | 8175.4 | 9067.9 | 9878.4 | 9209.0 | 9709.0 | 9948.0 | 10227.0 | 10482.6 | |
| 云南 | 8674.2 | 9540.3 | 10433.7 | 10072.0 | 10455.0 | 10357.0 | 10656.0 | 11092.7 | |
| 陕西 | 8882.1 | 9760.8 | 10625.7 | 10610.0 | 11222.0 | 11716.0 | 12120.0 | 12532.2 | |
| 甘肃 | 5923.1 | 6495.8 | 7007.0 | 7287.0 | 7521.0 | 7523.0 | 7334.0 | 7539.0 | |
| 青海 | 2568.3 | 3189.0 | 3524.1 | 3768.0 | 3992.0 | 4134.0 | 4111.0 | 4200.9 | |
| 宁夏 | 3681.1 | 4316.3 | 4562.4 | 4781.0 | 4946.0 | 5405.0 | 5592.0 | 6486.4 | |
| 新疆 | 8290.2 | 9926.5 | 11831.4 | 13632.0 | 14926.0 | 15651.0 | 16302.0 | 17394.2 | |

资料来源：CEIC 数据库。

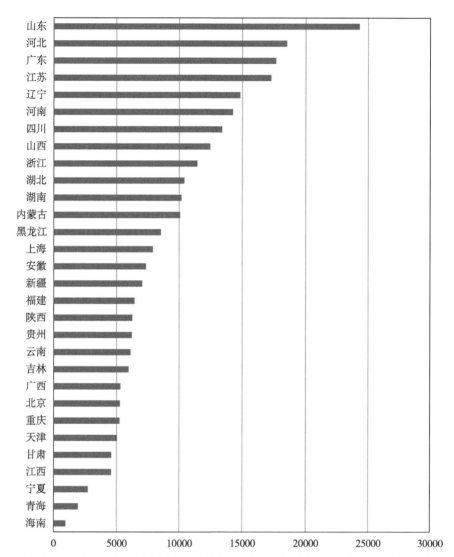

**图 6-3** 1992—2017 年全国 30 个省的年均能源消费总量排序（单位：万吨标准煤）

资料来源：CEIC 数据库。

如果将能源消费总量的年平均值归到不同地区进行汇总，其结果如表6-2所示，按四大地区进行排序，东部是年均能源消费总量最多的地区，接近全国能源消费总量的 1/3，其次是中部地区、东北部地区和西部地区，其中中部和东北部年均能源消费总量差不多，西部年均能源消费总量最少，占比为16.8%；从八大经济区的角度看，北部沿海和东部沿海年均能源消费总量最多，均占全国的 17.7%，其次是黄河中游、东北、南部沿海、长江中游、大西南和大西北。最少的是大西南和大西北，分别占全国总水平的 9.7% 和 5.4%。可见，分八大地区进行比较，地区间的差距有所缩小，但仍然是梯度分布的，沿海多，内陆少，东中西差异、南北差异客观存在。

表 6-2　1992—2017 年不同地区年均能源消费总量（单位：万吨标准煤；%）

| 四大地区 | 年均能源消费总量（万吨标准煤） | 年均能源消费总量比重（%） | 八大经济区 | 年均能源消费总量（万吨标准煤） | 年均能源消费总比重（%） |
|---|---|---|---|---|---|
| 东部 | 11487.6 | 30.7 | 北部沿海 | 13282.5 | 17.7 |
| 中部 | 9878.4 | 26.4 | 东部沿海 | 13288.5 | 17.7 |
| 东北 | 9787.0 | 26.2 | 黄河中游 | 10767.7 | 14.4 |
| 西部 | 6217.5 | 16.8 | 东北 | 9787.0 | 13.1 |
|  |  |  | 南部沿海 | 8353.9 | 11.1 |
|  |  |  | 长江中游 | 8137.2 | 10.9 |
|  |  |  | 大西南 | 7265.4 | 9.7 |
|  |  |  | 大西北 | 4077.4 | 5.4 |

资料来源：依据表 6-1 数据计算。

（2）人均能源消费水平的区域差异。由于各省份的人口规模不同，因此考虑按人口总量进行平均，可以得到人均能源消费水平。计算结果如表 6-3 所示，从时间维度上看，每个省份的人均能源消费量都是逐年增长的，从横向比较看，省际间的人均能源消费量仍存在明显的差异。

表 6-3　1992—2017 年 30 个省人均能源消费量

单位：吨标准煤 / 人

| 省（市）＼年份 | 1992 | 1993 | 1994 | 1995 | 1996 | 1997 | 1998 | 1999 | 2000 |
|---|---|---|---|---|---|---|---|---|---|
| 北京 | 2.7 | 2.9 | 3.0 | 2.8 | 2.9 | 3.1 | 3.1 | 3.2 | 3.0 |
| 天津 | — | — | — | 2.7 | 2.6 | 2.6 | 2.6 | 2.7 | 2.8 |
| 河北 | 1.1 | 1.2 | 1.3 | 1.4 | 1.4 | 1.4 | 1.4 | 1.4 | 1.7 |
| 山西 | 1.7 | 1.8 | 2.0 | 2.7 | 2.2 | 2.2 | 2.1 | 2.0 | 2.1 |
| 内蒙古 | 1.2 | 1.2 | 1.2 | 1.2 | 1.2 | 1.5 | 1.3 | 1.6 | 1.5 |
| 辽宁 | 1.8 | 2.2 | 2.3 | 2.4 | 2.4 | 2.3 | 2.2 | 2.2 | 2.5 |
| 吉林 | 1.4 | 1.5 | 1.5 | 1.6 | 1.6 | 1.6 | 1.4 | 1.4 | 1.4 |
| 黑龙江 | 1.5 | 1.4 | 1.6 | 1.6 | 1.6 | 1.7 | 1.6 | 1.6 | 1.6 |

| 省（市）\年份 | 1992 | 1993 | 1994 | 1995 | 1996 | 1997 | 1998 | 1999 | 2000 |
|---|---|---|---|---|---|---|---|---|---|
| 上海 | 2.6 | 2.7 | 2.8 | 3.2 | 3.3 | 3.2 | 3.2 | 3.3 | 3.4 |
| 江苏 | 0.9 | 1.0 | 1.0 | 1.1 | 1.1 | 1.1 | 1.1 | 1.1 | 1.2 |
| 浙江 | 0.6 | 0.7 | 0.9 | 1.1 | 1.1 | 1.1 | 1.2 | 1.2 | 1.4 |
| 安徽 | 0.5 | 0.6 | 0.6 | 0.7 | 0.7 | 0.7 | 0.7 | 0.8 | 0.8 |
| 福建 | 0.5 | 0.6 | 0.6 | 0.7 | 0.8 | 0.8 | 0.8 | 0.8 | 1.0 |
| 江西 | 0.5 | 0.5 | 0.5 | 0.6 | 0.5 | 0.5 | 0.5 | 0.5 | 0.6 |
| 山东 | — | — | — | 1.0 | 1.0 | 1.0 | 1.0 | 1.0 | 1.3 |
| 河南 | 0.6 | 0.7 | 0.7 | 0.7 | 0.7 | 0.7 | 0.8 | 0.8 | 0.8 |
| 湖北 | 0.8 | 0.8 | 0.8 | 1.0 | 1.0 | 1.0 | 1.0 | 1.0 | 1.1 |
| 湖南 | — | — | — | 0.8 | 0.9 | 0.7 | 0.8 | 0.6 | 0.6 |
| 广东 | 0.7 | 0.8 | 0.9 | 1.1 | 1.1 | 1.1 | 1.2 | 1.2 | 1.1 |
| 广西 | 0.4 | 0.4 | 0.5 | 0.5 | 0.5 | 0.6 | 0.5 | 0.5 | 0.6 |
| 海南 | 0.3 | 0.3 | 0.4 | 0.4 | 0.5 | 0.5 | 0.5 | 0.5 | 0.6 |
| 重庆 | 0.5 | 0.6 | 0.6 | — | 0.7 | 0.9 | 1.1 | 1.3 | 0.9 |
| 四川 | — | — | — | 1.2 | 1.1 | 0.8 | 0.8 | 0.7 | 0.8 |
| 贵州 | 0.7 | 0.7 | 0.8 | 0.9 | 1.0 | 1.1 | 1.2 | 1.1 | 1.1 |
| 云南 | 0.5 | 0.5 | 0.6 | 0.7 | 0.7 | 0.8 | 0.8 | 0.8 | 0.8 |
| 陕西 | 0.7 | 0.7 | 0.7 | 0.9 | 1.0 | 0.9 | 0.8 | 0.7 | 0.7 |
| 甘肃 | 1.0 | 1.1 | 1.1 | 1.1 | 1.1 | 1.0 | 1.1 | 1.1 | 1.2 |
| 青海 | 1.1 | 1.2 | 1.3 | 1.4 | 1.4 | 1.4 | 1.5 | 1.8 | 1.7 |
| 宁夏 | 1.4 | 1.4 | 1.5 | 1.5 | 1.5 | 1.5 | 1.5 | 1.6 | 2.1 |
| 新疆 | 1.5 | 1.6 | 1.6 | 1.7 | 1.9 | 1.9 | 1.9 | 1.8 | 1.8 |

| 省（市）\年份 | 2001 | 2002 | 2003 | 2004 | 2005 | 2006 | 2007 | 2008 | 2009 |
|---|---|---|---|---|---|---|---|---|---|
| 北京 | 3.1 | 3.1 | 3.2 | 3.4 | 3.6 | 3.7 | 3.8 | 3.6 | 3.5 |
| 天津 | 2.9 | 3.0 | 3.2 | 3.6 | 3.9 | 4.2 | 4.4 | 4.6 | 4.8 |
| 河北 | 1.6 | 1.7 | 2.0 | 2.3 | 2.9 | 3.2 | 3.4 | 3.5 | 3.6 |
| 山西 | 2.4 | 2.8 | 3.1 | 3.4 | 3.8 | 4.2 | 4.6 | 4.6 | 4.5 |
| 内蒙古 | 1.7 | 1.9 | 2.4 | 3.2 | 4.0 | 4.6 | 5.3 | 5.8 | 6.2 |
| 辽宁 | 2.5 | 2.5 | 2.7 | 3.1 | 3.2 | 3.5 | 3.8 | 4.1 | 4.4 |
| 吉林 | 1.4 | 1.7 | 1.9 | 2.1 | 2.0 | 2.2 | 2.4 | 2.6 | 2.8 |
| 黑龙江 | 1.6 | 1.6 | 1.8 | 2.0 | 2.1 | 2.3 | 2.5 | 2.6 | 2.7 |

续表

| 省（市） 年份 | 2001 | 2002 | 2003 | 2004 | 2005 | 2006 | 2007 | 2008 | 2009 |
|---|---|---|---|---|---|---|---|---|---|
| 上海 | 3.5 | 3.6 | 3.8 | 4.0 | 4.4 | 4.5 | 4.7 | 4.8 | 4.7 |
| 江苏 | 1.2 | 1.3 | 1.5 | 1.8 | 2.3 | 2.5 | 2.7 | 2.9 | 3.0 |
| 浙江 | 1.4 | 1.7 | 2.0 | 2.2 | 2.4 | 2.6 | 2.8 | 2.9 | 3.0 |
| 安徽 | 0.8 | 0.9 | 0.9 | 1.0 | 1.1 | 1.2 | 1.3 | 1.4 | 1.5 |
| 福建 | 0.9 | 1.1 | 1.2 | 1.3 | 1.7 | 1.9 | 2.1 | 2.3 | 2.4 |
| 江西 | 0.6 | 0.7 | 0.8 | 0.9 | 1.0 | 1.1 | 1.2 | 1.2 | 1.3 |
| 山东 | 1.1 | 1.6 | 1.8 | 2.1 | 2.6 | 2.9 | 3.1 | 3.2 | 3.4 |
| 河南 | 0.9 | 0.9 | 1.1 | 1.3 | 1.6 | 1.7 | 1.9 | 2.0 | 2.1 |
| 湖北 | 1.1 | 1.2 | 1.4 | 1.6 | 1.8 | 1.9 | 2.1 | 2.2 | 2.4 |
| 湖南 | 0.7 | 0.8 | 0.8 | 1.1 | 1.5 | 1.7 | 1.8 | 1.9 | 2.1 |
| 广东 | 1.2 | 1.3 | 1.5 | 1.7 | 1.9 | 2.1 | 2.3 | 2.4 | 2.4 |
| 广西 | 0.6 | 0.6 | 0.7 | 0.9 | 1.0 | 1.1 | 1.3 | 1.3 | 1.5 |
| 海南 | 0.7 | 0.7 | 0.8 | 0.9 | 1.0 | 1.1 | 1.3 | 1.3 | 1.4 |
| 重庆 | 1.1 | 0.9 | 1.1 | 1.3 | 1.8 | 1.9 | 2.1 | 2.3 | 2.5 |
| 四川 | 0.8 | 0.9 | 1.1 | 1.3 | 1.4 | 1.6 | 1.7 | 1.9 | 2.0 |
| 贵州 | 1.2 | 1.2 | 1.4 | 1.6 | 1.5 | 1.7 | 1.9 | 2.0 | 2.1 |
| 云南 | 0.8 | 1.0 | 1.0 | 1.2 | 1.4 | 1.5 | 1.6 | 1.7 | 1.8 |
| 陕西 | 0.9 | 1.0 | 1.1 | 1.3 | 1.5 | 1.7 | 1.8 | 2.0 | 2.2 |
| 甘肃 | 1.2 | 1.3 | 1.4 | 1.5 | 1.7 | 1.9 | 2.0 | 2.1 | 2.1 |
| 青海 | 1.8 | 1.9 | 2.0 | 2.5 | 3.1 | 3.5 | 3.8 | 4.1 | 4.2 |
| 宁夏 | — | 2.4 | 3.5 | 3.9 | 4.3 | 4.7 | 5.0 | 5.2 | 5.4 |
| 新疆 | 1.9 | 2.0 | 2.2 | 2.5 | 2.7 | 2.9 | 3.1 | 3.3 | 3.5 |
| 省（市） 年份 | 2010 | 2011 | 2012 | 2013 | 2014 | 2015 | 2016 | 2017 | |
| 北京 | 3.5 | 3.5 | 3.5 | 3.2 | 3.2 | 3.2 | 3.2 | 3.3 | |
| 天津 | 5.2 | 5.6 | 5.8 | 5.4 | 5.4 | 5.3 | 5.3 | 5.1 | |
| 河北 | 3.8 | 4.1 | 4.2 | 4.0 | 4.0 | 4.0 | 4.0 | 4.0 | |
| 山西 | 4.7 | 5.1 | 5.4 | 5.4 | 5.4 | 5.3 | 5.3 | 5.4 | |
| 内蒙古 | 6.8 | 7.5 | 7.9 | 7.1 | 7.3 | 7.5 | 7.7 | 7.9 | |
| 辽宁 | 4.8 | 5.2 | 5.4 | 4.9 | 5.0 | 4.9 | 4.8 | 4.9 | |
| 吉林 | 3.0 | 3.3 | 3.4 | 3.1 | 3.1 | 3.0 | 2.9 | 2.9 | |
| 黑龙江 | 2.9 | 3.2 | 3.3 | 3.1 | 3.1 | 3.2 | 3.2 | 3.3 | |

| 年份<br>省（市） | 2010 | 2011 | 2012 | 2013 | 2014 | 2015 | 2016 | 2017 | |
|---|---|---|---|---|---|---|---|---|---|
| 上海 | 4.9 | 4.8 | 4.8 | 4.7 | 4.6 | 4.7 | 4.8 | 4.9 | |
| 江苏 | 3.3 | 3.5 | 3.6 | 3.7 | 3.8 | 3.8 | 3.9 | 3.9 | |
| 浙江 | 3.1 | 3.3 | 3.3 | 3.4 | 3.4 | 3.5 | 3.6 | 3.7 | |
| 安徽 | 1.6 | 1.8 | 1.9 | 1.9 | 2.0 | 2.0 | 2.0 | 2.1 | |
| 福建 | 2.7 | 2.9 | 3.0 | 3.0 | 3.2 | 3.2 | 3.2 | 3.3 | |
| 江西 | 1.4 | 1.5 | 1.6 | 1.7 | 1.8 | 1.8 | 1.9 | 1.9 | |
| 山东 | 3.6 | 3.9 | 4.0 | 3.6 | 3.7 | 3.9 | 3.9 | 3.9 | |
| 河南 | 2.3 | 2.5 | 2.5 | 2.3 | 2.4 | 2.4 | 2.4 | 2.4 | |
| 湖北 | 2.6 | 2.9 | 3.1 | 2.7 | 2.8 | 2.8 | 2.9 | 2.9 | |
| 湖南 | 2.3 | 2.5 | 2.5 | 2.2 | 2.3 | 2.3 | 2.3 | 2.4 | |
| 广东 | 2.6 | 2.7 | 2.8 | 2.7 | 2.8 | 2.8 | 2.8 | 2.9 | |
| 广西 | 1.7 | 1.8 | 2.0 | 1.9 | 2.0 | 2.0 | 2.1 | 2.1 | |
| 海南 | 1.6 | 1.8 | 1.9 | 1.9 | 2.0 | 2.1 | 2.2 | 2.2 | |
| 重庆 | 2.7 | 3.0 | 3.2 | 2.7 | 2.9 | 3.0 | 3.0 | 3.1 | |
| 四川 | 2.2 | 2.4 | 2.5 | 2.4 | 2.4 | 2.4 | 2.5 | 2.5 | |
| 贵州 | 2.3 | 2.6 | 2.8 | 2.6 | 2.8 | 2.8 | 2.9 | 2.9 | |
| 云南 | 1.9 | 2.1 | 2.2 | 2.1 | 2.2 | 2.2 | 2.2 | 2.3 | |
| 陕西 | 2.4 | 2.6 | 2.8 | 2.8 | 3.0 | 3.1 | 3.2 | 3.3 | |
| 甘肃 | 2.3 | 2.5 | 2.7 | 2.8 | 2.9 | 2.9 | 2.8 | 2.9 | |
| 青海 | 4.6 | 5.6 | 6.1 | 6.5 | 6.8 | 7.0 | 6.9 | 7.0 | |
| 宁夏 | 5.8 | 6.8 | 7.0 | 7.3 | 7.5 | 8.1 | 8.3 | 9.5 | |
| 新疆 | 3.8 | 4.5 | 5.3 | 6.0 | 6.5 | 6.6 | 6.8 | 7.1 | |

　　将上述不同省份的人均能源消费量按年进行平均，可以得到不同地区的年均人均能源消费量，如表 6-4 所示。从四大地区比较的结果看，人均能源消费量最高的是东北地区，其后依次是西部、东部和中部，人均能源消费量最低的是中部地区，东北地区的人均能源消费量是中部地区的 1.49 倍，西部是 1.45 倍，东部是 1.43 倍。如果分八大经济区进行比较，差距就更为明显一些，人均能源消费量最高的是大西北，最低的是长江中游地区，大西北的人均能源消费量是长江中游人均能源消费量的 2.33 倍，人均能源消费量的南北差距较明显，地理位置偏北的人均能源消费量较高，偏南的略低，中部人均

能源消费量相对少些。

表 6-4　1992—2017 年不同地区年均人均能源消费量（单位：万吨标准煤；%）

| 四大地区 | 年均人均能源消费量（吨标准煤 / 人） | 人均能源消费率差距（%） | 八大经济区 | 年均人均能源消费量（吨标准煤 / 人） | 人均能源消费率差距（%） |
|---|---|---|---|---|---|
| 东北 | 2.64 | 1.49 | 大西北 | 3.22 | 2.33 |
| 西部 | 2.58 | 1.45 | 北部沿海 | 3.04 | 2.20 |
| 东部 | 2.54 | 1.43 | 东部沿海 | 2.82 | 2.04 |
| 中部 | 1.78 | 1.00 | 黄河中游 | 2.73 | 1.98 |
| | | | 东北 | 2.64 | 1.91 |
| | | | 南部沿海 | 1.58 | 1.14 |
| | | | 大西南 | 1.52 | 1.10 |
| | | | 长江中游 | 1.38 | 1.00 |

资料来源：依据表 6-3 数据计算。

注：人均能源效率差距 = 非高效率各地区实际人均能源消费量 / 效率最高的地区人均能源消费量。

　　（3）能源消费效率的区域差异。由于各省份的经济总量规模不同，因此还需要进一步对分省单位 GDP 能源消费强度进行测算和比较，计算结果见表 6-5。从时间维度看，单个省份的单位 GDP 能源消费强度都是趋于下降的，特别是原来消费效率较低的，相对下降的速度还是比较快的。而从横向的角度比较，个别省份的单位 GDP 能源消费强度是较高的，比如陕西、贵州、新疆、宁夏等省份的单位 GDP 能耗明显偏高。

表 6-5　1992—2017 年 30 个省单位 GDP 能源强度

单位：吨标准煤 / 万元

| 省（市） 年份 | 1992 | 1993 | 1994 | 1995 | 1996 | 1997 | 1998 | 1999 | 2000 |
|---|---|---|---|---|---|---|---|---|---|
| 北京 | 4.2 | 3.7 | 2.9 | 2.3 | 2.0 | 1.8 | 1.6 | 1.5 | 1.3 |
| 天津 | — | — | — | 2.8 | 2.2 | 1.9 | 1.8 | 1.7 | 1.6 |
| 河北 | 5.9 | 4.6 | 3.8 | 3.2 | 2.6 | 2.3 | 2.2 | 2.1 | 2.2 |
| 山西 | 9.7 | 8.1 | 7.2 | 7.8 | 5.3 | 4.7 | 4.1 | 3.9 | 3.6 |
| 辽宁 | 5.5 | 4.3 | 3.7 | 3.5 | 3.1 | 2.6 | 2.3 | 2.2 | 2.3 |
| 吉林 | 7.0 | 5.3 | 4.1 | 3.6 | 3.1 | 3.0 | 2.4 | 2.2 | 1.9 |

续表

| 省（市）\年份 | 1992 | 1993 | 1994 | 1995 | 1996 | 1997 | 1998 | 1999 | 2000 |
|---|---|---|---|---|---|---|---|---|---|
| 内蒙古 | 6.7 | 5.0 | 4.0 | 3.1 | 2.8 | 2.9 | 2.4 | 2.8 | 2.3 |
| 黑龙江 | 6.5 | 4.2 | 3.6 | 3.0 | 2.5 | 2.4 | 2.2 | 2.1 | 2.0 |
| 上海 | 3.2 | 2.5 | 2.0 | 1.8 | 1.6 | 1.4 | 1.3 | 1.2 | 1.2 |
| 江苏 | 3.2 | 2.2 | 1.8 | 1.6 | 1.4 | 1.2 | 1.1 | 1.1 | 1.0 |
| 浙江 | 2.1 | 1.5 | 1.4 | 1.3 | 1.2 | 1.1 | 1.0 | 1.0 | 1.1 |
| 安徽 | 4.3 | 3.3 | 2.8 | 2.3 | 2.2 | 1.9 | 1.8 | 1.7 | 1.7 |
| 福建 | 2.3 | 1.7 | 1.2 | 1.1 | 1.0 | 0.9 | 0.8 | 0.8 | 0.9 |
| 江西 | 3.3 | 2.7 | 2.2 | 2.0 | 1.5 | 1.3 | 1.2 | 1.2 | 1.3 |
| 山东 | — | — | — | 1.8 | 1.6 | 1.4 | 1.3 | 1.2 | 1.4 |
| 河南 | 4.6 | 3.5 | 2.8 | 2.2 | 1.8 | 1.7 | 1.7 | 1.6 | 1.6 |
| 湖北 | 4.5 | 3.3 | 2.8 | 2.7 | 2.4 | 2.1 | 1.9 | 1.9 | 1.8 |
| 湖南 | — | — | — | 2.5 | 2.2 | 1.7 | 1.6 | 1.3 | 1.1 |
| 广东 | 2.0 | 1.4 | 1.2 | 1.2 | 1.1 | 1.0 | 1.0 | 0.9 | 0.9 |
| 广西 | 2.7 | 2.1 | 1.7 | 1.6 | 1.4 | 1.4 | 1.3 | 1.3 | 1.3 |
| 海南 | 1.5 | 0.9 | 0.8 | 0.8 | 0.9 | 0.9 | 0.9 | 0.9 | 0.9 |
| 重庆 | — | — | — | — | 1.4 | 1.8 | 2.0 | 2.2 | 1.4 |
| 四川 | — | — | — | 3.9 | 3.3 | 2.0 | 1.9 | 1.7 | 1.7 |
| 贵州 | 7.6 | 6.1 | 5.4 | 5.0 | 5.1 | 4.9 | 5.0 | 4.3 | 4.2 |
| 云南 | 4.0 | 2.7 | 2.3 | 2.2 | 1.8 | 2.0 | 1.8 | 1.7 | 1.7 |
| 陕西 | 73.3 | 66.2 | 56.5 | 55.9 | 54.2 | 40.3 | 33.0 | 25.2 | 23.2 |
| 甘肃 | 4.8 | 3.7 | 3.2 | 2.6 | 2.3 | 1.9 | 1.8 | 1.8 | 1.7 |
| 青海 | 1.7 | 1.5 | 1.4 | 1.2 | 1.0 | 0.9 | 0.8 | 1.0 | 0.9 |
| 宁夏 | 8.4 | 6.5 | 5.4 | 4.5 | 4.3 | 4.0 | 3.7 | 3.5 | 4.5 |
| 新疆 | 28.8 | 23.9 | 19.1 | 16.2 | 15.9 | 14.4 | 13.4 | 12.2 | 11.3 |

| 省（市）\年份 | 2001 | 2002 | 2003 | 2004 | 2005 | 2006 | 2007 | 2008 | 2009 |
|---|---|---|---|---|---|---|---|---|---|
| 北京 | 1.2 | 1.0 | 0.9 | 0.9 | 0.8 | 0.7 | 0.6 | 0.6 | 0.5 |
| 天津 | 1.5 | 1.4 | 1.2 | 1.2 | 1.0 | 1.0 | 0.9 | 0.8 | 0.8 |
| 河北 | 1.9 | 1.9 | 1.9 | 1.9 | 2.0 | 1.9 | 1.7 | 1.5 | 1.5 |
| 山西 | 3.9 | 4.0 | 3.6 | 3.2 | 3.0 | 2.9 | 2.6 | 2.1 | 2.1 |
| 内蒙古 | 2.4 | 2.3 | 2.4 | 2.5 | 2.5 | 2.3 | 2.0 | 1.7 | 1.6 |
| 辽宁 | 2.1 | 1.9 | 1.9 | 2.0 | 1.7 | 1.6 | 1.5 | 1.3 | 1.3 |

| 年份 省（市） | 2001 | 2002 | 2003 | 2004 | 2005 | 2006 | 2007 | 2008 | 2009 |
|---|---|---|---|---|---|---|---|---|---|
| 吉林 | 1.8 | 1.9 | 1.9 | 1.8 | 1.5 | 1.4 | 1.2 | 1.1 | 1.1 |
| 黑龙江 | 1.8 | 1.7 | 1.7 | 1.6 | 1.5 | 1.4 | 1.3 | 1.2 | 1.2 |
| 上海 | 1.1 | 1.1 | 1.0 | 0.9 | 0.9 | 0.8 | 0.8 | 0.7 | 0.7 |
| 江苏 | 0.9 | 0.9 | 0.9 | 0.9 | 0.9 | 0.9 | 0.8 | 0.7 | 0.7 |
| 浙江 | 0.9 | 1.0 | 1.0 | 0.9 | 0.9 | 0.8 | 0.8 | 0.7 | 0.7 |
| 安徽 | 1.6 | 1.5 | 1.4 | 1.3 | 1.2 | 1.2 | 1.1 | 0.9 | 0.9 |
| 福建 | 0.8 | 0.8 | 0.8 | 0.8 | 0.9 | 0.9 | 0.8 | 0.8 | 0.7 |
| 江西 | 1.1 | 1.2 | 1.2 | 1.1 | 1.1 | 1.0 | 0.9 | 0.8 | 0.8 |
| 山东 | 1.1 | 1.4 | 1.4 | 1.3 | 1.3 | 1.2 | 1.1 | 1.0 | 1.0 |
| 河南 | 1.5 | 1.5 | 1.5 | 1.5 | 1.4 | 1.3 | 1.2 | 1.1 | 1.0 |
| 湖北 | 1.6 | 1.6 | 1.6 | 1.6 | 1.5 | 1.5 | 1.3 | 1.1 | 1.1 |
| 湖南 | 1.2 | 1.2 | 1.2 | 1.3 | 1.5 | 1.4 | 1.2 | 1.1 | 1.0 |
| 广东 | 0.8 | 0.8 | 0.8 | 0.8 | 0.8 | 0.8 | 0.7 | 0.6 | 0.6 |
| 广西 | 1.2 | 1.2 | 1.2 | 1.2 | 1.2 | 1.1 | 1.0 | 0.9 | 0.9 |
| 海南 | 0.9 | 0.9 | 1.0 | 0.9 | 0.9 | 0.9 | 0.8 | 0.8 | 0.7 |
| 重庆 | 1.5 | 1.2 | 1.2 | 1.2 | 1.4 | 1.4 | 1.3 | 1.1 | 1.1 |
| 四川 | 1.6 | 1.6 | 1.7 | 1.7 | 1.6 | 1.5 | 1.3 | 1.2 | 1.2 |
| 贵州 | 3.9 | 3.6 | 3.9 | 3.7 | 2.8 | 2.6 | 2.4 | 2.0 | 1.9 |
| 云南 | 1.6 | 1.8 | 1.7 | 1.7 | 1.7 | 1.7 | 1.5 | 1.3 | 1.3 |
| 陕西 | 23.4 | 22.9 | 22.5 | 21.7 | 22.4 | 21.1 | 19.8 | 18.8 | 18.2 |
| 甘肃 | 1.4 | 1.4 | 1.4 | 1.2 | 1.1 | 1.0 | 0.9 | 0.7 | 0.7 |
| 青海 | 0.8 | 0.8 | 0.8 | 0.8 | 0.9 | 0.8 | 0.8 | 0.7 | 0.7 |
| 宁夏 | — | 4.0 | 5.2 | 5.0 | 4.7 | 4.4 | 3.9 | 3.2 | 3.1 |
| 新疆 | 10.4 | 9.9 | 9.4 | 9.1 | 9.0 | 8.3 | 7.2 | 5.9 | 5.6 |

| 年份 省（市） | 2010 | 2011 | 2012 | 2013 | 2014 | 2015 | 2016 | 2017 | |
|---|---|---|---|---|---|---|---|---|---|
| 北京 | 0.5 | 0.4 | 0.4 | 0.3 | 0.3 | 0.3 | 0.3 | 0.3 | |
| 天津 | 0.7 | 0.7 | 0.6 | 0.5 | 0.5 | 0.5 | 0.5 | 0.4 | |
| 河北 | 1.3 | 1.2 | 1.1 | 1.0 | 1.0 | 1.0 | 0.9 | 0.9 | |
| 山西 | 1.8 | 1.6 | 1.6 | 1.6 | 1.6 | 1.5 | 1.5 | 1.3 | |
| 内蒙古 | 1.4 | 1.3 | 1.2 | 1.0 | 1.0 | 1.1 | 1.1 | 1.2 | |
| 辽宁 | 1.1 | 1.0 | 0.9 | 0.8 | 0.8 | 0.8 | 0.9 | 0.9 | |

续表

| 省（市）＼年份 | 2010 | 2011 | 2012 | 2013 | 2014 | 2015 | 2016 | 2017 | |
|---|---|---|---|---|---|---|---|---|---|
| 吉林 | 1.0 | 0.9 | 0.8 | 0.7 | 0.6 | 0.6 | 0.5 | 0.5 | |
| 黑龙江 | 1.1 | 1.0 | 0.9 | 0.8 | 0.8 | 0.8 | 0.8 | 0.8 | |
| 上海 | 0.7 | 0.6 | 0.6 | 0.5 | 0.5 | 0.5 | 0.4 | 0.4 | |
| 江苏 | 0.6 | 0.6 | 0.5 | 0.5 | 0.5 | 0.4 | 0.4 | 0.4 | |
| 浙江 | 0.6 | 0.6 | 0.5 | 0.5 | 0.5 | 0.5 | 0.4 | 0.4 | |
| 安徽 | 0.8 | 0.7 | 0.7 | 0.6 | 0.6 | 0.6 | 0.5 | 0.5 | |
| 福建 | 0.7 | 0.6 | 0.6 | 0.5 | 0.5 | 0.5 | 0.4 | 0.4 | |
| 江西 | 0.7 | 0.6 | 0.6 | 0.5 | 0.5 | 0.5 | 0.5 | 0.4 | |
| 山东 | 0.9 | 0.8 | 0.8 | 0.6 | 0.6 | 0.6 | 0.6 | 0.5 | |
| 河南 | 0.9 | 0.9 | 0.8 | 0.7 | 0.7 | 0.6 | 0.6 | 0.5 | |
| 湖北 | 0.9 | 0.8 | 0.8 | 0.6 | 0.6 | 0.6 | 0.5 | 0.5 | |
| 湖南 | 0.9 | 0.8 | 0.8 | 0.6 | 0.6 | 0.5 | 0.5 | 0.5 | |
| 广东 | 0.6 | 0.5 | 0.5 | 0.5 | 0.5 | 0.5 | 0.4 | 0.4 | |
| 广西 | 0.8 | 0.7 | 0.7 | 0.6 | 0.6 | 0.6 | 0.6 | 0.6 | |
| 海南 | 0.7 | 0.6 | 0.6 | 0.5 | 0.5 | 0.5 | 0.5 | 0.5 | |
| 重庆 | 1.0 | 0.9 | 0.8 | 0.6 | 0.6 | 0.6 | 0.5 | 0.5 | |
| 四川 | 1.0 | 0.9 | 0.9 | 0.7 | 0.7 | 0.7 | 0.6 | 0.6 | |
| 贵州 | 1.8 | 1.6 | 1.4 | 1.1 | 1.0 | 0.9 | 0.9 | 0.8 | |
| 云南 | 1.2 | 1.1 | 1.0 | 0.9 | 0.8 | 0.8 | 0.7 | 0.7 | |
| 陕西 | 17.5 | 16.1 | 15.2 | 13.0 | 12.2 | 11.4 | 10.5 | 9.6 | |
| 甘肃 | 0.6 | 0.5 | 0.5 | 0.4 | 0.4 | 0.4 | 0.4 | 0.3 | |
| 青海 | 0.6 | 0.6 | 0.6 | 0.6 | 0.6 | 0.6 | 0.6 | 0.6 | |
| 宁夏 | 2.7 | 2.6 | 2.4 | 2.3 | 2.1 | 2.2 | 2.2 | 2.5 | |
| 新疆 | 4.9 | 4.7 | 5.1 | 5.3 | 5.4 | 5.4 | 5.1 | 5.1 | |

资料来源：CEIC 数据库，历年《中国统计年鉴》和《中国能源统计年鉴》。

通过分地区进行比较，可以更明显地看出单位 GDP 能耗的差距水平。如表 6-6 所示，从四大地区的角度进行比较，单位 GDP 能源消费强度数值最高的是西部地区，数值最低的是东部地区，西部地区是东部地区单位产出能耗水平的 4.59 倍，其次是东北和中部地区，两者分别是东部地区的 1.78 倍和1.59 倍。从八大经济区的角度进行对比，这种差异则更为显著，其中受西部单位 GDP 能耗水平偏高的影响，黄河中游的能源消费强度数值最高，南部沿海数值最低，黄河中游的单位 GDP 能耗是南部沿海地区的 10.67 倍，其次是大西北，为南部沿海地区的 5.01 倍，其后单位 GDP 能源消费强度数值由高到低依次是东北、大西南、北部沿海、长江中游、东部沿海。地区间的差距主要还是南北差距。

**表 6-6 1992—2017 年分省单位 GDP 能源消费强度**

单位：吨标准煤 / 万元

| 四大地区 | 年均能源消费效率（标准煤 / 万元） | 单位 GDP 能源消费强度差距 | 八大经济区 | 年均能源消费效率（标准煤 / 万元） | 单位 GDP 能消费强度差距 |
|---|---|---|---|---|---|
| 西部 | 5.04 | 4.59 | 黄河中游 | 8.83 | 10.67 |
| 东北 | 1.96 | 1.78 | 大西北 | 4.15 | 5.01 |
| 中部 | 1.75 | 1.59 | 东北 | 1.96 | 2.37 |
| 东部 | 1.10 | 1.00 | 大西南 | 1.73 | 2.09 |
| | | | 北部沿海 | 1.38 | 1.66 |
| | | | 长江中游 | 1.34 | 1.62 |
| | | | 东部沿海 | 1.00 | 1.20 |
| | | | 南部沿海 | 0.83 | 1.00 |

资料来源：CEIC 数据库，历年《中国统计年鉴》和《中国能源统计年鉴》。

注：单位 GDP 能源消费强度差距 = 非高效率各地区单位 GDP 能源消费强度 / 效率最高地区的单位 GDP 能源消费强度。

## 二、中国碳排放的空间差异

由于区域碳排放效率没有直接公开的数据，只能利用现有能源消费数据进行推算。而且分省的不同品种的能源消费数据有限（具体数据见数据十），因此下面计算的数据仅为理论推算数据，计算结果不完全，但对分析地区碳排放量的空间差距是可行的，不代表实际的碳排放量确切数值。

根据 IPCC 对终端能源消费的排放因子法，碳排放量的测算基本原理为：Q（排放量）=AD（活动水平）× EF（排放因子）。因为不同种类能源的平均碳含量不同，简要的理论计算公式如式（6.1）所示：

$$CQ = \sum EQ_K \times EF_K \times \frac{44}{12} \qquad (6.1)$$

其中 $CQ$ 为二氧化碳排放量（$10^4$ 吨）；$EQ_k$ 为 $K$ 类能源消费总量（$10^4$ 标准煤）；$EF_k$ 为 $K$ 种能源的碳排放的缺省因子（104 吨 /$10^4$ 标准煤）。$EF$ 缺省因子系数如表 6-7 所示（也适用于产业碳排放量测算）。由于能源的品类较多，不同能源的含碳量不同，因此折算碳排放缺省系数也有所不同。

表 6-7　各种能源碳排放系数 IPCC 折算碳排放缺省系数

| 能源种类 | 碳排放系数 | 能源种类 | 碳排放系数 |
|---|---|---|---|
| 原煤 | 2.77178 | 柴油 | 2.17113 |
| 洗精煤 | 2.77178 | 燃料油 | 2.6782 |
| 焦炭 | 3.13510 | 液化石油气 | 1.84883 |
| 焦炉煤气 | 1.30092 | 炼厂干气 | 1.68768 |
| 其他煤气 | 1.30092 | 天然气 | 1.64373 |
| 原油 | 2.14769 | 其他石油制品 | 2.14769 |
| 汽油 | 2.03049 | 其他焦化产品 | 2.36451 |
| 煤油 | 2.09495 | | |

资料来源：根据政府间气候变化框架委员会的《2006 年 IPCC 国家温室气体清单指南》第 2 卷能源中的燃烧能源的二氧化碳缺省因子的缺省碳含量进行换算。指南中的数据以 GJ 为单位，将 GJ 转化为 SCE（标准煤），转化系数为 $1 \times 10^4 SCE = 2.9307 \times 10^8 J$。

如表 6-8 所示，对 1995—2016 年的基于终端能源消费的分省碳排放量进行了推算（数据十中的数据至 2017 年，但因为 2017 年数据不全，因此仅展示数据至 2016 年），进一步计算得到分省人均碳排放数量。从数值的变化趋势看，各省的人均碳排放数量呈非常缓慢增长的趋势，但整体上变化不是很大，不同省份之间的人均碳排放水平相差较大。

表 6-8　1995—2016 年 30 个省人均碳排放 （单位：吨 / 人、年）

| 省（市）＼年份 | 1995 | 1996 | 1997 | 1998 | 1999 | 2000 | 2001 | 2002 |
|---|---|---|---|---|---|---|---|---|
| 北京 | 11.0 | 11.1 | 11.3 | 12.5 | 12.6 | 12.4 | 12.5 | 12.6 |
| 天津 | 9.2 | 9.3 | 9.4 | 9.4 | 9.5 | 9.5 | 9.6 | 9.6 |
| 河北 | 62.8 | 63.3 | 63.9 | 64.4 | 64.8 | 65.3 | 65.7 | 66.1 |
| 山西 | 29.8 | 30.1 | 30.5 | 30.8 | 31.1 | 31.4 | 31.7 | 32.0 |

| 年份<br>省（市） | 1995 | 1996 | 1997 | 1998 | 1999 | 2000 | 2001 | 2002 |
|---|---|---|---|---|---|---|---|---|
| 内蒙古 | 22.1 | 22.3 | 22.6 | 22.8 | 23.1 | 23.3 | 23.5 | 23.6 |
| 辽宁 | 40.2 | 40.4 | 40.7 | 40.9 | 41.2 | 41.4 | 41.6 | 41.7 |
| 吉林 | 25.3 | 25.6 | 25.7 | 25.9 | 26.1 | 26.3 | 26.4 | 26.6 |
| 黑龙江 | 36.1 | 36.4 | 36.7 | 37.0 | 37.3 | 37.5 | 37.7 | 37.9 |
| 上海 | 13.7 | 13.8 | 14.0 | 14.1 | 14.5 | 14.9 | 15.3 | 15.7 |
| 江苏 | 69.1 | 69.7 | 70.2 | 70.7 | 71.1 | 71.5 | 71.8 | 72.1 |
| 浙江 | 42.4 | 42.7 | 42.9 | 43.2 | 43.4 | 44.4 | 44.6 | 44.8 |
| 安徽 | 58.3 | 59.0 | 59.6 | 60.1 | 60.7 | 61.3 | 61.8 | 62.4 |
| 福建 | 31.2 | 31.5 | 31.8 | 32.4 | 32.6 | 32.8 | 33.0 | 33.2 |
| 江西 | 39.1 | 39.7 | 40.2 | 40.6 | 41.1 | 41.5 | 41.9 | 42.3 |
| 山东 | 86.1 | 86.4 | 86.7 | 87.1 | 87.4 | 87.9 | 88.4 | 88.8 |
| 河南 | 88.6 | 89.5 | 90.3 | 91.0 | 91.7 | 92.4 | 93.2 | 93.9 |
| 湖北 | 55.8 | 56.5 | 57.2 | 57.7 | 58.3 | 58.7 | 59.1 | 59.4 |
| 湖南 | 62.7 | 63.1 | 63.6 | 63.9 | 64.3 | 64.7 | 65.0 | 65.3 |
| 广东 | 65.3 | 66.1 | 66.9 | 68.7 | 69.6 | 70.5 | 71.4 | 72.7 |
| 广西 | 43.8 | 44.4 | 44.9 | 45.4 | 45.9 | 46.3 | 46.8 | 47.1 |
| 海南 | 6.9 | 7.0 | 7.1 | 7.2 | 7.3 | 7.4 | 7.5 | 7.6 |
| 重庆 | 29.5 | 29.6 | 29.9 | 30.0 | 28.8 | 28.7 | 28.7 | 28.6 |
| 四川 | 79.9 | 80.4 | 81.0 | 81.6 | 82.2 | 84.3 | 84.9 | 85.5 |
| 贵州 | 33.6 | 34.1 | 34.6 | 35.1 | 35.6 | 36.1 | 36.6 | 37.1 |
| 云南 | 38.3 | 38.9 | 39.4 | 39.9 | 40.4 | 40.9 | 41.4 | 41.9 |
| 陕西 | 34.1 | 34.4 | 34.8 | 35.1 | 35.4 | 35.7 | 36.0 | 36.2 |
| 甘肃 | 23.1 | 23.5 | 23.8 | 24.4 | 24.7 | 24.9 | 25.2 | 25.4 |
| 青海 | 4.6 | 4.7 | 4.7 | 4.8 | 4.9 | 5.0 | 5.0 | 5.1 |
| 宁夏 | 4.9 | 5.0 | 5.0 | 5.1 | 5.2 | 5.3 | 5.4 | 5.4 |
| 新疆 | 15.5 | 15.8 | 16.1 | 16.4 | 16.8 | 17.1 | 17.3 | 17.6 |
| 年份<br>省（市） | 2003 | 2004 | 2005 | 2006 | 2007 | 2008 | 2009 | 2010 |
| 北京 | 13.6 | 13.9 | 14.2 | 14.6 | 14.9 | 15.4 | 16.0 | 16.8 |
| 天津 | 10.0 | 10.0 | 10.1 | 10.1 | 10.2 | 10.4 | 10.8 | 11.2 |
| 河北 | 66.7 | 67.0 | 67.4 | 67.7 | 68.1 | 68.5 | 69.0 | 69.4 |
| 山西 | 32.5 | 32.7 | 32.9 | 33.1 | 33.4 | 33.6 | 33.7 | 33.9 |

续表

| 省（市） 年份 | 2003 | 2004 | 2005 | 2006 | 2007 | 2008 | 2009 | 2010 |
|---|---|---|---|---|---|---|---|---|
| 内蒙古 | 23.7 | 23.8 | 23.8 | 23.9 | 23.9 | 24.0 | 24.2 | 24.3 |
| 辽宁 | 41.8 | 41.9 | 42.0 | 42.1 | 42.2 | 42.2 | 42.7 | 43.0 |
| 吉林 | 26.8 | 26.9 | 27.0 | 27.0 | 27.1 | 27.2 | 27.2 | 27.3 |
| 黑龙江 | 38.1 | 38.1 | 38.1 | 38.2 | 38.2 | 38.2 | 38.2 | 38.2 |
| 上海 | 16.1 | 16.7 | 17.1 | 17.7 | 18.3 | 18.9 | 19.6 | 20.6 |
| 江苏 | 73.3 | 73.6 | 74.1 | 74.6 | 75.2 | 75.9 | 76.6 | 77.2 |
| 浙江 | 46.8 | 47.3 | 47.8 | 48.6 | 49.3 | 49.9 | 50.7 | 51.5 |
| 安徽 | 60.9 | 61.3 | 61.4 | 61.6 | 62.3 | 61.2 | 61.1 | 61.2 |
| 福建 | 34.1 | 34.5 | 34.8 | 35.0 | 35.3 | 35.6 | 35.8 | 36.1 |
| 江西 | 41.5 | 41.9 | 42.2 | 42.5 | 42.8 | 43.1 | 43.4 | 43.7 |
| 山东 | 90.0 | 90.4 | 90.8 | 91.3 | 91.8 | 92.5 | 93.1 | 93.7 |
| 河南 | 94.9 | 95.6 | 96.1 | 96.7 | 97.2 | 93.8 | 93.9 | 93.6 |
| 湖北 | 56.5 | 56.6 | 56.7 | 56.9 | 57.0 | 57.1 | 56.9 | 57.0 |
| 湖南 | 65.6 | 66.0 | 66.3 | 66.6 | 67.0 | 63.3 | 63.4 | 63.6 |
| 广东 | 86.5 | 87.3 | 88.4 | 89.6 | 91.1 | 91.9 | 94.4 | 96.6 |
| 广西 | 47.5 | 47.9 | 48.2 | 48.6 | 48.9 | 46.6 | 47.2 | 47.7 |
| 海南 | 7.9 | 8.0 | 8.0 | 8.1 | 8.2 | 8.3 | 8.4 | 8.5 |
| 重庆 | 28.5 | 28.3 | 28.1 | 28.0 | 27.9 | 28.0 | 28.1 | 28.2 |
| 四川 | 83.3 | 81.4 | 81.1 | 81.8 | 80.9 | 82.1 | 81.7 | 81.3 |
| 贵州 | 37.6 | 38.0 | 38.4 | 38.7 | 39.0 | 37.3 | 36.9 | 36.3 |
| 云南 | 42.4 | 42.9 | 43.3 | 43.8 | 44.2 | 44.5 | 44.8 | 45.1 |
| 陕西 | 36.4 | 36.5 | 36.6 | 36.7 | 36.8 | 36.9 | 37.0 | 37.1 |
| 甘肃 | 25.2 | 25.2 | 25.3 | 25.4 | 25.4 | 25.5 | 25.5 | 25.5 |
| 青海 | 5.2 | 5.2 | 5.3 | 5.3 | 5.4 | 5.4 | 5.5 | 5.5 |
| 宁夏 | 5.5 | 5.6 | 5.7 | 5.8 | 5.9 | 6.0 | 6.0 | 6.1 |
| 新疆 | 18.5 | 18.8 | 19.1 | 19.3 | 19.6 | 20.1 | 20.5 | 21.0 |
| 省（市） 年份 | 2011 | 2012 | 2013 | 2014 | 2015 | 2016 | | |
| 北京 | 17.7 | 18.6 | 19.6 | 20.2 | 20.7 | 21.1 | | |
| 天津 | 11.8 | 12.3 | 13.0 | 13.5 | 14.1 | 14.7 | | |
| 河北 | 69.9 | 70.3 | 71.9 | 72.4 | 72.9 | 73.3 | | |
| 山西 | 34.1 | 34.3 | 35.7 | 35.9 | 36.1 | 36.3 | | |

续表

| 省（市）\\年份 | 2011 | 2012 | 2013 | 2014 | 2015 | 2016 | | |
|---|---|---|---|---|---|---|---|---|
| 内蒙古 | 24.4 | 24.6 | 24.7 | 24.8 | 24.9 | 25.0 | | |
| 辽宁 | 43.1 | 43.4 | 43.7 | 43.8 | 43.9 | 43.9 | | |
| 吉林 | 27.3 | 27.4 | 27.5 | 27.5 | 27.5 | 27.5 | | |
| 黑龙江 | 38.3 | 38.3 | 38.3 | 38.3 | 38.3 | 38.4 | | |
| 上海 | 21.4 | 22.1 | 23.0 | 23.5 | 23.8 | 24.2 | | |
| 江苏 | 77.6 | 78.1 | 78.7 | 79.0 | 79.2 | 79.4 | | |
| 浙江 | 52.1 | 52.8 | 54.5 | 54.6 | 54.8 | 55.0 | | |
| 安徽 | 61.4 | 61.3 | 59.6 | 59.7 | 59.9 | 60.3 | | |
| 福建 | 36.4 | 36.7 | 36.9 | 37.2 | 37.5 | 37.7 | | |
| 江西 | 44.0 | 44.3 | 44.6 | 44.9 | 45.0 | 45.2 | | |
| 山东 | 94.2 | 94.7 | 95.9 | 96.4 | 96.8 | 97.3 | | |
| 河南 | 94.3 | 94.9 | 94.1 | 93.9 | 94.1 | 94.1 | | |
| 湖北 | 57.1 | 57.2 | 57.3 | 57.6 | 57.7 | 58.0 | | |
| 湖南 | 63.8 | 64.1 | 65.7 | 66.0 | 66.4 | 66.9 | | |
| 广东 | 98.9 | 101.3 | 104.4 | 105.0 | 105.9 | 106.4 | | |
| 广西 | 48.2 | 48.6 | 46.1 | 46.5 | 46.8 | 47.2 | | |
| 海南 | 8.5 | 8.6 | 8.7 | 8.8 | 8.9 | 9.0 | | |
| 重庆 | 28.4 | 28.6 | 28.8 | 29.2 | 29.5 | 29.7 | | |
| 四川 | 81.4 | 81.9 | 80.4 | 80.5 | 80.8 | 81.1 | | |
| 贵州 | 36.0 | 35.4 | 34.8 | 34.7 | 34.8 | 35.0 | | |
| 云南 | 45.4 | 45.7 | 46.0 | 46.3 | 46.6 | 46.9 | | |
| 陕西 | 37.2 | 37.3 | 37.4 | 37.4 | 37.5 | 37.6 | | |
| 甘肃 | 25.5 | 25.5 | 25.6 | 25.6 | 25.8 | 25.8 | | |
| 青海 | 5.5 | 5.6 | 5.6 | 5.7 | 5.7 | 5.8 | | |
| 宁夏 | 6.2 | 6.3 | 6.3 | 6.4 | 6.5 | 6.5 | | |
| 新疆 | 21.3 | 21.6 | 21.9 | 22.1 | 22.3 | 22.6 | | |

资料来源：CEIC 数据库、历年《中国统计年鉴》《中国能源统计年鉴》和国家统计局网站。

分省单位 GDP 的碳排放强度结果如表 6-9 所示，从时间维度上看，各省的单位 GDP 碳排放量呈明显的下降趋势，且省际之间存在较为明显的差异。

表 6-9　1995—2016 年 30 个省单位 GDP 碳排放强度

单位：吨标准煤 / 万元

| 省（市） ＼ 年份 | 1995 | 1996 | 1997 | 1998 | 1999 | 2000 | 2001 | 2002 |
|---|---|---|---|---|---|---|---|---|
| 北京 | 4.2 | 3.7 | 2.9 | 2.3 | 2.0 | 1.8 | 1.6 | 1.5 |
| 天津 | — | — | — | 2.8 | 2.2 | 1.9 | 1.8 | 1.7 |
| 河北 | 5.9 | 4.6 | 3.8 | 3.2 | 2.6 | 2.3 | 2.2 | 2.1 |
| 山西 | 9.7 | 8.1 | 7.2 | 7.8 | 5.3 | 4.7 | 4.1 | 3.9 |
| 内蒙古 | 6.7 | 5.0 | 4.0 | 3.1 | 2.8 | 2.9 | 2.4 | 2.8 |
| 辽宁 | 5.5 | 4.3 | 3.7 | 3.5 | 3.1 | 2.6 | 2.3 | 2.2 |
| 吉林 | 7.0 | 5.3 | 4.1 | 3.6 | 3.1 | 3.0 | 2.4 | 2.2 |
| 黑龙江 | 6.5 | 4.2 | 3.6 | 3.0 | 2.5 | 2.4 | 2.2 | 2.1 |
| 上海 | 3.2 | 2.5 | 2.0 | 1.8 | 1.6 | 1.4 | 1.3 | 1.2 |
| 江苏 | 3.2 | 2.2 | 1.8 | 1.6 | 1.4 | 1.2 | 1.1 | 1.1 |
| 浙江 | 2.1 | 1.5 | 1.4 | 1.3 | 1.2 | 1.1 | 1.0 | 1.0 |
| 安徽 | 4.3 | 3.3 | 2.8 | 2.3 | 2.2 | 1.9 | 1.8 | 1.7 |
| 福建 | 2.3 | 1.7 | 1.2 | 1.1 | 1.0 | 0.9 | 0.8 | 0.8 |
| 江西 | 3.3 | 2.7 | 2.2 | 2.0 | 1.5 | 1.3 | 1.2 | 1.2 |
| 山东 | — | — | — | 1.8 | 1.6 | 1.4 | 1.3 | 1.2 |
| 河南 | 4.6 | 3.5 | 2.8 | 2.2 | 1.8 | 1.7 | 1.7 | 1.6 |
| 湖北 | 4.5 | 3.3 | 2.8 | 2.7 | 2.4 | 2.1 | 1.9 | 1.9 |
| 湖南 | — | — | — | 2.5 | 2.2 | 1.7 | 1.6 | 1.3 |
| 广东 | 2.0 | 1.4 | 1.2 | 1.2 | 1.1 | 1.0 | 1.0 | 0.9 |
| 广西 | 2.7 | 2.1 | 1.7 | 1.6 | 1.4 | 1.4 | 1.3 | 1.3 |
| 海南 | 1.5 | 0.9 | 0.8 | 0.8 | 0.9 | 0.9 | 0.9 | 0.9 |
| 重庆 | — | — | — | — | 1.4 | 1.8 | 2.0 | 2.2 |
| 四川 | — | — | — | 3.9 | 3.3 | 2.0 | 1.9 | 1.7 |
| 贵州 | 7.6 | 6.1 | 5.4 | 5.0 | 5.1 | 4.9 | 5.0 | 4.3 |
| 云南 | 4.0 | 2.7 | 2.3 | 2.2 | 1.8 | 2.0 | 1.8 | 1.7 |
| 陕西 | 73.3 | 66.2 | 56.5 | 55.9 | 54.2 | 40.3 | 33.0 | 25.2 |
| 甘肃 | 4.8 | 3.7 | 3.2 | 2.6 | 2.3 | 1.9 | 1.8 | 1.8 |
| 青海 | 1.7 | 1.5 | 1.4 | 1.2 | 1.0 | 0.9 | 0.8 | 1.0 |
| 宁夏 | 8.4 | 6.5 | 5.4 | 4.5 | 4.3 | 4.0 | 3.7 | 3.5 |
| 新疆 | 28.8 | 23.9 | 19.1 | 16.2 | 15.9 | 14.4 | 13.4 | 12.2 |

| 省（市） \ 年份 | 2003 | 2004 | 2005 | 2006 | 2007 | 2008 | 2009 | 2010 |
|---|---|---|---|---|---|---|---|---|
| 北京 | 0.9 | 0.9 | 0.8 | 0.7 | 0.6 | 0.6 | 0.5 | 0.5 |
| 天津 | 1.2 | 1.2 | 1.0 | 1.0 | 0.9 | 0.8 | 0.8 | 0.7 |
| 河北 | 1.9 | 1.9 | 2.0 | 1.9 | 1.7 | 1.5 | 1.5 | 1.3 |
| 山西 | 3.6 | 3.2 | 3.0 | 2.9 | 2.6 | 2.1 | 2.1 | 1.8 |
| 内蒙古 | 2.4 | 2.5 | 2.5 | 2.3 | 2.0 | 1.7 | 1.6 | 1.4 |
| 辽宁 | 1.9 | 2.0 | 1.7 | 1.6 | 1.5 | 1.3 | 1.3 | 1.1 |
| 吉林 | 1.9 | 1.8 | 1.5 | 1.4 | 1.2 | 1.1 | 1.1 | 1.0 |
| 黑龙江 | 1.7 | 1.6 | 1.5 | 1.4 | 1.3 | 1.2 | 1.2 | 1.1 |
| 上海 | 1.0 | 0.9 | 0.9 | 0.8 | 0.8 | 0.7 | 0.7 | 0.7 |
| 江苏 | 0.9 | 0.9 | 0.9 | 0.9 | 0.8 | 0.7 | 0.7 | 0.6 |
| 浙江 | 1.0 | 0.9 | 0.9 | 0.8 | 0.8 | 0.7 | 0.7 | 0.6 |
| 安徽 | 1.4 | 1.3 | 1.2 | 1.2 | 1.1 | 0.9 | 0.9 | 0.8 |
| 福建 | 0.8 | 0.8 | 0.9 | 0.9 | 0.8 | 0.8 | 0.7 | 0.7 |
| 江西 | 1.2 | 1.1 | 1.1 | 1.0 | 0.9 | 0.8 | 0.8 | 0.7 |
| 山东 | 1.4 | 1.3 | 1.3 | 1.2 | 1.1 | 1.0 | 1.0 | 0.9 |
| 河南 | 1.5 | 1.5 | 1.4 | 1.3 | 1.2 | 1.1 | 1.0 | 0.9 |
| 湖北 | 1.6 | 1.6 | 1.5 | 1.5 | 1.3 | 1.1 | 1.1 | 0.9 |
| 湖南 | 1.2 | 1.3 | 1.5 | 1.4 | 1.2 | 1.1 | 1.0 | 0.9 |
| 广东 | 0.8 | 0.8 | 0.8 | 0.8 | 0.7 | 0.6 | 0.6 | 0.6 |
| 广西 | 1.2 | 1.2 | 1.2 | 1.1 | 1.0 | 0.9 | 0.9 | 0.8 |
| 海南 | 1.0 | 0.9 | 0.9 | 0.9 | 0.8 | 0.8 | 0.7 | 0.7 |
| 重庆 | 1.2 | 1.2 | 1.4 | 1.4 | 1.3 | 1.1 | 1.1 | 1.0 |
| 四川 | 1.7 | 1.7 | 1.6 | 1.5 | 1.3 | 1.2 | 1.2 | 1.0 |
| 贵州 | 3.9 | 3.7 | 2.8 | 2.6 | 2.4 | 2.0 | 1.9 | 1.8 |
| 云南 | 1.7 | 1.7 | 1.7 | 1.7 | 1.5 | 1.3 | 1.3 | 1.2 |
| 陕西 | 22.5 | 21.7 | 22.4 | 21.1 | 19.8 | 18.8 | 18.2 | 17.5 |
| 甘肃 | 1.4 | 1.2 | 1.1 | 1.0 | 0.9 | 0.7 | 0.7 | 0.6 |
| 青海 | 0.8 | 0.8 | 0.9 | 0.8 | 0.8 | 0.7 | 0.7 | 0.6 |
| 宁夏 | 5.2 | 5.0 | 4.7 | 4.4 | 3.9 | 3.2 | 3.1 | 2.7 |
| 新疆 | 9.4 | 9.1 | 9.0 | 8.3 | 7.2 | 5.9 | 5.6 | 4.9 |
| 北京 | 0.4 | 0.4 | 0.3 | 0.3 | 0.3 | 0.3 | — | — |

续表

| 年份<br>省（市） | 2011 | 2012 | 2013 | 2014 | 2015 | 2016 | | |
|---|---|---|---|---|---|---|---|---|
| 天津 | 0.7 | 0.6 | 0.5 | 0.5 | 0.5 | 0.5 | | |
| 河北 | 1.2 | 1.1 | 1.0 | 1.0 | 1.0 | 0.9 | | |
| 山西 | 1.6 | 1.6 | 1.6 | 1.6 | 1.5 | 1.5 | | |
| 内蒙古 | 1.3 | 1.2 | 1.0 | 1.0 | 1.1 | 1.1 | | |
| 辽宁 | 1.0 | 0.9 | 0.8 | 0.8 | 0.8 | 0.9 | | |
| 吉林 | 0.9 | 0.8 | 0.7 | 0.6 | 0.6 | 0.5 | | |
| 黑龙江 | 1.0 | 0.9 | 0.8 | 0.8 | 0.8 | 0.8 | | |
| 上海 | 0.6 | 0.6 | 0.5 | 0.5 | 0.5 | 0.4 | | |
| 江苏 | 0.6 | 0.5 | 0.5 | 0.5 | 0.4 | 0.4 | | |
| 浙江 | 0.6 | 0.5 | 0.5 | 0.5 | 0.5 | 0.4 | | |
| 安徽 | 0.7 | 0.7 | 0.6 | 0.6 | 0.6 | 0.5 | | |
| 福建 | 0.6 | 0.6 | 0.5 | 0.5 | 0.5 | 0.4 | | |
| 江西 | 0.6 | 0.6 | 0.5 | 0.5 | 0.5 | 0.5 | | |
| 山东 | 0.8 | 0.8 | 0.6 | 0.6 | 0.6 | 0.6 | | |
| 河南 | 0.9 | 0.8 | 0.7 | 0.7 | 0.6 | 0.6 | | |
| 湖北 | 0.8 | 0.8 | 0.6 | 0.6 | 0.6 | 0.5 | | |
| 湖南 | 0.8 | 0.8 | 0.6 | 0.6 | 0.5 | 0.5 | | |
| 广东 | 0.5 | 0.5 | 0.5 | 0.4 | 0.4 | 0.4 | | |
| 广西 | 0.7 | 0.7 | 0.6 | 0.6 | 0.6 | 0.6 | | |
| 海南 | 0.6 | 0.6 | 0.5 | 0.5 | 0.5 | 0.5 | | |
| 重庆 | 0.9 | 0.8 | 0.6 | 0.6 | 0.6 | 0.5 | | |
| 四川 | 0.9 | 0.9 | 0.7 | 0.7 | 0.7 | 0.6 | | |
| 贵州 | 1.6 | 1.4 | 1.1 | 1.0 | 0.9 | 0.9 | | |
| 云南 | 1.1 | 1.0 | 0.9 | 0.8 | 0.8 | 0.7 | | |
| 陕西 | 16.1 | 15.2 | 13.0 | 12.2 | 11.4 | 10.5 | | |
| 甘肃 | 0.5 | 0.5 | 0.4 | 0.4 | 0.4 | 0.4 | | |
| 青海 | 0.6 | 0.6 | 0.6 | 0.6 | 0.6 | 0.6 | | |
| 宁夏 | 2.6 | 2.4 | 2.3 | 2.1 | 2.2 | 2.2 | | |
| 新疆 | 4.7 | 5.1 | 5.3 | 5.4 | 5.4 | 5.1 | | |

资料来源：CEIC 数据库，《中国统计年鉴》和《中国能源统计年鉴》。

通过对人均碳排放量和单位 GDP 碳排放量的测算，可以看出中国的碳排放存在明显的空间异质性。人均碳排放变化不显著，单位 GDP 的碳排放强度不断下降，且有地区间收敛的趋势。

对于碳排放的空间差异可以用 Theil 系数、变异系数、基尼系数等指标分析，由于 Theil 系数可以在空间上进一步进行分解，因此采用 Theil 系数。Theil 系数是衡量区域差异的重要指标，采用 Theil 系数衡量省际碳排放强度的异质性，Theil 指数越接近于 0，代表空间差异越小，越大则差异化程度越大。其计算公式如式（6.2）

$$T = \sum_{i=1}^{n} \frac{C_i}{\sum C_i} \log(\frac{\frac{C_i}{GDP_i}}{\frac{\sum C_i}{\sum GDP_i}}) \quad （6.2）$$

其中，$C_i$ 表示 $i$ 省碳排放量，$GDP_i$ 表示 $i$ 省地区生产总值。

对 Theil 系数进行一次分解，可以将碳排放强度差异分为区域差异和地域内差异两部分，分解公式可以表示为式（6.3）：

$$T = T_{RW} + T_{RN} = \sum_{i=1}^{m} \frac{C_i}{\sum C_i} \log(\frac{\frac{C_i}{GDP_i}}{\frac{\sum C_i}{\sum GDP_i}}) + \sum_{i=1}^{m} (\frac{C_i}{\sum C_i})[\sum_{j=1}^{n} (\frac{C_{ij}}{C_j}) \log(\frac{\frac{C_{ij}}{GDP_{ij}}}{\frac{C_i}{GDP_i}})] \quad （6.3）$$

其中，$T_{RW}$ 为区域间差异，$T_{RN}$ 为区域内差异。$i$ 为区域划分数量，表示每个区域内的省份数量，$C$ 为碳排放量，$GDP$ 为地区生产总值。依据式（6.2）和（6.3）计算的四大地区碳排放地区差异分解结果如表 6-10 所示。

表 6-10  1995—2016 年四大区域的碳排放强度分解

| | 全国 | 区域间 | | 区域内 | | | | | | | | | |
| | | 数值 | 贡献率 | 数值 | | | | | 贡献率 | | | | |
| | | | | 东部 | 中部 | 西部 | 东北 | 合计 | 东部 | 中部 | 西部 | 东北 | 合计 |
| 1995 | 4.85 | 3.81 | 78.6 | 0.43 | 0.22 | 0.28 | 0.11 | 1.04 | 8.87 | 4.54 | 5.77 | 2.27 | 21.4 |
| 1996 | 4.58 | 3.68 | 80.3 | 0.36 | 0.19 | 0.28 | 0.07 | 0.9 | 7.86 | 4.15 | 6.11 | 1.53 | 19.7 |
| 1997 | 4.13 | 3.41 | 82.6 | 0.29 | 0.15 | 0.22 | 0.06 | 0.72 | 7.02 | 3.63 | 5.33 | 1.45 | 17.4 |
| 1998 | 3.83 | 3.26 | 85.1 | 0.22 | 0.11 | 0.20 | 0.04 | 0.57 | 5.74 | 2.87 | 5.22 | 1.04 | 14.9 |
| 1999 | 3.53 | 3.05 | 86.4 | 0.20 | 0.08 | 0.17 | 0.03 | 0.48 | 5.67 | 2.27 | 4.82 | 0.85 | 13.6 |

| | 全国 | 区域间 | | 区域内 | | | | | | | | | |
|---|---|---|---|---|---|---|---|---|---|---|---|---|---|
| | | 数值 | 贡献率 | 数值 | | | | | 贡献率 | | | | |
| | | | | 东 | 中部 | 西部 | 东北 | 合计 | 东部 | 中部 | 西部 | 东北 | 合计 |
| 2000 | 3.19 | 2.75 | 86.2 | 0.20 | 0.07 | 0.14 | 0.03 | 0.44 | 6.27 | 2.19 | 4.39 | 0.94 | 13.8 |
| 2001 | 3.08 | 2.60 | 84.4 | 0.22 | 0.08 | 0.15 | 0.03 | 0.48 | 7.14 | 2.60 | 4.87 | 0.97 | 15.6 |
| 2002 | 3.09 | 2.56 | 82.8 | 0.24 | 0.10 | 0.16 | 0.03 | 0.53 | 7.77 | 3.24 | 5.18 | 0.97 | 17.2 |
| 2003 | 3.05 | 2.51 | 82.3 | 0.24 | 0.10 | 0.17 | 0.03 | 0.54 | 7.87 | 3.28 | 5.57 | 0.98 | 17.7 |
| 2004 | 2.98 | 2.37 | 79.5 | 0.28 | 0.11 | 0.19 | 0.03 | 0.61 | 9.40 | 3.69 | 6.38 | 1.01 | 20.5 |
| 2005 | 2.73 | 2.08 | 76.2 | 0.31 | 0.12 | 0.18 | 0.04 | 0.65 | 11.36 | 4.40 | 6.59 | 1.47 | 23.8 |
| 2006 | 2.65 | 1.97 | 74.3 | 0.31 | 0.12 | 0.21 | 0.04 | 0.68 | 11.70 | 4.53 | 7.92 | 1.51 | 25.7 |
| 2007 | 2.24 | 1.59 | 71.0 | 0.32 | 0.11 | 0.17 | 0.05 | 0.65 | 14.29 | 4.91 | 7.59 | 2.23 | 29.0 |
| 2008 | 2.22 | 1.55 | 69.8 | 0.32 | 0.11 | 0.20 | 0.04 | 0.67 | 14.41 | 4.95 | 9.01 | 1.80 | 30.2 |
| 2009 | 1.94 | 1.32 | 68.0 | 0.29 | 0.10 | 0.19 | 0.04 | 0.62 | 14.95 | 5.15 | 9.79 | 2.06 | 32.0 |
| 2010 | 1.77 | 1.15 | 65.0 | 0.29 | 0.10 | 0.19 | 0.04 | 0.62 | 16.38 | 5.65 | 10.73 | 2.26 | 35.0 |
| 2011 | 1.59 | 0.98 | 61.6 | 0.28 | 0.10 | 0.19 | 0.04 | 0.61 | 17.61 | 6.29 | 11.95 | 2.52 | 38.4 |
| 2012 | 1.56 | 0.93 | 59.6 | 0.27 | 0.10 | 0.21 | 0.04 | 0.63 | 17.31 | 6.41 | 13.46 | 3.21 | 40.4 |
| 2013 | 1.4 | 0.85 | 60.7 | 0.24 | 0.08 | 0.20 | 0.03 | 0.55 | 17.14 | 5.71 | 14.29 | 2.14 | 39.3 |
| 2014 | 1.14 | 0.68 | 59.6 | 0.20 | 0.06 | 0.18 | 0.02 | 0.46 | 17.54 | 5.26 | 15.79 | 1.75 | 40.4 |
| 2015 | 0.91 | 0.50 | 54.9 | 0.20 | 0.05 | 0.15 | 0.01 | 0.41 | 21.98 | 5.49 | 16.48 | 1.10 | 45.1 |
| 2016 | 0.73 | 0.33 | 45.2 | 0.21 | 0.05 | 0.14 | 0.00 | 0.4 | 28.77 | 6.85 | 19.18 | 0.00 | 54.8 |

资料来源：CEIC 数据库，历年《中国统计年鉴》和《中国能源统计年鉴》。

从上述分解的结果看，1995—2016 年全国各省的单位 GDP 碳排放强度差异性不断降低。通过对差异来源的结构分解可以发现，1995—2016 年四大地区的碳排放强度差距不断缩小，但区域内部的差距有扩大趋势。表现为地区间的差异对整体差异的贡献在下降，地区内部差异的贡献在扩大，地区内部的差异中，东部地区的内部差异最大，西部其次，且除东北地区外，东部、中部和西部地区内部的差异有扩大的趋势。由此，中国的碳排放强度按四大地区划分的空间异质性主要来自地区内部的差异，特别是东部地区和西部地区内部的差异化。

### 三、中国碳排放空间差异的驱动因素分析

为了进一步分析碳排放水平在省际间异质的来源，需要对排放驱动因素进行实证检验。一般对于碳排放驱动因素的来源分析，主要有两大类方法：加法和乘法。依据具体采用技术方法又可以进一步分为指数分解法、投入产出结构法和非参数函数距离法，从现有的文献采用的方法看，采用指数分解法的较多（陈诗一，2011）。邵帅等（2010）；渠慎宁等（2011）；陈可嘉等（2011）；姜磊等（2011）；卢娜等（2011）；何小钢等（2012）；丁唯佳等（2012）；聂国卿等（2012）；王勇等（2017）；陈占明等（2018）；冯宗宪等（2019）均采用了指数分解法，并用 STIRPAT 模型对影响碳排放量的因素进行了实证分析，STIRPAT 模型的一般形式为式（6.4）：

$$\ln I = c + a\ln P + b\ln A + d(\ln A)^2 + e\ln T + \varepsilon \qquad (6.4)$$

其中 $I$ 表示环境压力，一般在研究碳排放问题时，用碳排放量（或人均碳排放）表示，$P$ 表示人口规模；$A$ 表示富裕程度，一般用人均 GDP 代表；$T$ 表示技术水平，一般用能源的消费效率表示；$\varepsilon$ 为残差项，通常会考虑产业结构、外贸依存度、城市化等对碳排放量的影响。如果加入对 EKC "倒 U"型关系的考虑，则回归模型应如式（6.5）所示：

$$\ln I_{it} = \alpha_o + \alpha_1\ln P_{it} + \alpha_2\ln Y_{it} + \alpha_3\ln(Y_{it})^2 + \alpha_4\ln EI_{it} + \alpha_5\ln ES_{it}$$
$$+ \alpha_6\ln IS_{it} + \alpha_7\ln UR + \alpha_8\ln TR_{it} + \varepsilon_i \qquad (6.5)$$

其中 $I_{it}$ 表示 $i$ 省 $t$ 年人均碳排放；$P_{it}$ 为 $i$ 省 $t$ 年人口密度（由于被解释变量为人均碳排放量，不宜采用人口规模）；$Y_{it}$ 表示 $i$ 省 $t$ 年的人均 GDP；$EI_{it}$ 为 $i$ 省 $t$ 年能源强度；$ES_{it}$ 为 $i$ 省 $t$ 年能源结构；$IS_{it}$ 为 $i$ 省 $t$ 年产业结构；$UR_{it}$ 为 $i$ 省 $t$ 年城镇化率；$TR_{it}$ 为 $i$ 省 $t$ 年对外贸易开放度。

陈志建（2018）则将能源的效率作为二次项进行分解，重在检验能源消费效率与碳排放量的关系，如式（6.6）所示。

$$\ln I_{it} = \alpha_o + \alpha_1\ln P_{it} + \alpha_2\ln Y_{it} + \alpha_3\ln EI_{it} + \alpha_4\ln(EI_{it})^2 + \alpha_5\ln ES_{it}$$
$$+ \alpha_6\ln IS_{it} + \alpha_7\ln UR + \alpha_8\ln TR_{it} + \varepsilon_i \qquad (6.6)$$

回归中各变量对应采用的指标为：$I_{it}$ 表示 $i$ 省 $t$ 年人均碳排放；$P_{it}$ 为 $i$ 省 $t$ 年人口密度（总人口数 / 行政区面积）；$Y_{it}$ 表示 $i$ 省 $t$ 年的人均 GDP；$EI_{it}$ 为

$i$ 省 $t$ 年能源强度；$ES_{it}$ 为 $i$ 省 $t$ 年能源结构，用煤炭能源消费比重表示；$IS_{it}$ 为 $i$ 省 $t$ 年产业结构，用第二产业占 GDP 比重表示；$UR_{it}$ 为 $i$ 省 $t$ 年城镇化率，由于数据所限，用非农人口比重表示；$TR_{it}$ 为 $i$ 省 $t$ 年对外贸易开放度，用出口贸易占 GDP 比重表示。所有数据为 1995—2016 年，数据源于《中国统计年鉴》、《中国能源统计年鉴》、《中国人口年鉴》、CEIC 数据库、世界银行 WDI 数据库和国家统计局网站。其中人均 GDP 用世界银行 GDP 平减指数进行平减，成为 1995 年为基期的实际人均 GDP，出口总额通过年均汇率转为人民币表示的出口总额。所有变量的统计性描述如表 6–11 所示。

表 6–11　模型变量统计描述

| 代码 | 指标含义 | 最大值 | 最小值 | 平均值 | 方差 |
|---|---|---|---|---|---|
| lnI | 人均碳排放 | 4.6676 | 1.5282 | 3.6676 | 0.7788 |
| lnP | 人口密度 | 8.2549 | 1.9053 | 5.4087 | 1.2474 |
| lnY | 人均 GDP | 11.0509 | 7.5099 | 9.3791 | 0.7686 |
| lnEI | 能源消费强度 | 4.0565 | −0.6756 | 0.6261 | 0.7657 |
| lnES | 煤炭消费比重 | 5.1043 | 2.1629 | 4.1813 | 0.3654 |
| lnIS | 第二产业增加值比重 | 4.0783 | 2.8577 | 3.7761 | 0.2210 |
| lnTR | 出口贸易依存度 | 5.2418 | −0.6774 | 2.3267 | 1.1556 |
| lnUR | 城镇化率 | 0.1253 | 5.2808 | 3.631 | 0.7583 |
| 样本 | n=30 | t=22 | 观测值 | | 654 |

资料来源：历年《中国统计年鉴》《中国能源统计年鉴》《中国人口年鉴》、CEIC、世界银行 WDI 数据库和国家统计局网站。

（1）人口密度。一般认为人口规模对碳排放的影响，主要有三种观点，一是认为人口增长对环境将产生严重压力甚至是灾难（Ehrlich and Paul et，1990；Daily and Ehrlich，1992）；另一种观点认为人口增长对于环境具有正向影响，因为人口压力大，人们会改进技术，提高效率（Simon，1981；孙敬水等，2011）。第三种观点认为人口不是影响环境的主要因素，环境主要受技术和富裕程度的影响（Keyfitz，1991）。由于这里的因变量是人均碳排放水平，因此选取人口密度，并且认为随着人口密度的提高，人均碳排放水平与其正相关。

（2）人均 GDP。依据 EKC 人均 GDP 与人均碳排放量之间是"倒 U"型关系，即人均碳排放应先随着人均 GDP 水平提高而提高，后两者出现负相关。

依据实证数据所处的中国经济发展阶段，两者现在应是正相关。

（3）能源消费强度。这里用能源消费强度表示技术进步的水平，能源消费效率不断提高，即能源消费强度数值不断下降，人均碳排放量应减少。

（4）煤炭消费比重。由于清洁能源（水电、核电）分省数据缺失，而中国是以煤炭消费为主，消费煤炭是碳排放的主要来源，因此用煤炭消费比重表示清洁能源消费反向变化。随着煤炭消费比重的减少，人均碳排放水平应有所下降。

（5）第二产业增加值比重。通过前述分析可知，中国在生产领域的能源消费主要源于第二产业，第二产业的比重如果上升，将导致人均碳排放量增加，反之则应是减少的。

（6）出口贸易依存度。中国经济在高速增长时期的经济增长是由投资和出口驱动的，而且中国的能源消费量和碳排放量的大幅度增加主要发生在中国入世之后，因此出口贸易依存度提高应与人均碳排放正相关。

（7）城镇化率。在目前中国经济的发展阶段下，伴随着工业化和城镇化水平不断提高，能源消费应不断增加，城市人均能源消费是农村居民的3—4倍，说明60%—70%的碳排放是来自城市的。由于中国很多农村人口向城镇流动，但受户籍限制，实际生活在城镇，但不算城镇人口。因此，为了较好地反映实际城镇人口的比重，此处选取非农村人口比重作为城镇化率的衡量指标。随着城镇化率的提高，人均碳排放量应是增加的。

用Stata16对上述模型（6.5）和（6.6）进行回归，其结果如表6-12所示，方程1和方程2是传统面板回归的固定效应模型，因为通过豪斯曼检验，结果表明应放弃随机效应模型，而选择固定效应模型。方程1的回归结果中自动去除了人均GDP的二次项，说明人均碳排放量的下降原因不是人均收入水平提高自动可以达峰的，通过方程2恰好表明，使人均碳排放量到达拐点的因素是技术，而非收入。与理论预期不相符的有产业结构，从回归结果看，二次产业结构的提高可以降低人均碳排放量。如果从短期看，这个结论可能不符合理论的预期，但是从长期看，只有二次产业获得了较好的发展，才能从技术进步意义上实现减少排放。方程3和方程4采用系统GMM动态面板模型，回归的结果表明，碳排放有很强的自相关性，与传统面板的固定效应回归结果相同，人均碳排放水平与人均收入水平的二次项无关，而与能源消费强度二次项负相关，同时二次产业结构的提高对人均碳排放水平下降具有正向作用。

表6-12　分省碳排放量影响因素空间面板回归结果

| | 方程1 | | 方程2 | | 方程3 | | 方程4 | |
|---|---|---|---|---|---|---|---|---|
| | 参数值 | P | 参数值 | P | 参数值 | P | 参值 | P |
| L.ln（CS） | — | — | — | — | 0.9952 | 0.00 | 0.9951 | 0.00 |
| lnP | 0.9132 | 0.000 | 0.9124 | 0.000 | 0.0011 | 0.104 | 0.0009 | 0.142 |
| lnY | 0.0085 | 0.020 | 0.0091 | 0.013 | −0.0012 | 0.198 | −0.001 | 0.438 |
| Ln（Y$^2$） | 0 | ommitted | — | — | 0 | ommitted | — | — |
| lnEI | 0.0052 | 0.041 | 0.0125 | 0.103 | 0.0001 | 0.927 | 0.0916 | 0.433 |
| Ln（EI）$^2$ | — | — | −0.0042 | 0.103 | — | — | −0.001 | 0.190 |
| lnES | 0.0099 | 0.156 | 0.0068 | 0.348 | 0.0043 | 0.017 | 0.005 | 0.010 |
| lnIS | −0.0312 | 0.002 | −0.0349 | 0.001 | −0.0032 | 0.342 | −0.004 | 0.272 |
| lnUR | 0.0198 | 0.000 | 0.0196 | 0.00 | 0.0025 | 0.09 | 0.0017 | 0.248 |
| lnTR | 0.0081 | 0.002 | 0.0078 | 0.003 | 0.0032 | 0.00 | 0.0038 | 0.00 |
| R$^2$ | 0.931 | | 0.932 | | 0.997 | | 0.999 | |

注：方程（1）和方程（2）为静态面板，方程（3）和方程（4）为动态面板。

上述回归结果表明，人均碳排放量与人口密度、出口贸易储存度、能源消费强度、清洁能源消费比重、城市化水平成正相关，与工业化水平负相关，从方程4的回归结果看，随着技术水平提高，特别是清洁能源消费能力的提高，以及人均GDP收入水平、产业结构的趋同，碳排放强度在空间上差距将缩小，因此，缩小碳排放强度地区差异的途径是通过优化技术水平提高清洁能源消费比重、优化产业结构、缩小人均收入差异，这与报告2中从产业角度衡量实现减排的路径是一致的。

# 第二节　中国碳排放产业间差异

从产业的角度对碳排放的异质性进行分析，将有助于更好地在产业间进行碳排放配额的分配。

## 一、行业能源消费总量和效率的比较

图 6-4 显示的是总能源消费结构和三次产业内部的能源消费结构，图 6-4（a）表明，三次产业的能源消费总量均在 2011 年之后呈现出快速增长趋势，其中第二产业的能源消费最多，其后依次是第三产业、生活能源消费，最少的是第一产业。从图 6-4（b）可以看出，第二产业中制造业能源消费量是最大的，而其他产业相对数量较小，因此第二产业能源增长趋势基本与制造业的能源增长趋势相一致。从增长的速度上看，制造业能源消费总量的增长速度在 2001—2008 年较快，而此后放缓。可见，中国的能源消费大部分是由于制造业承担了国际产业转移，是中国成为制造业大国的直接结果。而第三产业的能源消费量增长较为稳定，受外部性影响较小。

（a）三次产业和生活能源 　　　（b）第二产业内各行业能源
　　消费总量变化 　　　　　　　　消费总量变化

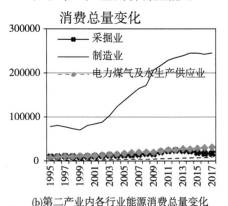

（a）三次产业和生活能源消费总量变化　　(b)第二产业内各行业能源消费总量变化

**图 6-4　1995—2017 年中国三次产业能源消费总量**（单位：万吨标准煤）

资料来源：根据《中国能源统计年鉴》数据计算。

进一步分析制造业内部行业的能源消费情况，计算 1995—2017 年制造业分行业的能源消费量年均值并进行排序，得到的结果如图 6-5 所示。其中由于统计分类发生了变化，将 2001 年之后的橡胶和塑料制造业两个产业合并为橡胶和塑料制造业；将汽车制造业和铁路、船舶、航空航天和其他运输设备制造业合并为交通运输设备制造业（这两者都保留了 2001 年之前的分类名称）。排序的结果显示，能源消费量最多的前十位的制造业分别是：黑色金属冶炼及压延加工业；化学原料及化学制品制造业；非金属矿物制品制造业；石油加工、炼焦及核燃料加工业；有色金属冶炼及压延加工业；

**图 6-5　1995—2017 年中国制造业分行业年均能源消费总量排序**（单位：万吨标准煤）

资料来源：CEIC 数据库和历年《中国能源统计年鉴》。

纺织业；造纸及纸制品业；橡胶和塑料制品业；金属制品业；交通运输设备制造业。从短期看，这些行业如果能源消费效率不高，则会导致碳排放效率低，未来减排的重点应是激励这些行业节能减排。

可以进一步深化对制造业的能源消费强度进行测算并排序，结果如图6-6所示。从结果看，制造业的能源消费强度较高的前五位的行业与能源消费总量消费最多的行业是一致的，这表明黑色金属冶炼及压延加工业；化学原料及化学制品制造业；非金属矿物制品制造业；石油加工、炼焦及核燃料加工业；有色金属冶炼及压延加工业等重化工业对能源消费量大且效率低，同时能源消费效率较高的行业依次为烟草制造业；通信设备、计算机及其他电子设备制造业；纺织服装、鞋、帽制造业；皮革、毛皮、羽毛（绒）及其制品业；电器机械及器材制造业等劳动力密集产业和电子信息等对能源的需要较少，且效率也相对较高。

## 二、行业碳排放情况的测算

根据能源消费对行业的碳排放数量进行测算，依据式（2.1）方法推算。

依据1995—2017年《中国能源统计年鉴》中不同行业不同种类的能源消费数量，估算各年度的二氧化碳排放量。如表6-13所示（具体见数据十一），制造业的$CO_2$排放总量虽呈波动状态，并具有周期性特征，2014年之前总体趋势是增长的，2014年之后有回落趋势。这仅是基于不完全意义上的能源消费对碳排放量的推算，尽管不能十分精确地说明中国制造业实际的碳排放量变化情况，但是从趋势上看，是具有一定参考意义的。

结合图6-7可以看出，在入世前，中国制造业的碳排放总量增长率基本为负的，而入世后，碳排放量大幅度增加，2003年增长率高达21.98%，可见，中国的碳排放在一定程度上是由"世界工厂"的地位引致的，是向世界其他国家提供产品而产生的副产品。

从次贷危机开始，制造业的碳排放数量增长大幅放缓，2013年略有上升后，明显出现下降趋势。而2013年中国的货物贸易进出口总额达到4.16万亿美元，首次超过美国，成为世界第一大货物贸易国家。碳排放量的变化基本与贸易差额的变化具有一定的同步性，并略前置于贸易的变化。

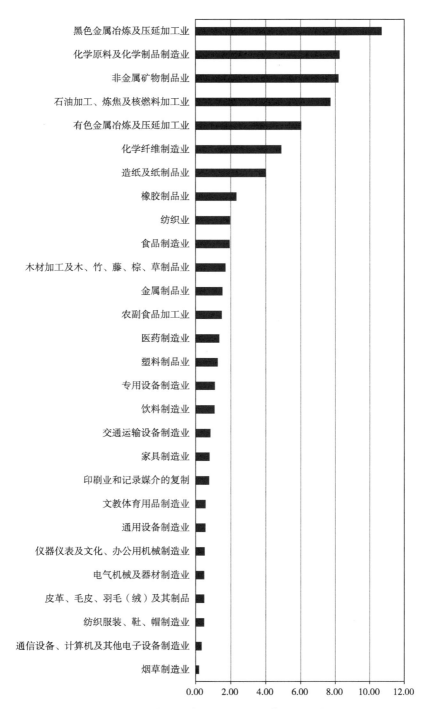

**图 6-6　1995—2017 年中国制造业分行业源消费强度排序**（单位：吨 / 万元）

资料来源：根据 CEIC 数据库和历年《中国能源统计年鉴》《中国工业济统计年鉴》数据计算。

表 6-13    1995—2017 年中国制造业 CO₂ 排放总量    单位：万吨，%

| 年份 | CO₂ 排放总量（万吨） | 增长率（%） | 年份 | CO₂ 排放总量（万吨） | 增长率（%） |
|------|------|------|------|------|------|
| 1995 | 134327.7 | 0.13 | 2007 | 248242.4 | −4.39 |
| 1996 | 134505.4 | −6.14 | 2008 | 255620.3 | 2.97 |
| 1997 | 126248.6 | −0.05 | 2009 | 270433.9 | 5.80 |
| 1998 | 126180.7 | 1.96 | 2010 | 258773.1 | −4.31 |
| 1999 | 128650.5 | −1.38 | 2011 | 269889.9 | 4.30 |
| 2000 | 126876.3 | 0.13 | 2012 | 270371.2 | 0.18 |
| 2001 | 127045.2 | 3.14 | 2013 | 344568.5 | 27.44 |
| 2002 | 131037.8 | 20.38 | 2014 | 346127.2 | 0.45 |
| 2003 | 157746.1 | 21.98 | 2015 | 335575.7 | −3.05 |
| 2004 | 192413.7 | 11.05 | 2016 | 318318.4 | −5.14 |
| 2005 | 213675.1 | 21.51 | 2017 | 305619.6 | −3.99 |
| 2006 | 259644.6 | 0.13 | | | |

资料来源：依据历年《中国能源统计年鉴》数据测算。

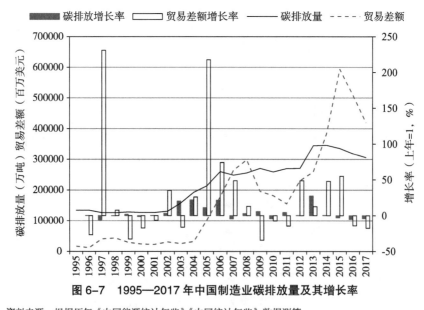

图 6-7    1995—2017 年中国制造碳排放量及其增长率

资料来源：根据历年《中国能源统计年鉴》《中国统计年鉴》数据测算。

再分行业看，如图 6-8 所示，碳排放量较高的行业仍然是黑色金属冶炼及压延加工业；非金属矿物制品业；化学原料及化学制品制造业；石油加工、炼焦及核燃料加工业；有色金属冶炼及压延加工业。李宾（2014,2018）提出，减排的重点行业应当是电力供应、交通运输仓储、有色金属冶炼、石油加工与炼焦行业。

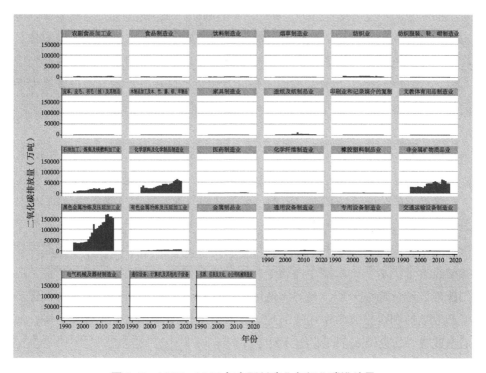

**图 6-8　1995—2017 年中国制造业各行业碳排放量**

资料来源：根据历年《中国能源统计年鉴》《中国统计年鉴》数据测算。

# 第三节　形成统一碳市场的碳排放权"条块"兼顾分配机制建议

受经济发展水平差异化的影响，中国的碳排放量和排放效率在区域和产业上均存在较大的差异性，具体表现为地区间的工业化水平不同，产业结构不同，同一产业能耗、效率有所不同。因此在全国统一市场范围内对碳排放配额进行初始分配本质上就是一个结构问题。因为在生产领域减少碳排放，减排责任最终是要落实到不同空间的行业和企业层面。所以，在全国形成统一碳排放权交易市场过程中，应协调好碳排放权分配的区域和产业顺序及关系。

如果我们将不同地域视为"块"，而不同的产业视为"条"，那么在政府主导的碳排放权交易中的碳配额分配应实行"先条块分割分配，后块融合条趋同"的渐进机制。也就是说配额分配需要考虑条和块的差异，初期应先按"条块分割进行分配"，分配的原则是既兼顾块也兼顾条，随着经济发展水平的趋同，再逐步进行地区合并和产业分配原则的协调和统一。

## 一、碳排放配额"条块化"渐进分配原则

建议形成全国统一碳排放市场，碳配额的分配应采取"先条块分割分配，后块融合条趋同转变"的渐进机制，形成统一市场。由于碳排放量、碳效率在区域及产业间均存在明显的差异性，这个差异需要随着经济发展和能源领域的技术进步水平不断缩小而缩小，因此在全国统一碳市场形成的初期，应先按地区进行配额分配，在不同地区内部向产业进行配额分配，后期再逐步将产业结构和碳排放效率相近的地区合并，并协调内部的产业分配方案，最后形成统一的全国基于产业的分配方案。

## 二、渐进扩大纳入统一碳排放权市场的产业考虑

不同产业由于生产技术、投入产出情况不同，存在碳排放量和排放效率的异质性是不可避免的，而相同产业在空间上存在的排放量和排放效率异质性是可以调整的。但中国幅员辽阔，这种空间上的异质性会在相当长的时间内存在，因此在中国建立统一碳排放市场的过程中，以最终形成按产业分配碳排放权配额为目标，在目前产业的空间差异程度较高的情况下，应控制好渐进纳入控排产业范围，不宜过多过快。

从国际范围看，一般都是从燃煤发电厂入手进行规制，因为电能为基础能源，其价格具有传导作用，可以推动绝大多数工业企业进行节能减排技术创新，欧盟第一阶段只覆盖了五个行业，包括能源供应（电力、供暖和蒸汽生产等）、石油提炼、钢铁、建筑材料（水泥、石灰、玻璃等）、纸浆和造

纸。胡炜（2014）研究认为，中国的北京、上海、深圳试点碳排放市场出台的方案的共同点是纳入规制的排放行业广，企业多，标准严，上海 200 多家企业涉及十几个行业，连航空业、商业等非工业都被纳入规制范围，北京纳入 300 多家企业，深圳纳入 635 家工业企业和 197 栋大型公共建筑物，在排放标准上，北京、上海将年排放二氧化碳 5000 吨的排放企业纳入规划范围，深圳电子行业比较多，企业排放规模相对较小，纳入控排的标准较低。即使与同期的发达国家相比，深圳、北京、上海在强制减排试点中管控力度之严格也是同期发达国家所不及的。一方面是由于这些城市已经处于工业化后期；另一方面北京、上海、深圳外购电比例较高，如北京外购电力比例达 60%，这与其他地区存在显著差异。未来在全国范围内进行减排，其他省份是无法按这样的标准进行统一减排的。

结合国际经验和国内实际情况看，未来中国在产业间进行配额分配必须采取更为渐进的方式，对于地区间差异较大的产业，应在地方政府管辖范围内进行减排，而同一产业的空间异质较小，可以加入全国统一碳市场。缩小产业内差距应首先在区域范围内协调，实现趋同后，再进入全国统一市场。率先纳入全国统一选择控排行业最好满足空间差异性小、外向化程度较低、碳泄露可能性较低，排放量大，减排潜力大的行业，再不断向排放效率低的行业扩散。

在全国统一碳排放权市场建立初期建议纳入统一减排的行业以第二产业为主，纳入的行业标准应当符合以下几个特点：（1）空间差异较小；（2）碳泄露的可能小；（3）外向化程度低；（4）对其他产业的影响比较均衡。再长期考虑逐步纳入第三产业和生活碳排放。

## 三、统一碳排放权区域分配的原则建议

对于碳排放权分配的公平性问题，报告 5 中已经在国际社会层面进行了探讨，这里将进一步在空间层面分析分配机制的公平原则。依据现有的研究成果，在空间上分配碳配额的依据其参考的时间可以分为三大类，即历史性原则、现实性原则和前瞻性原则，三种分配原则下的具体依据和特点如表 6-14 所示，每种原则都各有利弊，对此学者们各有主张。玻姆和萨瑞（Bohm and Larsen，1994）认为，基于人口规模和初始分配方案有利于长

期公平，而以人均减排费用均等化的分配方案有利于短期公平。凯维尼德克（Kverndokk，1995）提出按人口规模分配排放权配额是一个较好的方式。王铮（2009）认为应考虑历史累积排放量；丁仲礼（2010）提出应依据未来碳排放量分配；郑立群（2013）认为要统筹公平和效率两方面的因素。

表 6-14　碳排放配额区域分配机制分类

| 原则类型 | 具体依据 | 内涵 | 特点 |
|---|---|---|---|
| 历史性原则 | 世袭原则 | 祖父法或历史法，根据历史各省份累积碳排放量分配配额。可以分为单年度世袭和跨年度世袭 | 有利于稳定各省经济，避免对经济发展造成冲击；不足是对于碳排放量少的地区不公平 |
| 现实性原则 | GDP 原则 | 根据各省 GDP 占全国 GDP 总量的比例分配，充分考虑不同地区经济增长的收敛性 | 主要考虑区域经济发展趋势，经济总量大的省份分到的配额多，有利于富裕地区；可能会导致贫富差距扩大 |
| | GDP 碳排放强度原则 | 这是效率原则，标杆法，依据单位 GDP 的碳排放量分配 | 有利于在有限的碳排放量约束条件下，实现最大的产出水平；不利之处在于可导致"水床效应" |
| | 人均碳排放原则 | 从基本人权出发充分体现公平 / 平等原则，按各省人口总量占全国人口的总量来分配 | 有利于人口多的省份，特别是人口多、人均收入不高的欠发达地区；有利于缩小地区差距 |
| | 行政区面积原则 | 按省份的行政面积分配配额，面积越大，分配的越多。不同年份之间没有变化 | 有利于面积大、生态承载力大的省份；不利于人口密度高、生态承载力弱的省份 |
| | GDP- 人口原则 | 充分考虑 GDP 总量和人口总量两个因素，将各省占全国的 GDP 的比重按人口数量的加权分配配额 | 较好地避免了单一规则的影响，缩小两方面的不平衡性 |
| | 支付能力原则 | 考虑减排成本，按各省的人均 GDP 水平来分配 | 使人均 GDP 较低的区域分配更多的配额，而人均 GDP 较高的区域承担更多的减排义务 |
| 前瞻性原则 | 未来需要原则 | 根据未来各省对碳排放需求量占全国总需求量的比重进行配额分配 | 有利于保持经济发展稳定，有利于经济发展前景好的省份；不足在于预测的结果可能与现实结果有较大偏差 |

资料来源：根据现有研究成果自行整理总结。

上述各原则下的碳排放权配额分配系数公式如下：

（1）历史性原则。可以分为单年度历史性原则和累积年度历史性原则两种方式。式（6.7）表示单年度历史性原则。其中，$w_{it}$表示$i$省$t$年的碳配额系数（取得的配额占全国配额的比重），$CE_{i(t-1)}$表示$t-1$年$i$省的碳排放量。

$$w_{it} = \frac{CE_{i(t-1)}}{\sum_{n=1}^{31} CE_{i(t-1)}} \qquad （6.7）$$

式（6.8）表示累积年度历史性原则的省际碳排放权分配系数。

$$w_{it} = \frac{CE_{it}}{\sum_{n=1}^{31} \sum_{t=1}^{n} CE_{it}} \qquad （6.8）$$

（2）现实性原则。无论是以 GDP 原则、人口规模、GDP 排放强度、人均排放量或是行政区面积为区别标准，都可以用公式（6.9）表示，其中 $X_{it}$ 表示 $i$ 省 $t$ 年的 GDP、人均 GDP、人均碳排放量、单位 GDP 碳排放强度等指标。其中人均碳排放量和单位 GDP 碳排放强度指标需要取倒数后代入 $X$ 值。

$$w_{it} = \frac{X_{it}}{\sum_{n=1}^{n} \sum_{t=t_0}^{T} X_{it}} \qquad （6.9）$$

（3）前瞻性原则。式（6.10）表示可以根据未来经济发展水平和人口总量规模对碳排放量进行前瞻性估计，其中 $P_{it}$ 表示预测的 $i$ 省 $t$ 年的人口总量，$GDP_{it}$ 表示预测的 $i$ 省 $t$ 年 GDP 总量。

$$w_i = P_{it} \left( \frac{GDP_{it}}{P_{it}} \right)^{0.5} \qquad （6.10）$$

依据式（6.7）—（6.9）可以得出依据历史性原则和现实性原则计算出来的分省碳排放权分配系数，此处考虑到未来存在许多不确定性，对前瞻性不做试分配，仅对前两种情况下的省际分配方案进行测算，结果如表 6-15 所示。每个省对应不同的分配原则，数值越高的，代表在该原则下分到的配额比重越高，即该省应该比较偏好于这种分配原则，每个省份也可以根据数值的高低，对于不同分配原则的偏好进行排序。

### 表 6-15 对全国 30 个省碳排放权分配系数估算

### （2017 年为例，以 2016 年为基础）

| | 历史性原则 | | 现实性原则 | | | | | |
|---|---|---|---|---|---|---|---|---|
| | 单年度 | 累积年度 | 人口规模 | GDP | 碳排放强度 | 人均排放 | 行政区面积 | GDP- 人口 |
| 北京 | 8.15 | 7.48 | 1.57 | 3.33 | 1.09 | 4.13 | 0.17 | 2.35 |
| 天津 | 1.88 | 1.7 | 1.13 | 2.32 | 3.46 | 5.93 | 0.12 | 1.67 |
| 河北 | 4.24 | 4.94 | 5.41 | 4.16 | 3.02 | 1.19 | 1.98 | 4.88 |
| 山西 | 3.68 | 4.77 | 2.67 | 1.69 | 1.55 | 2.40 | 1.65 | 2.18 |
| 内蒙古 | 3.87 | 3.54 | 1.83 | 2.35 | 1.97 | 3.49 | 12.12 | 2.13 |
| 辽宁 | 3.73 | 4.87 | 3.17 | 2.88 | 3.29 | 1.99 | 1.54 | 3.11 |
| 吉林 | 1.38 | 1.64 | 1.98 | 1.91 | 4.26 | 3.17 | 2.02 | 2.00 |
| 黑龙江 | 2.75 | 2.87 | 2.75 | 1.99 | 2.37 | 2.28 | 4.76 | 2.41 |
| 上海 | 8.88 | 7.87 | 1.75 | 3.65 | 1.11 | 3.61 | 0.07 | 2.60 |
| 江苏 | 4.91 | 4.90 | 5.80 | 10.03 | 5.49 | 1.10 | 1.07 | 7.84 |
| 浙江 | 3.98 | 3.93 | 4.05 | 6.12 | 4.28 | 1.59 | 1.08 | 5.12 |
| 安徽 | 2.01 | 2.20 | 4.49 | 3.16 | 4.31 | 1.45 | 1.49 | 3.87 |
| 福建 | 2.78 | 2.38 | 2.81 | 3.73 | 3.54 | 2.31 | 1.29 | 3.33 |
| 江西 | 1.06 | 1.23 | 3.33 | 2.40 | 6.10 | 1.93 | 1.77 | 2.90 |
| 山东 | 8.21 | 7.24 | 7.21 | 8.81 | 3.03 | 0.90 | 1.62 | 8.20 |
| 河南 | 3.76 | 4.12 | 6.91 | 5.24 | 3.86 | 0.93 | 1.75 | 6.19 |
| 湖北 | 2.95 | 3.12 | 4.26 | 4.23 | 3.79 | 1.51 | 1.97 | 4.37 |
| 湖南 | 2.22 | 2.38 | 4.94 | 4.09 | 4.99 | 1.30 | 2.25 | 4.62 |
| 广东 | 7.43 | 8.04 | 7.97 | 10.48 | 3.79 | 0.82 | 1.87 | 9.40 |
| 广西 | 1.95 | 1.51 | 3.51 | 2.37 | 3.33 | 1.85 | 2.51 | 2.97 |
| 海南 | 1.73 | 1.64 | 0.66 | 0.53 | 0.83 | 9.75 | 0.36 | 0.61 |
| 重庆 | 1.72 | 1.50 | 2.21 | 2.30 | 3.35 | 2.94 | 0.87 | 2.32 |
| 四川 | 5.50 | 4.94 | 5.99 | 4.27 | 2.16 | 1.08 | 5.12 | 5.20 |
| 贵州 | 1.80 | 1.77 | 2.58 | 1.53 | 2.03 | 2.49 | 1.87 | 2.04 |
| 云南 | 2.28 | 2.27 | 3.46 | 1.92 | 2.34 | 1.86 | 4.06 | 2.65 |
| 陕西 | 2.48 | 2.51 | 2.76 | 0.15 | 0.15 | 2.32 | 2.18 | 0.66 |
| 甘肃 | 0.96 | 1.23 | 1.89 | 2.51 | 7.61 | 3.38 | 4.29 | 2.24 |
| 青海 | 0.25 | 0.25 | 0.43 | 0.93 | 11.43 | 15.11 | 7.57 | 0.65 |
| 宁夏 | 0.93 | 0.80 | 0.49 | 0.33 | 1.02 | 13.34 | 0.55 | 0.42 |
| 新疆 | 2.52 | 2.37 | 1.74 | 0.41 | 0.46 | 3.86 | 17.28 | 0.87 |

资料来源：依据相关数据计算。

　　本课题组认为，在上述分配原则中，最不可取的是依据行政面积，它无法体现减排的压力，份额是相对固定的，不会随着经济发展和技术进步而变化。其次也不宜选择 GDP 作为分配依据，这样会促进地方政府继续以追求 GDP 为目标，与向高质量发展转变是不相符的。需要结合经济发展和碳市场的发展阶段，选择适宜的分配方法。在市场成立初期，为了摸清基本情况，了解和掌握基本排放数据，采用历史法是比较稳妥的办法，此后为了提高排放效率可以采用碳排放强度、人均碳排放强度或者以两者结合为标准进行分配。

## 参考文献

［1］陈可嘉，梅赞超.基于 STIRPAT 模型的福建省碳排放影响因素的协整分析［J］.中国管理科学，2011（10）：696—699.

［2］陈庆能.中国行业碳排放的核算和分解——基于投入产出结构分解分析视角［M］.北京：中国财经出版传媒集团，2019.

［3］陈诗一.中国碳强度波动下降模式及其经济学解释［J］.世界经济，2011（4）：124—143.

［4］陈占明，吴施美，马文博，等.中国地级以上城市二氧化碳排放的影响因素分析：基于扩展的 STIRPAT 模型［J］.中国人口.资源与环境，2018（10）：45—54.

［5］丁仲礼，段晓男，葛全胜.国际温室气体减排方案评估及中国长期排放权讨论［J］.中国科学：D 辑，2009（12）：1659—1671.

［6］丁唯佳，吴先华，孙宁，等.基于 STIRPAT 模型的我国制造业碳排放影响因素研究［J］.数量统计与管理，2012（5）：499—506.

［7］董峰.中国区域碳排放的系统分析［M］.北京：科学出版社，2019.

［8］范定祥.我国碳排放控制的经济交易及实施模式研究［M］.北京：中国出版社集团，世界图书出版公司，2014.

［9］方精云，朱江玲，岳超，等.中国及全球碳排放——兼论碳排放与社会发展的关系［M］.北京：科学出版社，2018.

［10］冯宗宪，高赢.中国区域碳排放驱动因素、减排贡献及潜力探究［J］.北京理工大学学报（社会科学版），2019（7）：13—20.

［11］葛全胜，方修琦，等.中国碳排放的历史与现状［M］.北京：气象出版社，2011.

［12］何小钢，张耀辉.中国工业碳排放影响因素与 CKC 重组效应——基于工作 STIRPAT 模型的分行业动态面板数据实证研究［J］.中国工业经济，2012（1）：26—35.

［13］胡炜.碳排放权交易试点工作问题及对策——以湖北省为例［J］.财政监督，2014（1）：66—69.

［14］姜磊，季民河.基于STIRPAT模型的中国能源压力分析——基于空间计量经济学模型的视角［J］.地理科学，2011（9）：1072—1077.

［15］李青.欧盟与英国碳排放贸易机制研究［M］.北京：中国出版社集团，世界图书出版公司，2016.

［16］刘亦文.能源消费、碳排放与经济发展的一般均衡分析与政策优化［M］.北京：中国经济出版社，2017.

［17］卢娜，曲福田，冯淑怡，等.基于STIRPAT模型的能源消费碳足迹变化及影响因素—以江苏省苏锡常地区为例［J］.自然资源学报，2011（5）：814—823.

［18］聂国卿，尹向飞，邓柏盛.基于STIRPAT模型的环境压力影响因素及其演进分析——以湖南为例［J］.系统工程，2012（5）：112—116.

［19］牛鸿蕾等.中国产业结构调整的碳排放效应研究［M］.北京：经济科学出版社，2015.

［20］欧元明.中国省域碳排放影响因素及排放权分配研究［M］.北京：科学出版社，2017.

［21］渠慎宁，郭朝先.基于STIRPAT模型的中国碳排放峰值预测研究［J］.中国人口、资源与环境，2011（20）：121—126.

［22］邵帅，杨莉莉，曹建华.工业能源消费碳排放影响因素研究——基于研究STIRPAT模型的上海分行业动态面板数据实证分析［J］.财经研究，2010（11）：16—27.

［23］邵帅，杨莉莉等.上海工业碳排放研究：绩效测算、影响因素与优化路径［M］.上海：上海财经大学出版社，2016.

［24］孙敬水，陈稚蕊，李志坚.中国发展低碳经济的影响因素研究——基于扩展的STIRPAT模型分析［J］.审计与经济研究，2011（7）：85—93.

［25］任志娟.中国碳排放区域差异与减排机制研究［M］.北京：知识产权出版社，2018.

［26］王毅刚，葛兴安，邵诗洋，等.碳排放交易制度的中国道路——国际实践与中国应用［M］.北京：经济管理出版社，2011.

［27］王勇，毕莹，王恩东.中国工业碳排放达峰的情景预测与减排潜力评估［J］.中国人口.资源与环境，2017（10）：131—140.

［28］王铮，吴静，李刚强.国际参与下的全球气候保护策略可行性［J］.中国科学院院刊，2008（2）：109—115.

［29］王铮，翟石艳，马晓哲.河南省区能源消费碳扩的历史特征及趋势预测［J］.生态学报，2009（5）：2407—2417.

［30］王铮，朱永彬.我国各省区碳排放量状况及减排对策研究［J］.中国科学院院刊，2008（2）：109—115.

［31］许向阳，吴凌云，杨文杰，等.基于碳排放交易体系的中国造纸企业碳管理研究［M］.北京：中国林业出版社，2018.

［32］张翠菊.我国碳排放强度空间计量分析及减排路径探索［M］.北京：中国财经出版传媒集团，2019.

［33］张跃军.碳排放权交易机制：模型与应用［M］.北京：科学出版社，2019.

［34］郑立群.中国各省区碳减排责任分摊——基于公平与效率权衡模型的研究［J］.干旱地区资源与环境，2013（5）：3—8.

［35］Bohm P., Larsen B.. Fairness in a Tradable–permit Treaty for Carbon Emission Reduction in Europe and the Former Soviet Union［J］. Environmental and Resource Economics，1994（4）：219—239.

［36］Daily G C., Ehrlich P R..Population, Sustainablity, and earth's Carrying Capacity［J］. BioScience，1992,42（10）：761—771.

［37］Dietz.Thomas, Eugene A. Rosa.Rethinking the Environmental Impacts of Population, Affluence and Technology［J］. Human Ecology Review, 1994（1）：277—300.

［38］Dietz.Thomas, Eugene A. Rosa.Effects of Population and Affluence on CO2 Emissions［J］. Proceedings of the National Academy of Sciences of USA，1997, January Vol.94，No. 175—179.

［39］Ehrlich J P., Paul R, Ann H E..The Population Expolsion［M］. New York：Simon and Schuster，1990.

［40］Guan D, Hubacek.K, Weber. C.L, Peters.G.P, Reiner. D.M.The Drivers of Chinese CO2 Emissions from 1980 to 2030［J］. Global Environmental Change，2008，Vol.18，No.4，626—634.

［41］Keyfitz N., Population and Development within the Ecosphere：one View of the Literature［J］. Population Index，1991,57（2）：5—22.

［42］Kverndokk S., Tradeble CO2 Emission Permits：Intial Distribution as a Justice Problem［J］. Environmental Valves.1995,4（2）：129—148.

［43］Miketa A，Schrattenholze, L.Equity Implications of Two Burden–sharing Rules for Stabilizing Greenhouse Gas Concentrations［J］. Energy Policy，2006（34）：877—891.

［44］Paul R. Ehrlich, John P. Holdren.Impact of Population Growth［J］. Science，1971，March 26，Vol.171，No.3977,1212—1217.

［45］P.E.Waggoner, J.H.Ausubel.A Framework for sustainability Science：A Renovated IPAT Identity［J］. Proceedings of the National Academy of Sciences of USA，2002，June 11，Vol.99，No.12：7860—7865.

［46］Risa Kumazawa, Michael S. Callaghan.The Effect of Kyoto Protocol on Carbon Dioxide Emissions［J］.J Econ Finan，2012，（36）：201—210.

［47］Simon J L.Environmental Disruption or Environmental Improvement［J］. Social Science Quanterly.1981,62（1）：30—34.

# 第七章　不同阶段减排目标的碳排放权
## 分配机制框架构想

**内容摘要：** 结合 UNCFFF 对气候评估结果及其对未来的应对气候变化情况的预期，对中国不同经济发展阶段碳排放配额初始的分配方案进行中长期设想。从整体而言，由于中国是发展中国家，因此应结合经济增长阶段和发展水平进行渐进式减排，减排目标应从效率到总量，从生产到生活，分配机制应从无偿到有偿，从空间分割到空间统一渐进。不同阶段减排目标不同，配额分配的对象和方式、方法包括总量的调整机制也应渐进式深入。

具体而言，以 2017 年建立统一碳排放交易权市场为起点，直到 2060 年实现 UNFCCC 的净零排放目标，主要考虑中国经济的不同发展阶段及其特征，将 2017—2060 年分成四个阶段，加上 2060 年之后，长期设想共包含五个阶段。其中 2017—2022 年为中国经济增长的减速换挡期，也是中国统一碳市场的初创期，在这个阶段上主要任务是摸清基础情况，建立数据库和基本碳排放权交易法律政策制度和标准体系；2023—2030 年是高质量发展阶段，中国刚刚步入高收入国家行列的阶段，碳排放市场应处于调整期，主要目标是进行效率减排，实现国家在 2030 年尽早达峰的国家战略目标；2031—2040 年是中国稳定成为高收入国家的阶段，在这个阶段上可以开始进行总量减排，此时需要协调区域减排机制形成统一的减排标准和体系，这一阶段上的配额发放应以拍卖为主，区域协调的重点内容应是配额拍卖区域协调机制。2041—2060 年中国成为发达国家，碳排放市场进入成熟阶段，并且开始总量递减减排，在这个阶段上应考虑将生活碳排放纳入减排范围，减排主体应由间接主体向直接主体——排放源过渡。2060 年以后，进入净零排放阶段，此时中国应已成为技术强国，有能力通过碳中和、碳捕捉技术实现净零排放。这个阶段上的工作重点应是对所有排放源的监控，鼓励企业和居民采用碳回收技术进行生产和生活。

# 第一节 碳排放权初始配额分配机制框架

通过第五章的分析可知，在总量控制与交易机制中，碳排放权配额分配机制中应明确的内容框架如图 7-1 所示。

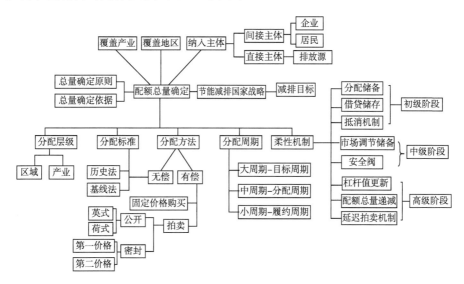

**图 7-1 碳排放权初始配额分配内容框架**

资料来源：根据第五章内容综合整理。

## 一、配额总量的确定

如第五章所述，总量确定的内容包括确定纳入碳排放规制的区域、产业和主体。从目前试点的情况看，受不同地区以及区域内的产业发展不均衡的影响，碳排放的总量和效率水平存在较大的差异，因此还需要先进行效率减排，随着经济发展，地区间差距不断缩小，再进行总量减排。目前世界范围内的碳排放权覆盖排放都仅对生产领域的碳排放进行规制，并没有将居民生活的碳排放都纳入减排的范围，但未来随着市场的成熟和技术的进步，对排放源监测技术的完善，覆盖范围将扩大到生活排放。

## 二、配额分配层级

从 UNFCCC 的总量控制与交易机制的制度框架看，依据全球气候变化的稳定性，通过科学评估得出全球温控范围，再测算安全温控范围内的碳排放容许量，在全球各国进行分配，并通过碳交易机制调节盈亏和供需关系。中国减排实际上是建立在 UNFCCC 的框架体系内的，因此也需要进行碳预算，形成阶段性量化的减排目标，再将这个目标分解至区域或产业，依据目标监测和监督排放主体进行减排。在只对生产性碳排放进行减排时，实际最终的目的是将减排目标分解给企业，因为排放是企业在生产时产生的副产品。但是由于不同区域内部产业的竞争能力等存在差异，同一产业内部的企业也存在差异，因此只能先分配到区域，再由区域通过相应的机制分配给产业内的企业。因此配额分配的层级包括区域层级和产业层级。

## 三、配额分配标准和方法

配额分配的方法也就是碳排放权取得的方法，可以分为无偿取得和有偿取得，其中无偿取得的分配法包括历史法（祖父法）和基准法（标杆法），而有偿分配的方法又包括固定价格取得和拍卖取得。拍卖是在报告 5 中重点关注的问题之一，基本形式可以分为公开拍卖和密封拍卖两种方式，

其中公开拍卖按价格的走势又包括英式拍卖和荷兰式拍卖，密封拍卖又分为第一价格拍卖和第二价格拍卖。

## 四、配额分配周期

碳排放权的周期可以从其取得到消失分为大周期、中周期和小周期。其中大周期应该是以减排目标作为划分标准，在一个减排目标周期内（本课题研究为一个经济增长阶段对应的减排目标周期），应该为了实现该目标，而采取相对固定的机制，包括初始配额分配的方式方法等都相对固定，以便于该减排目标的实现。在一个目标周期内应该包含若干个中周期。中周期是配额分配的周期，一般在该周期内取得配额并使用该配额冲抵排放量，在同一个分配周期内，配额即使没有在履约周期内被用掉或出售，也应该一直有效。

履约周期是配额的核证周期，也就是政府部门对排放主体的排放量进行核准的时间跨度，这个时间可以等于或小于配额的分配周期。

### 五、配额总量调整的柔性制度

依据报告 5 的内容，配额总量应具有充分的变动余地，这种变动余地可以形成碳市场的供求稳定碳价，形成价格机制，促进企业减少排放。随着碳排放权交易市场发展阶段不同，减排目标的不同，对应逐步引入的配额总量调整机制应渐进引入。其中在碳市场处于初级阶段时，配额总量调整机制应至少包括分配储备、借贷储存（可以允许借贷不允许储存）和抵消机制。在碳市场发展的中级阶段，可以在前面三个机制的基础上，引入市场调节储备和安全阀机制。而当碳排放权市场发展至高级阶段时，可以允许引入直接对总量进行调整的机制，包括杠杆值更新、配额总量递减和延迟拍卖机制。上述柔性机制对应解决的问题是不同的，只有当经济发展到相应水平，碳排放权交易市场的初始配额分配机制不断发生变化，才需要对应的调整措施，过早引入是无用的，如在以免费取得配额的阶段引入延迟拍卖机制是无用的。

## 第二节　不同经济发展阶段的碳配额分配方案构想

在报告 1 中笔者对中国经济的发展阶段进行了深入而广泛地探讨，结合中国经济增长的特点和周期情况，将中国的经济自 1949—2035 年划分成了五个增长阶段，如表 7-1（原表 1-19）所示，并对各个不同增长阶段内的能源消费特征和碳排放的特征进行了总结。目前中国经济处于表中经济增长的第四阶段，即减速换挡阶段，也是中国由中等收入向高收入国家迈进的阶段。中国基本实现了工业化，城市化过半，受经济增速放缓的影响，能源消费量和碳排放量也将进入增长放缓区间，并不断接近峰值水平。对于中国通过碳排放权交易进行总量控制与交易减排机制，2011 年中国开始启动区域碳排放权交易市场试点工作，2013 年开市，2017 年中国开始进入全国统一碳排放权交易市场建设工作，因此现阶段也是中国碳排放权全国统一市场的初创阶段。

从长远发展的角度看，需要对中国形成统一碳排放权交易市场的配额分配机制进行阶段性构想。

表 7-1　中国经济不同发展阶段划分及碳排放特征

| | 经济发展阶段 | 起止时间 | 人均 GNI | 经济增长 | 产业结构 | 城市化水平 | 能源消费 | 碳排放 |
|---|---|---|---|---|---|---|---|---|
| 1 | 计划经济阶段 | 1949—1977 | 低收入 | 高波动 | 农业为主 | ＜20% | 少量 | 少量 |
| 2 | 双轨制阶段 | 1978—1991 | 低收入 | 高趋稳 | 发展轻工业 | 30% | 数量增加 | 数量增长 |
| 3 | 高速增长阶段 | 1992—2006 | 下中等收入 | 超高平稳 | 发展重工业 | ＜50% | 大量效率低 | 大量强度高 |
| 4 | 减速换挡阶段 | 2007—2022 | 上中等收入 | 中高减速 | 经济服务化 | ＜70% | 大量效率提高 | 大量强度下降 |
| 5 | 高收入阶段 | 2023—2035 | 高收入 | 适中平稳 | 第三产业为主 | 70%—80% | 清洁能源 | 总量下降 |

资料来源：第一章中的表 1-19。

## 一、中国不同经济发展阶段及其减排目标设定

结合前述对于全球应对气候变化的 IPCC 的评估结果和 UNCFFF 框架的减排机制设计，同时结合世界发达国家建立碳排放权交易机制的经验和中国经济发展阶段，对中国不同发展阶段的划分及不同阶段上的减排目标设定如表7-2 所示。

（1）初创期（2017—2022）。根据预测，2017—2022 年中国经济经过减速和换挡期后，经济增长进入"新常态"经济周期，经济增长从高速增长阶段进入中高速增长阶段，经济增速处于 4%—6% 区间内。在这个阶段上，中国完成全国统一碳排放市场的初步组建工作，建立关于碳排放权的法律体系，明确碳排放权的法律属性，提高碳排放权设定的法律等级和效力层级，从行政法规提升到国家法律层级。同时规范相应的制度标准体系、流程体系和保障体系。由于在这个阶段上各方面的体制和机制不健全，因此只能正式纳入少数的行业和地区作为规制对象，选择的原则就是排放量大且效率低的，从

产业发展的角度还要考虑对该产业的国际竞争力的影响。

表 7-2 中国经济不同发展阶段划分及不同阶段的减排目标

| 阶段划分<br>（经济发展阶段） | 起止年份 | 减排目标 | 主要任务 |
|---|---|---|---|
| 初创阶段<br>（减速换挡） | 2017—2022 | 控制排放量大和排效率低的排放源 | 自上而下建立基本制度框架；自下而上摸清碳排放基础数据，进行运行试验。 |
| 调整阶段<br>（高质量发展） | 2023—2030 | 效率减排，促进碳排放总量尽早达峰 | 完善和统一碳排放权交易相关的法律和制度体系 |
| 发展阶段<br>（高收入国家） | 2031—2040 | 总量减排，加速经济"脱碳" | 区域融合，统一产业分配机制和标准 |
| 成熟阶段<br>（发达国家） | 2041—2060 | 总量递减减排，纳入所有排放源，包括生活碳排放 | 形成对所有排放源的监测和规制，实行碳足迹登记制度 |
| 转型阶段<br>（技术强国） | 2060 年后 | 实现气候中立净零排放 | UNFCCC 的 COP25 目标之一，2050 年实现气候中立。BP（英国石油）等国际能源巨头承诺力争 2050 年实现净排放。 |

资料来源：根据分析内容自绘。

（2）调整阶段（2023—2030）。2023—2030 年是中国向高质量发展方式转变的阶段，也是形成统一碳排放权交易市场的调整阶段。通过前面的初创阶段，制度的基本框架已经构造完成，但相关的制度和机制体制还需要进一步完善和调试。在这个阶段，中国的碳排放总量还没有达到峰值，还会随着GDP 进一步增加，此时受益于高质量发展，可以进行效率减排。

（3）发展阶段（2031—2040）。2030 年之后，按人均 GDP 水平，中国应当已经成为高收入国家，并且碳排放总量达到峰值，进入"脱碳"通道，已经具备进行总量减排的基础条件。同时随着地区间经济发展水平的趋同，能源利用效率、产业结构等的差距不断缩小，碳排放市场可以从分割分配不断向统一分配过渡。这个阶段的主要任务就是进行区域融合，并统一同一产业的碳排放权配额分配机制。

（4）成熟阶段（2041—2060）。在这个阶段，中国已经成为发达国家，在能源和碳排放效率提升空间有限的情况下，应当进行递减式总量减排。此时，可以考虑将生活碳排放纳入规制范围，对居民的碳排放也要进行监测，实行碳足迹登记制度。

（5）转型阶段（2060年后）。2060年之后，中国不但已经成为发达国家，还是技术创新强国，拥有雄厚的技术实力，包括碳中和、碳捕捉等技术，也有能力使用低碳或无碳能源，如核能、太阳能、氢能等，因此可以实现"净零排放"。净零排放是指二氧化碳消除量完全抵消排放量[①]。

## 二、不同经济发展阶段和减排目标的碳排放权分配机制方案

基于上述对中国不同发展阶段及其减排目标的划分，对不同阶段的碳配额分配机制内容进行了构想，如图7-2所示。将上述对经济发展不同阶段的划分视为目标周期，基于不同目标周期内减排目标的不同，初始配额分配机制的具体内容也应有所不同。

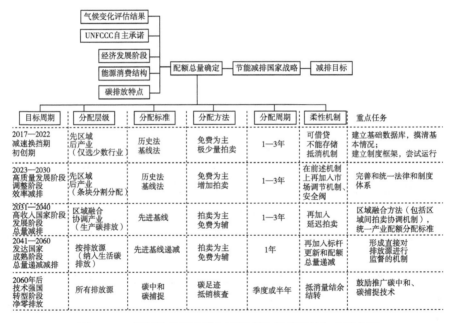

**图7-2　不同经济发展阶段和减排目标的碳排放权分配方案**

资料来源：根据具体情况综合整理绘制。

（1）初创期（2017—2022）。由于基础数据薄弱，对于不同区域及其内部产业能耗和碳排放情况缺乏最基本的了解，因此最适合的碳配额分配方法就

---

① 21世纪经济报道 .BP 等国际油企争议"净零碳排放"承诺背后喜忧参半 . 碳排放交易网 .http：//www. tanpaifang.com/ tanguwen/2020/0324/69398.html.2020-3-24.

是历史法和基线法，同时考虑到企业也是初次参与配额分配和交易，采用有偿方式取得碳排放权对于企业的影响具有不确定性，同时也是为了激励先行动者，对于碳排放权的分配宜采取免费的方式，覆盖产业下游或对其他产业影响较为均衡、外向度较低的行业为主。根据发达国家的经验，基本上都先将电力行业纳入控排范围。根据中国碳排放权试点的经验，碳排放权分配的周期1—3年均可，各地方可以根据行业情况灵活决定。此时的配额总量调整应包括机制借贷、存储和抵消机制，一般在这个阶段上都规定可借贷不能存储，以防止配额发放过度导致跨期影响难以消除。

（2）调整阶段（2023—2030）。在调整阶段内，由于地区和产业差异性还较大，因此碳配额分配无法直接在不同地区的相同产业间进行，但在这个阶段，由于有上一阶段的数据基础，可进行"条块分割"式分配，自上而下进行配额分解，先将减排目标分解到区域，再从区域分解至内部的产业和企业。此时由于制度不完善，为了减少制度成本，分配方式仍以免费为主、拍卖为辅的方式。这个阶段上配额分配的产业可以向上游产业覆盖。在这个阶段，为了避免经济和产业波动对配额分配的冲击，应当采取配额市场调节机制和安全阀机制，避免因不可预期因素给企业带来损失。

（3）发展阶段（2031—2040）。在这个阶段，由于经济增长开始"脱碳"化，可以实行总量减排。依据欧盟等发达国家的经验，可以采取"先进标杆"标准，如以行业内效率最高的10家企业的平均值为基线，如果高于基线，通过核证，可以得到配额，否则需要从市场中购买相应的配额以抵消多排出的碳。为了充分发挥价格机制对减排的倒逼作用，配额的分配应采取以拍卖为主、免费为辅的方式。在这个阶段，应在总量调整机制中引入拍卖延迟机制，以免市场中发放的配额过多，对供求和价格产生不利影响。

（4）成熟阶段（2041—2060）。在这个阶段，仍然进行总量减排，但由于效率提升空间收窄，因此应实行总量递减的方式确定配额总量，如采用先进标杆递减的方式，使减排的总量逐年递减。为了使总量可以递减，因此应对应引入总量调整机制，标杆更新和配额总量递减机制。在这个阶段，仍需要运用价格机制促进减排技术的应用，配额取得的途径仍然是以拍卖为主。

（5）转型阶段（2060年后）。在这个阶段，中国经济高度发达，如果按BP公司新倡导的"净零排放"，预期还是具有一定实现的可能性的。这一阶段属于技术减排阶段，应具有碳中和、碳捕捉和零碳排放能源技术，使消除量正好与排放量相等。这一阶段上，碳排放交易市场业务处于缩减阶段，政府工作的重点应是集中于碳抵消量的核证方面，并对核证后的余额（可能正或负）进行登记结转。此时，在碳排放权交易市场中能够进行交易的只是少数结余信用量以及以前存储的配额，碳市场面临转型。

综上可见，由于中国是发展中国家，并且正处于向高收入国家迈进的过程中，随着经济发展水平不断提高，减排能力和潜力不断发生变化，因此不同阶段的减排目标应有所不同，相应的初始配额分配的机制内容也应发生变化。这种变化应是渐进的：减排目标应从效率到总量，从生产到生活，分配机制从无偿到有偿，从分割到统一渐进。其演进的逻辑是经济发展阶段不同→减排目标不同→配额分配的对象不同→配额分配的方式方法不同→总量的调整机制也不同。

## 参考文献

［1］段茂盛，庞韬.全国统一碳排放权交易体系中的配额分配方式研究［J］.武汉大学学报（哲学社会科学），2014（5）：5-12.

［2］潘晓滨，史学瀛.欧盟排放交易机制总量设置和调整及对中国的借鉴意见［J］.理论与现代化，2015（5）：18-24.

［3］中国尽早实现二氧化碳排放峰值的实施路径研究课题组.中国碳排放尽早达峰［M］.中国经济出版社，2017.

# 第八章　MRV 机制建设

**内容摘要：** MRV 是可测量（Measurement）、可报告（Reporting）和可核查（Verification）的英文缩写，来自 UNFCCC 应对气候变化的减缓行动要求。MRV 是碳排放交易市场建立的基石，是确定碳配额的信息源，是进行碳交易的基础性制度和保障措施。中国通过前期的区域碳排放权交易试点工作，已经建立了比较完善的 MRV 机制。与发达国家相比，中国 MRV 机制的主要特点是以企业为管理对象，以间接测量为主，仅对控排企业进行监测，不包括非控排企业，资金负担方是政府。未来随着中国统一碳排放市场的建立及其与国际接轨，建议 MRV 机制建设还应在以下五个方面进一步完善：一是完善和统一 MRV 的法律法规；二是扩大和完善 MRV 管理对象和范围；三是提高企业 MRV 能力；四是加强对第三方核查机构的管理，增加惩罚机制；五是尝试错开核查周期。

2007 年 UNFCCC 的 COP13 达成的《巴厘岛路线图》中提出减缓行动（National Appropriate Mitigation Action，NAMA）要符合可测量、可报告和可核查的要求，此后 MRV 就成为了全球应对气候变化谈判中的一个重要议题之一（赵秋雁，2010）。MRV 是监测、报告和核查的缩写，也被称为"三可原则"（郭力军，2013），即可监测、可报告和可核查。

## 第一节　MRV 机制及其流程

美、日、欧都具有比较完善的 MRV 机制。其中欧盟的 MRV 机制在三个减排期内的安排是不同的。在第一阶段（2005—2007）和第二阶段（2008—

2012）分别实行了企业自主申报加政府核查、个人专家核查的方式，结果直接导致配额发放过多，于是在第三阶段（2013—2020）欧盟将 MRV 机制改进为统一核查认可的制度模式，出台统一标准，实行由第三方核查机构进行核查，政府主管部门验证数据的方式（郭立军等，2013）。2013 年欧盟正式发布了统一的 MRV 机制（中国船籍社，2015）。在借鉴欧盟以往实践经验的基础上，中国目前的 MRV 就是建立在统一标准和制度上，由第三方核查报主管部门查验的方式。

## 一、MRV 机制在碳排放权交易中的重要意义

碳交易市场需要建立在公平、公正、透明的基础上，MRV 正是实现这三个原则的基石，是碳交易体系的核心部分，对配额分配和公平交易均有重要作用。MRV 是国际社会对温室气体减排的三种履约机制的实施基础，也是世界各国建立碳排放权交易体系的基础和前提，是进行碳排放权分配的重要信息来源以及进行碳排放权交易的重点保障措施，因此 MRV 制度建设的质量决定了碳排放权分配的有效性。其对碳交易市场的重要性体现在以下五个方面：数据库基础、重要的监管手段、为减排政策提供技术和数据支撑、保证公信力和有助于企业进行碳管理（吴璇等，2015）。崔金星（2017）认为，MRV 对于决定安排配额和实际排放量的确定具有重要作用，坚实、协调、透明、可信、一致的 MRV 机制是减排的制度基础，对全球采取统一行动应对气候变化具有重要作用，对于中国建立全国统一的碳市场具有重要意义，对于降低减排成本、提高政府对碳排放监管的公信力和透明度，以及强化市场信心具有不可替代的作用。

## 二、MRV 机制"三可"的内涵

（1）可测量。可测量是对温室气体排放数据核算提供标准化的方法和指南，这是核查程序，目的是为了确保监测数据的准确性、科学性和可比性。

（2）可报告。可报告是指需要制定温室气体报告的规则，控排企业需要按要求报告企业或设施的排放结果，这也是第三方核查的对象。

（3）可核查。可核查是对排放数据的收集报告工作进行周期性核查，以

确认和提高数据的准确性和可靠性，同时保证政府保持对碳排放监管的透明度和公信力。

## 三、MRV 机制的运行流程

MRV 的流程如图 8-1 所示，企业先撰写碳排放监测计划，需要将企业所有排放源列入其中并报主管部门进行审批。当企业的监测系统有较大的变动时，监测计划需要动态调整，调整后再向主管部门申请审批备案，然后继续对所有排放源进行监测，并按照规定的形式定期向主管部门报告排放情况。主管部门除了对企业报送的监测计划进行审核备案外，还要负责对企业的排放报告进行抽样检查。第三方机构则是接受主管部门的委托，对企业提交的监测计划和碳排放报告的内容进行审核，并出具审核意见报告，提交主管部门。

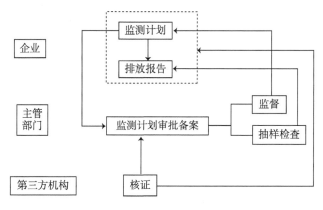

图 8-1　MRV 机制流程

资料来源：根据定义绘制。

## 四、MRV 的制度体系

郑爽等（2016）系统梳理了 MRV 机制对应的制度规范体系所需的文件及其类别和内容，这是建立 MRV 机制的制度层面的内容。这些内容主要是对碳排放信息进行收集、报送和审核的技术性规范要求。

表 8-1　MRV 机制制度体系

| | 支撑体系 | 技术层面 | 基本容 |
|---|---|---|---|
| M | 温室气体排放监测与核算细则 | 规范标准 | 重点企业温室气体排放数据监测与报告执行的具体内容和需求，重点企业应遵守的基本数据管理原则。 |
| | 分行业温室气体核算方法与报告标准 | 规范标准 | 国家发改委发布的一系列温室气体排放核算方法与报告指南开发的国家标准性文件。 |
| | 温室气体排放数据质量指导细则 | 技术指南 | 重点企业温室气体数据收集和上报工作质量保证具体要求。 |
| | 监测计划模板 | 辅助文件 | 依据"算细则"开发的监测计划模板 |
| | 温室气体排放报告模板 | 辅助文件 | 依据"核算细则"开发的报告模板 |
| R | 温室气体核算报告一套表指南 | 辅助文件 | 依据企业温室气体排放数据直报系统的功能和内容，针对企业用户制定的技术指南文件。 |
| | 直报系统操作规范培训手册 | 技术指南 | 结合企业、监管机构、第三方核查机构及技术评估机构对直报系统数据信息的不同需求提供培训。 |
| V | 第三方核查机构管理规范 | 规范标准 | 对第三方核查机构进行资质管理 |
| | 温室气体排放数据第三方核查标准 | 规范标准 | 对重点企业温室气体排放报告的合格及合规性进行周期性的核查。 |
| | 温室气体排放数据第三方核查技术指南 | 辅助文件 | 依据"第三方核查标准"制定的技术指南文件，作为第三方实际执行工作的指导依据。 |
| | 第三方核查报告模板 | 规范标准 | 依据"核查标准"和"核查技术指南"，开发的第三方核查报告模板。 |
| A | MRV 管理机制评估指标体系 | 技术指南 | 建立评估指标体系，全面评估完整性、有效性、可比性、支撑性、公开性 |
| | 评估打分表 | 辅助文件 | 依评估指标体系，开发量化评分指标 |

资料来源：郑爽，张昕，刘海燕，等．对构建我国碳市场 MRV 管理机制的几点思考［J］．中国经贸导刊，2016（2）：9-10.

# 第二节　中国的 MRV 机制构建及其存在的问题

基于上述对 MRV 机制的说明可知，构建 MRV 机制首先需要对 MRV 中的三个部分进行制度建设。通过对可监测、可报告和可核查进行技术规范、流程规范、行为规范，实现碳排放的数据收集、报送和登记等工作。

## 一、中国 MRV 制度建设

国家层面和各试点市场都有相关的制度，对应表 8-1，中国构建 MRV 体系的制度具体如表 8-2 所示。从国家层面上，已经由国家发改委和标准委出台了关于涉及 28 个行业的碳排放核算和报告的技术指南、温室气体核算和报告通则来规范核算和报告工作，同时对于第三方核查也进行了相关的规范。据此，各碳排放交易试点省份也相应地推出了测算、报告和核查的相关规定。由此可见，中国碳排放权交易市场从运行之初就建立了完整的 MRV 制度体系。

表 8-2　MRV 机制中"三可"技术指南和相关法律法规

| | MRV 制度 |
|---|---|
| | 国务院《"十三五"控制温室气排放工作方案》 |
| 全国 | 国家发改委 3 批 24 个行业《企业碳排放核算与报告指南》<br>第一批 10 个行业（发改办气候［2013］2526）：发电、电网、钢铁、化工、电解铝、镁冶炼、平板玻璃、水泥、陶瓷、民航<br>第二批 4 个行业（发改办气候［2014］2920）：石油天然气、石油化工、煤炭、独立焦化<br>第三批 10 个行业（发改办气候［2015］1722）：造纸和纸制品、有色金属冶炼和压延、电子设备制造、机构设备制、矿山、食品、烟草及酒饮料和精制茶、公共建筑运营、陆上交通运输、氟化工、工业其他行业 |
| | 国家标准委发布的《工业企业温室气体排放核算和报告通则（GB/T 32150-2015）》 |
| | 国家发改委《关于切实做好全国碳排放权交易市场启动重点工作的通知（发改办气候［2016］57 号）》 |
| | 《全国碳排放权交易第三方核查参考指南》 |
| | 《全国碳排放权交易企业碳排放补充数据核算报告模板》 |
| | 国家发改委《关于进一步规范报送全国碳排放权交易市场纳入企业名单通知》 |
| 北京 | 北京市企业（单位）二氧化碳排放核算与报告指南 |
| | 北京市碳排放权交易核查机构管理办法（试行） |
| | 北京市温室气体排放报告报送程序 |
| | 北京市碳排放监测指南 |
| 天津市 | 天津市企业碳排放报告编制指南（试行） |
| | 天津市行业碳排放核算指南（试行）（包括电力热力行业、钢铁行业、炼油和乙烯行业、化工行业、其他行业） |

| | MRV 制度 |
|---|---|
| 上海市 | 上海市温室气体排放核算与报告指南（试行） |
| | 上海市碳排放核查第三方机构管理暂行办法 |
| | 上海市碳排放核查工作规则（试行） |
| | 上海市各行业温室气体排放与报告办法（试行）（包括水运行业、钢铁行业、有色金属行业、纺织行业、造纸行业、非金属矿物业、运输工具行业、电力、热力生产业） |
| 重庆市 | 重庆市工业企业碳排放核算和报告指南（试行） |
| | 重庆市工业企业碳排放核算、报告和核查细则 |
| | 重庆市企业碳排放核查工作规范 |
| 深圳 | 组织的温室气体排放量化和报告规范及指南 |
| | 组织的温室气体排放核查规范及指南 |
| | 企业温室气体排放的量化和报告规范及指南（包括建筑物、垃圾焚烧发电企业、公交、出租车企业） |
| 广东省 | 广东省企业碳排放核查规范 |
| | 广东省企业（单位）二氧化碳报告指南（试行） |
| | 广东省企业碳排放信息报告与核查实施细则（试行） |
| | 广东省企业（单位）二氧化碳排放信息指南（试行）（包括火力发电企业、水泥企业、钢铁企业、石化企业） |
| | 广东省碳排放信息报告核查工作考评暂行办法 |
| 湖北省 | 湖北省工业企业温室气体排放检测、量化和报告指南（试行） |
| | 湖北省温室气体排放核查指南（试行） |

资料来源：根据收集的文件整理整理。

## 二、中国 MRV 制度的特点

MRV 机制构建本质是一个制度和技术构建的过程。可测量和可报告部分需要有测量的标准方法，报告则需要通过标准文件和电子报送系统进行。与发达国家相比，中国的碳排放市场仍处于建设阶段，MRV 体系不完全，与发达国家相比，主要特点有以下几个方面：一是 MRV 的管理主体对象不同。如欧盟一般以设施为管理主体，中国是以企业为管理单元；二是主要依赖的测量方法不同。主要测量方法有两种，即直接监测和间接监测。欧盟主要是以直接测量为主，即通过安装在设施上的测量装置直接测量碳排放量；而间接测量就是依据能源消费量和排放因子对碳排放量进行估算。目前国内只有少数设备可以用直接测量的方法测算碳排放量，多数是用间接测量的方法。三是对数据收集的范围和质量要求不同。欧盟对不同排放量的设施数据质量要求不同，美国加利福尼亚将排放源分为纳入和不纳入排放交易体系两类，对不纳入交易体系的排放源的排放量也进行测量，对于微小排放量的设施进行估算。从中国现有的碳排放试点省市的情况看，中国目前仅对纳入排放配额管理的企业或重点行业企业才进行测量。四是 MRV 的资金负担方不同。现阶段中国为了保证碳排放数据的科学性，聘请第三方核查机构的资金主要是由政府来承担的，而其他国家则是由企业自己聘请第三方机构进行核查的。

## 三、进一步完善中国 MRV 制度的建议

由于各行业的生产工艺和设备情况各不相同，因此对于不同的行业或者地区都会根据自身的生产和管理特点，建立适应的 MRV 机制。现有的 MRV 体系相对比较完善，未来主要应进一步完善的方面包括以下四点：

1. 完善和统一 MRV 的法律法规。目前中国已经建立了相对完善的 MRV 法规技术标准体系，但是从法律的层级看，级别还比较低（曹雪兰等，2016），各省市碳排放市场都各自出台了相应的 MRV 文件，未来形成全国统一碳排放权交易市场时，应在更高层面形成统一的 MRV 立法，统一标准，以便促进国内碳排放权交易，同时也有利于与世界其他国家接轨。

2. 扩大和完善 MRV 管理对象和范围。现有的 MRV 体系仅针对企业进行，不是针对设施的，测量的方法主要是以间接测量为主，而非直接测量。从测量的精度上，即数据的可靠性上不如采用针对设施的直接测量获得的数据，因此未来在条件具备的情况下，应扩大和完善 MRV 管理对象和范围，以便提高数据的质量。

3. 提高企业 MRV 能力。进行测量和报告的主要负责人是企业，因此对企业的相关工作人员进行培训也是 MRV 的内容之一。受企业重视程度和参与碳排放交易积极性不高和相关专业人才缺少的影响，企业的 MRV 能力是不足的。因此，未来应提高企业认识，对企业的碳专员进行培训，组织交流，以便提高企业的 MRV 能力（赵细康，2013）。

4.加强对第三方核查机构的管理，增加惩罚机制。一般认为未来聘请第三方机构应走市场化方向，由企业自行聘请，那么未来由政府干预第三方机构的核查工作，不利于碳市场的有效运作，但是如果在制度不健全的情况下，匆忙市场化也会导致第三方核查机构与企业的合谋行为。因此，政府应加强对核查机构的管理，引入惩罚机构，加大惩罚力度，保证第三方机构能够客观公正地进行核查。

5.尝试错开核查周期。目前受核查周期的影响，碳排放权交易市场表现为履约期内量价齐增的局面。而且大多数企业都是在5—7月进行履约，1—2月进行报告，3—4月由第三方机构集中进行核查，这样第三方机构短时间内核查的任务量是比较大的，因此，可以考虑尝试对不同类型的行业进行错时履约和核查，分为上半年和下半年；或者对不同行业设置不同的履约期，调整核查期，一方面减轻第三方核查机构的工作压力，同时也有利于提高核查质量。

## 参考文献

［1］程敏，张翠云.电网企业基于温室气体排放权交易的MRV体系建设与研究［J］.能源与环境，2019（2）：60—63.

［2］崔金星.论我国统一碳市场MRV机制的法律构建［A］.区域环境资源综合整治和合作治理法律问题研究：2017年全国环境资源法学研讨会论文集［C］.2017：1090—1097.

［3］冯丹燕，周延霞，何明珠.广东省交易试点的MRV制度及经验［J］.科技资讯，2019（4）：107—108.

［4］郭慧婷，陈亮，陈健华.北京市碳排放交易试点MRV体系研究［J］.标准科学，2015（12）：108—112.

［5］郭力军，孟凯.碳交易"三可"机制设计及应用［J］.开放导报，2013（3）：108—112.

［6］郭力军，吴尚光，钱捷婕.深圳MRV的建立与应用［J］.认证技术，2013（9）：38—39.

［7］李研，花翠，张玉春.碳交易机制内的限排企业行为对策研究：以北京碳交易市场为例［J］.工业技术与职业教育，2018（12）：83—86.

［8］刘学之，朱乾坤，孙鑫，等.欧盟碳市场MRV制度体系及其对中国的启示［J］.中国科技论坛，2018（8）：164—173.

［9］任川，贾远明.欧盟航空MRV机制解读及其对建立海运业MRV机制的启示［J］.水运管理，2015（8）：21—23.

［10］孙天晴，刘克，杨泽慧，等.国外碳排放MRV体系分析及对我国的借鉴研究［J］.中

国人口·资源与环境，2016（5）：19—21.

［11］孙小兵，武涌，陈小龙.我国建筑碳排放权交易体系发展现状研究［J］.城市发展研究，2013（8）：64—69.

［12］王文军，骆跃军，谢鹏程，等.粤深碳交易试点机制剖析及对国家碳市场建设的启示［J］.中国人口·资源与环境，2016（12）：55—62.

［13］吴璇，张宁，陈颖，等.碳交易 MRV 体系构成要素分析及天津市建设应用研究［J］.城市发展研究，2015（11）：19—24.

［14］赵细康.碳排放权交易制度设计的若干问题［J］.南方农村，2013（3）：27—32.

［15］赵雁秋，刘业帆.全球气候变化背景下中国 MRV 体系的构建［J］.世界经济与贸易，2010（3）：81—85.

［16］曾雪兰，黎炜驰，张武英.中国试点碳市场 MRV 体系建设实践及启示［J］.环境经济研究，2016（1）：132—140.

［17］郑爽，张昕，刘海燕，等.对构建我国碳市场 MRV 管理机制的几点思考［J］.中国经贸导刊，2016（2）：9—10.

［18］佚名.欧盟发布 MRV 法规［J］.船舶标准化与质量，2015（4）：5.

# 第四篇

## 中国碳排放权分配中存在的问题
### ——基于调查和研究的思考

# 第九章 对碳排放权交易主体的调查研究

**内容摘要：** 从对问题认知的角度讲，这部分内容本应该写在前面，因为需要先找到问题，再解决问题。但从全篇的结构考虑，将这部分反映实际问题的内容放在了最后。从中国碳排放权交易市场的建立和发展现状看，整体发展速度是较快的。可见，中国碳排放权交易市场的整个构建过程也是一个"干中学"的典型代表。通过对试点市场和非试点市场省市的调研，可以看出中国在解决碳排放权交易机制体系的思路上，与 IPCC 是一致的，即"自下而上"。这是因为中国各地区之间差异较大，这不是缺乏顶层设计，而是制度设计的一种选择。虽然现有的碳排放交易市场初具规模，并且内部构成要素完善，运行良好，并取得了较好的经济社会效益。但仍有进一步完善的必要，主要表现为一级市场分配机制不够灵活，二级市场交易过于集中，价格波动大，参与交易的企业积极性不高，其根本原因在于一级市场的分配机制有待进一步完善和创新，因为从强制减排的角度讲，碳配额数量的确定和分配方式决定了减排的效果，单纯凭买卖是解决不了的。另外，从暂未加入省市调研的情况看，参与碳交易可以基于碳源，也可以基于碳汇优势，对于碳汇资源丰富的省市，可以积极开发碳汇资源，同样可以起到减排的作用，实现减排目标。

## 第一节 对区域碳交易市场试点的研究

为了应对气候变化，落实中国至 2020 年控制温室气体排放的总目标，推动中国经济发展方式的转变，实现低碳绿色发展，2010 年 8 月，国家发改委开展了低碳城市试点工作，首先确定了五省八市（对应的五省包括广东省、湖北省、陕西省、辽宁省和云南省；八市分别是天津市、保定市、杭州市、南昌市、重庆市、深圳市、厦门市、贵阳市）作为试点地区。这些省市要通过调研，明确试点思路，将产业结构调整与优化能源结构、节能增效、增加碳汇等结合起来，降低碳排放强度。试点的工作任务包括编制低碳发展规划及其配套政策；提出本省市温室气体排放目标；建立温室气体管理和统计体系；探索政府引导和经济激励政策；积极倡导低碳生活和低碳消费的方式[①]。这是"十二五"时期，为了落实中国减排目标而做的初步探索。这种发展思路与 IPCC 的"自下而上"的制度构建思路是一致的，比较适合在减排过程中，各地区差异较大的情况。

为了进一步控制温室气体排放，2011 年 1 月国家发改委启动了七省市碳排放交易市场试点工作，目的是为了运用市场机制，逐步建立国内碳排放交易市场，同时加快经济结构转变升级，实现经济发展方式转变。这七个试点省市分别是湖北省、广东省、北京市、天津市、上海市、深圳市、重庆市（以下简称两省五市试点）。对于试点地区的要求是安排专职人员、专项资金，先行组织编写实施方案，明确总体发展碳排放交易市场的思路、工作目标、任务、保障措施和进度，报国家发改委审核后再试行。同时，各试点省市还要研究碳排放交易管理办法，明确基本交易规则，测算并确定本地区碳排放总量控制目标，研究制定排放指标分配方案，建立本地区交易监督管理体系以及登记注册系统，培育建设碳交易平台和支撑体系[②]。

自 2013 年两省五市试点正式开始交易以来，各试点省市从政策设计、技术和法规建设、MRV 能力培育等方面做了大量工作，并且已经开始运营。

## 一、两省五市碳排放交易市场建设取得了显著成效

两省五市从 2013 年开始，各试点省市的市场陆续开始交易，通过近几年的建设，已经形成了体系完整、各具特色、减排有效的区域碳排放权交易市场。如表 9-1 所示，最早开设的是深圳市场，最晚的是重庆，2013—2014 年

---

① 中华人民共和国国家发展和改革委员会 . 低碳省区和低碳城市试点工作启动 .2010 年 8 月 25 日 .https：//www.ndrc.gov.cn/fggz/tzgg/ggkx/201008/t20100825_1050044.html.

② 中华人民共和国国家发展和改革委员会 . 国家发展改革委办公厅关于开展碳排放权交易试点工作的通知（发改办气候［2011］2601 号）.https：//www.ndrc.gov.cn/xxgk/zcfb/tz/201201/t20120113_964370.html.

七个交易市场试点开始初步运行，为此各地都设立了专门的交易平台企业，虽然名称各异，但基本职能是相同的。参与碳交易的基本都是达到控排标准的企业，也有其他相关的个人或机构。除了重庆市场纳入六种温室气体外，其余的试点市场均只有二氧化碳一种气体。

表 9-1  两省五市碳排放交易市场试点开市时间和交易简况

| 试点 | 启动时间 | 交易平台企业 | 交易主体 | 交易商 | 占总排放比例 |
|------|----------|--------------|----------|--------|--------------|
| 北京 | 2013.11.28 | 北京环境交易所 | 体系覆盖的企业单位、机构 | BEA、CCER、节能量、碳汇 | 49% |
| 天津 | 2013.12.26 | 天津碳排放权交易中心 | 体系覆盖的企业单位、国内外机构和个人 | TJEA、CCER | 60% |
| 上海 | 2013.11.26 | 上海环境能源交易所 | 体系覆盖的企业单位 | SHEA、CCER | 57% |
| 重庆 | 2014.6.9 | 重庆碳排放权交易中心 | 体系覆盖的企业单位、个人和机构 | CQEA、CCER | 40% |
| 深圳 | 2013.6.8 | 深圳碳排放权交易所 | 体系覆盖的企业单位、个人和机构 | SZA、CCER | 40% |
| 广东 | 2013.12.19 | 广东碳排放权交易所 | 体系覆盖的单位、个人和机构 | GDEA、CCER | 54% |
| 湖北 | 2014.4.2 | 湖北环境资源交易中心 | 体系覆盖的企业单位、个人和机构 | HBEA、CCER | 35% |

资料来源：根据七个试点交易平台资料整理。

通过试点过程，为中国形成统一碳市场积累了丰富的经验，从实践中探索和对比了不同机制、政策的作用效果。多年的实践表明，碳排放权交易有利于促进企业节能减排意识的提高，增加低碳技术的引进、研发和利用，积极开展相关的项目合作，并培育了碳金融的发展，有效地推动了试点地区经济向高质量发展。

（1）两省五市经过精心筹备，设计并建设了完整的交易机制体系，完成了碳排放市场从无到有的过程。内部组成要素完善，包括形成了有利于多方协调的组织管理体系，创制了较为完整的政策体系（以广东省为例，如图 9-1 所示），构造了完善的碳排放权交易流程和管理规则体系，配套构建了 MRV 机制。

（2）市场初具规模。至 2019 年 6 月底，7 个试点省市的碳交易市场覆盖了水泥、电力、钢铁等行业的近 3000 家重点排放企业，总计成交达 3.3 亿吨，成交额 71 亿元。企业履约率较高，参与碳交易企业的碳排放量得到了有效控制，碳排放强度也有所下降，取得了良好的减排效果①。

（3）经济社会效益双提升。通过碳排放权交易，使减排和经济可持续发展实现了协同化，参加控排的企业设立了专职部门和人员，对碳排放进行管理，同时也为采用低碳技术的企业提供了研发项目和资金渠道，尝试通过碳配额为信用抵押物，向银行贷款，有力地支持了绿色项目发展，包括扶贫项目。

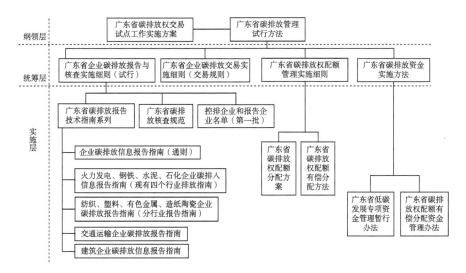

**图 9-1　广东省碳排放交易政策体系构成**

资料来源：窦勇，孙峥 . 广东省碳排放权交易试点研究［J］. 中国物价，2015（2）：42—45.

## 二、两省五市碳排放交易市场运行情况②

开市初年，七个试点省市的成交量和成交额如图 9-2 和 9-3 所示，七个试点成交量达到 3293 万吨，成交额约 14 亿元，其中，广东省碳交易量和交

---

① 碳排放交易网 . 我国省市试点碳排放权交易市场取得重要进展和显著成效 .2019 年 10 月 8 日，http：// www.tanpaifang.com / tanjiaoyi/2019/1008/65803.html.

② 碳排放权交易湖北省协同创新中心 . 中国碳排放权交易报告（2017）［R］. 社会科学文献出版社，2017.

易额最高，分别为1521万吨和8.14亿元。湖北省是二级市场表现最为突出的，2014年开市当年，市场成交量为1023万吨，成交额共计2.44亿元左右。

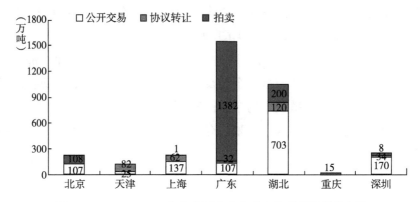

**图9-2 2013—2014年七个试点省市碳市场现货配额成交量**

资料来源：碳排放权交易湖北省协同创新中心. 中国碳排放权交易报告［R］. 社会科学文献出版社，2017.

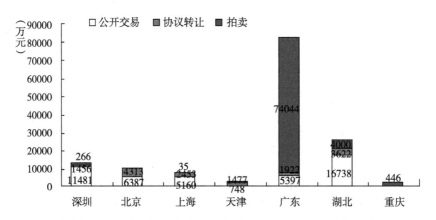

**图9-3 2013—2014年七个试点省市碳市场现货配额成交额**

资料来源：碳排放权交易湖北省协同创新中心. 中国碳排放权交易报告［R］. 社会科学文献出版社，2017.

如图9-4所示，在七个试点省市中，广东省占全部成交量和成交额的46%、58%，湖北省占全部成交量和成交额的31%和17%，两个试点市场合计占全部交易量和交易额的77%和75%。重庆是七个试点省市中交易额和交易量最小的，2013—2014年的成交量和成交额分别为15万吨和446万元。其余的试点市场的成交量（占比）和成交额（占比）分别是：北京215万吨

（7%）和 1.5 亿元（8%）；上海 200 万吨（6%）和 0.76 亿元（6%）；天津 107 万吨（3%）和 0.23 亿元（2%）。

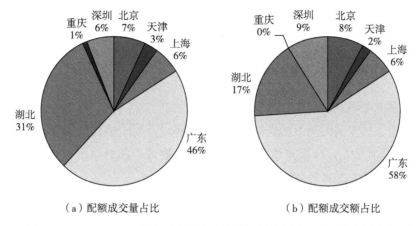

（a）配额成交量占比  （b）配额成交额占比

**图 9-4  2013—2014 年七试点省市现货碳配额成交量占比和成交额占比**

资料来源：碳排放权交易湖北省协同创新中心.中国碳排放权交易报告［R］.社会科学文献出版社，2017.

依据中国碳排放交易网的数据，2015—2018 年中国碳排放权交易市场试点省市（不计福建）的配额交易量，如图 9-5 所示，从 2014 年后，各试点省市的碳配额交易量不断提高，2017 年之后，湖北省的碳排放权配额交易量最多，广东省居第二位。

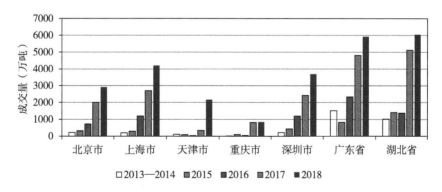

**图 9-5  2013—2018 年七个试点碳市场（不计福建）成交量**

资料来源：中国碳交易网，http://www.tanjiaoyi.com/.

### 三、两省五市碳排放交易市场试点运行特点

从全国七个试点市场运行的情况看，其共同特点主要表现为以下几个方面：

#### （一）均有 CCER 抵消交易

北京市是最早规定碳排放权抵消管理办法的试点市场，2014 年就有 10 家单位使用了林业碳汇项目的碳减排量，抵消 6.4 万吨碳排放量，有 9 家使用了 CCER，抵消了 6 万吨碳排放量（具体数据见附录中的数据十二）。上海和湖北也有相应的 CCER 履约抵消规定。

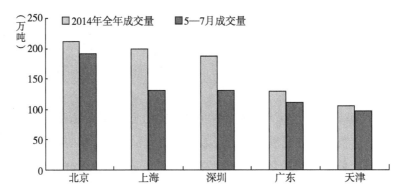

图 9-6　2014 年七个试点市场履约期和全年成交量对比图

资料来源：碳排放权交易湖北省协同创新中心.中国碳排放权交易报告［R］.社会科学文献出版社，2017.

#### （二）履约期量价齐升现象明显

虽然企业对于减排的重视程度不断提高，但是大部分企业多是为了履约才进行碳交易的情况还是比较明显，如图 9-6 所示，2014 年七个碳交易试点市场的成交量基本上都不约而同地表现为在临近履约期才进行碳交易的现象。受交易集中扎堆的影响，碳交易额和交易价格在履约期附近表现为"量价齐升"。以北京市为例（具体数据见附录中的数据十二），如图 9-7 所示，2014 年的成交量和成交均价在 7—8 月份、2018 年 6—8 月份的成交量和价格均出现了集中趋势。

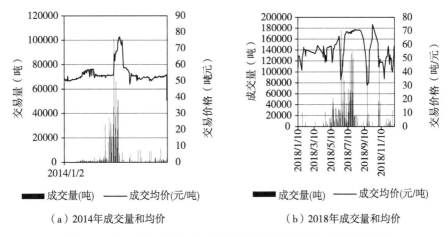

（a）2014年成交量和均价　　　　　（b）2018年成交量和均价

图9-7　2014年和2018年北京配额交易成交量和成交均价变化

资料来源：北京环境交易所，http：//www.cbeex.com.cn/.

### （三）各试点市场的交易量和价格相差较大，跨期也存在较大的差异

如表9-2所示，七个试点省市的交易额和交易价格差异性较大。因为交易量大小不同，2017年成交额最高的是湖北省，额度达10亿元，成交额最低的是重庆市，为0.3亿元，成交均价也是最低的，为3.7元/吨，成交均价最高的是北京市，达35.8元/吨。2018年北京市的碳成交均价进一步上升到52.8元/吨，远高于重庆的3.8元/吨的价格。如果形成全国统一碳交易市场，则这种交易价格的显著差异，将导致碳交易的跨市场流动。但是跨期价格差异性不利于碳市场的稳定。

表9-2　2017—2018年七个试点省市碳配额交易额和交易均价

| | | 湖北 | 广东 | 北京 | 上海 | 天津 | 重庆 | 深圳 |
|---|---|---|---|---|---|---|---|---|
| 2017 | 成交额（亿元） | 10 | 7 | 7.1 | 4.3 | 0.5 | 0.3 | 7.3 |
| | 成交均价（元/吨） | 19.5 | 14.6 | 35.8 | 16.0 | 14.1 | 3.7 | 30.1 |
| 2018 | 成交额（亿元） | 10 | 7 | 7.1 | 4.3 | 0.5 | 0.3 | 7.3 |
| | 成交均价（元/吨） | 19.9 | 16.7 | 52.8 | 21.8 | 4.4 | 3.8 | 27.9 |

资料来源：中国碳交易网，http：//www.tanjiaoyi.com/.

### （四）履约率不断提高

从 2013 年开市以来，企业实际履约率一直处于 90% 以上，随着交易机制不断完善，如图 9-9 所示，企业的履约率绝大多数在市场中达到了 100%。这表明地方政府不断加强了对企业减排的强制力度，不论从立法规章还是核查等机制建设，都对企业形成了较大的约束力。同时也表明各试点在不断总结经验，对制度进行改进是有明显成效的。

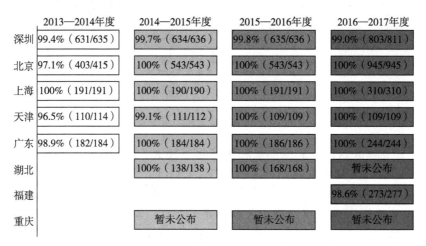

图 9-8　2014 年七个试点碳市履约期和全年成交量对比图

资料来源：碳排放权交易湖北省协同创新中心.中国排放权交易报告［R］.社会科学文献出版社，2017.

## 四、碳交易市场的整体进展和统一碳市场的建立

在第一批两省五市试点的基础上，2016 年 7 月，国家发改委又批准福建、四川两省纳入试点范围。各试点省市在当地政府的主导下，积极推进制度建设、能力建设、市场建设等工作，逐步将当地的石化、化工、建材、钢铁、有色、造纸、电力、航空八大行业以及部分地方特色行业纳入控排范围，取得了初步成效。在碳排放交易市场未正式运营前，广东、湖北等试点省市仍然按以往方式开展试点工作。

2017 年 12 月，国家发改委启动全国统一碳排放交易市场建设，其交易平台设在上海，登记系统放在湖北，首期只纳入电力一个行业。2019 年 4 月 3 日，生态环境部公布《碳排放权交易管理暂行条例（征求意见稿）》，面向社会公开征求意见，踏出了碳排放权交易市场立法的重要一步，标志着国家碳

排放权交易市场建设步伐加快。2021年7月16日全国碳排放权交易启动上线，经过近十多年的建设和试点，中国已经形成了较为系统的基础设施和制度体系，储备了一定数量的市场交易主体和人才且全球配额基数最大的碳交易市场。中国的碳市场虽然处于初期阶段，还存在许多问题和不足，但是已经具备了影响全球碳市场的基本条件①。

目前，中国试点碳市场已成长为配额成交量规模全球第二大的碳市场，截至2020年8月末，七个试点碳市场配额累计成交量为4.06亿吨，累计成交额约为92.8亿元②。

# 第二节　对参与和未参与碳市场试点省份的单独调研

碳循环中有碳源和碳汇，碳源是指向自然界释放碳的来源，如化石燃料的燃烧；碳汇则是收集储存碳的寄存体或者从大气循环中消除碳的机制、过程或活动，比如森林固碳。

在全国统一碳市场运行的情况下，不同省市碳源和碳汇的禀赋是有较大差异的，下面就以广东省和黑龙江省为例，说明参与碳交易主体是具有不同诉求的。

## 一、对试点市场的调研——广东省碳排放交易市场

2019年间断性对广东省碳排放交易市场进行了调研，选取广东省的原因在于广东省经济总量高，各地差异较大，碳排放量较高，对于全国建立统一碳排放市场具有较高的代表性。同时，作为省级碳排放交易市场，广东省可以作为经济发展水平较高省份的代表，其配额分配方式的实践经验应对理论具有很高的检验价值。

---

① 赖晓明. 建设全国统一碳市场　推进碳市场稳步发展.2022年6月15日. 东方财富网 https：//finance.eastmoney.com/a/202206152413639536.html.

② 环境部：中国碳市场已经成为全球配额成交量第二大碳市场. 腾讯网 .https：//new.qq.com/rain/a/20200925A03PM600.

广东省在努力探索建立碳排放权交易市场体系的过程中，先后在境内和境外进行了广泛的考察和学习，包括与欧洲、美国、日本及澳大利亚等碳交易体系的一线专家进行沟通，按总量——交易原则，结合广东省经济发展特点和能源结构，对广东省的碳排放权交易机制进行了顶层设计。为了使碳排放机制不断完善，运行顺畅，广东省政府先后与英国议会下院环境委员会、加州碳交易管理办公室就政策运行效果等进行了交流咨询；同时广东省碳排放权国际协会与省低碳促进会也组织了碳减排项目开发咨询机构、低碳技术供应商、碳市场参与方参加的交流会。其中一批国际性大企业，如毕马威、VERCO 等咨询公司也为企业参与碳资产管理提供了大量的帮助，做了很多工作。由此取得的成效主要表现为以下四个方面：（1）有力的组织体系和日趋完善的法规体系；（2）形成了科学的行业选择方法；（3）首创碳强度下降目标下的碳排放权配额总量管理制度，实行存量与新上项目分别核算和碳预算的管理制度；（4）促进落后产能的淘汰，降低了减排的社会成本，有力地促进了经济发展方式的转变。

**（一）广东省建立碳市场前能源消费和碳排放情况**

广东省人口超过 1 亿，是全国经济较为发达的省份，对外开放度较高，2018 年广东省地方 GDP 为 99945.22 亿元，人均 GDP 为 88781 元，GDP 增长率 6.8%，三次产业结构为 4∶41∶55（2008 年为 6∶52∶43；2012 年为 5∶49∶46），第一产业比重不断下降，第三产业比重不断提高，城镇化水平不断提高，2018 年为 71%（2012 年为 67.4%）。与全国其他省份相比，能源消费结构多元化，但也仍以化石能源为主，这也是导致广东省碳排放水平较高的一个原因，2010 年温室气体排放总量为 5.83 亿吨，2012 年为 5.73 亿吨。通过调研发现广东省及省内各地的能源消费效率差异较大，广东省整体上的能源消费效率比发达国家低出很多。

经测算，广东省在 1995—2012 年间的能源消费弹性是波动的，弹性系数值为正，2003、2005、2008 均大于 1，其他年份小于 1。与发达国家和中国的整体情况相比，如表 9-3 所示，碳交易市场建立前，1995—2012 年广东省的平均能源消费弹性是最高的，为 0.50。因此，从能源消费与经济增长的关系看，广东省的能源消费处于较快增长阶段，发达国家基本都是负值，而广东省虽然均值比 1 小，但波动中仍有部分年份的能源消费弹性系数值是大于 1

的，说明未来随着产业结构变化和技术不断提高，减排的潜力还是比较大的。

表 9-3　1995—2012 年广东省与发达国的家能源消费弹性比较

| 国家和地区 | GDP 增长率（%） | 能源消增长率（%） | 能源消费弹性系数 |
|---|---|---|---|
| 中国 | 382 | 176 | 0.46 |
| 广东 | 571 | 286 | 0.50 |
| 美国 | 52 | 3 | 0.06 |
| 德国 | 26 | −9 | −0.34 |
| 英国 | 43 | −11 | −0.25 |
| 日本 | 14 | −9 | −0.66 |
| 韩国 | 111 | 82 | 0.74 |

资料来源：依据世界银行 WDI 数据库和《中国能源统计年鉴》数据计算。

从空间分布上看，如表 9-4 所示，碳市场建立前，整体上广东省省内各地的单位 GDP 能耗均呈不断下降趋势，但地区间的差异性还是比较大的。单位 GDP 能耗较大的地区主要分布在粤北和粤东地区，珠三角地区的能耗相对高一些。

表 9-4　2005—2011 年广东省省内及国内其他省份单位 GDP 能耗比较（单位：吨标准煤 / 万元）

| 年份 | | 2005 | 2006 | 200 | 2008 | 2009 | 2010 | 2011 |
|---|---|---|---|---|---|---|---|---|
| 中国 | | 1.28 | 1.24 | 1.18 | 1.12 | 1.08 | 1.03 | 1.01 |
| 北京 | | 0.79 | 0.76 | 0.71 | 0.66 | 0.61 | 0.58 | 0.55 |
| 宁夏 | | 4.14 | 4.10 | 3.95 | 3.67 | 3.45 | 3.31 | 3.50 |
| 广东 | | 0.79 | 0.77 | 0.75 | 0.72 | 0.68 | 0.66 | 0.64 |
| 珠三角 | 广州 | 0.78 | 0.74 | 0.71 | 0.68 | 0.65 | 0.62 | 0.59 |
| | 深圳 | 0.59 | 0.58 | 0.56 | 0.54 | 0.53 | 0.51 | 0.49 |
| | 珠海 | 0.66 | 0.64 | 0.62 | 0.60 | 0.58 | 0.56 | 0.54 |
| | 佛山 | 0.89 | 0.85 | 0.81 | 0.75 | 0.69 | 0.66 | 0.64 |
| | 东莞 | 0.86 | 0.82 | 0.78 | 0.74 | 0.71 | 0.69 | 0.66 |
| | 中山 | 0.78 | 0.74 | 0.70 | 0.67 | 0.65 | 0.64 | 0.61 |
| | 江门 | 0.87 | 0.87 | 0.83 | 0.78 | 0.73 | 0.72 | 0.69 |
| | 肇庆 | 0.99 | 0.96 | 0.92 | 0.89 | 0.85 | 0.82 | 0.79 |
| | 惠州 | 0.86 | 0.98 | 1.01 | 0.96 | 0.95 | 0.89 | 0.86 |

| 年份 | | 2005 | 2006 | 200 | 2008 | 2009 | 2010 | 2011 |
|---|---|---|---|---|---|---|---|---|
| 粤北山区 | 韶关 | 2.14 | 2.04 | 1.91 | 1.82 | 1.74 | 1.71 | 1.49 |
| | 河源 | 0.96 | 0.9 | 0.88 | 0.84 | 0.81 | 0.80 | 0.77 |
| | 梅州 | 1.43 | 1.40 | 1.33 | 1.28 | 1.23 | 1.19 | 1.14 |
| | 清远 | 1.73 | 1.70 | 1.63 | 1.54 | 1.48 | 1.45 | 1.39 |
| | 云浮 | 1.53 | 1.44 | 1.39 | 1.34 | 1.29 | 1.27 | 1.23 |
| 粤西 | 阳江 | 0.87 | 0.80 | 0.76 | 0.74 | 0.71 | 0.70 | 0.68 |
| | 湛江 | 0.74 | 0.71 | 0.98 | 0.66 | 0.64 | 0.63 | 0.62 |
| | 茂名 | 1.33 | 0.28 | 1.26 | 1.19 | 1.15 | 1.10 | 1.06 |
| 粤东 | 潮州 | 1.47 | 1.42 | 1.37 | 1.32 | 1.27 | 1.23 | 1.19 |
| | 揭阳 | 1.03 | 0.97 | 0.94 | 0.90 | 0.87 | 0.86 | 0.82 |
| | 汕头 | 0.69 | 0.66 | 0.65 | 0.63 | 0.61 | 0.59 | 0.57 |
| | 汕尾 | 0.58 | 0.57 | 0.56 | 0.56 | 0.53 | 0.52 | 0.50 |

资料来源：依据《中国统计年鉴》《广东省能源统计资料2001—2010》和《广东统计年鉴》数据计算。

从能源供给来源和消费的产业分布来看，2012年非化石能源供应不足10%，其余90%以上均是化石能源，从能源消费终端分布的情况看，近50%的能源消费是由第二产业产生的，其中制造业占42%，交通运输仓储和零售酒店餐饮占13.8%，居民消费占9.8%，可见第二产业仍是能源消费的主要来源，也应该是控排的主要对象。如果按能源消费量的分布计算碳排放量，可以明显看出，2012年制造业的碳排放量占64.2%，交通运输仓储和邮政占碳排放量的9.7%，而居民生活的碳排放量为13.2%。

### （二）广东省碳排放权配额总量研究

从广东省的经济发展情况看，2012年正是广东省工业化和城市化发展较快的时期，工业化中高能耗产业快速发展，城市化又需要大量的基础设施建设，能源消费处于高增长阶段。据此，广东省进行了总体安排，在试点期内（2012—2015）对电力、钢铁、石化和水泥行业中年碳排放量大于2万吨的企业实行碳排放权配额管理。根据企业碳排放信息核查和广东省总体的能源消费情况数据，将4个行业中共202家企业纳入控排范围，其中电力62家，钢铁63家，石化9家，水泥68家，这些企业占行业总排放量的80%，占全省碳排放量的 54% 左右。

## （三）广东省碳排放权分配方案及要素

为了设计碳排放权分配方案，广东省发改委会同相关行业主管部门组建了广东省配额分配评审委员会和行业配额技术评估小组，对相关的分配方式、标准及其合理性进行了研讨和评估。广东省配额分配的指导思想包括以下四点：（1）促进减排，保障发展；（2）控制存量，保障增量；（3）效率优先，兼顾公平；（4）有偿发放，分步实施。其分配方案的主要内容如下：

### 1. 分配方式

碳配额的分配方式包括分配的主体、时间、渠道、效率、流程和价格等，内容如表 9-5 所示，表中所示的内容是 2014 和 2015 年广东省的分配方案，2019 年又重新进行了修订，由于新修订的文件篇幅较大，就没有放在附录数据里。从最初的分配方案可以看出，在试点期间，每年 7 月 1 日免费的配额发放在广东省配额登记系统中，97% 最初都是免费发放，只有 3% 的配额是通过有偿方式发放的。在试点初期，由于基础数据还很缺乏，最初只能先按各个企业提交碳排放计划的数据安排配额数量。

表 9-5　广东省碳排放权分配方式的内容

| | | 免费发放<br>（控排企业） | 有偿发放<br>（控排企业、新建项目） |
|---|---|---|---|
| | 时间 | 每年 7 月 1 日 | 每季度 |
| | 渠道 | 配额登记系统 | 有偿发放平台 |
| | 方式 | 直接发放 | 竞价 |
| | 价格 | 免费 | 设定底价 |
| 数量 | 2013 年 | 核定配额总量的 97% | 购买核定配额的 3% |
| | 2014—2015 年 | 电力行业为核定配额的 95%，其余行业为 97% | 按需求购买 |

资料来源：根据收集资料整理。

### 2. 分配标准

广东省配额分配的标准主要是依据基准法，在基准法不适用的情况下，再用历史法。例如电力行业主要采用基准法，因为电力行业实际上是技术比较复杂的行业，有单纯发电的企业也有热电联产的企业，发电机组工作需要消费的能源也不同，因此采用基准法比较有利于激励企业改进技术，淘汰能耗高的发电设施。而水泥、石化行业的煤油由于工序复杂，产品也有较大差别，采用历史法比较合适。

3. 配额调整机制

调整机制主要是在大的分配原则和方法不变的情况下，考虑到有特殊情况，可能需要对配额进行调整而设立的机制。该调整机制主要可以分为基准法事后调整机制和历史法事后调整机制。以基准法为例，因为经济运行和市场需求会有所变化，一般基准值都是依据历史数据测算出来的，会与实际运行结果出现偏差，此时配额就会多于或少于实际的需要量，需要进行事后调整。历史法的事后调整主要是为调整范围设定上限，因为如果经济景气时，企业的实际产量可能超过历史产能或设计产能，这样企业超过一个上限时，就需要自己承担减排成本，购买配额。

4. 广东省碳排放监测、报告和核查

企业碳排放监测（Monitored）、报告（Reported）与核查（Verified）是碳对温室气体数据进行收集、处理的过程，是确定碳排放总量的依据，是碳交易市场正常运行的主要保障机制。为了保障数据的准确可靠，广东省在 2014 年 1 月颁布了《广东省碳排放管理试行办法（粤府令第 197 号）》，确定了 MRV 制度。其制度机制如图 9-9 所示。

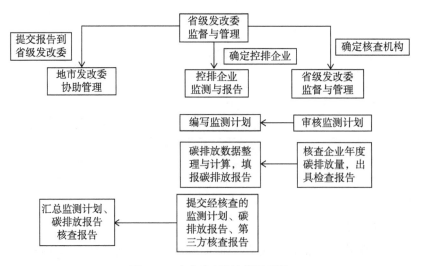

图 9-9　广东省 MRV 管理系统

广东省 MRV 机制中控排企业为报告主体，每年按《广东省排放信息报告与核查实施细则（试行）》等规定编制监测计划和上年度的碳排放信息报告，并通过"广东省企业碳排放信息报告与核查系统"上报至省改委，并配合第三方核查机构进行监测计划和碳排放信息报告的核查。第三方核查机构公正独立开展碳排放核查工作，并依法承担保密义务。各地级市以上人民政府负责指导本辖区内的企业配合碳排放管理相关工作，各地级以上市发改委负责组织企业进行报告与第三方的核查工作。

## 二、对非试点省份的调研——黑龙江省碳排放权交易中心

2019 年走访了黑龙江省碳排放权交易中心，黑龙江虽然不是碳交易试点省份，但也一直精心地进行加入全国碳交易市场的各种准备工作。

### （一）碳交易的筹备工作

2017 年 7 月，在省政府有关领导的推动下，经省金融办批复，在黑龙江产权交易所加挂"黑龙江省碳排放权交易中心"的牌子，增加碳排放权交易业务板块。2018 年 9 月，根据黑龙江省清理整顿各类交易所工作领导小组《关于进一步明确各类交易所设立变更事项有关问题的通知》的要求，经省国资委批准、省金融办备案，黑龙江省产权交易所设立了黑龙江省碳排放权交易中心有限公司（简称"碳交中心"）。

1. 前期主要工作

一是制定碳排放交易规则，为碳排放配额交易做好准备。与广州碳排放权交易所签署合作协议，借助广东经验加快推进我省碳市场建设步伐。二是组织碳市场建设发展研讨会，邀请省发改委、森工总局、东北林业大学、广州碳排放权交易所等单位，就如何发展我省碳汇经济，加快碳交易市场及碳汇交易培训会，对来自省碳汇经济发展工作领导小组 22 个成员单位的 60 多位同志进行了碳汇知识普及和讲解。三是参与我省碳汇经济发展规划。在省碳汇经济发展工作领导小组的指导下，由东北林业大学牵头，碳交易中心积极参与了我省碳汇经济发展规划总体设计，目前已定稿，等待发改委最后审定。

3. 下一步工作计划

考虑到黑龙江是农业大省，农林资源丰富，因此下一步的工作除了作好

碳市场的建设外，为了实现减排目标还应进一步开发好碳汇，具体内容包括：一是配合省生态环境厅，制定黑龙江省碳排放权交易的规章制度，确定纳入碳市场的行业范围、企业门槛。二是配合省林草局、东北林业大学等单位，开发天然林碳汇项目方法学，以充分发挥黑龙江省天然林资源优势。三是积极参与全国碳排放权交易市场建设，争取尽早融入全国碳排放权交易市场，成为全国统一碳市场的黑龙江分支机构或营业部。四是积极配合省林草局、龙江森工集团、新产业投资集团等单位，开发储备林业碳汇、风电减排项目；主动与大兴安岭图强林草局、黑龙江东林清洁能源科技有限公司等单位沟通，推动我省已备案的 CCER 项目到国内试点市场进行碳交易，探索开展碳汇项目抵押贷款融资[1]。

### （二）黑龙江省的碳汇资源丰富

黑龙江作为传统的资源大省，森林面积、森林蓄积量水平均位于全国前列。全省森林面积为 2100 万公顷，位居全国第 2 位，森林蓄积量为 20.99 亿立方米。黑龙江有国家重点国有林区，大小兴安岭、长白山脉、张广才岭、完达山脉等丰富的林草资源，党的十八大以来，累计完成营造林 117.5 万公顷，森林面积增加 3.4%，森林蓄积量增长 30.1%[2]。由此可见，黑龙江在碳汇方面具有天然自然资源优势。

中国学者们对于碳汇问题的关注开始比较早，2006 年就开展了对森林碳汇的测算工作。郗婷婷、李顺龙（2006）研究认为，由于相比于南方，中国北方的树种大部分生长周期长，能够满足森林碳汇项目不能在短期内仅对树木进行砍伐的要求，而黑龙江森林中的幼、中林面积大，更能满足碳汇项目的要求，是开展林业 CDM 的理想地点。当时测算的黑龙江森林面积和碳汇的相关数据如表 9-6 所示，当时预测 2020 年黑龙江的森林面积为 2324 万公顷，总蓄积量为 18.6023.24 亿 m³，还是相对准确的，由此估计 2020 年黑龙江的森林碳汇为 21.55 亿—26.92 亿吨，增长潜力为 9.54 亿吨。

---

[1] 黑龙江省碳排放权交易中心 . 关于做好碳排放权交易市场建设的调研报告 .2019 年 4 月 5 日（调研交流资料）.

[2] 许诺 . 黑龙江省森林面积达 2100 万公顷 位居全国第二 . 东北网 .https：//heilongjiang.dbw.cn/system/2022/09/09/058972605.shtml.

### 表 9-6 黑龙江省全部森林碳汇容量与潜力

| 年度 | 森林覆盖率（%） | 森林面积（亿 hm³） | 单位蓄积（/m³.hm³） | 总蓄积（亿 m³） | 森林全部碳汇（亿吨） | 全部碳汇潜力（亿吨） |
|------|------|------|------|------|------|------|
| 2004 | 41.9 | 0.2007 | 74.74 | 15.00 | 17.38 | —— |
|      |      |        | 100.00 | 20.07 | 23.25 | 5.87 |
| 2010 | 47 | 0.2141 | 79.40 | 17.00 | 19.69 | 2.31 |
|      |      |        | 100.00 | 21.41 | 24.80 | 7.42 |
| 2020 | 51 | 0.2324 | 80.03 | 18.60 | 21.55 | 4.17 |
|      |      |        | 100.00 | 23.24 | 26.92 | 9.54 |

资料来源：郗婷婷，李顺龙．黑龙江省森林碳汇潜力分析［J］．林业经济问题，2006（6）：519—526.

马晓哲、王铮（2011）利用第六次森林资源清查数据，采用 CO2FIX 模型对 2005—2050 年全国 31 个省的森林累计碳汇进行了估算，估算的结果如表 9-7 所示，除了内蒙古，其森林碳汇累计数量为 1992.60 吨，黑龙江的累计碳汇量是最多的，虽然仅约相当于内蒙古的 1/3，但总量还是远高于其他省份，与同处于东北地区的吉林和辽宁相比，相当于这两个省的三倍。可见，黑龙江省的森林碳汇在全国居重要地位。

### 表 9-7 2005—2050 年分省区森林累计碳汇（单位：公吨）

| | 省份 | 碳汇总量 | | 省份 | 碳汇总量 | | 省份 | 碳汇总量 |
|---|------|------|---|------|------|---|------|------|
| 1 | 内蒙古 | 1992.06 | 12 | 贵州 | 284.68 | 23 | 青海 | 103.16 |
| 2 | 黑龙江 | 666.73 | 13 | 湖南 | 252.17 | 24 | 山东 | 75.76 |
| 3 | 云南 | 575.83 | 14 | 河北 | 220.03 | 25 | 新疆 | 72.11 |
| 4 | 四川 | 398.70 | 15 | 辽宁 | 212.06 | 26 | 海南 | 56.33 |
| 5 | 广东 | 389.23 | 16 | 浙江 | 197.34 | 27 | 宁夏 | 38.25 |
| 6 | 江西 | 383.72 | 17 | 湖北 | 170.39 | 28 | 北京 | 30.23 |
| 7 | 广西 | 357.66 | 18 | 吉林 | 159.12 | 29 | 江苏 | 18.15 |
| 8 | 福建 | 337.81 | 19 | 安徽 | 149.61 | 30 | 天津 | 3.31 |
| 9 | 陕西 | 321.12 | 20 | 河南 | 129.09 | 31 | 上海 | 0.12 |
| 10 | 甘肃 | 319.24 | 21 | 重庆 | 111.09 | | | |
| 11 | 山西 | 304.14 | 22 | 西藏 | 108.58 | | | |

资料来源：马晓哲，王铮．中国分省区森林碳汇量的一个估计［J］．科学通报，2011（6）：60—63.

2022 年 2 月 23 日，黑龙江省完成了首例碳汇交易，交易金额为 500 万元，黑龙江省发改委表示，黑龙江省已开发 6 个中国自愿减排林业碳汇项目，预计减排总量可达 8802 万吨①。

## 三、调研结论

六市三省的试点是中国处于区域碳排放市场阶段的工作，也是为建立统一碳市场进行了准备和试验。由于中国幅员辽阔，各地区间经济发展水平、发展阶段、产业结构等方面的情况存在差异较大，与 IPCC 中成员较多，情况各异，不能一刀切地在一个统一的框架内减排有相似之处，选择"自下而上"的方式来构建碳排放权交易机制体制，这不是缺少顶层设计，而是因地制宜分割构建碳排放市场进行减排的有意制度选择和安排。

从区域试点的运行情况看，一级市场主要的难点还是在于碳排放权配额的初始分配机制不够灵活有效。因为实际上从减排的本质上来讲，无论通过什么方法来发放配额，首先都需要先研究一个配额总量，这个总量决定了是否正在减少碳排放量，是碳排放权交易与碳税的根本区别所在，也是现阶段为什么实践中选择了以碳排放许可交易的形式进行减排的原因。这也是将来形成全国统一碳交易市场需要面对的首要问题。另外，区域市场面对的对象是企业，如何在不同的企业间进行初始配额的分配和发放不但决定了减排机制是否会起作用，也影响了企业间的公平关系，这是一级市场中的核心问题。现阶段这个核心问题还需要进一步完善。二级市场的问题是交易主要集中在清缴期，交易价格波动较大。作者认为，这个问题的根本原因还是由一级市场中的碳排放权分配的有效性决定的，因为一级市场的配额决定了二级市场中的供给，同时也决定了需求。

未来形成统一的碳交易市场，所有的省份都将被纳入其中，暂未加入全国统一碳排放权交易市场体系的省市，一直处于筹备中，这些地区比较关注碳排放交易机制体系的构建，包括如何确定配额，如何分配配额等理论问题，以及如何实现交易的实践问题。对于森林资源富集的地区，还关心如何将碳汇引入到碳排放交易市场体系中，将其常态化，并可以从中得到较大的利益。

---

① 黑龙江省碳汇交易平台将于年底上线 . 电力网 https://news.bjx.com.cn/html/20220505/1222162.shtml.

对于参与碳排放交易的企业而言，在目前的市场条件下，交易的积极性并不高，缺少主动参与的动力。从理论上分析，除了与碳排放是公共物品还具有外部性关系，另外一级市场中的碳排放配额的数量决定和二级市场中的价格波动较大，也是影响企业参与积极性的原因。各地区由于需要兼顾和权衡地区发展与节能减排，所以一般配额发放比较宽松，对企业减排压力不大，碳价过低，参与减排的企业数量有限，对企业而言，成本－收益效果不显著。

最后，调研还发现 MRV 机制是关系到碳排放交易有效的核心要素，既关系到碳排放配额的制定、分配，也关系到二级市场中供求数量，未来还需要进一步对其进行完善。

## 参考文献

［1］马晓哲，王铮.中国分省区森林碳汇量的一个估计［J］.科学通报，2011（6）：60—63.

［2］郗婷婷，李顺龙.黑龙江省森林碳汇潜力分析［J］.林业经济问题，2006（6）：519—526.

# 第十章　碳排放权分配中存在的
# 问题及其思考

**内容摘要：** 自中国建立区域碳排放权交易市场试点以来，中国的碳排放权交易市场及其相关的制度建设已经从无到有，且从 2017 年开始，中国开始了全国统一碳排放权交易市场的建设工作，其成效显著。在对现有研究成果进行收集和汇总后，可以看出中国在市场化减排方面的根本制度缺失已经大为改观了，但是制度仍然不完善，核心问题包括碳排放权初始分配机制的法治化、有效的价格机制等，其他问题还包括法律和制度不健全、人才缺乏、MRV 机制企业减排技术有待提高等，都还没有得到解决。其中被提及最多的还是碳排放权的初始分配问题，解决这个问题的关键应是提高配额分配的灵活性，在具有明确的减排目标、权衡和平衡好减排的影响的基础上，形成有利于统一碳排放市场交易的分配机制体系。

## 第一节　对碳排放权交易存在问题的梳理

中国的碳排放权交易应该分为三个部分：一是参与 CDM 交易部分，二是自愿减排市场，三是中国强制减排的区域碳交易市场。从 2005 年开始参与《京都议定书》的 CDM 交易，虽然 2012 年《京都议定书》第一期结束时，由于碳价大幅度降低，中国的 CDM 交易量大幅度减少，但是依据联合国清洁发展机制执行委员会数据，2013 年中国在国际 CDM 市场中的份额仍占到61.76%。2009 年 5 月 8 日，天平汽车保险公司收购了 2008 年北京奥运会"绿色出行"活动获得的 8026 吨碳减排指标，用于抵消 2004—2008 年间因为其公司运营过程中产生的碳排放，这标志着中国首次开始进行自愿碳减排交易。此后，虽然中国参与自愿减排的企业甚至个人有所增加，但实际上交易规模还是有限的，很多企业参与自愿减排并不为了减排而参与的，多是为了维护公司的社会形象，源动力不足（许向阳等，2018）。因此，这两类交易都很难获得长远发展，也就是说依靠这类市场很难实现中国限制和减少碳排放的目标。

2011年中国开始启动区域碳排放权交易试点，确立了北京、上海、广州、深圳、天津、湖北、重庆七个省市开展交易试点工作，这是中国首次进行强制性减排尝试，是中国建立碳排放权交易市场实质性的一步，同时也是为了兑现2009年11月25日温家宝总理正式提出的中国10年减排目标：2020年相比2005年单位GDP碳排放量（碳排放强度）下降40%—45%而采取的实际措施。2019年11月27日，中国生态环境部发布《中国应对气候变化的政策与行动2019年度报告》，介绍了中国实施应对气候变化国家战略取得的显著成效，至2019年底，中国碳强度较2005年降低了约48.1%，非化石能源占一次能源消费比重达到15.3%，提前完成了对国际社会承诺的2020年减排目标[①]。

自2013年中国的区域碳排放交易试点市场投入运营，各区域碳排放权市场通过不断建立健全相关的交易制度，加强组织管理和信息披露，创新交易品种，实际上已经取得十分显著的成效。通过对近几年学者们研究成果的梳理，结合对网络资源的整理，发现相关试点工作被提及的主要问题如表10-1所示。

**表10-1　中国碳排放权交易存在的问题文献整理**

| 年份 | 作者 | 被提及的问题 | 区域 | 原因分析 |
|---|---|---|---|---|
| 2013以前 | 周文波等 | 初始分配制度缺失；监管力度不足；碳排放权交易定价不合理 | 中国 | 中国处于碳排放市场探索阶段 |
| | 赵细康 | 配额总量设置、配额分配、体制缺陷、法规创设、MRV机制等关键问题 | 中国 | |

---

① 中华人民共和国生态环境部.《中国应对气候变化的政策与行动2019年度报告》.https：//www.mee.gov.cn/ywgz/ydqhbh/qhbhlf/201911/P020200121308824288893.pdf.

| 年份 | 作者 | 被提及的问题 | 区域 | 原因分析 |
|---|---|---|---|---|
| | 陆敏等 | 碳排放权交易价格不稳定，影响企业采取措施减少碳措施 | 全球碳市场 | 碳价格受诸多因素影响，而碳排放交易对企业竞争力影响较小 |
| | 高山 | 国际碳交易价格机制不完善，国内企业对碳交易的需求不足 | 全球碳市场 | 全球碳交易市场分割，不同市场的减排目标、交易方式等差异较大，导致碳价不透明，经常大幅波动。这主要由于碳交易是人为形成的，供求机制作用不灵活 |
| | 冯亮明等 | 为了提高森林对减缓气候变化中的作用，应将碳汇纳入碳交易市场体系中 | 中国 | 中国拥有大面积的人工林，面积还会增大，将为以后气候变化的改善发挥较大作用 |
| 2014 | 郑立等 | 企业对碳排放配额分配、交易机制不完善；相关法律法规不健全；基础数据不充分；调控能力不足 | 中国 | 碳排放权交易市场在中国处于初创阶段 |
| | 陆小成等 | 碳排放权的初始分配机制不完善；缺乏碳排放权的科学定价机制；缺乏有效的碳交易法律制度体系 | | |
| | 刘承智等 | 碳排放权交易价格波动过大，需要稳定机制 | 区域试点 | 碳排放配额缺少更柔性灵活的调整机制 |
| | 胡炜 | 对湖北省进行参与碳排放交易的典型性认识不足；对碳排放交易对经济转型作用的认识不充分，没有将这一市场机制嵌入两型社会建设中 | 湖北 | 京沪深减排过于激进，湖北相对稳健。政府应该考虑减排目标设置是否合理 |
| 2015 | 金永利等 | 碳排放权初始分配制度存在一定缺陷；法律体系不健全；政府监管力度不够；碳交易不规范；企业的减排节能技术还有待提高；缺乏专业人才 | 中国 | 关于碳排放权交易的制度、体系、技术、人才等因素还欠缺 |
| | 康增奎等 | 碳排放权初始分配制度仍有缺陷；政府行政手段过于笼统；市场交易不活跃；缺少定价机制 | 中国 | 中国的碳排放交易市场仍处于初级阶段 |
| 2016 | 江银村等 | 需要改善碳排放配额发放权重；需要提高市场活跃度；公众碳排放交易参与度有待提高 | 广东省 | — |
| | 杨柳青青 | 还需要厘清碳排放权初始分配方法；企业减排能力有待提高，缺少专业人才；政府的监管和引导能力有待加强 | 中国 | 与发达国家的市场比较，还存在不足，需要完善 |

| 年份 | 作者 | 被提及的问题 | 区域 | 原因分析 |
|------|------|------------|------|---------|
|  | 靳敏等 | 总量控制目标的基年不同；缺乏有效的惩罚机制；由于基础数据不全面，增加配额分配难度；交易量有限，市场价格行情在不同的区域相差较大 | 区域试点 | 区域市场分割，机制还需要完善 |
| 2017 | 张莉莉等 | 法律法规不完善；金融产品单一；人才缺乏；缺少跨区域合作 | 河北省 | 作为工业大省，河北省在碳排放交易市场建设中存在困难 |
| 2018 | 李彦 | （1）碳配额分配方法需要改进；（2）完善数据统计；（3）需要提高第三方核查机构专业水平；（4）纳管企业碳管理水平有待提高，特别是对碳管理专员 MRV 制度的熟悉程度有待提高 | 福建省 | 政府部门对于配额分配和管理的专业水平需要提高；对碳排放权交易内容比较复杂，相关企业和第三方机构业务能力不熟练；缺乏相关的人才 |
| 2018 | 李雅琦等 | 需要完善交易体系法律基础；需要扩大信息共享渠道；市场活跃度、流动性、交易主动性不高；交易基础和监管需要加强 | 中国 | 中国进入全国统一碳排放市场建立阶段，但仍然经验不足，需要进一步完善相关体制机制 |
| 2018 | 刘诚 | 获取配额的方式不统一；需要提升地方层级的法律；交易的财务问题需要解决 | 中国 | 试点城市采取的方式不同，各地方管理碳排放权交易的具体组织机构不同 |

资料来源：根据参考文献资料整理。

从表 10-1 的时间维度上看，中国碳排放权交易的体系和机制得到了不断完善，2013 年之前的一些制度、体系缺失问题已经基本上不存在了，最近几年学者们没有再提及缺失最根本的体制机制，不足多是基于完善和提高，如管理水平、管理能力有待提高等。但配额的发放问题、价格的波动问题一直贯穿始终。由于碳排放权交易是通过市场价格机制实现减排，因此，配额的发放问题和价格问题是最核心的两个问题。从二者的关系看，配额的发放仍是问题的根本所在。

## 第二节　对碳排放权配额分配的主要难点的思考

通过前述对碳排放权交易过程中存在的主要问题的梳理，可以看出，不单是中国，实际目前全球碳排放市场普遍存在配额市场机制作用效果达不到预期要求的情况。因为建立碳排放交易的目标是希望通过经济手段，借助市场机制，形成减少碳排放的微观机制，通过"倒逼"机制，促进企业进行减排技术创新，提高碳效率。但从中国和其他国家实际情况看，基本问题是机制设计仍然不完善，因此使参与碳排放权交易的企业积极性不高，碳价格波动性大，这对于发现碳价格，促进企业减少排放等均是不利的。

本书认为，导致这些的根本原因在于没有找到合适的碳配额分配机制和方式。因为配额分配实质上是碳排放权的供给，这个供给因为不是自发的，而是人为设计的，为了满足减排的需要，在强制减排的情况下，这个量是多少需要进行提前预测，相当于一个固定值。这个值的预测其实也并不简单，因为需要考虑多方面的因素，这些因素之间在很大程度上不是互补的，而是替代的。如在经济增长没有"脱碳"之前，限制或减少碳排放就会影响经济增长和产业发展。这些因素之间还是不平衡的，需要在分配过程中，考虑平衡问题。如配额在不同地区、不同产业、不同企业间如何分配是公平的。这本身就是一个复杂的问题。从需求侧讲，企业是配额的需求方，购买配额的目的是用于抵消高出的碳排放量。对于企业而言，其碳排放量的多少是由其产值决定的，企业的产值来源于市场，而市场的情况是复杂而多变的，宏观上取决于经济运行和经济周期，中观上取决于竞争情况，微观上取决于企业的经营和决策，因此变数是比较大的。从价格机制的角度讲，如果供给是固定不变的，而需求是可变的，则价格应该完全取决于需求。如果配额过少，碳价格提高，则会形成惩罚机制，失去"倒逼"的作用了；如果分多了，没有需求，价格下降，不但没有市场交易，还会使持有配额人蒙受资产损失，企业会失去减排动力。由此可见，碳配额分配的关键应当在于如何提高供给的灵活性，并且在多目标制约过程中，需要明确权衡和平衡的准则。

调研的整体结果表明，目前中国的碳排放权配额分配的雏形已经基本具备了，还需要进一步提高制度设计的精度。

# 参考文献

[1] 胡炜. 碳排放权交易试点工作问题及对策——以湖北省为例 [J]. 财政监督，2014（1）：66—69.

[2] 康增奎，赵欣冉. 我国碳排放权交易问题研究 [J]. 理论学刊，2015（4）：66—69.

[3] 江银村，孙梦恬，欧阳慈韵，等. 广东省碳排放权交易市场发展现状及问题研究 [J]. 安徽农业科学. 2016，（16）：222—226.

[4] 金永利，李晓清，楚京京. 我国碳排放权的交易问题及对策分析 [J]. 商业会计，2015（9）：85—87.

[5] 靳敏，孔令希，王祖光. 我国碳排放权交易试点现状及问题分析 [J]. 环境保护科学，2016（6）：134—141.

[6] 李彦. 福建碳排放权交易试点的现状、问题与对策 [J]. 宏观经济管理. 2018，（2）：66—71.

[7] 李志学，张肖杰，董英宇. 中国碳排放权交易市场运行状况、问题和对策研究 [J]. 生态环境学报，2014（11）：1876—1882.

[8] 刘诚. 我国碳排放权交易市场存在的问题与建议 [J]. 产权导刊，2018（3）：31—34.

[9] 刘承智，潘爱玲，谢涤宇. 我国碳排放权交易市场价格波动问题探讨 [J]. 价格理论与实践，2014（3）：55—57.

[10] 陆敏，赵湘莲，李岩岩. 国际碳排放配额交易价格热点问题研究综述 [J]. 商业经济，2013（7）：5—7.

[11] 陆小成，侯林. 生态文明视域下的碳交易问题研究综述 [J]. 唐山学院学报，2014（3）：26—29.

[12] 沈亮明，刘伟平，肖友智. 基于森林资源保护的碳排放权交易问题的研究 [J]. 林业经济问题. 2009，（1）：15—19.

[13] 李雅琦，宋旭峰，高清霞. 我国碳排放交易市场发展现存问题及建设建议 [J]. 环境与可持续发展，2018（3）：95—97.

[14] 吴恒煜，胡银华. 国外碳排放交易问题研究述评 [J]. 资源科学，2013（9）：1828—1838.

[15] 许向阳，吴凌云，杨文杰，等. 基于碳排放交易体系的中国造纸企业碳管理研究 [M]. 中国林业出版社，2018.

[16] 杨柳青青. 我国碳排放交易市场建设问题与对策 [J]. 兰州学刊，2016（12）：187—192.

[17] 赵细康. 碳排放权交易制度设计的若干问题 [J]. 南方农村，2013（3）：27—32.

[18] 张莉莉，黄晟，刘艳芳. 河北省碳排放权交易市场存在的问题及对策 [J]. 中国集体经济，2017（3）：17—18.

［19］郑立，盛均全.基于低碳经济视角下的碳交易问题研究［J］.财政监督，2014（12）：
　　　70—72.

［20］周文波，陈燕.论我国碳排放权交易市场的现状、问题与对策［J］.江西财经大学学
　　　报，2011（3）：12—17.

# 附　录

# 数据一

## 1952—2018 年中国 GDP、人均 GDP 及其增长率

| 年份 | GDP（亿元） | GDP（亿美元） | GDP 增长率（%）上年 =100 | 人均 GDP（元） | 人均 GDP（美元） | 人均 GDP 增长率（%）上年 =100 |
|---|---|---|---|---|---|---|
| 1952 | 679 | 304.9 | — | 119.4 | 5.6 | — |
| 1953 | 824.2 | 316.5 | 15.6 | 141.8 | 54.5 | 13.1 |
| 1954 | 859.4 | 330.0 | 4.2 | 144.4 | 55.5 | 1.8 |
| 1955 | 910.8 | 349.9 | 6.8 | 149.6 | 57.5 | 4.5 |
| 1956 | 1029 | 395.2 | 15 | 165.6 | 63.6 | 12.7 |
| 1957 | 1069.3 | 410.6 | 5.1 | 167.8 | 64.4 | 2.4 |
| 1958 | 1308.2 | 502.4 | 21.3 | 200.3 | 76.9 | 18.3 |
| 1959 | 1440.4 | 550.4 | 8.8 | 216.3 | 82.7 | 6.7 |
| 1960 | 1457.5 | 597.2 | −0.3 | 218.5 | 89.5 | −0.5 |
| 1961 | 1220.9 | 500.6 | −27.3 | 184.9 | 75.8 | −26.6 |
| 1962 | 1151.2 | 472.1 | −5.6 | 172.9 | 70.9 | −6.4 |
| 1963 | 1236.4 | 507.1 | 10.2 | 181.2 | 74.3 | 7.5 |
| 1964 | 1455.5 | 597.1 | 18.3 | 208.4 | 85.5 | 15.5 |
| 1965 | 1717.2 | 704.4 | 17 | 240.1 | 98.5 | 14.3 |
| 1966 | 1873.1 | 767.2 | 10.7 | 254.7 | 104.3 | 7.7 |
| 1967 | 1780.3 | 728.8 | −5.7 | 235.9 | 96.6 | −8.1 |
| 1968 | 1730.2 | 708.5 | −4.1 | 223.4 | 91.5 | −6.6 |
| 1969 | 1945.8 | 797.1 | 16.9 | 244.4 | 100.1 | 13.7 |
| 1970 | 2261.3 | 926.0 | 19.4 | 276.3 | 113.2 | 16.1 |
| 1971 | 2435.3 | 998.0 | 7 | 289.5 | 118.7 | 4.1 |
| 1972 | 2530.2 | 1136.9 | 3.8 | 293.5 | 131.9 | 1.2 |
| 1973 | 2733.4 | 1385.4 | 7.9 | 309.9 | 157.1 | 5.4 |
| 1974 | 2803.7 | 1441.8 | 2.3 | 311.4 | 160.1 | 0.2 |
| 1975 | 3013.1 | 1634.3 | 8.7 | 328.8 | 178.3 | 6.8 |
| 1976 | 2961.5 | 1539.4 | −1.6 | 318.2 | 165.0 | −3.1 |
| 1977 | 3221.1 | 1749.4 | 7.6 | 341.4 | 185.4 | 6.2 |
| 1978 | 3678.7 | 1495.4 | 11.7 | 385.0 | 156.4 | 10.2 |

| 年份 | GDP（亿元） | GDP（亿美元） | GDP增长率（%）上年=100 | 人均GDP（元） | 人均GDP（美元） | 人均GDP增长率（%）上年=100 |
|------|-----------|-------------|---------------------|------------|--------------|-------------------------|
| 1979 | 4100.5 | 1782.8 | 7.6 | 423.0 | 184.0 | 6.1 |
| 1980 | 4587.6 | 1911.5 | 7.8 | 468.0 | 194.8 | 6.5 |
| 1981 | 4935.8 | 1958.7 | 5.2 | 497.0 | 197.1 | 3.9 |
| 1982 | 5373.4 | 2050.9 | 9.1 | 533.0 | 203.3 | 7.5 |
| 1983 | 6020.9 | 2306.9 | 10.9 | 588.0 | 225.4 | 9.3 |
| 1984 | 7278.5 | 2599.5 | 15.2 | 702.0 | 250.7 | 13.7 |
| 1985 | 9098.9 | 3094.9 | 13.5 | 866.0 | 294.5 | 11.9 |
| 1986 | 10376.2 | 3007.6 | 8.8 | 973.0 | 281.9 | 7.2 |
| 1987 | 12174.6 | 2729.7 | 11.6 | 1123.0 | 251.8 | 9.8 |
| 1988 | 15180.4 | 3123.5 | 11.3 | 1378.0 | 283.5 | 9.5 |
| 1989 | 17179.7 | 3477.7 | 4.1 | 1536.0 | 310.9 | 2.5 |
| 1990 | 18872.9 | 3608.6 | 3.8 | 1663.0 | 317.9 | 2.3 |
| 1991 | 22005.6 | 3833.7 | 9.2 | 1912.0 | 333.1 | 7.7 |
| 1992 | 27194.5 | 4269.2 | 14.2 | 2334.0 | 366.5 | 12.8 |
| 1993 | 35673.2 | 4447.3 | 14 | 3027.0 | 377.4 | 12.7 |
| 1994 | 48637.5 | 5643.2 | 13.1 | 4081.0 | 473.5 | 11.8 |
| 1995 | 61339.9 | 7345.5 | 10.9 | 5091.0 | 609.7 | 9.7 |
| 1996 | 71813.6 | 8637.5 | 10 | 5898.0 | 709.4 | 8.9 |
| 1997 | 79715.0 | 9616.0 | 9.3 | 6481.0 | 781.7 | 8.2 |
| 1998 | 85195.5 | 10290.4 | 7.8 | 6860.0 | 828.6 | 6.8 |
| 1999 | 90564.4 | 10940.0 | 7.6 | 7229.0 | 873.3 | 6.7 |
| 2000 | 100280.1 | 12113.5 | 8.4 | 7942.0 | 959.4 | 7.6 |
| 2001 | 110863.1 | 13394.0 | 8.3 | 8717.0 | 1053.1 | 7.5 |
| 2002 | 121717.4 | 14705.5 | 9.1 | 9506.0 | 1148.5 | 8.4 |
| 2003 | 137422.0 | 16602.9 | 10 | 10666.0 | 1288.6 | 9.3 |
| 2004 | 161840.2 | 19553.5 | 10.1 | 12487.0 | 1508.7 | 9.4 |
| 2005 | 187318.9 | 22859.7 | 11.4 | 14368.0 | 1753.4 | 10.7 |
| 2006 | 219438.5 | 27521.3 | 12.7 | 16738.0 | 2099.2 | 12.0 |
| 2007 | 271699.3 | 35503.4 | 14.2 | 20505.0 | 2694.0 | 13.6 |
| 2008 | 319935.8 | 45943.1 | 9.7 | 24121.0 | 3468.3 | 9.1 |

| 年份 | GDP（亿元） | GDP（亿美元） | GDP 增长率（%）上年 =100 | 人均 GDP（元） | 人均 GDP（美元） | 人均 GDP 增长率（%）上年 =100 |
|---|---|---|---|---|---|---|
| 2009 | 349883.3 | 51017.0 | 9.4 | 26180.0 | 3832.2 | 8.9 |
| 2010 | 410708.3 | 60871.6 | 10.6 | 30808.0 | 4550.5 | 10.1 |
| 2011 | 486037.8 | 75515.0 | 9.6 | 36302.0 | 5618.1 | 9 |
| 2012 | 540988.9 | 85322.3 | 7.9 | 39874.0 | 6316.9 | 7.3 |
| 2013 | 596962.9 | 95704.1 | 7.8 | 43684.0 | 7050.6 | 7.2 |
| 2014 | 647181.7 | 104385.3 | 7.3 | 47005.0 | 7651.4 | 6.8 |
| 2015 | 699109.0 | 110155.4 | 6.9 | 50028.0 | 8033.4 | 6.4 |
| 2016 | 746315.0 | 111379.5 | 6.7 | 53680.0 | 8078.8 | 6.2 |
| 2017 | 820754.3 | 121434.9 | 6.8 | 59201.0 | 8759.0 | 6.2 |
| 2018 | 900309.5 | 136081.5 | 6.6 | 64644.0 | 9770.8 | 6.1 |

资料来源：《中国国内生产总值核算历史资料（1952—2004）》、历年《中国统计年鉴》和世界银行 WDI 数据库。

注：人均 GDP 美元水平数据是由人均 GDP 人民币数据依据人民币兑换美元的年均汇率折算得到。

# 数据二

## 1952—2018 年中国三次产业结构的变化

| 年份 | 产业增加值结构 | | | 就业结构 | | |
|---|---|---|---|---|---|---|
| | 第一产业 | 第二产业 | 第三产业 | 第一产业 | 第二产业 | 第三产业 |
| 1952 | 50.5 | 20.8 | 28.7 | 83.5 | 7.4 | 9.1 |
| 1953 | 45.9 | 23.2 | 30.9 | 83.1 | 8.0 | 8.9 |
| 1954 | 45.6 | 24.5 | 29.9 | 83.1 | 8.6 | 8.2 |
| 1955 | 46.2 | 24.3 | 29.5 | 83.3 | 8.6 | 8.2 |
| 1956 | 43.1 | 27.2 | 29.7 | 80.6 | 10.7 | 8.7 |
| 1957 | 40.1 | 29.6 | 30.3 | 81.2 | 9.0 | 9.8 |
| 1958 | 34.0 | 36.9 | 29.2 | 58.2 | 26.6 | 15.2 |
| 1959 | 26.5 | 42.6 | 30.9 | 62.2 | 20.6 | 17.2 |
| 1960 | 23.2 | 44.4 | 32.4 | 65.7 | 15.9 | 18.4 |
| 1961 | 35.8 | 31.9 | 32.3 | 77.2 | 11.2 | 11.7 |
| 1962 | 39.0 | 31.3 | 29.7 | 82.1 | 7.9 | 9.9 |
| 1963 | 39.9 | 33.1 | 27.1 | 82.5 | 7.7 | 9.9 |
| 1964 | 38.0 | 35.3 | 26.6 | 82.2 | 7.9 | 9.9 |
| 1965 | 37.5 | 35.1 | 27.4 | 81.6 | 8.4 | 10.0 |
| 1966 | 37.2 | 37.9 | 24.9 | 81.5 | 8.7 | 9.8 |
| 1967 | 39.8 | 33.9 | 26.3 | 81.7 | 8.6 | 9.7 |
| 1968 | 41.6 | 31.1 | 27.2 | 81.7 | 8.6 | 9.7 |
| 1969 | 37.5 | 35.4 | 27.1 | 81.6 | 9.1 | 9.3 |
| 1970 | 34.8 | 40.3 | 24.9 | 80.8 | 10.2 | 9.0 |
| 1971 | 33.6 | 41.9 | 24.4 | 79.7 | 11.2 | 9.1 |
| 1972 | 32.4 | 42.8 | 24.8 | 78.9 | 11.9 | 9.2 |
| 1973 | 32.9 | 42.8 | 24.2 | 78.7 | 12.3 | 9.0 |
| 1974 | 33.4 | 42.4 | 24.1 | 78.2 | 12.6 | 9.2 |
| 1975 | 32.0 | 45.4 | 22.7 | 77.2 | 13.5 | 9.3 |
| 1976 | 32.4 | 45.0 | 22.6 | 75.8 | 14.4 | 9.7 |
| 1977 | 29.0 | 46.7 | 24.3 | 74.5 | 14.8 | 10.7 |
| 1978 | 27.7 | 47.7 | 24.6 | 70.5 | 17.3 | 12.2 |

续表

| 年份 | 产业增加值结构 | | | 就业结构 | | |
|---|---|---|---|---|---|---|
| | 第一产业 | 第二产业 | 第三产业 | 第一产业 | 第二产业 | 第三产业 |
| 1979 | 30.7 | 47.0 | 22.3 | 69.8 | 17.6 | 12.6 |
| 1980 | 29.6 | 48.1 | 22.3 | 68.7 | 18.2 | 13.1 |
| 1981 | 31.3 | 46.0 | 22.7 | 68.1 | 18.3 | 13.6 |
| 1982 | 32.8 | 44.6 | 22.6 | 68.1 | 18.4 | 13.4 |
| 1983 | 32.6 | 44.2 | 23.2 | 67.1 | 18.7 | 14.2 |
| 1984 | 31.5 | 42.9 | 25.5 | 64.0 | 19.9 | 16.1 |
| 1985 | 27.9 | 42.7 | 29.4 | 62.4 | 20.8 | 16.8 |
| 1986 | 26.6 | 43.5 | 29.8 | 60.9 | 21.9 | 17.2 |
| 1987 | 26.3 | 43.3 | 30.4 | 60.0 | 22.2 | 17.8 |
| 1988 | 25.2 | 43.5 | 31.2 | 59.4 | 22.4 | 18.3 |
| 1989 | 24.6 | 42.5 | 32.9 | 60.0 | 21.6 | 18.3 |
| 1990 | 26.6 | 41.0 | 32.4 | 60.1 | 21.4 | 18.5 |
| 1991 | 24.0 | 41.5 | 34.5 | 59.7 | 21.4 | 18.9 |
| 1992 | 21.3 | 43.1 | 35.6 | 58.5 | 21.7 | 19.8 |
| 1993 | 19.3 | 46.2 | 34.5 | 56.4 | 22.4 | 21.2 |
| 1994 | 19.5 | 46.2 | 34.4 | 54.3 | 22.7 | 23.0 |
| 1995 | 19.6 | 46.8 | 33.7 | 52.2 | 23.0 | 24.8 |
| 1996 | 19.3 | 47.1 | 33.6 | 50.5 | 23.5 | 26.0 |
| 1997 | 17.9 | 47.1 | 35.0 | 49.9 | 23.7 | 26.4 |
| 1998 | 17.2 | 45.8 | 37.0 | 49.8 | 23.5 | 26.7 |
| 1999 | 16.1 | 45.4 | 38.6 | 50.1 | 23.0 | 26.9 |
| 2000 | 14.7 | 45.5 | 39.8 | 50.0 | 22.5 | 27.5 |
| 2001 | 14.0 | 44.8 | 41.2 | 50.0 | 22.3 | 27.7 |
| 2002 | 13.3 | 44.5 | 42.2 | 50.0 | 21.4 | 28.6 |
| 2003 | 12.3 | 45.6 | 42.0 | 49.1 | 21.6 | 29.3 |
| 2004 | 12.9 | 45.9 | 41.2 | 46.9 | 22.5 | 30.6 |
| 2005 | 11.6 | 47.0 | 41.3 | 44.8 | 23.8 | 31.4 |
| 2006 | 10.6 | 47.6 | 41.8 | 42.6 | 25.2 | 32.2 |
| 2007 | 10.2 | 46.9 | 42.9 | 40.8 | 26.8 | 32.4 |
| 2008 | 10.2 | 47.0 | 42.9 | 39.6 | 27.2 | 33.2 |

| 年份 | 产业增加值结构 | | | 就业结构 | | |
|---|---|---|---|---|---|---|
| | 第一产业 | 第二产业 | 第三产业 | 第一产业 | 第二产业 | 第三产业 |
| 2009 | 9.6 | 46.0 | 44.4 | 38.1 | 27.8 | 34.1 |
| 2010 | 9.3 | 46.5 | 44.2 | 36.7 | 28.7 | 34.6 |
| 2011 | 9.2 | 46.5 | 44.3 | 34.8 | 29.5 | 35.7 |
| 2012 | 9.1 | 45.4 | 45.5 | 33.6 | 30.3 | 36.1 |
| 2013 | 8.9 | 44.2 | 46.9 | 31.4 | 30.1 | 38.5 |
| 2014 | 8.7 | 43.3 | 48.0 | 29.5 | 29.9 | 40.6 |
| 2015 | 8.4 | 41.1 | 50.5 | 28.3 | 29.3 | 42.4 |
| 2016 | 8.1 | 40.1 | 51.8 | 27.7 | 28.8 | 43.5 |
| 2017 | 7.6 | 40.5 | 51.9 | 27.0 | 28.1 | 44.9 |
| 2018 | 7.2 | 40.7 | 52.2 | 26.1 | 27.6 | 46.3 |

资料来源：《中国国内生产总值核算历史资料（1952—2004）》、历年《中国统计年鉴》和国家统计局网站数据。

# 数据三

### 1960—2018 年中国与典型国家城镇化率变化

| 年份 | 中国 | 美国 | 德国 | 日本 | 韩国 |
|------|------|------|------|------|------|
| 1960 | 16.20 | 70.00 | 71.38 | 63.27 | 27.71 |
| 1961 | 16.71 | 70.38 | 71.70 | 64.21 | 28.53 |
| 1962 | 17.23 | 70.76 | 71.76 | 65.14 | 29.46 |
| 1963 | 17.76 | 71.13 | 71.83 | 66.06 | 30.41 |
| 1964 | 18.30 | 71.51 | 71.89 | 66.97 | 31.37 |
| 1965 | 18.09 | 71.88 | 71.96 | 67.87 | 32.35 |
| 1966 | 17.92 | 72.25 | 72.02 | 68.70 | 33.35 |
| 1967 | 17.79 | 72.61 | 72.08 | 69.52 | 34.97 |
| 1968 | 17.66 | 72.97 | 72.15 | 70.32 | 36.85 |
| 1969 | 17.53 | 73.33 | 72.21 | 71.10 | 38.76 |
| 1970 | 17.40 | 73.60 | 72.27 | 71.88 | 40.70 |
| 1971 | 17.29 | 73.61 | 72.33 | 72.67 | 42.26 |
| 1972 | 17.18 | 73.62 | 72.39 | 73.45 | 43.69 |
| 1973 | 17.18 | 73.63 | 72.45 | 74.22 | 45.13 |
| 1974 | 17.29 | 73.64 | 72.50 | 74.98 | 46.58 |
| 1975 | 17.40 | 73.65 | 72.56 | 75.72 | 48.03 |
| 1976 | 17.46 | 73.66 | 72.62 | 75.94 | 49.72 |
| 1977 | 17.52 | 73.67 | 72.67 | 76.00 | 51.48 |
| 1978 | 17.90 | 73.68 | 72.73 | 76.06 | 53.23 |
| 1979 | 18.62 | 73.69 | 72.79 | 76.12 | 54.98 |
| 1980 | 19.36 | 73.74 | 72.84 | 76.18 | 56.72 |
| 1981 | 20.12 | 73.89 | 72.99 | 76.27 | 58.41 |
| 1982 | 20.90 | 74.04 | 73.11 | 76.38 | 60.06 |
| 1983 | 21.55 | 74.19 | 73.10 | 76.49 | 61.69 |
| 1984 | 22.20 | 74.34 | 72.94 | 76.60 | 63.30 |
| 1985 | 22.87 | 74.49 | 72.71 | 76.71 | 64.88 |
| 1986 | 23.56 | 74.64 | 72.62 | 76.84 | 66.68 |
| 1987 | 24.26 | 74.79 | 72.84 | 76.96 | 68.56 |
| 1988 | 24.97 | 74.94 | 73.00 | 77.09 | 70.39 |

| 年份 | 中国 | 美国 | 德国 | 日本 | 韩国 |
|---|---|---|---|---|---|
| 1989 | 25.70 | 75.09 | 72.98 | 77.21 | 72.15 |
| 1990 | 26.44 | 75.30 | 73.12 | 77.34 | 73.84 |
| 1991 | 27.31 | 75.70 | 73.27 | 77.47 | 74.97 |
| 1992 | 28.20 | 76.10 | 73.36 | 77.61 | 75.82 |
| 1993 | 29.10 | 76.49 | 73.50 | 77.75 | 76.65 |
| 1994 | 30.02 | 76.88 | 73.71 | 77.88 | 77.45 |
| 1995 | 30.96 | 77.26 | 73.92 | 78.02 | 78.24 |
| 1996 | 31.92 | 77.64 | 74.13 | 78.15 | 78.66 |
| 1997 | 32.88 | 78.01 | 74.34 | 78.27 | 78.91 |
| 1998 | 33.87 | 78.38 | 74.55 | 78.40 | 79.15 |
| 1999 | 34.87 | 78.74 | 74.76 | 78.52 | 79.38 |
| 2000 | 35.88 | 79.06 | 74.97 | 78.65 | 79.62 |
| 2001 | 37.09 | 79.23 | 75.17 | 79.99 | 79.94 |
| 2002 | 38.43 | 79.41 | 75.37 | 81.65 | 80.30 |
| 2003 | 39.78 | 79.58 | 75.58 | 83.20 | 80.65 |
| 2004 | 41.14 | 79.76 | 75.78 | 84.64 | 81.00 |
| 2005 | 42.52 | 79.93 | 75.98 | 85.98 | 81.35 |
| 2006 | 43.87 | 80.10 | 76.18 | 87.12 | 81.53 |
| 2007 | 45.20 | 80.27 | 76.38 | 88.15 | 81.63 |
| 2008 | 46.54 | 80.44 | 76.58 | 89.10 | 81.73 |
| 2009 | 47.88 | 80.61 | 76.77 | 89.99 | 81.84 |
| 2010 | 49.23 | 80.77 | 76.97 | 90.81 | 81.94 |
| 2011 | 50.51 | 80.94 | 77.16 | 91.07 | 81.92 |
| 2012 | 51.77 | 81.12 | 77.17 | 91.15 | 81.85 |
| 2013 | 53.01 | 81.30 | 77.18 | 91.23 | 81.78 |
| 2014 | 54.26 | 81.48 | 77.19 | 91.30 | 81.71 |
| 2015 | 55.50 | 81.67 | 77.20 | 91.38 | 81.63 |
| 2016 | 56.74 | 81.86 | 77.22 | 91.46 | 81.56 |
| 2017 | 57.96 | 82.06 | 77.26 | 91.54 | 81.50 |
| 2018 | 59.15 | 82.26 | 77.31 | 91.62 | 81.46 |

资料来源：世界银行 WDI 数据库。

# 数据四

## 1952—2018 年中国人口规模及增长率

| 年份 | 人口总量（万人） | 出生率（‰） | 死亡率（‰） | 自然增长率（‰） | 年增长率（%） | 总和生育率 |
|------|------|------|------|------|------|------|
| 1952 | 57482 | 3 | 17 | 20 | — | 5.75 |
| 1953 | 58796 | 7 | 14 | 23 | 2.29 | 5.92 |
| 1954 | 60266 | 37.97 | 13.18 | 24.79 | 2.50 | 6.09 |
| 1955 | 61465 | 32.6 | 12.28 | 20.32 | 1.99 | 6.24 |
| 1956 | 62828 | 31.9 | 11.4 | 20.5 | 2.22 | 6.35 |
| 1957 | 64653 | 34.03 | 10.8 | 23.23 | 2.90 | 6.40 |
| 1958 | 65994 | 29.22 | 11.98 | 17.24 | 2.07 | 6.38 |
| 1959 | 67207 | 27.78 | 14.59 | 13.19 | 1.84 | 6.29 |
| 1960 | 66207 | 20.86 | 25.43 | −4.57 | 1.83 | 6.13 |
| 1961 | 65859 | 18.02 | 14.24 | 3.78 | −1.02 | 5.92 |
| 1962 | 67295 | 37.01 | 10.02 | 26.99 | 0.82 | 5.65 |
| 1963 | 69172 | 43.37 | 10.04 | 33.33 | 2.46 | 5.32 |
| 1964 | 70499 | 39.14 | 11.5 | 27.64 | 2.32 | 4.96 |
| 1965 | 72538 | 37.88 | 9.5 | 28.38 | 2.38 | 4.57 |
| 1966 | 74542 | 35.05 | 8.83 | 26.22 | 2.79 | 4.18 |
| 1967 | 76368 | 33.96 | 8.43 | 25.53 | 2.57 | 3.81 |
| 1968 | 78534 | 35.59 | 8.21 | 27.38 | 2.61 | 3.47 |
| 1969 | 80671 | 34.11 | 8.03 | 26.08 | 2.74 | 3.18 |
| 1970 | 82992 | 33.43 | 7.6 | 25.83 | 2.76 | 2.94 |
| 1971 | 85229 | 30.65 | 7.32 | 23.33 | 2.75 | 2.75 |
| 1972 | 87177 | 29.77 | 7.61 | 22.16 | 2.46 | 2.63 |
| 1973 | 89211 | 27.93 | 7.04 | 20.89 | 2.28 | 2.57 |
| 1974 | 90859 | 24.82 | 7.34 | 17.48 | 2.07 | 2.56 |
| 1975 | 92420 | 23.01 | 7.32 | 15.69 | 1.77 | 2.58 |
| 1976 | 93717 | 19.91 | 7.25 | 12.66 | 1.55 | 2.62 |
| 1977 | 94974 | 18.93 | 6.87 | 12.06 | 1.36 | 2.66 |
| 1978 | 96259 | 18.25 | 6.25 | 12 | 1.34 | 2.68 |
| 1979 | 97542 | 17.82 | 6.21 | 11.61 | 1.33 | 2.65 |

| 年份 | 人口总量（万人） | 出生率（‰） | 死亡率（‰） | 自然增长率（‰） | 年增长率（%） | 总和生育率 |
|---|---|---|---|---|---|---|
| 1980 | 98705 | 18.21 | 6.34 | 11.87 | 1.25 | 2.59 |
| 1981 | 100072 | 20.91 | 6.36 | 14.55 | 1.28 | 2.49 |
| 1982 | 101654 | 22.28 | 6.6 | 15.68 | 1.47 | 2.35 |
| 1983 | 103008 | 20.19 | 6.9 | 13.29 | 1.44 | 2.19 |
| 1984 | 104357 | 19.9 | 6.82 | 13.08 | 1.31 | 2.02 |
| 1985 | 105851 | 21.04 | 6.78 | 14.26 | 1.36 | 1.87 |
| 1986 | 107507 | 22.43 | 6.86 | 15.57 | 1.49 | 1.74 |
| 1987 | 109300 | 23.33 | 6.72 | 16.61 | 1.60 | 1.64 |
| 1988 | 111026 | 22.37 | 6.64 | 15.73 | 1.61 | 1.57 |
| 1989 | 112704 | 21.58 | 6.54 | 15.04 | 1.53 | 1.53 |
| 1990 | 114333 | 21.06 | 6.67 | 14.39 | 1.47 | 1.50 |
| 1991 | 115823 | 19.68 | 6.7 | 12.98 | 1.36 | 1.49 |
| 1992 | 117171 | 18.27 | 6.64 | 11.63 | 1.23 | 1.50 |
| 1993 | 118517 | 18.09 | 6.64 | 11.45 | 1.15 | 1.51 |
| 1994 | 119850 | 17.7 | 6.49 | 11.21 | 1.13 | 1.52 |
| 1995 | 121121 | 17.12 | 6.57 | 10.55 | 1.09 | 1.54 |
| 1996 | 122389 | 16.98 | 6.56 | 10.42 | 1.05 | 1.55 |
| 1997 | 123626 | 16.57 | 6.51 | 10.06 | 1.02 | 1.57 |
| 1998 | 124761 | 15.64 | 6.5 | 9.14 | 0.96 | 1.57 |
| 1999 | 125786 | 14.64 | 6.46 | 8.18 | 0.87 | 1.58 |
| 2000 | 126743 | 14.03 | 6.45 | 7.58 | 0.79 | 1.58 |
| 2001 | 127627 | 13.38 | 6.43 | 6.95 | 0.73 | 1.59 |
| 2002 | 128453 | 12.86 | 6.41 | 6.45 | 0.67 | 1.59 |
| 2003 | 129227 | 12.41 | 6.4 | 6.01 | 0.62 | 1.59 |
| 2004 | 129988 | 12.29 | 6.42 | 5.87 | 0.59 | 1.60 |
| 2005 | 130756 | 12.4 | 6.51 | 5.89 | 0.59 | 1.60 |
| 2006 | 131448 | 12.09 | 6.81 | 5.28 | 0.56 | 1.61 |
| 2007 | 132129 | 12.1 | 6.93 | 5.17 | 0.52 | 1.62 |
| 2008 | 132802 | 12.14 | 7.06 | 5.08 | 0.51 | 1.62 |
| 2009 | 133450 | 12.13 | 7.08 | 5.05 | 0.50 | 1.62 |
| 2010 | 134091 | 11.9 | 7.11 | 4.79 | 0.48 | 1.63 |

| 年份 | 人口总量（万人） | 出生率（‰） | 死亡率（‰） | 自然增长率（‰） | 年增长率（%） | 总和生育率 |
|------|----------------|------------|------------|----------------|-------------|-----------|
| 2011 | 134735 | 11.93 | 7.14 | 4.79 | 0.48 | 1.63 |
| 2012 | 135404 | 12.1 | 7.15 | 4.95 | 0.49 | 1.64 |
| 2013 | 136072 | 12.08 | 7.16 | 4.92 | 0.49 | 1.65 |
| 2014 | 136782 | 12.37 | 7.16 | 5.21 | 0.51 | 1.66 |
| 2015 | 137462 | 12.07 | 7.11 | 4.96 | 0.51 | 1.67 |
| 2016 | 138271 | 12.95 | 7.09 | 5.86 | 0.54 | 1.68 |
| 2017 | 139008 | 12.43 | 7.11 | 5.32 | 0.56 | 1.68 |
| 2018 | 139538 | 10.94 | 7.13 | 3.81 | 0.38 | |

资料来源：依据《中国人口统计资料汇编（1949—1985）》、历年《中国人口年鉴》和《中国统计年鉴2018》和世界银行 WDI 数据库资料整理。

# 数据五

## 1952—2018 年中国人口结构变化

单位：%

| 年份 | 年龄结构 | | 城乡人口结构 | | 性别结构 | |
|---|---|---|---|---|---|---|
| | 少儿人口比重 | 老年人口比重 | 城镇人口比重 | 乡村人口比重 | 男性比重 | 女性比重 |
| 1952 | — | — | 12.5 | 7.5 | 51.9 | 48.1 |
| 1953 | 3.3 | 4.4 | 13.3 | 86.7 | 51.8 | 48.2 |
| 1954 | — | — | 13.7 | 86.3 | 51.8 | 48.2 |
| 1955 | — | — | 13.5 | 86.5 | 51.8 | 48.2 |
| 1956 | — | — | 14.6 | 85.4 | 51.8 | 48.2 |
| 1957 | — | — | 15.4 | 84.6 | 51.8 | 48.2 |
| 1958 | — | — | 16.2 | 83.8 | 51.8 | 48.2 |
| 1959 | — | — | 18.4 | 81.6 | 51.9 | 48.1 |
| 1960 | — | — | 19.7 | 80.3 | 51.8 | 48.2 |
| 1961 | — | — | 19.3 | 80.7 | 51.4 | 48.6 |
| 1962 | — | — | 17.3 | 82.7 | 51.3 | 48.7 |
| 1963 | — | — | 16.8 | 83.2 | 51.4 | 48.6 |
| 1964 | 40.7 | 3.6 | 18.4 | 81.6 | 51.3 | 48.7 |
| 1965 | — | — | 18.0 | 82.0 | 51.2 | 48.8 |
| 1966 | — | — | 17.9 | 82.1 | 51.2 | 48.8 |
| 1967 | — | — | 17.7 | 82.3 | 51.2 | 48.8 |
| 1968 | — | — | 17.6 | 82.4 | 51.2 | 48.8 |
| 1969 | — | — | 17.5 | 82.5 | 51.2 | 48.8 |
| 1970 | — | — | 17.4 | 82.6 | 51.4 | 48.6 |
| 1971 | — | — | 17.3 | 82.7 | 51.4 | 48.6 |
| 1972 | — | — | 17.1 | 82.9 | 51.4 | 48.6 |
| 1973 | — | — | 17.2 | 82.8 | 51.4 | 48.6 |
| 1974 | — | — | 17.2 | 82.8 | 51.4 | 48.6 |
| 1975 | — | — | 17.3 | 82.7 | 51.5 | 48.5 |
| 1976 | — | — | 17.4 | 82.6 | 51.5 | 48.5 |
| 1977 | — | — | 17.6 | 82.4 | 51.5 | 48.5 |
| 1978 | — | — | 17.9 | 82.1 | 51.5 | 48.5 |

续表

| 年份 | 年龄结构 | | 城乡人口结构 | | 性别结构 | |
|---|---|---|---|---|---|---|
| | 少儿人口比重 | 老年人口比重 | 城镇人口比重 | 乡村人口比重 | 男性比重 | 女性比重 |
| 1979 | — | — | 19.0 | 81.0 | 51.5 | 48.5 |
| 1980 | — | — | 19.4 | 80.6 | 51.5 | 48.5 |
| 1981 | — | — | 20.2 | 79.8 | 51.5 | 48.5 |
| 1982 | 33.6 | 4.9 | 21.1 | 78.9 | 51.5 | 48.5 |
| 1983 | — | — | 21.6 | 78.4 | 51.6 | 48.4 |
| 1984 | — | — | 23.0 | 77.0 | 51.6 | 48.4 |
| 1985 | — | — | 23.7 | 76.3 | 51.7 | 48.3 |
| 1986 | — | — | 24.5 | 75.5 | 51.7 | 48.3 |
| 1987 | 28.7 | 5.4 | 25.3 | 74.7 | 51.5 | 48.5 |
| 1988 | — | — | 25.8 | 74.2 | 51.5 | 48.5 |
| 1989 | — | — | 26.2 | 73.8 | 51.6 | 48.4 |
| 1990 | 27.7 | 5.6 | 26.4 | 73.6 | 51.5 | 48.5 |
| 1991 | 27.7 | 6.0 | 26.9 | 73.1 | 51.3 | 48.7 |
| 1992 | 27.6 | 6.2 | 27.5 | 72.5 | 51.0 | 49.0 |
| 1993 | 27.2 | 6.2 | 28.0 | 72.0 | 51.0 | 49.0 |
| 1994 | 27.0 | 6.4 | 28.5 | 71.5 | 51.1 | 48.9 |
| 1995 | 26.6 | 6.2 | 29.0 | 71.0 | 51.0 | 49.0 |
| 1996 | 26.4 | 6.4 | 30.5 | 69.5 | 50.8 | 49.2 |
| 1997 | 26.0 | 6.5 | 31.9 | 68.1 | 51.1 | 48.9 |
| 1998 | 25.7 | 6.7 | 33.4 | 66.6 | 51.2 | 48.8 |
| 1999 | 25.4 | 6.9 | 34.8 | 65.2 | 51.4 | 48.6 |
| 2000 | 22.9 | 7.0 | 36.2 | 63.8 | 51.6 | 48.4 |
| 2001 | 22.5 | 7.1 | 37.7 | 62.3 | 51.5 | 48.5 |
| 2002 | 22.4 | 7.3 | 39.1 | 60.9 | 51.5 | 48.5 |
| 2003 | 22.1 | 7.5 | 40.5 | 59.5 | 51.5 | 48.5 |
| 2004 | 21.5 | 7.6 | 41.8 | 58.2 | 51.5 | 48.5 |
| 2005 | 20.3 | 7.7 | 43.0 | 57.0 | 51.5 | 48.5 |
| 2006 | 19.8 | 7.9 | 44.3 | 55.7 | 51.5 | 48.5 |
| 2007 | 19.4 | 8.1 | 45.9 | 54.1 | 51.5 | 48.5 |
| 2008 | 19.0 | 8.3 | 47.0 | 53.0 | 51.5 | 48.5 |

| 年份 | 年龄结构 | | 城乡人口结构 | | 性别结构 | |
|---|---|---|---|---|---|---|
| | 少儿人口比重 | 老年人口比重 | 城镇人口比重 | 乡村人口比重 | 男性比重 | 女性比重 |
| 2009 | 18.5 | 8.5 | 48.3 | 51.7 | 51.4 | 48.6 |
| 2010 | 16.6 | 8.9 | 49.9 | 50.1 | 51.3 | 48.7 |
| 2011 | 16.5 | 9.1 | 51.3 | 48.7 | 51.3 | 48.7 |
| 2012 | 16.5 | 9.4 | 52.6 | 47.4 | 51.3 | 48.7 |
| 2013 | 16.4 | 9.7 | 53.7 | 46.3 | 51.2 | 48.8 |
| 2014 | 16.5 | 10.1 | 54.8 | 45.2 | 51.2 | 48.8 |
| 2015 | 16.5 | 10.5 | 56.1 | 43.9 | 51.2 | 48.8 |
| 2016 | 16.7 | 10.8 | 57.3 | 42.7 | 51.2 | 48.8 |
| 2017 | 16.8 | 11.4 | 58.5 | 41.5 | 51.2 | 48.8 |
| 2018 | 16.9 | 11.9 | 59.6 | 40.4 | 51.1 | 48.9 |

资料来源：《中国人口统计资料汇编（1949—1985）》、历年《中国人口年鉴》和《中国统计年鉴》。

# 数据六

### 1952—2018 年支出法核算 GDP 构成

| 年份 | 最终消费支出（亿元） | 资本形成总额（亿元） | 货物和服务贸易净出口（亿元） | 货物和服务出口占GDP 比重（%） | 货物和服务口占GDP 比重（%） |
|------|------|------|------|------|------|
| 1952 | 56.3 | 153.7 | −7.9 | — | — |
| 1953 | 644.4 | 1983 | −8.4 | — | — |
| 1954 | 654.1 | 226.9 | −2.7 | — | — |
| 1955 | 722.3 | 221.5 | −8.9 | — | — |
| 1956 | 772.6 | 257.6 | 4 | — | — |
| 1957 | 816.4 | 280.0 | 5.5 | — | — |
| 1958 | 852.6 | 432.0 | 6.5 | — | — |
| 1959 | 821.5 | 621.7 | 8.2 | — | — |
| 1960 | 932.6 | 575.0 | 0.4 | 4.3 | 4.4 |
| 1961 | 995.1 | 274.6 | 5.4 | 3.9 | 3.5 |
| 1962 | 985.7 | 178.1 | 12.6 | 4.1 | 2.9 |
| 1963 | 1014.3 | 265.3 | 13.5 | 4.0 | 2.9 |
| 1964 | 1078.6 | 350.3 | 12.9 | 3.8 | 2.9 |
| 1965 | 1158.6 | 462.1 | 8.5 | 3.6 | 3.2 |
| 1966 | 1251.3 | 569.8 | 6.1 | 3.5 | 3.2 |
| 1967 | 1275.7 | 425.7 | 6.3 | 3.3 | 3.0 |
| 1968 | 1269.1 | 432.2 | 7.4 | 3.3 | 2.9 |
| 1969 | 1359.4 | 485.9 | 12.4 | 3.0 | 2.4 |
| 1970 | 1459.7 | 744.9 | 2.3 | 2.5 | 2.5 |
| 1971 | 1557.9 | 819.0 | 15.6 | 2.8 | 2.1 |
| 1972 | 1644.3 | 791.1 | 18.4 | 3.2 | 2.5 |
| 1973 | 1751.3 | 903.5 | 14.8 | 4.2 | 3.8 |
| 1974 | 1809.6 | 936.1 | −6.9 | 4.9 | 5.4 |
| 1975 | 1887.4 | 1062.3 | 0.7 | 4.7 | 4.8 |
| 1976 | 1969.5 | 990.1 | 8.8 | 4.5 | 4.3 |
| 1977 | 2057.8 | 1098.1 | 10.1 | 4.3 | 4.1 |
| 1978 | 2239.1 | 1412.7 | −11.4 | 4.6 | 5.1 |

| 年份 | 最终消费支出（亿元） | 资本形成总额（亿元） | 货物和服务贸易净出口（亿元） | 货物和服务出口占GDP比重（％） | 货物和服务口占GDP比重（％） |
|---|---|---|---|---|---|
| 1979 | 2633.7 | 1519.9 | −20 | 5.2 | 5.9 |
| 1980 | 3007.9 | 1623.1 | −14.7 | 5.9 | 6.5 |
| 1981 | 3361.5 | 1662.8 | 17.1 | 7.4 | 7.4 |
| 1982 | 3714.8 | 1759.6 | 91.0 | 11.0 | 8.7 |
| 1983 | 4126.4 | 1968.3 | 50.8 | 9.5 | 8.4 |
| 1984 | 4846.3 | 2560.2 | 1.3 | 9.5 | 9.5 |
| 1985 | 5986.3 | 3629.6 | −367.1 | 8.3 | 12.4 |
| 1986 | 6821.8 | 4001.9 | −255.2 | 8.7 | 11.2 |
| 1987 | 7804.6 | 4644.7 | 10.8 | 12.5 | 12.4 |
| 1988 | 9839.5 | 6060.3 | −151.1 | 14.4 | 15.7 |
| 1989 | 11164.2 | 6511.8 | −185.6 | 11.8 | 13.3 |
| 1990 | 12090.5 | 6555.3 | 510.3 | 13.6 | 10.7 |
| 1991 | 14091.9 | 7892.5 | 617.5 | 14.5 | 11.5 |
| 1992 | 17203.3 | 10833.5 | 275.6 | 15.7 | 14.5 |
| 1993 | 21899.9 | 15782.9 | −679.5 | 16.7 | 19.4 |
| 1994 | 29242.2 | 19916.3 | 634.1 | 18.5 | 17.2 |
| 1995 | 36748.2 | 24342.5 | 998.6 | 18.0 | 16.3 |
| 1996 | 43919.5 | 27556.6 | 1459.2 | 17.9 | 15.9 |
| 1997 | 48140.6 | 28966.2 | 3549.9 | 19.5 | 15.0 |
| 1998 | 51588.2 | 30396.6 | 3629.2 | 18.3 | 14.1 |
| 1999 | 55636.9 | 31665.6 | 2375.7 | 18.2 | 15.4 |
| 2000 | 61516.0 | 34526.1 | 2390.2 | 20.9 | 18.5 |
| 2001 | 66878.3 | 40378.8 | 2324.7 | 20.3 | 18.2 |
| 2002 | 71691.2 | 45129.8 | 3094.1 | 22.6 | 20.1 |
| 2003 | 77449.5 | 55836.7 | 2986.3 | 27.0 | 24.8 |
| 2004 | 87032.9 | 69420.5 | 4079.1 | 31.1 | 28.4 |
| 2005 | 99357.5 | 77533.6 | 10209.1 | 33.8 | 28.4 |
| 2006 | 113103.8 | 89823.3 | 16654.6 | 36.0 | 28.4 |
| 2007 | 132232.9 | 112046.8 | 23423.1 | 35.4 | 26.7 |
| 2008 | 153422.5 | 138242.8 | 24226.8 | 32.5 | 24.9 |

续表

| 年份 | 最终消费支出（亿元） | 资本形成总额（亿元） | 货物和服务贸易净出口（亿元） | 货物和服务出口占GDP比重（%） | 货物和服务口占GDP比重（%） |
|---|---|---|---|---|---|
| 2009 | 169274.8 | 162117.9 | 15037.0 | 24.5 | 20.1 |
| 2010 | 194115.0 | 196653.1 | 15097.6 | 26.3 | 22.6 |
| 2011 | 232111.5 | 233327.2 | 12163.3 | 26.5 | 24.1 |
| 2012 | 261832.8 | 255240.0 | 14632.4 | 25.4 | 22.7 |
| 2013 | 292165.6 | 282072.9 | 14151.3 | 24.5 | 22.1 |
| 2014 | 329450.8 | 302717.5 | 17463.0 | 23.5 | 21.4 |
| 2015 | 362267.0 | 312836.0 | 24007.1 | 21.3 | 18.1 |
| 2016 | 399910.0 | 329138.0 | 16585.0 | 19.7 | 17.4 |
| 2017 | 435453.0 | 360627.0 | 15958.0 | 19.8 | 18.0 |
| 2018 | 480340.6 | 396644.8 | 7440.5 | 19.5 | 18.7 |

资料来源：《中国国内生产总值核算历史资料（1952—2004）》、历年《中国统计年鉴》和世界银行 WDI 数据库。

注：—表示缺失数据，在分析中这部分缺失数据不影响分析，故没有进行补充。

# 数据七

## 1953—2018 年中国能源消费总量和结构

| 年份 | 能源消费总量（万吨标准煤） | 能源消费总量年增长率（%） | 煤炭（%） | 石油（%） | 天然气（%） | 一次电力及其他能源（%） |
|---|---|---|---|---|---|---|
| 1953 | 5411 | 15.2 | 4.3 | 3. | 0.02 | 18 |
| 1954 | 6234 | 11.8 | 93.5 | 4.3 | 0.02 | 2.2 |
| 1955 | 6968 | 26.3 | 92.9 | 4.9 | 0.03 | 2.1 |
| 1956 | 8800 | 9.6 | 92.7 | 4.8 | 0.03 | 2.4 |
| 1957 | 9644 | 82.5 | 92.3 | 4.6 | 0.08 | 3.0 |
| 1958 | 17599 | 36.0 | 94.6 | 3.9 | 0.1 | 1.4 |
| 1959 | 23926 | 26.2 | 94.7 | 4.1 | 0.1 | 1.1 |
| 1960 | 30188 | −32.5 | 93.9 | 4.1 | 0.5 | 1.5 |
| 1961 | 20390 | −18.9 | 91.3 | 5.5 | 0.9 | 2.3 |
| 1962 | 16540 | −5.9 | 89.2 | 6.6 | 0.9 | 3.2 |
| 1963 | 15567 | 6.9 | 88.9 | 7.2 | 0.9 | 3.1 |
| 1964 | 16637 | 13.6 | 88.0 | 8.0 | 0.7 | 3.3 |
| 1965 | 18901 | 7.2 | 86.5 | 10.3 | 0.6 | 2.7 |
| 1966 | 20269 | −9.6 | 86.2 | 10.2 | 0.7 | 2.9 |
| 1967 | 18328 | 0.4 | 84.8 | 10.9 | 0.8 | 3.5 |
| 1968 | 18405 | 23.5 | 83.8 | 12.1 | 0.8 | 3.4 |
| 1969 | 22730 | 28.9 | 81.9 | 13.8 | 0.8 | 3.5 |
| 1970 | 29291 | 17.8 | 80.9 | 14.7 | 0.9 | 3.5 |
| 1971 | 34496 | 8.1 | 79.2 | 16.0 | 1.4 | 3.4 |
| 1972 | 37273 | 4.9 | 77.5 | 17.2 | 1.7 | 3.6 |
| 1973 | 39109 | 2.6 | 74.8 | 18.6 | 2.0 | 4.6 |
| 1974 | 40144 | 13.2 | 72.1 | 20.7 | 2.5 | 4.7 |
| 1975 | 45425 | 5.3 | 71.9 | 21.1 | 2.5 | 4.6 |
| 1976 | 47831 | 9.5 | 69.9 | 23.0 | 2.8 | 4.3 |
| 1977 | 52354 | 9.1 | 70.3 | 22.6 | 3.1 | 4.1 |
| 1978 | 57144 | 2.5 | 70.7 | 22.7 | 3.2 | 3.4 |
| 1979 | 58588 | 2.9 | 71.3 | 21.8 | 3.3 | 3.6 |

| 年份 | 能源消费总量（万吨标准煤） | 能源消费总量年增长率（%） | 煤炭（%） | 石油（%） | 天然气（%） | 一次电力及其他能源（%） |
|---|---|---|---|---|---|---|
| 1980 | 60275 | −1.4 | 72.2 | 20.8 | 3.1 | 4.0 |
| 1981 | 59447 | 4.4 | 72.7 | 20.0 | 2.8 | 4.5 |
| 1982 | 62067 | 6.4 | 73.7 | 18.9 | 2.6 | 4.9 |
| 1983 | 66040 | 7.4 | 74.2 | 18.1 | 2.4 | 5.3 |
| 1984 | 70904 | 8.1 | 75.3 | 17.5 | 2.4 | 4.9 |
| 1985 | 76682 | 5.4 | 75.8 | 17.1 | 2.2 | 4.9 |
| 1986 | 80850 | 7.2 | 75.8 | 17.2 | 2.3 | 4.7 |
| 1987 | 86632 | 7.3 | 76.2 | 17.0 | 2.1 | 4.6 |
| 1988 | 92997 | 4.2 | 76.2 | 17.1 | 2.1 | 4.7 |
| 1989 | 96934 | 1.8 | 76.1 | 17.1 | 2.1 | 4.7 |
| 1990 | 98703 | 5.1 | 76.2 | 16.6 | 2.1 | 5.1 |
| 1991 | 103783 | 5.2 | 76.1 | 17.1 | 2.0 | 4.8 |
| 1992 | 109170 | 6.2 | 75.7 | 17.5 | 1.9 | 4.9 |
| 1993 | 115993 | 5.8 | 74.7 | 18.2 | 1.9 | 5.2 |
| 1994 | 122737 | 6.9 | 75.0 | 17.4 | 1.9 | 5.7 |
| 1995 | 131176 | 3.1 | 74.6 | 17.5 | 1.8 | 6.1 |
| 1996 | 135192 | 0.5 | 73.5 | 18.7 | 1.8 | 6.0 |
| 1997 | 135909 | 0.2 | 71.4 | 20.4 | 1.8 | 6.4 |
| 1998 | 136184 | 3.2 | 70.9 | 20.8 | 1.8 | 6.5 |
| 1999 | 140569 | 4.5 | 70.6 | 21.5 | 2.0 | 5.9 |
| 2000 | 146964 | 5.8 | 68.5 | 22.0 | 2.2 | 7.3 |
| 2001 | 155547 | 9.0 | 68.0 | 21.2 | 2.4 | 8.4 |
| 2002 | 169577 | 16.2 | 68.5 | 21.0 | 2.3 | 8.2 |
| 2003 | 197083 | 16.8 | 70.2 | 20.1 | 2.3 | 7.4 |
| 2004 | 230281 | 13.5 | 70.2 | 19.9 | 2.3 | 7.6 |
| 2005 | 261369 | 9.6 | 72.4 | 17.8 | 2.4 | 7.4 |
| 2006 | 286467 | 8.7 | 72.4 | 17.5 | 2.7 | 7.4 |
| 2007 | 311442 | 2.9 | 72.5 | 17.0 | 3.0 | 7.5 |
| 2008 | 320611 | 4.8 | 71.5 | 16.7 | 3.4 | 8.4 |
| 2009 | 336126 | 7.3 | 71.6 | 16.4 | 3.5 | 8.5 |

| 年份 | 能源消费总量（万吨标准煤） | 能源消费总量年增长率（%） | 煤炭（%） | 石油（%） | 天然气（%） | 一次电力及其他能源（%） |
|------|------|------|------|------|------|------|
| 2010 | 360648 | 7.3 | 69.2 | 17.4 | 4.0 | 9.4 |
| 2011 | 387043 | 3.9 | 70.2 | 16.8 | 4.6 | 8.4 |
| 2012 | 402138 | 3.7 | 68.5 | 17.0 | 4.8 | 9.7 |
| 2013 | 416913 | 2.1 | 67.4 | 17.1 | 5.3 | 10.2 |
| 2014 | 425806 | 1.0 | 65.6 | 17.4 | 5.7 | 11.3 |
| 2015 | 429905 | 1.4 | 63.7 | 18.3 | 5.9 | 12.1 |
| 2016 | 435819 | 2.9 | 62.0 | 18.5 | 6.2 | 13.3 |
| 2017 | 448529 | 3.4 | 60.4 | 18.8 | 7.0 | 13.8 |
| 2018 | 464000 | 15.2 | 59.0 | 18.9 | 7.8 | 14.3 |

资料来源：中经网数据库。

# 数据八

## 1953—2018 年中国能源消费强度和人均能源消费量

| 年份 | 能源消费总量（万吨标准煤） | 能源消费度（1953 年价格） | 能源消费强度增长率（%） | 人均能源消费量（吨标准煤/人） | 人均能源消费量增长率（%） |
|---|---|---|---|---|---|
| 1953 | 5411 | 6.5 | 10.6 | 0.09 | — |
| 1954 | 6234 | 7.2 | 4.7 | 0.10 | 12.4 |
| 1955 | 6968 | 7.5 | 9.8 | 0.11 | 9.6 |
| 1956 | 8800 | 8.2 | 4.3 | 0.14 | 23.6 |
| 1957 | 9644 | 8.6 | 50.4 | 0.15 | 6.5 |
| 1958 | 17599 | 12.9 | 25.0 | 0.27 | 78.8 |
| 1959 | 23926 | 16.2 | 26.6 | 0.36 | 33.5 |
| 1960 | 30188 | 20.4 | −7.1 | 0.46 | 28.1 |
| 1961 | 20390 | 19.0 | −14.1 | 0.31 | −32.1 |
| 1962 | 16540 | 16.3 | −14.6 | 0.25 | −20.6 |
| 1963 | 15567 | 13.9 | −9.7 | 0.23 | −8.4 |
| 1964 | 16637 | 12.6 | −2.9 | 0.24 | 4.9 |
| 1965 | 18901 | 12.2 | −3.1 | 0.26 | 10.4 |
| 1966 | 20269 | 11.8 | −4.1 | 0.27 | 4.4 |
| 1967 | 18328 | 11.4 | 4.7 | 0.24 | −11.7 |
| 1968 | 18405 | 11.9 | 5.6 | 0.23 | −2.3 |
| 1969 | 22730 | 12.6 | 7.9 | 0.28 | 20.2 |
| 1970 | 29291 | 13.6 | 10.1 | 0.35 | 25.3 |
| 1971 | 34496 | 14.9 | 4.1 | 0.40 | 14.7 |
| 1972 | 37273 | 15.5 | −2.8 | 0.43 | 5.6 |
| 1973 | 39109 | 15.1 | 0.3 | 0.44 | 2.5 |
| 1974 | 40144 | 15.2 | 4.1 | 0.44 | 0.8 |
| 1975 | 45425 | 15.8 | 7.0 | 0.49 | 11.2 |
| 1976 | 47831 | 16.9 | 1.7 | 0.51 | 3.8 |
| 1977 | 52354 | 17.2 | −2.3 | 0.55 | 8.0 |
| 1978 | 57144 | 16.8 | −4.7 | 0.59 | 7.7 |
| 1979 | 58588 | 16.0 | −4.6 | 0.60 | 1.2 |

| 年份 | 能源消费总量（万吨标准煤） | 能源消费度（1953年价格） | 能源消费强度增长率（%） | 人均能源消费量（吨标准煤/人） | 人均能源消费量增长率（%） |
|---|---|---|---|---|---|
| 1980 | 60275 | 15.3 | -6.2 | 0.61 | 1.7 |
| 1981 | 59447 | 14.3 | -4.2 | 0.59 | -2.7 |
| 1982 | 62067 | 13.7 | -4.1 | 0.61 | 2.8 |
| 1983 | 66040 | 13.2 | -6.8 | 0.64 | 5.0 |
| 1984 | 70904 | 12.3 | -4.7 | 0.68 | 6.0 |
| 1985 | 76682 | 11.7 | -3.1 | 0.72 | 6.6 |
| 1986 | 80850 | 11.3 | -4.0 | 0.75 | 3.8 |
| 1987 | 86632 | 10.9 | -3.6 | 0.79 | 5.4 |
| 1988 | 92997 | 10.5 | 0.1 | 0.84 | 5.7 |
| 1989 | 96934 | 10.5 | -1.9 | 0.86 | 2.7 |
| 1990 | 98703 | 10.3 | -3.7 | 0.86 | 0.4 |
| 1991 | 103783 | 9.9 | -7.9 | 0.90 | 3.8 |
| 1992 | 109170 | 9.1 | -6.8 | 0.93 | 4.0 |
| 1993 | 115993 | 8.5 | -6.4 | 0.98 | 5.0 |
| 1994 | 122737 | 8.0 | -3.6 | 1.02 | 4.6 |
| 1995 | 131176 | 7.7 | -6.3 | 1.08 | 5.8 |
| 1996 | 135192 | 7.2 | -8.0 | 1.10 | 2.0 |
| 1997 | 135909 | 6.6 | -7.0 | 1.10 | -0.5 |
| 1998 | 136184 | 6.2 | -4.1 | 1.09 | -0.7 |
| 1999 | 140569 | 5.9 | -3.6 | 1.12 | 2.4 |
| 2000 | 146964 | 5.7 | -2.3 | 1.16 | 3.8 |
| 2001 | 155547 | 5.6 | 0.0 | 1.22 | 5.1 |
| 2002 | 169577 | 5.6 | 5.7 | 1.32 | 8.3 |
| 2003 | 197083 | 5.9 | 6.1 | 1.53 | 15.5 |
| 2004 | 230281 | 6.2 | 1.9 | 1.77 | 16.2 |
| 2005 | 261369 | 6.4 | -2.7 | 2.00 | 12.8 |
| 2006 | 286467 | 6.2 | -4.8 | 2.18 | 9.0 |
| 2007 | 311442 | 5.9 | -6.2 | 2.36 | 8.2 |
| 2008 | 320611 | 5.5 | -4.2 | 2.41 | 2.4 |
| 2009 | 336126 | 5.3 | -3.0 | 2.52 | 4.3 |

| 年份 | 能源消费总量（万吨标准煤） | 能源消费度（1953 年价格） | 能源消费强度增长率（%） | 人均能源消费量（吨标准煤／人） | 人均能源消费量增长率（%） |
|------|------|------|------|------|------|
| 2010 | 360648 | 5.1 | −2.1 | 2.69 | 6.8 |
| 2011 | 387043 | 5.0 | −3.7 | 2.87 | 6.8 |
| 2012 | 402138 | 4.8 | −3.8 | 2.97 | 3.4 |
| 2013 | 416913 | 4.7 | −4.8 | 3.06 | 3.2 |
| 2014 | 425806 | 4.4 | −5.6 | 3.11 | 1.6 |
| 2015 | 429905 | 4.2 | −5.0 | 3.13 | 0.5 |
| 2016 | 435819 | 4.0 | −3.6 | 3.15 | 0.8 |
| 2017 | 448529 | 3.8 | −3.0 | 3.23 | 2.4 |
| 2018 | 464000 | 3.7 | 10.6 | 3.33 | 3.1 |

资料来源：国家统计局网站和中经网数据库。

# 数据九

## IPCC 历次会议内容和应对气候变化制度进展

| 年度 | 会议地点（届次） | 重要事件 |
|---|---|---|
| 1988 | | 联合国环境规划署和世界气象组织共同发起组建政府间气候变化专门委员会（IPCC） |
| 1990 | | 联合国启动气候公约谈判进程，IPCC 发表第一次评估报告 |
| 1992 | 巴西里约热内卢 | 《联合国气候变化框架公约》通过并在联合国环境与发展大会期间正式签署，于 1994 年底生效。该国际公约拥有 189 个缔约方，第一次提出全面控制 $CO_2$ 等温室气体的排放，是国际社会应对全球气候变化问题进行合作的一个基本框架，具有法律约束力 |
| 1995 | 德国柏林（COP1） | 通过《柏林授权书》，开始强化附件一缔约方的谈判，IPCC 发布第二次评估报告 |
| 1996 | 瑞士日内瓦（COP2） | 通过《日内瓦宣言》，呼吁各缔约方通过有法律约束力的减排目标 |
| 1997 | 日本京都（COP3） | 149 个缔约方通过《京都议定书》，为发达国家规定了具有法律约束力的减排和排目。规定 2008—2012 年，主要工业发达国家的温室气体排放量要在 1990 年的基础上平均减少 5.2%，其中欧盟将 6 种温室气体的排放削减 8%，美国削减 7%，日本削减 6% |
| 1998 | 阿根廷布宜诺斯艾利斯（COP4） | 一直以整体出现的发展中国家分化成三个集团：一是自愿承担减排项目，自身排量很小受气候变化影响大、环境脆弱的小岛国联盟（AOSIS），二是期待 CDM 的国家，期望获取外汇收入最不发达的非洲国家以及墨西哥、巴西；三是坚持目前不承诺减排义务的中国和印度 |
| 1999 | 德国波恩（COP5） | 通过《联合国气候变化框架公约》附件，商议经济转型期国家及发展中国家的能力建设等议题 |
| 2000 | 荷兰海牙（COP6） | 形成发展中国家大国（中国和印度）—美国—欧盟三足鼎立的局面 |
| 2001 | 摩洛哥马拉喀什（COP7） | 美国拒绝批准《京都议定书》，IPCC 发表第三次评估报告 |
| 2002 | 印度德里（COP8） | 通过《德里宣言》，重申了《京都议定书》的要求，强调抑制气候变化必须在持续发框架内进行，表明碳排放与可持续发展仍是各缔约方履约的任务 |

| 年度 | 会议地点<br>（届次） | 重要事件 |
|---|---|---|
| 2003 | 意大利<br>米兰<br>（COP9） | 俄罗斯拒绝批准《京都议定书》，致使《京都议定书》不能生效 |
| 2004 | 阿根廷<br>布宜诺斯<br>艾利斯<br>（COP10） | 通过了《布宜诺斯艾利斯适应气候变化五年工作计划》 |
| 2005 | 加拿大<br>蒙特利尔<br>（COP11） | 通过《蒙特利尔路线图》，《京都议定书》正式生效，当年有 156 个国家和地区<br>批准了该项协议 |
| 2006 | 肯尼亚<br>内罗毕<br>（COP12） | 通过了"内罗毕适应气候变化行动计划"，推动非洲国家参加 CDM 的动计划 |
| 2007 | 印尼<br>巴厘岛<br>（COP13） | 通过《巴厘岛路线图》，为 2012 年后应对气候变化国家制度安排指明方向，<br>IPCC 发表第四次评估报告 |
| 2008 | 波兰<br>波兹南<br>（COP14） | 金融危机后第一次会议，决定启动适应基金 |
| 2009 | 丹麦<br>哥本哈根<br>（COP15） | 通过《哥本哈根协议》，维护了"共同但有区别的责任"原则 |
| 2010 | 墨西哥<br>坎昆<br>（COP16） | 通过《坎昆协议》，要求发达国家按照在哥本哈根大会上做出的减排承诺削减<br>温室气体排放量 |
| 2011 | 南非<br>德班<br>（COP17） | 继续推行《京都议定书》的第二承诺期责任，并于 2013 年开始实施正式启动<br>"绿色气候基金"计划，加拿大宣布退出《京都议定书》 |
| 2012 | 卡塔尔<br>多哈<br>（COP18） | 确定 2013—2020 年为《京都议定书》第二承诺期，加拿大、日本、新西兰、俄<br>罗斯明确不参加第二承诺期。 |
| 2013 | 波兰<br>华沙<br>（COP19） | 本次会议就德班平台决议、气候资金和损失损害补偿机制等焦点议题签了协议。<br>会议中，发达国家在新协议里试图颠覆"共同但有区别的责任"原则，成为两<br>大阵营间分歧的焦点 |

| 年度 | 会议地点（届次） | 重要事件 |
|---|---|---|
| 2014 | 秘鲁利马（COP20） | 细化 2015 年协定各项要素，为巴黎大会协议草案奠定基础，进一步明确强化对"共同但有区别的责任"原则的基本共识，IPCC 发表第五次评估报告 |
| 2015 | 法国巴黎（COP21） | 通过《巴黎协定》，奠定各国广泛参与的基本格局，首次将所有成员国承诺的减排行动都纳入统一的法律约束力框架，184 个缔约方提交了应对气候变化《国家自主贡献》文件，涵盖全球碳排放量的 97.9%，将全球气候治理理念进一步确定为低碳绿色发展，开启 2020 年后全球气候治理新阶段 |
| 2016 | 摩洛哥马拉喀什（COP22） | 《巴黎协定》正式生效，通过《马拉喀什行动宣言》，就《巴黎协定》的履行缔约各方的责任达成了基本一致意见，确定了落实《巴黎协定》的一些程序性安排① |
| 2017 | 德国波恩（COP23） | 主要是落实《巴黎协定》中的各项任务，通过了"斐济实施动力"的系列成果，为 2018 年完成《巴黎协定》实施细则的谈判奠定基础 |
| 2018 | 波兰卡托维兹（COP24） | 围绕《巴黎协定》的相关规则，对提高全球气候行动力度、气候资等问题展开磋商，为 2020 年前更新国家自主贡献奠定基础 |
| 2019 | 西班牙马德里（COP25） | 围绕和解决过去几年《巴黎协定》实施细则谈判遗留下的最后个别问题 |

资料来源：收集相关内容整理。

---

① 李明瀚.《巴黎协定》正式生效 [J]. 生态经济. 2017，（1）:2-5.

数据十

## 1995—2017年中国各省（市）不同终端能源消费量——柴油

单位：万吨

| 柴油 | 北京 | 天津 | 河北 | 山西 | 内蒙古 | 辽宁 | 吉林 | 黑龙江 | 上海 | 江苏 | 浙江 | 安徽 | 福建 | 江西 | 山东 | 河南 | 湖北 | 湖南 | 广东 | 广西 | 海南 | 重庆 | 四川 | 贵州 | 云南 | 陕西 | 甘肃 | 青海 | 宁夏 | 新疆 |
|---|---|---|---|---|---|---|---|---|---|---|---|---|---|---|---|---|---|---|---|---|---|---|---|---|---|---|---|---|---|---|
| 1995 | 51 | 66 | 190 | 63 | 44 | 143 | 67 | 226 | 123 | 224 | 284 | 108 | 157 | 58 | 310 | 135 | 209 | 105 | 598 | 72 | 39 | 0 | 102 | 30 | 47 | 73 | 73 | 13 | 10 | 119 |
| 1996 | 49 | 90 | 165 | 64 | 45 | 142 | 66 | 202 | 187 | 254 | 308 | 123 | 175 | 67 | 314 | 142 | 219 | 105 | 600 | 69 | 45 | 0 | 106 | 32 | 50 | 80 | 77 | 13 | 10 | 127 |
| 1997 | 53 | 114 | 167 | 79 | 50 | 152 | 75 | 254 | 198 | 243 | 334 | 120 | 175 | 63 | 349 | 137 | 232 | 105 | 547 | 73 | 42 | 38 | 80 | 34 | 51 | 94 | 77 | 10 | 11 | 125 |
| 1998 | 65 | 136 | 171 | 79 | 42 | 146 | 100 | 262 | 218 | 265 | 370 | 130 | 184 | 85 | 299 | 147 | 211 | 108 | 646 | 102 | 43 | 58 | 137 | 38 | 53 | 87 | 70 | 11 | 13 | 132 |
| 1999 | 71 | 175 | 181 | 80 | 46 | 143 | 88 | 349 | 252 | 291 | 401 | 138 | 199 | 95 | 288 | 154 | 216 | 120 | 763 | 101 | 45 | 61 | 162 | 53 | 54 | 90 | 64 | 18 | 11 | 132 |
| 2000 | 81 | 198 | 181 | 81 | 69 | 197 | 74 | 410 | 176 | 345 | 434 | 142 | 214 | 105 | 344 | 155 | 261 | 140 | 766 | 147 | 46 | 61 | 162 | 58 | 55 | 95 | 92 | 19 | 11 | 155 |
| 2001 | 104 | 183 | 168 | 111 | 88 | 280 | 77 | 391 | 232 | 356 | 472 | 148 | 215 | 131 | 333 | 158 | 264 | 124 | 816 | 147 | 48 | 64 | 195 | 83 | 114 | 121 | 101 | 19 | 0 | 167 |
| 2002 | 109 | 184 | 170 | 127 | 97 | 273 | 85 | 403 | 262 | 379 | 502 | 156 | 250 | 164 | 249 | 156 | 308 | 182 | 848 | 214 | 0 | 69 | 196 | 89 | 179 | 147 | 71 | 19 | 0 | 170 |
| 2003 | 110 | 194 | 174 | 141 | 153 | 268 | 93 | 420 | 288 | 414 | 570 | 174 | 266 | 252 | 521 | 169 | 371 | 185 | 936 | 218 | 51 | 73 | 227 | 104 | 207 | 163 | 82 | 23 | 53 | 182 |
| 2004 | 132 | 226 | 211 | 191 | 252 | 322 | 103 | 460 | 347 | 508 | 642 | 189 | 324 | 199 | 582 | 275 | 381 | 243 | 1024 | 287 | 54 | 170 | 270 | 108 | 239 | 198 | 106 | 24 | 69 | 196 |
| 2005 | 141 | 221 | 444 | 266 | 380 | 464 | 249 | 473 | 313 | 515 | 803 | 210 | 369 | 302 | 1057 | 329 | 420 | 336 | 1307 | 295 | 63 | 180 | 287 | 132 | 284 | 284 | 115 | 62 | 68 | 303 |
| 2006 | 177 | 235 | 484 | 317 | 686 | 588 | 269 | 478 | 345 | 587 | 842 | 240 | 391 | 314 | 1101 | 346 | 515 | 364 | 1368 | 309 | 75 | 187 | 355 | 172 | 332 | 312 | 118 | 62 | 82 | 341 |
| 2007 | 192 | 256 | 533 | 375 | 579 | 661 | 301 | 498 | 380 | 608 | 871 | 259 | 476 | 295 | 1188 | 461 | 625 | 395 | 1438 | 337 | 85 | 234 | 394 | 184 | 382 | 280 | 114 | 73 | 88 | 378 |
| 2008 | 227 | 290 | 532 | 473 | 686 | 778 | 313 | 441 | 427 | 646 | 899 | 310 | 433 | 288 | 1258 | 543 | 613 | 376 | 1519 | 356 | 94 | 258 | 474 | 226 | 412 | 444 | 169 | 78 | 97 | 335 |
| 2009 | 240 | 304 | 522 | 507 | 739 | 810 | 328 | 513 | 483 | 656 | 897 | 329 | 413 | 293 | 1334 | 526 | 791 | 432 | 1568 | 414 | 106 | 274 | 538 | 235 | 438 | 493 | 186 | 87 | 99 | 332 |
| 2010 | 237 | 334 | 692 | 474 | 864 | 964 | 363 | 598 | 509 | 728 | 958 | 366 | 511 | 369 | 1448 | 561 | 649 | 503 | 1669 | 442 | 140 | 339 | 525 | 265 | 562 | 531 | 211 | 90 | 106 | 364 |

续表

| 柴油 | 北京 | 天津 | 河北 | 山西 | 内蒙古 | 辽宁 | 吉林 | 黑龙江 | 上海 | 江苏 | 浙江 | 安徽 | 福建 | 江西 | 山东 | 河南 | 湖北 | 湖南 | 广东 | 广西 | 海南 | 重庆 | 四川 | 贵州 | 云南 | 陕西 | 甘肃 | 青海 | 宁夏 | 新疆 |
|---|---|---|---|---|---|---|---|---|---|---|---|---|---|---|---|---|---|---|---|---|---|---|---|---|---|---|---|---|---|---|
| 2011 | 241 | 361 | 796 | 489 | 923 | 1105 | 417 | 598 | 533 | 759 | 958 | 417 | 531 | 393 | 1664 | 663 | 698 | 562 | 1501 | 477 | 146 | 398 | 577 | 305 | 610 | 574 | 223 | 102 | 104 | 391 |
| 2012 | 216 | 378 | 821 | 498 | 877 | 1225 | 424 | 605 | 569 | 804 | 939 | 578 | 516 | 417 | 1814 | 738 | 732 | 502 | 1543 | 519 | 156 | 410 | 643 | 336 | 651 | 586 | 258 | 106 | 111 | 433 |
| 2013 | 194 | 325 | 801 | 516 | 659 | 1022 | 382 | 457 | 556 | 752 | 947 | 626 | 522 | 526 | 1263 | 778 | 805 | 566 | 1539 | 431 | 130 | 456 | 754 | 379 | 560 | 522 | 375 | 111 | 118 | 546 |
| 2014 | 196 | 334 | 789 | 498 | 577 | 1060 | 378 | 466 | 548 | 814 | 932 | 663 | 516 | 527 | 1265 | 800 | 864 | 599 | 1575 | 506 | 112 | 426 | 749 | 380 | 569 | 539 | 375 | 114 | 123 | 562 |
| 2015 | 182 | 353 | 749 | 517 | 475 | 1109 | 347 | 510 | 562 | 819 | 968 | 612 | 445 | 538 | 1335 | 835 | 859 | 687 | 1588 | 573 | 117 | 491 | 815 | 454 | 583 | 466 | 336 | 115 | 123 | 637 |
| 2016 | 173 | 370 | 844 | 536 | 427 | 1009 | 344 | 330 | 562 | 821 | 882 | 623 | 430 | 547 | 1369 | 808 | 866 | 713 | 1676 | 538 | 108 | 514 | 801 | 491 | 602 | 410 | 307 | 129 | 124 | 651 |
| 2017 | 175 | 352 | 721 | 560 | 439 | 1033 | 360 | 331 | 550 | 862 | 832 | 632 | 434 | 568 | 1544 | 927 | 868 | 636 | 1668 | 562 | 110 | 542 | 817 | 481 | 608 | 374 | 299 | 152 | 128 |  |

## 1995—2017年中国各省（市）不同终端能源消费量——汽油

单位：万吨

| 汽油 | 北京 | 天津 | 河北 | 山西 | 内蒙古 | 辽宁 | 吉林 | 黑龙江 | 上海 | 江苏 | 浙江 | 安徽 | 福建 | 江西 | 山东 | 河南 | 湖北 | 湖南 | 广东 | 广西 | 海南 | 重庆 | 四川 | 贵州 | 云南 | 陕西 | 甘肃 | 青海 | 宁夏 | 新疆 |
|---|---|---|---|---|---|---|---|---|---|---|---|---|---|---|---|---|---|---|---|---|---|---|---|---|---|---|---|---|---|---|
| 1995 | 75 | 75 | 132 | 98 | 50 | 120 | 83 | 184 | 79 | 164 | 124 | 58 | 69 | 42 | 193 | 143 | 152 | 104 | 282 | 41 | 21 | 0 | 124 | 52 | 65 | 82 | 56 | 18 | 11 | 102 |
| 1996 | 74 | 86 | 140 | 93 | 59 | 80 | 101 | 175 | 83 | 177 | 133 | 57 | 80 | 36 | 194 | 145 | 163 | 108 | 264 | 50 | 24 | 0 | 129 | 43 | 70 | 91 | 58 | 19 | 10 | 104 |
| 1997 | 73 | 96 | 135 | 91 | 71 | 79 | 93 | 154 | 97 | 171 | 146 | 57 | 81 | 41 | 222 | 120 | 172 | 103 | 263 | 45 | 27 | 33 | 100 | 43 | 73 | 95 | 63 | 21 | 10 | 97 |
| 1998 | 83 | 82 | 134 | 91 | 61 | 75 | 91 | 162 | 106 | 188 | 160 | 64 | 87 | 46 | 199 | 137 | 158 | 107 | 282 | 59 | 29 | 60 | 120 | 45 | 77 | 93 | 70 | 18 | 10 | 99 |
| 1999 | 93 | 71 | 132 | 89 | 56 | 75 | 90 | 207 | 116 | 190 | 178 | 66 | 92 | 54 | 170 | 119 | 159 | 104 | 288 | 65 | 29 | 63 | 144 | 39 | 81 | 94 | 82 | 18 | 11 | 86 |
| 2000 | 107 | 112 | 136 | 89 | 65 | 149 | 91 | 244 | 133 | 187 | 196 | 69 | 105 | 58 | 189 | 121 | 169 | 115 | 301 | 66 | 31 | 66 | 144 | 46 | 91 | 104 | 98 | 16 | 11 | 102 |
| 2001 | 139 | 116 | 142 | 89 | 72 | 236 | 94 | 270 | 137 | 248 | 213 | 70 | 106 | 60 | 189 | 124 | 186 | 114 | 325 | 66 | 31 | 64 | 158 | 48 | 111 | 78 | 104 | 18 | 0 | 86 |
| 2002 | 152 | 95 | 147 | 89 | 79 | 236 | 97 | 259 | 192 | 293 | 231 | 74 | 133 | 82 | 177 | 120 | 233 | 135 | 345 | 84 | 0 | 65 | 171 | 50 | 98 | 95 | 97 | 16 | 0 | 87 |
| 2003 | 165 | 106 | 157 | 89 | 97 | 228 | 103 | 310 | 202 | 339 | 262 | 77 | 139 | 60 | 210 | 122 | 293 | 136 | 375 | 117 | 20 | 66 | 182 | 59 | 106 | 105 | 98 | 17 | 23 | 91 |

续表

| 汽油 | 北京 | 天津 | 河北 | 山西 | 内蒙古 | 辽宁 | 吉林 | 黑龙江 | 上海 | 江苏 | 浙江 | 安徽 | 福建 | 江西 | 山东 | 河南 | 湖北 | 湖南 | 广东 | 广西 | 海南 | 重庆 | 四川 | 贵州 | 云南 | 陕西 | 甘肃 | 青海 | 宁夏 | 新疆 |
|---|---|---|---|---|---|---|---|---|---|---|---|---|---|---|---|---|---|---|---|---|---|---|---|---|---|---|---|---|---|---|
| 2004 | 198 | 119 | 170 | 80 | 151 | 229 | 111 | 322 | 221 | 364 | 279 | 78 | 192 | 62 | 234 | 222 | 305 | 160 | 447 | 129 | 34 | 76 | 204 | 67 | 111 | 145 | 77 | 17 | 35 | 111 |
| 2005 | 235 | 123 | 222 | 95 | 192 | 357 | 111 | 312 | 224 | 420 | 369 | 86 | 200 | 64 | 496 | 235 | 344 | 205 | 706 | 140 | 21 | 78 | 224 | 72 | 123 | 197 | 87 | 13 | 24 | 107 |
| 2006 | 278 | 128 | 264 | 113 | 261 | 394 | 111 | 345 | 262 | 450 | 402 | 98 | 208 | 66 | 541 | 250 | 421 | 236 | 771 | 174 | 27 | 86 | 269 | 81 | 128 | 178 | 88 | 15 | 19 | 118 |
| 2007 | 325 | 140 | 249 | 125 | 236 | 439 | 112 | 376 | 304 | 488 | 444 | 115 | 264 | 71 | 573 | 211 | 555 | 272 | 838 | 191 | 32 | 86 | 330 | 106 | 158 | 287 | 88 | 18 | 19 | 125 |
| 2008 | 341 | 149 | 211 | 237 | 261 | 410 | 130 | 279 | 340 | 562 | 475 | 127 | 250 | 76 | 589 | 192 | 624 | 232 | 887 | 202 | 39 | 97 | 376 | 123 | 179 | 219 | 50 | 21 | 21 | 124 |
| 2009 | 364 | 181 | 212 | 262 | 280 | 464 | 138 | 319 | 389 | 586 | 509 | 140 | 264 | 77 | 641 | 196 | 560 | 246 | 957 | 216 | 48 | 91 | 463 | 130 | 193 | 248 | 50 | 23 | 21 | 122 |
| 2010 | 372 | 205 | 239 | 228 | 326 | 593 | 167 | 364 | 415 | 750 | 587 | 157 | 333 | 155 | 802 | 297 | 458 | 262 | 1086 | 248 | 53 | 103 | 542 | 143 | 232 | 255 | 57 | 26 | 23 | 131 |
| 2011 | 390 | 223 | 306 | 217 | 310 | 707 | 182 | 467 | 473 | 827 | 648 | 176 | 374 | 183 | 806 | 359 | 498 | 295 | 1208 | 259 | 61 | 145 | 642 | 145 | 250 | 280 | 59 | 29 | 21 | 139 |
| 2012 | 416 | 254 | 318 | 225 | 303 | 781 | 183 | 466 | 517 | 935 | 706 | 251 | 398 | 198 | 812 | 427 | 567 | 389 | 1260 | 285 | 65 | 145 | 700 | 158 | 288 | 287 | 66 | 30 | 23 | 155 |
| 2013 | 424 | 212 | 348 | 216 | 255 | 659 | 179 | 278 | 533 | 891 | 706 | 319 | 410 | 237 | 705 | 557 | 616 | 435 | 1071 | 224 | 72 | 162 | 818 | 195 | 280 | 221 | 123 | 33 | 20 | 209 |
| 2014 | 441 | 227 | 315 | 202 | 272 | 705 | 193 | 314 | 577 | 975 | 710 | 353 | 440 | 252 | 705 | 530 | 660 | 457 | 1119 | 244 | 80 | 182 | 830 | 217 | 298 | 230 | 129 | 37 | 22 | 216 |
| 2015 | 463 | 264 | 475 | 208 | 306 | 743 | 178 | 342 | 608 | 1004 | 754 | 457 | 465 | 284 | 726 | 677 | 700 | 515 | 1229 | 291 | 93 | 200 | 895 | 294 | 313 | 250 | 158 | 45 | 36 | 255 |
| 2016 | 470 | 274 | 495 | 228 | 353 | 786 | 179 | 316 | 638 | 1012 | 797 | 510 | 495 | 295 | 739 | 700 | 743 | 576 | 1502 | 379 | 102 | 219 | 940 | 344 | 340 | 257 | 199 | 56 | 29 | 255 |
| 2017 | 490 | 273 | 493 | 258 | 357 | 792 | 206 | 379 | 663 | 1047 | 859 | 575 | 532 | 331 | 809 | 679 | 749 | 642 | 1530 | 392 | 110 | 233 | 968 | 380 | 345 | 277 | 209 | 60 | 31 | |

1995—2017 年中国各省（市）不同终端能源消费量——煤炭

单位：百万吨

| 煤炭 | 北京 | 天津 | 河北 | 山西 | 内蒙古 | 辽宁 | 吉林 | 黑龙江 | 上海 | 江苏 | 浙江 | 安徽 | 福建 | 江西 | 山东 | 河南 | 湖北 | 湖南 | 广东 | 广西 | 海南 | 重庆 | 四川 | 贵州 | 云南 | 陕西 | 甘肃 | 青海 | 宁夏 | 新疆 |
|---|---|---|---|---|---|---|---|---|---|---|---|---|---|---|---|---|---|---|---|---|---|---|---|---|---|---|---|---|---|---|
| 1995 | 26.9 | 24.3 | 109.8 | 150.1 | 44.2 | 93.6 | 48.2 | 61.9 | 39.4 | 89.4 | 42.3 | 49.6 | 16.8 | 30.4 | 97.6 | 79.6 | 54.0 | 55.9 | 49.4 | 23.3 | 1.7 | — | 89.1 | 39.5 | 27.7 | 37.8 | 25.5 | 4.6 | 10.8 | 24.5 |
| 1996 | 27.3 | 22.9 | 113.8 | 154.0 | 48.9 | 93.1 | 51.4 | 59.9 | 40.9 | 88.3 | 45.9 | 52.9 | 18.4 | 27.1 | 99.9 | 82.1 | 56.6 | 58.1 | 50.8 | 23.5 | 1.5 | — | 92.3 | 48.3 | 30.4 | 41.0 | 26.2 | 4.9 | 11.1 | 27.7 |
| 1997 | 25.8 | 23.2 | 115.1 | 146.7 | 58.0 | 90.4 | 49.7 | 66.7 | 42.1 | 84.9 | 47.2 | 50.7 | 17.1 | 25.4 | 98.6 | 79.8 | 59.0 | 47.0 | 50.5 | 21.4 | 1.4 | 27.4 | 60.6 | 51.8 | 33.0 | 35.9 | 23.7 | 5.5 | 10.9 | 25.9 |
| 1998 | 26.8 | 23.3 | 114.2 | 152.8 | 52.8 | 86.8 | 41.8 | 59.6 | 41.9 | 85.7 | 46.5 | 53.8 | 17.9 | 24.1 | 99.2 | 80.6 | 59.1 | 47.9 | 50.9 | 21.1 | 1.7 | 28.5 | 59.0 | 55.2 | 31.6 | 35.1 | 23.7 | 5.4 | 10.9 | 26.0 |
| 1999 | 26.5 | 22.9 | 116.4 | 137.6 | 55.3 | 84.6 | 42.4 | 56.9 | 42.3 | 87.1 | 47.7 | 55.1 | 19.9 | 24.4 | 99.6 | 83.0 | 59.9 | 36.2 | 52.8 | 21.2 | 1.8 | 30.5 | 48.6 | 50.3 | 29.6 | 30.0 | 24.0 | 6.4 | 10.4 | 25.8 |
| 2000 | 27.2 | 24.7 | 121.2 | 142.6 | 59.1 | 95.8 | 42.1 | 58.2 | 45.0 | 87.7 | 53.8 | 59.1 | 21.6 | 24.7 | 87.0 | 87.2 | 60.5 | 33.4 | 58.9 | 22.3 | 1.9 | 29.4 | 48.6 | 51.5 | 30.6 | 27.7 | 24.8 | 5.2 | 10.4 | 27.0 |
| 2001 | 26.8 | 26.4 | 126.4 | 148.6 | 62.7 | 90.8 | 44.8 | 55.4 | 46.1 | 89.6 | 55.3 | 63.7 | 22.1 | 25.8 | 111.0 | 93.3 | 61.0 | 41.0 | 60.9 | 22.3 | — | 27.4 | 46.5 | 49.5 | 31.0 | 31.3 | 25.5 | 6.4 | — | 27.3 |
| 2002 | 25.3 | 29.3 | 137.4 | 180.6 | 68.6 | 93.6 | 46.6 | 55.4 | 47.4 | 96.6 | 66.0 | 66.8 | 27.1 | 25.6 | 129.4 | 103.3 | 64.8 | 42.9 | 66.5 | 21.3 | — | 30.5 | 54.6 | 52.0 | 35.6 | 34.5 | 28.0 | 6.2 | — | 29.0 |
| 2003 | 26.7 | 32.1 | 148.5 | 205.0 | 90.3 | 104.5 | 52.0 | 64.9 | 50.2 | 108.5 | 72.7 | 74.9 | 32.7 | 30.9 | 151.7 | 114.2 | 72.4 | 49.8 | 79.1 | 26.2 | 6.1 | 26.5 | 72.5 | 67.9 | 46.1 | 39.6 | 32.2 | 6.8 | 29.7 | 31.8 |
| 2004 | 29.4 | 35.1 | 170.7 | 224.3 | 113.9 | 119.4 | 57.2 | 73.5 | 51.4 | 132.7 | 83.6 | 78.2 | 38.1 | 39.4 | 182.7 | 149.4 | 80.5 | 60.4 | 87.9 | 33.7 | 4.8 | 29.0 | 81.9 | 79.9 | 56.9 | 49.6 | 34.8 | 6.8 | 27.6 | 36.3 |
| 2005 | 30.7 | 38.0 | 205.4 | 258.7 | 139.5 | 127.1 | 64.5 | 85.2 | 53.1 | 171.6 | 96.8 | 83.2 | 47.2 | 42.4 | 260.6 | 184.7 | 88.7 | 87.4 | 98.5 | 36.2 | 3.3 | 42.0 | 85.1 | 79.2 | 66.8 | 60.5 | 37.5 | 9.5 | 32.8 | 38.5 |
| 2006 | 30.6 | 38.1 | 213.6 | 286.1 | 222.4 | 138.4 | 69.4 | 90.3 | 51.4 | 186.9 | 113.3 | 87.9 | 53.4 | 45.9 | 298.4 | 210.0 | 94.0 | 99.1 | 109.5 | 39.8 | 3.3 | 46.9 | 91.6 | 89.9 | 74.8 | 76.0 | 39.6 | 10.8 | 35.2 | 44.4 |
| 2007 | 29.8 | 39.3 | 246.8 | 296.5 | 186.1 | 147.1 | 73.1 | 98.6 | 52.2 | 202.4 | 130.2 | 97.7 | 61.2 | 51.7 | 327.2 | 231.8 | 107.9 | 102.8 | 124.3 | 46.7 | 4.3 | 51.1 | 101.9 | 95.7 | 76.2 | 80.8 | 44.7 | 12.9 | 40.9 | 49.4 |
| 2008 | 27.5 | 39.7 | 244.2 | 283.7 | 222.4 | 153.5 | 83.7 | 112.0 | 54.6 | 207.4 | 130.4 | 113.8 | 66.0 | 52.7 | 343.9 | 238.7 | 102.0 | 101.7 | 133.0 | 46.8 | 4.7 | 52.7 | 107.3 | 97.3 | 79.2 | 89.4 | 46.8 | 13.2 | 42.9 | 57.1 |
| 2009 | 26.6 | 41.2 | 265.2 | 277.6 | 240.5 | 160.3 | 85.9 | 110.5 | 53.1 | 210.0 | 132.8 | 126.7 | 71.1 | 53.6 | 348.0 | 244.5 | 111.0 | 107.5 | 136.5 | 52.0 | 5.4 | 57.8 | 121.5 | 109.1 | 88.9 | 95.0 | 44.8 | 13.1 | 47.8 | 74.2 |
| 2010 | 26.3 | 48.1 | 274.6 | 298.7 | 270.0 | 169.1 | 95.8 | 122.2 | 58.8 | 231.0 | 139.5 | 133.8 | 70.3 | 62.5 | 373.3 | 260.5 | 134.7 | 113.2 | 159.8 | 62.1 | 6.5 | 64.0 | 115.2 | 109.1 | 93.5 | 116.4 | 53.9 | 12.7 | 57.6 | 81.1 |
| 2011 | 23.7 | 52.6 | 307.9 | 334.8 | 346.8 | 180.5 | 110.4 | 132.0 | 61.4 | 273.6 | 147.8 | 141.2 | 87.1 | 69.9 | 389.2 | 283.7 | 158.1 | 130.1 | 184.4 | 70.3 | 8.2 | 71.9 | 114.5 | 120.8 | 96.6 | 133.2 | 63.0 | 15.1 | 79.5 | 97.5 |
| 2012 | 22.7 | 53.0 | 313.6 | 345.5 | 366.2 | 182.2 | 110.8 | 139.7 | 57.0 | 277.6 | 143.7 | 147.0 | 84.9 | 68.0 | 402.3 | 252.4 | 158.0 | 120.8 | 176.3 | 72.6 | 9.3 | 67.5 | 118.7 | 133.3 | 98.5 | 157.7 | 65.6 | 18.6 | 80.6 | 120.3 |

续表

| 煤炭 | 北京 | 天津 | 河北 | 山西 | 内蒙古 | 辽宁 | 吉林 | 黑龙江 | 上海 | 江苏 | 浙江 | 安徽 | 福建 | 江西 | 山东 | 河南 | 湖北 | 湖南 | 广东 | 广西 | 海南 | 重庆 | 四川 | 贵州 | 云南 | 陕西 | 甘肃 | 青海 | 宁夏 | 新疆 |
|---|---|---|---|---|---|---|---|---|---|---|---|---|---|---|---|---|---|---|---|---|---|---|---|---|---|---|---|---|---|---|
| 2013 | 20.2 | 52.8 | 316.6 | 366.4 | 349.2 | 181.3 | 104.1 | 132.7 | 56.8 | 279.5 | 141.6 | 156.7 | 80.8 | 72.5 | 376.8 | 250.6 | 121.7 | 112.2 | 171.1 | 73.4 | 10.1 | 57.9 | 116.8 | 136.5 | 97.8 | 172.5 | 65.4 | 20.7 | 85.3 | 142.1 |
| 2014 | 17.4 | 50.3 | 296.4 | 375.9 | 364.7 | 180.0 | 103.8 | 136.0 | 49.0 | 269.1 | 138.2 | 157.9 | 82.0 | 74.8 | 395.6 | 242.5 | 118.9 | 109.0 | 170.1 | 68.0 | 10.2 | 61.0 | 110.5 | 131.2 | 86.7 | 183.8 | 67.2 | 18.2 | 88.6 | 160.9 |
| 2015 | 11.7 | 45.4 | 289.4 | 371.2 | 365.0 | 173.4 | 98.1 | 134.3 | 47.3 | 272.1 | 138.3 | 156.7 | 76.6 | 77.0 | 409.3 | 237.2 | 117.1 | 111.4 | 165.9 | 60.5 | 10.7 | 60.5 | 92.9 | 128.3 | 77.1 | 183.7 | 65.6 | 15.1 | 89.1 | 173.6 |
| 2016 | 8.5 | 42.3 | 281.1 | 356.2 | 366.8 | 169.4 | 94.2 | 140.3 | 46.3 | 280.5 | 139.5 | 157.3 | 68.3 | 76.2 | 409.4 | 232.5 | 116.9 | 114.4 | 161.4 | 65.2 | 10.2 | 56.7 | 88.7 | 136.4 | 74.6 | 196.7 | 63.8 | 19.6 | 86.7 | 189.9 |
| 2017 | 4.9 | 38.8 | 274.2 | 429.4 | 386.0 | 175.9 | 93.5 | 144.7 | 45.8 | 266.2 | 142.6 | 160.8 | 75.4 | 77.6 | 381.6 | 226.7 | 117.8 | 124.0 | 171.7 | 66.1 | 11.0 | 56.5 | 78.6 | 134.1 | 72.1 | 200.7 | 63.6 | 17.5 | 110.6 | |

## 1995—2017年中国各省（市）不同终端能源消费量——焦炭

单位：万吨

| 焦炭 | 北京 | 天津 | 河北 | 山西 | 内蒙古 | 辽宁 | 吉林 | 黑龙江 | 上海 | 江苏 | 浙江 | 安徽 | 福建 | 江西 | 山东 | 河南 | 湖北 | 湖南 | 广东 | 广西 | 海南 | 重庆 | 四川 | 贵州 | 云南 | 陕西 | 甘肃 | 青海 | 宁夏 | 新疆 |
|---|---|---|---|---|---|---|---|---|---|---|---|---|---|---|---|---|---|---|---|---|---|---|---|---|---|---|---|---|---|---|
| 1995 | 501 | 149 | 1136 | 1287 | 339 | 988 | 176 | 107 | 716 | 362 | 128 | 441 | 79 | 188 | 357 | 393 | 491 | 293 | 132 | 184 | 1.6 | — | 754 | 202 | 371 | 304 | 134 | 23 | 21 | 74 |
| 1996 | 501 | 131 | 1012 | 1329 | 337 | 888 | 161 | 106 | 660 | 388 | 130 | 463 | 80 | 191 | 407 | 358 | 529 | 292 | 140 | 164 | 1.6 | — | 764 | 187 | 383 | 278 | 138 | 13 | 21 | 80 |
| 1997 | 480 | 135 | 1083 | 1313 | 327 | 872 | 193 | 107 | 654 | 345 | 112 | 483 | 81 | 180 | 404 | 308 | 557 | 312 | 160 | 168 | 1.2 | 120 | 576 | 242 | 394 | 293 | 152 | 13 | 29 | 75 |
| 1998 | 483 | 133 | 1085 | 1246 | 283 | 891 | 173 | 96 | 678 | 370 | 109 | 515 | 94 | 197 | 306 | 404 | 551 | 321 | 162 | 167 | 0.7 | 190 | 541 | 219 | 406 | 233 | 145 | 13 | 12 | 79 |
| 1999 | 441 | 142 | 1167 | 1232 | 276 | 879 | 172 | 90 | 700 | 369 | 98 | 529 | 108 | 198 | 334 | 400 | 558 | 314 | 166 | 162 | 2.5 | 150 | 447 | 237 | 388 | 191 | 168 | 13 | 29 | 74 |
| 2000 | 449 | 144 | 1228 | 1284 | 286 | 878 | 171 | 73 | 720 | 384 | 117 | 533 | 100 | 206 | 425 | 427 | 557 | 300 | 147 | 159 | 3.5 | 181 | 447 | 239 | 360 | 134 | 179 | 16 | 29 | 74 |
| 2001 | 430 | 129 | 1360 | 2170 | 313 | 898 | 162 | 90 | 710 | 375 | 109 | 543 | 96 | 215 | 461 | 487 | 522 | 320 | 175 | 159 | 0.04 | 191 | 488 | 225 | 380 | 128 | 177 | 17 | — | 73 |
| 2002 | 378 | 149 | 1808 | 2762 | 394 | 1047 | 192 | 80 | 681 | 399 | 126 | 556 | 95 | 261 | 415 | 505 | 536 | 351 | 179 | 177 | — | 190 | 541 | 234 | 590 | 176 | 177 | 18 | — | 83 |
| 2003 | 438 | 143 | 2591 | 3085 | 477 | 1131 | 231 | 106 | 628 | 448 | 127 | 600 | 132 | 298 | 660 | 521 | 552 | 396 | 228 | 194 | 6 | 188 | 626 | 240 | 759 | 189 | 182 | 30 | 52 | 87 |
| 2004 | 456 | 328 | 3243 | 2724 | 578 | 821 | 250 | 97 | 591 | 801 | 149 | 544 | 206 | 380 | 1236 | 818 | 560 | 553 | 278 | 344 | 4 | 191 | 813 | 269 | 1046 | 250 | 347 | 41 | 115 | 127 |
| 2005 | 397 | 330 | 4583 | 2140 | 814 | 1707 | 307 | 101 | 631 | 1593 | 164 | 538 | 281 | 453 | 1993 | 994 | 685 | 357 | 300 | 433 | 19 | 388 | 895 | 254 | 1223 | 251 | 424 | 47 | 70 | 179 |

| 焦炭 | 北京 | 天津 | 河北 | 山西 | 内蒙古 | 辽宁 | 吉林 | 黑龙江 | 上海 | 江苏 | 浙江 | 安徽 | 福建 | 江西 | 山东 | 河南 | 湖北 | 湖南 | 广东 | 广西 | 海南 | 重庆 | 四川 | 贵州 | 云南 | 陕西 | 甘肃 | 青海 | 宁夏 | 新疆 |
|---|---|---|---|---|---|---|---|---|---|---|---|---|---|---|---|---|---|---|---|---|---|---|---|---|---|---|---|---|---|---|
| 2006 | 349 | 541 | 5461 | 2432 | 1381 | 1960 | 370 | 211 | 655 | 1944 | 318 | 652 | 300 | 527 | 2414 | 1192 | 752 | 423 | 411 | 451 | 19 | 329 | 1004 | 338 | 1252 | 288 | 469 | 93 | 126 | 231 |
| 2007 | 358 | 668 | 5127 | 2556 | 1213 | 2299 | 408 | 227 | 730 | 2019 | 326 | 810 | 356 | 598 | 2593 | 1437 | 820 | 916 | 461 | 520 | 23 | 323 | 1144 | 446 | 1377 | 407 | 562 | 116 | 65 | 285 |
| 2008 | 233 | 719 | 6008 | 2359 | 1381 | 2441 | 542 | 227 | 714 | 1889 | 486 | 851 | 368 | 581 | 2612 | 1489 | 952 | 999 | 450 | 580 | 15 | 342 | 1119 | 451 | 1331 | 388 | 544 | 150 | 238 | 456 |
| 2009 | 212 | 869 | 6209 | 2438 | 1554 | 2795 | 593 | 322 | 678 | 2221 | 505 | 856 | 653 | 710 | 2923 | 1442 | 911 | 1012 | 466 | 628 | 18 | 334 | 1122 | 368 | 1276 | 655 | 540 | 186 | 251 | 528 |
| 2010 | 220 | 664 | 7319 | 2589 | 1417 | 3163 | 641 | 271 | 717 | 2663 | 443 | 910 | 685 | 773 | 3068 | 1743 | 1121 | 1089 | 486 | 682 | 0.05 | 299 | 1354 | 380 | 1231 | 731 | 542 | 160 | 229 | 648 |
| 2011 | 33 | 709 | 8400 | 2559 | 1559 | 3386 | 758 | 273 | 714 | 3151 | 470 | 948 | 729 | 872 | 3315 | 2053 | 1173 | 852 | 552 | 740 | 0.02 | 378 | 1439 | 403 | 1218 | 794 | 601 | 156 | 357 | 880 |
| 2012 | 32 | 883 | 8402 | 2939 | 1412 | 3442 | 670 | 331 | 673 | 3170 | 451 | 996 | 650 | 879 | 3506 | 2222 | 1114 | 1072 | 546 | 805 | 0.05 | 504 | 1563 | 382 | 1339 | 895 | 654 | 196 | 378 | 1011 |
| 2013 | 0.8 | 955 | 8340 | 2146 | 1801 | 3201 | 720 | 338 | 640 | 3191 | 446 | 1049 | 655 | 855 | 3680 | 1817 | 1114 | 1076 | 585 | 975 | 0.04 | 209 | 1760 | 423 | 1348 | 935 | 667 | 230 | 418 | 1110 |
| 2014 | 0.6 | 954 | 8127 | 2178 | 1494 | 3297 | 665 | 194 | 655 | 3409 | 465 | 1065 | 675 | 871 | 3762 | 2701 | 1124 | 1040 | 558 | 1019 | 0.04 | 320 | 1864 | 375 | 1134 | 975 | 693 | 253 | 387 | 1074 |
| 2015 | 0.4 | 905 | 7726 | 2083 | 1533 | 3188 | 533 | 186 | 631 | 3589 | 428 | 1165 | 626 | 892 | 3704 | 2844 | 1030 | 1145 | 543 | 1000 | 0.00 | 270 | 1853 | 310 | 879 | 970 | 615 | 249 | 489 | 749 |
| 2016 | 0.2 | 887 | 8079 | 2198 | 1635 | 2993 | 478 | 184 | 597 | 3840 | 329 | 1165 | 609 | 840 | 3718 | 3046 | 1095 | 960 | 783 | 1121 | 0.00 | 384 | 1636 | 253 | 912 | 840 | 549 | 228 | 451 | 804 |
| 2017 | 0.2 | 809 | 8041 | 1959 | 1669 | 3089 | 476 | 215 | 592 | 4071 | 320 | 1049 | 660 | 862 | 3392 | 2236 | 1062 | 948 | 941 | 1204 | 0.02 | 362 | 1644 | 215 | 951 | 830 | 505 | 219 | 524 |  |

## 1995—2017年中国各省（市）不同终端能源消费量——原油

单位：万吨

| 原油 | 北京 | 天津 | 河北 | 山西 | 内蒙古 | 辽宁 | 吉林 | 黑龙江 | 上海 | 江苏 | 浙江 | 安徽 | 福建 | 江西 | 山东 | 河南 | 湖北 | 湖南 | 广东 | 广西 | 海南 | 重庆 | 四川 | 贵州 | 云南 | 陕西 | 甘肃 | 青海 | 宁夏 | 新疆 |
|---|---|---|---|---|---|---|---|---|---|---|---|---|---|---|---|---|---|---|---|---|---|---|---|---|---|---|---|---|---|---|
| 1995 | 655 | 488 | 499 | — | 87 | 2516 | 493 | 1204 | 976 | 1011 | 575 | 277 | 225 | 231 | 1348 | 402 | 511 | 349 | 1227 | 42 | 0.01 | — | 31 | — | 32 | 154 | 673 | 84 | 68 | 728 |
| 1996 | 690 | 494 | 536 | — | 100 | 2693 | 533 | 1289 | 996 | 1046 | 619 | 303 | 250 | 231 | 1426 | 398 | 562 | 347 | 1287 | 49 | 0.01 | — | 33 | — | — | 197 | 708 | 60 | 69 | 837 |
| 1997 | 695 | 575 | 596 | — | 113 | 3054 | 659 | 1419 | 1019 | 1107 | 692 | 301 | 285 | 249 | 1529 | 448 | 595 | 359 | 1389 | 51 | 0.01 | — | 34 | — | 42 | 291 | 786 | 52 | 84 | 944 |
| 1998 | 645 | 535 | 665 | — | 115 | 2983 | 671 | 1419 | 1001 | 1127 | 691 | 286 | 279 | 252 | 1449 | 487 | 500 | 357 | 1377 | 58 | 1 | — | 37 | — | 49 | 342 | 804 | 55 | 88 | 1024 |

续表

| 原油 | 北京 | 天津 | 河北 | 山西 | 内蒙古 | 辽宁 | 吉林 | 黑龙江 | 上海 | 江苏 | 浙江 | 安徽 | 福建 | 江西 | 山东 | 河南 | 湖北 | 湖南 | 广东 | 广西 | 海南 | 重庆 | 四川 | 贵州 | 云南 | 陕西 | 甘肃 | 青海 | 宁夏 | 新疆 |
|---|---|---|---|---|---|---|---|---|---|---|---|---|---|---|---|---|---|---|---|---|---|---|---|---|---|---|---|---|---|---|
| 1999 | 724 | 604 | 695 |  | 126 | 3364 | 708 | 1518 | 1150 | 1184 | 786 | 293 | 291 | 284 | 1478 | 561 | 579 | 482 | 1574 | 57 | 6 |  | 39 |  | 50 | 446 | 794 | 59 | 93 | 1005 |
| 2000 | 755 | 710 | 747 |  | 126 | 3939 | 703 | 1601 | 1310 | 1377 | 1112 | 345 | 358 | 331 | 1771 | 611 | 670 | 541 | 1956 | 61 | 15 |  | 39 |  | — | 522 | 881 | 62 | 93 | 1071 |
| 2001 | 701 | 749 | 671 |  | 133 | 4046 | 709 | 1616 | 1355 | 1318 | 1124 | 288 | 348 | 300 | 1778 | 598 | 570 | 440 | 1943 | 61 | 13 | 0.19 | 56 |  | — | 618 | 887 | 65 | — | 1076 |
| 2002 | 748 | 676 | 698 |  | 126 | 4219 | 731 | 1586 | 1425 | 1408 | 1241 | 308 | 334 | 297 | 1628 | 602 | 595 | 471 | 1962 | 70 |  | 0.25 | 58 |  | — | 704 | 935 | 62 | — | 1128 |
| 2003 | 727 | 751 | 835 |  | 129 | 4560 | 885 | 1619 | 1738 | 1715 | 1425 | 335 | 362 | 314 | 2214 | 37 | 637 | 508 | 2095 | 73 | 32 | 0.27 | 76 |  | — | 870 | 1018 | 67 | 200 | 1189 |
| 2004 | 809 | 787 | 939 |  | 132 | 5217 | 833 | 1616 | 1842 | 1875 | 1853 | 420 | 391 | 363 | 3196 | 705 | 754 | 616 | 2391 | 82 | 14 | 0.48 | 115 |  | 0.06 | 1073 | 1155 | 83 | 159 | 1314 |
| 2005 | 800 | 863 | 1003 |  | 132 | 5411 | 968 | 1785 | 1967 | 2265 | 2113 | 414 | 348 | 368 | 3300 | 669 | 822 | 661 | 2388 | 98 | 11 | 2.86 | 141 |  | 0.07 | 1242 | 1229 | 95 | 167 | 1629 |
| 2006 | 796 | 900 | 1047 |  | 189 | 5555 | 913 | 1850 | 1833 | 2303 | 2115 | 445 | 375 | 418 | 3878 | 697 | 851 | 574 | 2806 | 118 | 230 | 3.17 | 175 |  | 0.07 | 1489 | 1323 | 104 | 174 | 1814 |
| 2007 | 951 | 950 | 1125 |  | 143 | 5893 | 934 | 1886 | 1720 | 2454 | 2249 | 451 | 352 | 396 | 4076 | 714 | 913 | 672 | 2940 | 153 | 816 | 0.13 | 240 |  | 0.11 | 1609 | 1433 | 110 | 157 | 1873 |
| 2008 | 1117 | 790 | 1358 |  | 189 | 5945 | 915 | 1736 | 1952 | 2313 | 2287 | 426 | 311 | 411 | 4627 | 704 | 884 | 614 | 3046 | 133 | 797 | 0.02 | 285 |  | 0.06 | 1765 | 1394 | 109 | 184 | 1941 |
| 2009 | 1163 | 845 | 1379 |  | 192 | 5873 | 852 | 2065 | 1937 | 2661 | 2506 | 454 | 706 | 452 | 5143 | 786 | 947 | 566 | 3709 | 163 | 836 | 0.01 | 316 |  | 0.07 | 1870 | 1441 | 82 | 183 | 1998 |
| 2010 | 1116 | 1567 | 1397 |  | 141 | 6559 | 940 | 2107 | 2127 | 2999 | 2835 | 478 | 1142 | 470 | 5593 | 835 | 1034 | 588 | 4455 | 396 | 859 | — | 352 |  | 0.06 | 2105 | 1400 | 128 | 176 | 2308 |
| 2011 | 1105 | 1754 | 1565 |  | 119 | 6706 | 1065 | 2201 | 2135 | 2981 | 2940 | 484 | 963 | 433 | 5826 | 875 | 1026 | 766 | 4403 | 1064 | 915 | — | 362 |  | 0.02 | 2096 | 1636 | 156 | 92 | 2598 |
| 2012 | 1076 | 1545 | 1548 |  | 87 | 7001 | 977 | 2166 | 2211 | 2948 | 2733 | 421 | 1105 | 508 | 6272 | 1010 | 948 | 926 | 4512 | 1473 | 931 | — | 351 |  | 0.02 | 2268 | 1544 | 145 | 424 | 2595 |
| 2013 | 871 | 1759 | 1386 |  | 411 | 6480 | 1002 | 2127 | 2612 | 3395 | 2854 | 552 | 1007 | 520 | 6766 | 964 | 1177 | 947 | 4729 | 1296 | 738 | — | 306 |  | 0.03 | 2231 | 1576 | 146 | 463 | 2561 |
| 2014 | 1035 | 1603 | 1357 |  | 411 | 6365 | 999 | 2142 | 2242 | 3511 | 2732 | 749 | 2044 | 472 | 7816 | 845 | 1291 | 801 | 4766 | 1390 | 943 | — | 865 |  | 0.04 | 2250 | 1468 | 143 | 426 | 2693 |
| 2015 | 992 | 1617 | 1667 |  | 384 | 6440 | 960 | 2124 | 2526 | 3823 | 2847 | 691 | 2165 | 556 | 8607 | 847 | 1299 | 878 | 4900 | 1429 | 1116 | — | 990 | 2 | 0.03 | 2101 | 1447 | 154 | 477 | 2489 |
| 2016 | 821 | 1434 | 1762 |  | 420 | 7057 | 1051 | 2210 | 2474 | 4092 | 2667 | 539 | 2089 | 726 | 10203 | 707 | 1240 | 842 | 5044 | 1340 | 1119 | — | 903 | 2 | 0.04 | 1824 | 1367 | 149 | 576 | 2453 |
| 2017 | 893 | 1625 | 1542 |  | 452 | 7134 | 1028 | 1905 | 2493 | 3866 | 3039 | 752 | 2084 | 699 | 11487 | 658 | 1429 | 770 | 5209 | 1563 | 980 | — | 956 |  | — | 1854 | 1460 | 153 | 591 | — |

## 1995—2017年中国各省（市）不同终端能源消费量——煤油

单位：万吨

| 煤油 | 北京 | 天津 | 河北 | 山西 | 内蒙古 | 辽宁 | 吉林 | 黑龙江 | 上海 | 江苏 | 浙江 | 安徽 | 福建 | 江西 | 山东 | 河南 | 湖北 | 湖南 | 广东 | 广西 | 海南 | 重庆 | 四川 | 贵州 | 云南 | 陕西 | 甘肃 | 青海 | 宁夏 | 新疆 |
|---|---|---|---|---|---|---|---|---|---|---|---|---|---|---|---|---|---|---|---|---|---|---|---|---|---|---|---|---|---|---|
| 1995 | 65.8 | 3.8 | 3.5 | 2.7 | 0.4 | 11.6 | 2.6 | 5.2 | 37.6 | 8.6 | 7.3 | 5.4 | 4.6 | 3.2 | 23.5 | 16.4 | 14.9 | 9.8 | 56.0 | 5.6 | 11.0 | 0.0 | 24.2 | 7.5 | 9.2 | 17.3 | 3.2 | 0.1 | 0.42 | 16.1 |
| 1996 | 85.7 | 5.1 | 3.4 | 6.7 | 0.9 | 12.9 | 2.8 | 3.8 | 39.8 | 9.3 | 7.9 | 3.2 | 6.6 | 3.1 | 30.2 | 16.1 | 15.9 | 8.8 | 56.1 | 5.4 | 13.2 | 0.0 | 26.8 | 7.4 | 11.7 | 19.0 | 3.3 | 0.2 | 0.03 | 18.7 |
| 1997 | 88.6 | 6.2 | 3.5 | 6.3 | 0.4 | 13.7 | 2.8 | 6.1 | 46.7 | 16.9 | 10.1 | 1.9 | 5.1 | 2.6 | 37.2 | 18.2 | 16.7 | 8.5 | 64.8 | 3.3 | 14.5 | 7.8 | 28.8 | 7.7 | 14.9 | 18.9 | 4.0 | 0.1 | 0.01 | 18.4 |
| 1998 | 91.3 | 6.1 | 3.9 | 6.3 | 0.7 | 20.3 | 3.0 | 5.7 | 55.8 | 16.7 | 10.7 | 3.1 | 6.8 | 2.4 | 52.3 | 17.4 | 19.8 | 8.0 | 65.7 | 3.6 | 16.2 | 8.3 | 33.5 | 8.6 | 16.8 | 25.9 | 4.0 | 0.1 | 0.06 | 19.5 |
| 1999 | 110.4 | 6.1 | 3.4 | 6.3 | 0.3 | 21.0 | 3.2 | 10.6 | 58.8 | 19.9 | 10.9 | 7.8 | 7.4 | 2.4 | 48.7 | 15.9 | 20.4 | 7.9 | 66.9 | 3.8 | 22.1 | 8.4 | 36.0 | 8.9 | 19.4 | 26.7 | 3.3 | 0.1 | 0.04 | 18.4 |
| 2000 | 117.6 | 18.8 | 3.2 | 6.4 | 1.6 | 18.6 | 3.3 | 8.7 | 55.7 | 38.9 | 11.3 | 2.6 | 7.6 | 2.8 | 48.3 | 14.3 | 18.3 | 8.1 | 89.5 | 3.8 | 28.1 | 8.3 | 36.0 | 9.4 | 19.2 | 19.5 | 3.7 | 0.1 | 0.04 | 21.3 |
| 2001 | 129.3 | 11.4 | 3.0 | 6.3 | 1.6 | 18.2 | 3.6 | 7.9 | 59.6 | 6.1 | 9.9 | 2.7 | 8.0 | 0.8 | 49.5 | 13.2 | 14.5 | 4.9 | 96.0 | 3.8 | 30.5 | 8.3 | 43.6 | 2.4 | 20.6 | 18.5 | 5.3 | — | — | 23.7 |
| 2002 | 145.0 | 15.6 | 2.8 | 6.7 | 1.6 | 20.3 | 3.9 | 10.6 | 103.6 | 6.5 | 9.4 | 2.7 | 5.3 | 5.3 | 42.0 | 13.3 | 17.5 | 8.7 | 103.2 | 11.2 | — | 8.5 | 56.1 | 2.3 | 19.0 | 28.0 | 5.3 | — | — | 16.6 |
| 2003 | 137.9 | 18.6 | 2.7 | 5.2 | 1.8 | 18.4 | 4.1 | 7.1 | 103.4 | 14.9 | 10.4 | 7.5 | 25.5 | 5.3 | 14.2 | 12.7 | 12.9 | 8.9 | 119.6 | 10.4 | 52.2 | 8.6 | 72.1 | 2.6 | 20.0 | 36.0 | 5.3 | — | — | 15.6 |
| 2004 | 182.8 | 15.0 | 3.1 | 8.1 | 1.9 | 21.5 | 10.3 | 8.9 | 168.2 | 20.2 | 10.6 | 8.5 | 26.2 | 8.7 | 21.7 | 12.6 | 14.6 | 11.6 | 131.0 | 5.1 | 54.3 | 12.5 | 79.0 | 2.7 | 23.5 | 48.5 | 6.8 | — | 4.1 | 18.2 |
| 2005 | 189.4 | 15.1 | 3.2 | 8.5 | 0.4 | 26.4 | 1.0 | 7.3 | 223.3 | 21.6 | 41.0 | 10.5 | 32.8 | 7.1 | 22.0 | 13.9 | 16.1 | 20.5 | 153.7 | 6.8 | 62.8 | 12.3 | 93.6 | 2.6 | 28.7 | 34.8 | 4.6 | 0.01 | 2.0 | 26.1 |
| 2006 | 233.9 | 16.4 | 5.9 | 10.4 | 7.2 | 34.9 | 1.1 | 10.3 | 262.0 | 18.4 | 46.5 | 10.6 | 37.0 | 8.0 | 23.9 | 16.0 | 34.6 | 22.8 | 157.4 | 0.0 | 66.3 | 23.0 | 105.8 | 9.6 | 35.1 | 34.8 | 4.7 | — | 2.2 | 30.9 |
| 2007 | 277.1 | 19.4 | 6.2 | 11.9 | 6.4 | 38.2 | 0.9 | 3.9 | 295.5 | 20.8 | 49.5 | 11.3 | 49.1 | 7.8 | 32.0 | 17.0 | 36.0 | 24.5 | 171.1 | 0.3 | 75.2 | 27.0 | 128.6 | 3.6 | 36.2 | 1.8 | 5.5 | 2.06 | 2.8 | 33.3 |
| 2008 | 318.4 | 18.1 | 7.4 | 14.7 | 7.2 | 25.0 | 1.2 | 0.5 | 321.5 | 21.5 | 54.9 | 11.0 | 52.0 | 8.0 | 30.7 | 16.5 | 49.7 | 25.4 | 183.1 | 16.1 | 80.2 | 30.4 | 126.6 | 3.0 | 38.2 | 15.6 | 5.5 | 0.40 | 3.7 | 38.2 |
| 2009 | 341.9 | 20.7 | 6.3 | 16.3 | 8.3 | 20.6 | 1.2 | 0.3 | 353.1 | 21.2 | 62.9 | 13.2 | 51.0 | 7.7 | 35.4 | 25.6 | 47.4 | 30.4 | 192.1 | 0.1 | 90.0 | 34.1 | 155.1 | 3.0 | 37.2 | 8.5 | 5.5 | 0.16 | 4.2 | 31.4 |
| 2010 | 392.6 | 21.4 | 7.3 | 14.6 | 9.3 | 23.3 | 1.2 | 24.1 | 399.1 | 35.7 | 70.4 | 8.4 | 56.5 | 8.5 | 38.6 | 30.6 | 40.4 | 30.3 | 202.4 | 2.7 | 87.4 | 41.8 | 173.3 | 8.9 | 47.4 | 8.9 | 5.0 | 0.17 | 4.2 | 33.3 |
| 2011 | 419.9 | 24.5 | 8.9 | 15.2 | 10.1 | 27.4 | 1.3 | 26.5 | 400.5 | 44.7 | 74.8 | 9.1 | 64.4 | 9.1 | 39.7 | 49.6 | 46.8 | 32.0 | 216.9 | 0.3 | 90.2 | 52.8 | 206.2 | 10.8 | 51.1 | 9.7 | 3.7 | 0.19 | 5.2 | 37.3 |
| 2012 | 443.3 | 29.4 | 7.8 | 18.0 | 23.2 | 35.6 | 0.8 | 65.9 | 402.7 | 53.1 | 80.1 | 10.8 | 74.4 | 9.5 | 77.1 | 53.4 | 53.3 | 35.2 | 243.6 | 0.1 | 82.8 | 54.3 | 205.4 | 13.3 | 56.1 | 10.1 | 5.2 | 0.00 | 6.6 | 45.3 |

续表

| 煤油 | 北京 | 天津 | 河北 | 山西 | 内蒙古 | 辽宁 | 吉林 | 黑龙江 | 上海 | 江苏 | 浙江 | 安徽 | 福建 | 江西 | 山东 | 河南 | 湖北 | 湖南 | 广东 | 广西 | 海南 | 重庆 | 四川 | 贵州 | 云南 | 陕西 | 甘肃 | 青海 | 宁夏 | 新疆 |
|---|---|---|---|---|---|---|---|---|---|---|---|---|---|---|---|---|---|---|---|---|---|---|---|---|---|---|---|---|---|---|
| 2013 | 477.1 | 56.1 | 17.6 | 20.5 | 26.9 | 29.1 | 1.7 | 64.0 | 437.5 | 63.8 | 92.1 | 9.5 | 85.4 | 1.7 | 4.5 | 46.1 | 63.8 | 38.8 | 260.3 | 23.8 | 85.7 | 59.0 | 239.8 | 21.8 | 63.7 | 32.3 | 5.1 | 0.00 | 0.1 | 22.9 |
| 2014 | 507.6 | 59.9 | 17.6 | 20.9 | 28.4 | 29.8 | 1.7 | 74.0 | 450.7 | 82.8 | 103.8 | 10.6 | 97.3 | 2.1 | 4.6 | 50.5 | 66.0 | 41.4 | 268.8 | 90.3 | 84.6 | 62.0 | 250.5 | 30.1 | 77.3 | 36.3 | 5.6 | 0.00 | 0.03 | 22.6 |
| 2015 | 544.4 | 65.8 | 8.2 | 26.5 | 32.6 | 30.0 | 1.9 | 68.5 | 511.5 | 84.9 | 113.5 | 13.9 | 111.8 | 2.1 | 98.5 | 68.2 | 69.9 | 51.8 | 275.0 | 56.4 | 85.7 | 66.6 | 278.2 | 31.5 | 90.4 | 34.5 | 5.9 | 0.01 | 0.02 | 28.0 |
| 2016 | 594.3 | 82.0 | 29.5 | 27.0 | 35.0 | 39.0 | 20.4 | 78.6 | 585.8 | 90.6 | 127.4 | 16.0 | 124.2 | 2.5 | 115.2 | 74.0 | 94.6 | 55.4 | 292.2 | 62.5 | 105.8 | 81.0 | 308.8 | 38.6 | 103.0 | 30.0 | 8.1 | 0.01 | 0.02 | 28.2 |
| 2017 | 644.0 | 101.5 | 27.6 | 32.3 | 42.9 | 44.4 | 17.4 | 87.6 | 652.3 | 105.4 | 147.8 | 15.5 | 140.9 | 2.8 | 123.6 | 72.4 | 97.6 | 60.8 | 299.9 | 51.0 | 114.7 | 83.4 | 315.2 | 48.6 | 113.8 | 50.0 | 8.0 | 0.02 | 0.01 | |

1995—2017年中国各省（市）不同终端能源消费量——燃料油

单位：万吨

| 燃料油 | 北京 | 天津 | 河北 | 山西 | 内蒙古 | 辽宁 | 吉林 | 黑龙江 | 上海 | 江苏 | 浙江 | 安徽 | 福建 | 江西 | 山东 | 河南 | 湖北 | 湖南 | 广东 | 广西 | 海南 | 重庆 | 四川 | 贵州 | 云南 | 陕西 | 甘肃 | 青海 | 宁夏 | 新疆 |
|---|---|---|---|---|---|---|---|---|---|---|---|---|---|---|---|---|---|---|---|---|---|---|---|---|---|---|---|---|---|---|
| 1995 | 196.2 | 155.7 | 54.7 | 13.2 | 15.9 | 499.7 | 75.8 | 187.5 | 364.7 | 162.0 | 106.5 | 47.0 | 31.8 | 26.7 | 309.9 | 52.9 | 125.3 | 56.4 | 647.2 | 13.6 | 4.2 | 0.0 | 11.4 | 5.3 | 2.8 | 28.2 | 76.5 | 15.0 | 27.7 | 117.0 |
| 1996 | 229.6 | 112.7 | 50.5 | 12.5 | 13.0 | 462.5 | 84.5 | 158.0 | 358.4 | 168.9 | 122.8 | 47.2 | 34.2 | 27.4 | 322.4 | 31.9 | 158.4 | 53.0 | 730.0 | 11.6 | 5.3 | 0.0 | 11.8 | 5.5 | 2.5 | 30.0 | 72.1 | 11.0 | 26.7 | 121.2 |
| 1997 | 200.0 | 97.7 | 52.4 | 13.8 | 17.2 | 430.5 | 63.3 | 156.4 | 377.8 | 148.6 | 110.8 | 53.1 | 31.6 | 38.2 | 292.3 | 38.8 | 168.9 | 54.7 | 722.3 | 9.0 | 6.0 | 0.0 | 9.6 | 6.6 | 1.8 | 31.4 | 74.8 | 9.1 | 29.9 | 108.9 |
| 1998 | 155.4 | 101.8 | 41.9 | 12.7 | 17.2 | 352.7 | 79.2 | 163.5 | 366.5 | 185.0 | 109.1 | 50.1 | 45.1 | 36.6 | 259.0 | 49.2 | 143.0 | 51.4 | 834.1 | 10.4 | 6.3 | 0.1 | 11.6 | 6.1 | 3.4 | 56.8 | 69.0 | 8.8 | 28.4 | 91.6 |
| 1999 | 114.4 | 102.2 | 52.0 | 12.7 | 19.9 | 294.1 | 64.7 | 181.7 | 350.5 | 191.9 | 138.1 | 52.4 | 51.0 | 39.9 | 281.3 | 51.3 | 162.4 | 42.7 | 877.4 | 7.3 | 11.1 | 1.6 | 13.3 | 8.5 | 6.5 | 60.5 | 69.2 | 3.1 | 33.1 | 56.7 |
| 2000 | 89.6 | 79.5 | 49.4 | 12.4 | 31.0 | 296.7 | 51.0 | 135.4 | 494.2 | 202.4 | 182.5 | 46.9 | 53.2 | 34.2 | 344.3 | 57.6 | 106.7 | 46.4 | 942.0 | 7.7 | 9.4 | 2.7 | 13.3 | 7.5 | 11.2 | 80.1 | 58.0 | 6.9 | 33.1 | 56.6 |
| 2001 | 78.4 | 87.5 | 55.4 | 12.6 | 33.5 | 293.2 | 41.5 | 88.7 | 492.6 | 170.6 | 193.2 | 47.3 | 49.9 | 27.3 | 271.4 | 65.9 | 58.5 | 45.6 | 1039.5 | 7.7 | 10.0 | 4.1 | 11.7 | 7.5 | 8.7 | 91.4 | 50.1 | 4.9 | 0.0 | 52.0 |
| 2002 | 71.0 | 89.0 | 61.1 | 9.1 | 39.1 | 237.6 | 32.0 | 76.8 | 519.7 | 181.5 | 192.4 | 47.5 | 74.8 | 46.2 | 270.5 | 70.2 | 57.0 | 43.6 | 1154.2 | 13.1 | 0.0 | 3.2 | 12.4 | 7.7 | 8.5 | 120.2 | 30.4 | 4.2 | 0.0 | 34.2 |
| 2003 | 66.1 | 113.5 | 62.7 | 10.7 | 39.4 | 192.5 | 29.0 | 63.3 | 616.1 | 216.3 | 261.6 | 53.8 | 94.6 | 39.7 | 241.2 | 78.4 | 90.8 | 42.8 | 1241.7 | 20.9 | 5.2 | 3.0 | 11.1 | 9.9 | 5.7 | 57.2 | 20.0 | 3.9 | 12.0 | 46.5 |
| 2004 | 67.0 | 113.9 | 55.6 | 10.3 | 48.0 | 193.3 | 38.5 | 47.7 | 658.0 | 328.2 | 292.3 | 23.9 | 81.6 | 46.9 | 279.2 | 77.3 | 87.2 | 36.8 | 1534.0 | 29.6 | 5.9 | 4.3 | 8.1 | 10.3 | 7.5 | 39.9 | 15.5 | 2.2 | 4.0 | 20.1 |
| 2005 | 65.9 | 112.7 | 60.8 | 9.0 | 25.3 | 189.9 | 42.4 | 39.9 | 768.0 | 257.7 | 303.7 | 23.9 | 161.8 | 31.1 | 354.4 | 78.5 | 88.9 | 48.1 | 1600.1 | 33.0 | 5.2 | 3.6 | 8.1 | 10.4 | 3.9 | 4.4 | 16.0 | 0.0 | 1.8 | 17.3 |

续表

| 燃料油 | 北京 | 天津 | 河北 | 山西 | 内蒙古 | 辽宁 | 吉林 | 黑龙江 | 上海 | 江苏 | 浙江 | 安徽 | 福建 | 江西 | 山东 | 河南 | 湖北 | 湖南 | 广东 | 广西 | 海南 | 重庆 | 四川 | 贵州 | 云南 | 陕西 | 甘肃 | 青海 | 宁夏 | 新疆 |
|---|---|---|---|---|---|---|---|---|---|---|---|---|---|---|---|---|---|---|---|---|---|---|---|---|---|---|---|---|---|---|
| 2006 | 48.1 | 107.1 | 59.3 | 10.1 | 13.8 | 230.7 | 34.3 | 44.3 | 805.3 | 201.1 | 241.0 | 21.6 | 173.5 | 26.5 | 346.3 | 70.4 | 126.0 | 42.0 | 1573.7 | 24.1 | 11.3 | 2.7 | 9.5 | 12.0 | 4.7 | 1.0 | 14.1 | 0.1 | 1.0 | 19.3 |
| 2007 | 42.9 | 89.6 | 48.3 | 14.4 | 7.2 | 224.2 | 30.6 | 47.2 | 848.6 | 236.6 | 227.3 | 13.2 | 124.9 | 21.0 | 386.2 | 62.8 | 123.5 | 40.2 | 1316.4 | 20.9 | 20.2 | 7.8 | 7.2 | 21.2 | 5.0 | 1.1 | 14.3 | 0.2 | 0.5 | 22.3 |
| 2008 | 25.6 | 92.5 | 65.8 | 12.1 | 13.8 | 379.7 | 39.8 | 69.9 | 788.7 | 218.0 | 219.9 | 15.6 | 142.3 | 27.0 | 355.4 | 46.1 | 107.0 | 41.4 | 1077.8 | 9.9 | 29.6 | 8.1 | 12.6 | 23.2 | 5.2 | 5.9 | 12.7 | 0.1 | 2.0 | 27.3 |
| 2009 | 42.4 | 94.7 | 59.8 | 12.1 | 19.7 | 299.9 | 38.4 | 88.2 | 742.8 | 217.1 | 289.5 | 14.3 | 165.8 | 22.0 | 404.9 | 25.9 | 108.9 | 68.4 | 895.0 | 7.4 | 26.8 | 7.6 | 13.3 | 13.5 | 5.2 | 0.0 | 13.4 | 0.2 | 0.5 | 22.4 |
| 2010 | 66.7 | 143.7 | 38.5 | 12.3 | 15.1 | 356.4 | 40.0 | 88.9 | 744.3 | 157.7 | 330.5 | 11.7 | 182.8 | 23.7 | 1286.8 | 18.3 | 92.0 | 75.2 | 646.9 | 34.6 | 30.5 | 8.6 | 62.8 | 14.4 | 5.6 | 0.1 | 14.6 | 0.1 | 39.8 | 15.0 |
| 2011 | 74.6 | 150.0 | 47.3 | 12.6 | 24.6 | 391.4 | 37.8 | 88.9 | 675.0 | 151.2 | 370.3 | 11.3 | 189.7 | 26.8 | 1466.6 | 41.8 | 97.3 | 69.0 | 505.5 | 50.5 | 35.3 | 9.4 | 70.5 | 16.0 | 2.6 | 0.2 | 9.4 | 0.1 | 36.7 | 2.4 |
| 2012 | 78.2 | 122.3 | 24.5 | 1.2 | 16.9 | 422.0 | 34.1 | 99.5 | 640.2 | 158.4 | 328.7 | 11.1 | 186.3 | 29.9 | 1695.2 | 13.2 | 104.3 | 61.2 | 434.9 | 49.7 | 39.1 | 9.9 | 75.2 | 4.7 | 2.6 | 0.1 | 9.3 | 0.2 | 20.6 | 8.1 |
| 2013 | 8.3 | 86.9 | 35.2 | 1.0 | 4.8 | 360.4 | 32.8 | 94.2 | 603.1 | 182.7 | 328.5 | 9.8 | 182.9 | 31.5 | 2139.2 | 33.9 | 118.8 | 68.3 | 435.1 | 44.8 | 36.8 | 12.0 | 87.9 | 0.5 | 3.2 | 21.7 | 4.3 | 0.1 | 39.5 | 13.2 |
| 2014 | 5.6 | 78.2 | 32.0 | 2.2 | 4.9 | 362.9 | 31.9 | 115.4 | 556.1 | 151.8 | 339.4 | 10.2 | 189.4 | 15.8 | 2472.5 | 49.3 | 135.5 | 67.7 | 418.8 | 31.2 | 41.5 | 14.8 | 125.7 | 0.1 | 3.8 | 17.5 | 7.1 | 0.0 | 30.2 | 6.2 |
| 2015 | 4.9 | 94.1 | 51.7 | 0.6 | 10.6 | 311.2 | 30.9 | 114.7 | 540.2 | 143.7 | 326.3 | 13.4 | 174.9 | 17.6 | 3247.0 | 70.7 | 148.8 | 70.7 | 403.5 | 24.1 | 42.1 | 13.9 | 135.7 | 0.4 | 2.5 | 25.5 | 5.0 | 0.0 | 50.8 | 1.8 |
| 2016 | 4.6 | 45.3 | 53.7 | 0.6 | 3.3 | 305.1 | 38.1 | 94.4 | 581.5 | 151.6 | 381.3 | 21.2 | 178.2 | 15.1 | 4511.4 | 68.7 | 136.1 | 94.1 | 456.9 | 10.5 | 21.0 | 13.9 | 155.4 | 0.5 | 1.1 | 12.3 | 3.3 | 0.1 | 82.1 | 1.0 |
| 2017 | 2.8 | 40.7 | 43.1 | 0.5 | 3.7 | 305.0 | 37.9 | 71.7 | 672.4 | 246.0 | 398.3 | 22.8 | 147.0 | 12.0 | 4686.4 | 28.1 | 130.1 | 93.6 | 348.5 | 10.5 | 22.4 | 14.3 | 159.8 | 0.3 | 0.6 | 19.5 | 2.9 | 0.2 | 87.4 |  |

1995—2017年中国各省（市）不同终端能源消费量——液化石油

单位：千吨

| 液化石油 | 北京 | 天津 | 河北 | 山西 | 内蒙古 | 辽宁 | 吉林 | 黑龙江 | 上海 | 江苏 | 浙江 | 安徽 | 福建 | 江西 | 山东 | 河南 | 湖北 | 湖南 | 广东 | 广西 | 海南 | 重庆 | 四川 | 贵州 | 云南 | 陕西 | 甘肃 | 青海 | 宁夏 | 新疆 |
|---|---|---|---|---|---|---|---|---|---|---|---|---|---|---|---|---|---|---|---|---|---|---|---|---|---|---|---|---|---|---|
| 1995 | — | — | — | — | — | — | — | — | — | — | — | — | — | — | — | — | — | — | — | — | — | — | — | — | — | — | — | — | — | — |
| 1996 | — | — | — | — | — | — | — | — | — | — | — | — | — | — | — | — | — | — | — | — | — | — | — | — | — | — | — | — | — | — |
| 1997 | — | — | — | — | — | — | — | — | — | — | — | — | — | — | — | — | — | — | — | — | — | — | — | — | — | — | — | — | — | — |
| 1998 | — | — | — | — | — | — | — | — | — | — | — | — | — | — | — | — | — | — | — | — | — | — | — | — | — | — | — | — | — | — |
| 1999 | — | — | — | — | — | — | — | — | — | — | — | — | — | — | — | — | — | — | — | — | — | — | — | — | — | — | — | — | — | — |
| 2000 | 290 | — | — | — | — | — | — | — | — | — | — | — | — | — | — | — | — | — | — | — | — | — | — | — | — | — | — | — | — | — |
| 2001 | 312 | — | — | — | — | — | — | — | — | — | — | — | — | — | — | — | — | — | — | — | — | — | — | — | — | — | — | — | — | — |
| 2002 | 319 | — | — | — | — | — | — | — | — | — | — | — | — | — | — | — | — | — | — | — | — | — | — | — | — | — | — | — | — | — |
| 2003 | 348 | — | — | — | — | — | — | — | — | — | — | — | — | — | — | — | — | — | — | — | — | — | — | — | — | — | — | — | — | — |
| 2004 | 434 | 148 | 422 | 56 | 52 | 1041 | 327 | 1044 | 748 | 1329 | 1742 | 273 | 862 | 338 | 1025 | 355 | 683 | 567 | 5077 | 614 | 43 | 3 | 58 | 123 | — | 363 | 57 | 73 | 38 | 350 |
| 2005 | 461 | 171 | 427 | 59 | 152 | 1041 | 556 | 1055 | 794 | 1363 | 2016 | 297 | 1002 | 293 | 2216 | 315 | 534 | 821 | 6118 | 777 | 53 | 1 | 72 | 121 | 123 | 439 | 64 | — | 32 | 370 |
| 2006 | 461 | 156 | 387 | 62 | 155 | 1008 | 558 | 1344 | 904 | 1243 | 2125 | 318 | 934 | 339 | 2363 | 369 | 596 | 899 | 5430 | 906 | 89 | 96 | 72 | 114 | 138 | 440 | 64 | 48 | 38 | 414 |
| 2007 | 674 | 176 | 405 | 68 | 103 | 1207 | 565 | 1413 | 984 | 1222 | 2297 | 380 | 1048 | 414 | 2135 | 379 | 655 | 812 | 6057 | 946 | 101 | 102 | 76 | 123 | 144 | 477 | 59 | 54 | 28 | 430 |
| 2008 | 654 | 172 | 440 | 209 | 63 | 1075 | 279 | 1285 | 1024 | 1473 | 2440 | 352 | 1006 | 462 | 1970 | 344 | 863 | 748 | 6372 | 971 | 148 | 95 | 128 | 161 | 146 | 729 | 63 | 79 | 126 | 254 |
| 2009 | 489 | 185 | 450 | 258 | 73 | 1136 | 262 | 1458 | 1111 | 1568 | 2798 | 457 | 929 | 484 | 1939 | 346 | 1102 | 657 | 6529 | 1010 | 170 | 98 | 164 | 174 | 171 | 167 | 64 | 79 | 201 | 285 |
| 2010 | 462 | 418 | 814 | 206 | 105 | 1305 | 352 | 1513 | 1196 | 1337 | 3030 | 460 | 850 | 590 | 2367 | 502 | 932 | 646 | 6354 | 1046 | 125 | 121 | 217 | 180 | 225 | 227 | 64 | 78 | 145 | 302 |
| 2011 | 486 | 538 | 896 | 221 | 183 | 1508 | 456 | 1600 | 1189 | 1281 | 3226 | 457 | 840 | 535 | 2502 | 835 | 1050 | 777 | 7479 | 1129 | 138 | 147 | 216 | 195 | 247 | 254 | 58 | 88 | 80 | 438 |

续表

| 液化石油 | 北京 | 天津 | 河北 | 山西 | 内蒙古 | 辽宁 | 吉林 | 黑龙江 | 上海 | 江苏 | 浙江 | 安徽 | 福建 | 江西 | 山东 | 河南 | 湖北 | 湖南 | 广东 | 广西 | 海南 | 重庆 | 四川 | 贵州 | 云南 | 陕西 | 甘肃 | 青海 | 宁夏 | 新疆 |
|---|---|---|---|---|---|---|---|---|---|---|---|---|---|---|---|---|---|---|---|---|---|---|---|---|---|---|---|---|---|---|
| 2012 | 457 | 576 | 856 | 225 | 197 | 1552 | 202 | 1591 | 1155 | 1225 | 3314 | 512 | 790 | 434 | 2894 | 1347 | 1021 | 827 | 6358 | 1411 | 151 | 161 | 207 | 134 | 321 | 251 | 71 | 88 | 41 | 439 |
| 2013 | 452 | 484 | 575 | 221 | 196 | 2013 | 444 | 1513 | 1319 | 1316 | 3446 | 817 | 820 | 485 | 1515 | 1605 | 1197 | 894 | 5365 | 1259 | 169 | 166 | 609 | 71 | 357 | 227 | 71 | 93 | 69 | 493 |
| 2014 | 504 | 508 | 593 | 148 | 180 | 2174 | 480 | 1472 | 1269 | 1161 | 3231 | 934 | 800 | 569 | 2068 | 1771 | 1377 | 859 | 5857 | 1030 | 304 | 198 | 632 | 114 | 438 | 222 | 71 | 99 | 22 | 459 |
| 2015 | 511 | 536 | 899 | 122 | 111 | 1981 | 468 | 1424 | 1362 | 1067 | 3589 | 968 | 638 | 605 | 2594 | 1284 | 1533 | 931 | 7361 | 1163 | 600 | 202 | 721 | 141 | 408 | 228 | 92 | 91 | 171 | 400 |
| 2016 | 495 | 468 | 857 | 159 | 364 | 1915 | 490 | 1245 | 1081 | 1082 | 3638 | 1017 | 683 | 625 | 4359 | 1443 | 1519 | 991 | 7582 | 1155 | 569 | 212 | 915 | 145 | 427 | 288 | 111 | 99 | 455 | 171 |
| 2017 | 486 | 565 | 559 | 208 | 545 | 2325 | 427 | 1636 | 1026 | 1038 | 3426 | 1098 | 684 | 643 | 3667 | 1641 | 1634 | 1063 | 7941 | 951 | 407 | 220 | 1288 | 152 | 434 | 289 | 111 | 107 | 631 |  |

## 1995—2017年中国各省（市）不同终端能源消费量——天然气

单位：百万立方米

| 天然气 | 北京 | 天津 | 河北 | 山西 | 内蒙古 | 辽宁 | 吉林 | 黑龙江 | 上海 | 江苏 | 浙江 | 安徽 | 福建 | 江西 | 山东 | 河南 | 湖北 | 湖南 | 广东 | 广西 | 海南 | 重庆 | 四川 | 贵州 | 云南 | 陕西 | 甘肃 | 青海 | 宁夏 | 新疆 |
|---|---|---|---|---|---|---|---|---|---|---|---|---|---|---|---|---|---|---|---|---|---|---|---|---|---|---|---|---|---|---|
| 1995 | 116 | 393 | 689 | 47 | — | 2112 | 183 | 2591 | — | 19 | — | — | — | 1285 | 937 | 76 | 102 | — | — | — | — | — | 6892 | 508 | 471 | 38 | 62 | 64 | 15 | 11 |
| 1996 | 144 | 385 | 731 | 49 | — | 1962 | 210 | 2332 | — | 14 | — | — | — | 1147 | 896 | 71 | 91 | — | — | — | 238 | — | 7281 | 449 | 582 | 15 | 60 | 123 | 11 | 14 |
| 1997 | 181 | 292 | 645 | 92 | — | 2075 | 295 | 2340 | — | 12 | — | — | — | 753 | 950 | 66 | 217 | — | — | — | 511 | 2575 | 5214 | 498 | 567 | 62 | 64 | 220 | 3 | 19 |
| 1998 | 374 | 294 | 662 | 104 | — | 1889 | 322 | 2330 | — | 17 | — | — | — | 656 | 927 | 82 | 220 | — | — | — | 558 | 2399 | 5684 | 556 | 489 | 192 | 214 | 268 | 11 | 20 |
| 1999 | 758 | 309 | 679 | 109 | — | 1875 | 304 | 2235 | 109 | 22 | — | — | — | 352 | 1054 | 92 | 171 | — | — | — | 510 | 2992 | 5867 | 622 | 510 | 347 | 14 | 347 | 12 | 22 |
| 2000 | 1090 | 540 | 772 | 114 | 1 | 2015 | 298 | 2304 | 254 | 24 | — | — | — | 453 | 1123 | 91 | 143 | — | — | — | 528 | 3326 | 5867 | 572 | 517 | 667 | 85 | 391 | 12 | 23 |
| 2001 | 1674 | 789 | 697 | 158 | 14 | 1893 | 302 | 2203 | 330 | 23 | 101 | — | — | 493 | 1311 | 76 | — | — | — | — | 656 | 2656 | 6307 | 600 | 529 | 1084 | 119 | 585 | — | 35 |
| 2002 | 2100 | 648 | 774 | 192 | 22 | 1881 | 302 | 2022 | 433 | — | — | — | — | 463 | 1463 | 91 | — | — | — | — | 2733 | 6996 | 548 | 514 | 1401 | 276 | 1127 | — | 35 |
| 2003 | 2119 | 726 | 828 | 250 | 204 | 1882 | 308 | 2096 | 497 | 62 | — | — | — | 961 | 1677 | 94 | 126 | — | — | — | 2408 | 2875 | 7468 | 545 | 560 | 1826 | 737 | 1515 | 1010 | 41 |

续表

| 天然气 | 北京 | 天津 | 河北 | 山西 | 内蒙古 | 辽宁 | 吉林 | 黑龙江 | 上海 | 江苏 | 浙江 | 安徽 | 福建 | 江西 | 山东 | 河南 | 湖北 | 湖南 | 广东 | 广西 | 海南 | 重庆 | 四川 | 贵州 | 云南 | 陕西 | 甘肃 | 青海 | 宁夏 | 新疆 |
|---|---|---|---|---|---|---|---|---|---|---|---|---|---|---|---|---|---|---|---|---|---|---|---|---|---|---|---|---|---|---|
| 2004 | 2702 | 855 | 973 | 296 | 442 | 1581 | 400 | 2034 | 1069 | 32 | 314 | 15 | 6 | 1171 | 2029 | 94 | 162 | 60 | 0 | 2 | 2389 | 3034 | 8064 | 499 | 576 | 3277 | 853 | 1791 | 677 | 54 |
| 2005 | 3204 | 904 | 914 | 324 | 635 | 1481 | 765 | 2443 | 1872 | 225 | 1362 | 85 | 485 | 1714 | 2371 | 1111 | 249 | 51 | 11 | 112 | 2097 | 3550 | 8952 | 505 | 612 | 1876 | 962 | 1102 | 663 | 56 |
| 2006 | 4065 | 1122 | 1101 | 602 | 3053 | 1310 | 748 | 2453 | 2260 | 1189 | 3130 | 195 | 505 | 2259 | 3053 | 964 | 1446 | 57 | 68 | 122 | 2397 | 4005 | 10608 | 498 | 545 | 2843 | 1197 | 1327 | 794 | 65 |
| 2007 | 4664 | 1427 | 1205 | 691 | 2651 | 1424 | 963 | 3070 | 2796 | 1809 | 4458 | 403 | 764 | 2236 | 3314 | 991 | 4569 | 48 | 104 | 134 | 2349 | 4353 | 11215 | 514 | 549 | 4134 | 1297 | 1430 | 899 | 70 |
| 2008 | 6065 | 1684 | 1717 | 660 | 3053 | 1621 | 1383 | 3147 | 3000 | 1770 | 6313 | 717 | 823 | 3450 | 3823 | 1560 | 5358 | 153 | 250 | 101 | 2678 | 4875 | 10894 | 474 | 528 | 5160 | 1201 | 2290 | 1100 | 70 |
| 2009 | 6940 | 1812 | 2311 | 1376 | 4429 | 1644 | 1666 | 3000 | 3352 | 1930 | 6343 | 977 | 1023 | 4024 | 4150 | 1652 | 11286 | 849 | 258 | 121 | 2494 | 4947 | 12699 | 418 | 452 | 5001 | 1243 | 2456 | 1198 | 68 |
| 2010 | 7479 | 2310 | 2974 | 2893 | 4532 | 1906 | 2201 | 2990 | 4508 | 3262 | 7214 | 1254 | 1188 | 4775 | 4721 | 1964 | 9571 | 2910 | 527 | 182 | 2972 | 5659 | 17539 | 419 | 364 | 5919 | 1442 | 2372 | 1548 | 80 |
| 2011 | 7356 | 2602 | 3509 | 3193 | 4084 | 3907 | 1938 | 3100 | 5543 | 4388 | 9374 | 2014 | 1534 | 5286 | 5496 | 2492 | 11446 | 3789 | 634 | 253 | 4886 | 6180 | 15608 | 476 | 420 | 6249 | 1585 | 3205 | 1858 | 95 |
| 2012 | 9207 | 3258 | 4513 | 3739 | 3784 | 6372 | 2279 | 3368 | 6438 | 4808 | 11314 | 2490 | 1879 | 6723 | 7392 | 2928 | 11648 | 3749 | 1004 | 318 | 4749 | 7098 | 15300 | 526 | 430 | 6597 | 2028 | 4011 | 2048 | 102 |
| 2013 | 9881 | 3779 | 4986 | 4508 | 4351 | 7868 | 2405 | 3477 | 7289 | 5672 | 12447 | 2781 | 2046 | 6880 | 7977 | 3197 | 12405 | 4939 | 1343 | 455 | 4602 | 7219 | 14830 | 842 | 427 | 7030 | 2323 | 4156 | 1957 | 127 |
| 2014 | 11370 | 4549 | 5608 | 5035 | 4453 | 8400 | 2258 | 3548 | 7243 | 7816 | 12770 | 3446 | 2440 | 7496 | 7687 | 4024 | 13383 | 5026 | 1519 | 825 | 4600 | 8215 | 16517 | 1062 | 463 | 7426 | 2520 | 4059 | 1788 | 170 |
| 2015 | 14688 | 6398 | 7297 | 6492 | 3915 | 5535 | 2134 | 3582 | 7741 | 8035 | 16502 | 3483 | 2651 | 8232 | 7877 | 4026 | 14516 | 4538 | 1802 | 837 | 4600 | 8837 | 17098 | 1332 | 634 | 8269 | 2604 | 4438 | 2065 | 146 |
| 2016 | 16231 | 7453 | 7045 | 6935 | 4506 | 5063 | 2151 | 3804 | 7904 | 8778 | 17273 | 3918 | 2832 | 9861 | 9275 | 4150 | 16779 | 4855 | 2004 | 1289 | 4129 | 8932 | 18157 | 1711 | 771 | 9822 | 2640 | 4625 | 2240 | 132 |
| 2017 | 16456 | 8331 | 9670 | 7490 | 5204 | 6205 | 2474 | 4056 | 8323 | 10493 | 23769 | 4437 | 2698 | 13106 | 10407 | 4996 | 18238 | 5016 | 2173 | 1403 | 4345 | 9524 | 19891 | 1773 | 969 | 10390 | 2891 | 4956 | 2227 |  |

资料来源：历年《中国能源统计年鉴》和《中国统计年鉴》、CEIC 数据库、国家统计局网站数据。

数据十一

## 1995—2017年中国制造业分行业终端能源消费量

单位：万吨标准煤

| 1995年 | 原煤 | 洗精煤 | 焦炭 | 煤气 | 其他焦化产品 | 原油 | 汽油 | 煤油 | 柴油 | 燃料油 | 其他石油制品 | 液化石油气 | 天然气 | 炼厂干气 | 热力 | 电力 | 能源消费总量 |
|---|---|---|---|---|---|---|---|---|---|---|---|---|---|---|---|---|---|
| 农副食品加工业 | 915.7 | 9.0 | 14.9 | 0.9 | — | 0.8 | 55.3 | 0.4 | 34.4 | 16.2 | — | 2.7 | 13.3 | — | 59.6 | 222.5 | 1972.5 |
| 食品制造业 | 683.3 | 107.6 | 10.1 | 0.4 | — | 1.0 | 24.0 | 0.5 | 16.9 | 7.7 | — | 1.3 | 0.4 | — | 56.6 | 88.7 | 1208.0 |
| 饮料制造业 | 679.0 | 2.1 | 4.8 |  | — | 1.0 | 21.9 | 0.3 | 10.1 | 7.0 | — | 0.2 | 0.3 | — | 49.3 | 64.7 | 1000.3 |
| 烟草制造业 | 134.5 | 2.4 | 1.5 | 0.0 | — | 0.0 | 4.7 | 3.1 | 1.7 | 0.5 | — | 0.0 | — | — | 6.2 | 21.1 | 223.8 |
| 纺织业 | 1672.3 | 12.6 | 5.6 | 2.2 | — | 1.8 | 62.9 | 4.3 | 51.5 | 45.6 | — | 12.2 | 52.5 | — | 228.0 | 412.0 | 3531.3 |
| 纺织服装、鞋、帽制造业 | 80.5 | 1.4 | 1.1 | 0.3 | — | 0.1 | 16.8 | 0.2 | 11.9 | 2.3 | — | 0.1 | — | — | 42.3 | 50.7 | 329.2 |
| 皮革、毛皮、羽毛（绒）及其制品 | 96.4 | 1.0 | 0.8 | 0.0 | — | 0.1 | 7.9 | 0.6 | 8.0 | 0.9 | — | 0.1 | — | — | 3.3 | 52.7 | 289.9 |
| 木材加工皮木、竹、藤、棕、草制品业 | 242.0 | 0.8 | 1.1 | 0.1 | — | 0.0 | 6.9 | 1.7 | 8.8 | 2.3 | — | 4.5 | — | — | 7.4 | 31.8 | 380.0 |
| 家具制造业 | 42.5 | 0.0 | 1.3 | 0.0 | — | 0.0 | 5.5 | 0.0 | 2.1 | 0.6 | — | — | — | — | 1.5 | 16.2 | 105.8 |
| 造纸及纸制品业 | 1231.5 | 7.7 | 3.7 | 1.4 | — | 0.4 | 21.5 | 2.6 | 24.6 | 14.4 | — | 0.2 | — | — | 128.3 | 207.8 | 2138.4 |
| 印刷业和记录媒介的复制 | 57.1 | 0.1 | 0.5 | 0.1 | — | 0.1 | 9.1 | 5.0 | 3.8 | 0.3 | — | — | — | — | 2.8 | 38.3 | 203.4 |
| 文教体育用品制造业 | 23.6 | 0.1 | 1.5 | 0.0 | — | 0.0 | 3.9 | 0.2 | 3.8 | 0.9 | — | 0.2 | — | — | 1.2 | 8.7 | 62.0 |
| 石油加工、炼焦及核燃料加工业 | 319.8 | 34.2 | 29.0 | 83.9 | 93.6 | 44.1 | 43.0 | 1.5 | 49.9 | 543.0 | 1352.6 | 125.2 | — | 399.4 | 665.3 | 191.8 | 5567.3 |

续表

| 1995年 | 原煤 | 洗精煤 | 焦炭 | 煤气 | 其他焦化产品 | 原油 | 汽油 | 煤油 | 柴油 | 燃料油 | 其他石油制品 | 液化石油气 | 天然气 | 炼厂干气 | 热力 | 电力 | 能源消费总量 |
|---|---|---|---|---|---|---|---|---|---|---|---|---|---|---|---|---|---|
| 化学原料及化学制品制造业 | 5774.2 | 189.6 | 1214.8 | 72.9 | 74.3 | 47.6 | 92.1 | 11.9 | 135.9 | 488.0 | 1785.2 | 67.2 | — | 59.5 | 623.2 | 1263.5 | 15821.6 |
| 医药制造业 | 574.8 | 18.7 | 2.6 | 0.9 | — | 0.2 | 13.2 | 0.2 | 5.4 | 55.1 | — | 3.4 | — | — | 79.7 | 132.1 | 1201.3 |
| 化学纤维制造业 | 267.5 | 4.2 | 22.9 | 0.1 | — | 8.0 | 6.7 | 0.3 | 7.6 | 50.5 | 135.0 | 19.4 | — | 66.6 | 167.6 | 114.0 | 1278.0 |
| 橡胶制品业 | 355.5 | 1.4 | 1.5 | 0.1 | — | 1.7 | 21.2 | 0.2 | 5.9 | 15.6 | — | 0.2 | — | — | 22.8 | 66.1 | 644.1 |
| 塑料制品业 | 183.6 | 0.8 | 1.5 | — | — | — | 25.7 | 0.6 | 30.3 | 4.5 | — | 0.2 | — | — | 9.6 | 87.7 | 541.9 |
| 非金属矿物制品业 | 8963.2 | 465.6 | 268.8 | 45.8 | — | 24.7 | 120.9 | 3.8 | 215.8 | 461.0 | — | 22.9 | 30.2 | — | 24.6 | 736.9 | 13058.0 |
| 黑色金属冶炼及压延加工业 | 2742.0 | 218.2 | 7568.5 | 2442.8 | 164.6 | 4.5 | 62.6 | 0.6 | 100.5 | 560.5 | — | 0.3 | 47.6 | — | 361.3 | 1112.7 | 18532.8 |
| 有色金属冶炼及压延加工业 | 590.5 | 76.0 | 186.4 | 33.3 | — | 0.5 | 18.7 | 0.8 | 31.2 | 86.1 | — | 0.6 | 6.7 | — | 102.6 | 523.1 | 2841.7 |
| 金属制品业 | 320.2 | 8.0 | 119.7 | 1.3 | — | 0.2 | 26.8 | 5.0 | 33.9 | 15.8 | — | 2.2 | 6.0 | — | 3.8 | 139.5 | 993.9 |
| 通用设备制造业 | 507.5 | 77.6 | 230.4 | 118.2 | — | 0.3 | 86.3 | 4.5 | 45.0 | 14.2 | — | 5.9 | 1.9 | — | 28.1 | 167.5 | 1650.5 |
| 专用设备制造业 | 374.7 | 30.0 | 98.4 | 39.1 | — | 0.3 | 39.3 | 1.3 | 21.0 | 32.1 | — | 6.5 | 29.9 | — | 26.8 | 120.0 | 1089.3 |
| 交通运输设备制造业 | 477.2 | 10.6 | 40.2 | 7.0 | — | 0.8 | 55.2 | 7.2 | 45.4 | 19.6 | — | 1.4 | 6.8 | — | 75.8 | 190.0 | 1376.3 |
| 电气机械及器材制造业 | 233.3 | 3.0 | 15.1 | 8.4 | — | 1.2 | 35.4 | 0.7 | 23.1 | 14.5 | — | 3.1 | 9.8 | — | 20.1 | 79.8 | 629.2 |
| 通信设备、计算机及其他电子设备制造业 | 96.1 | 2.4 | 1.0 | 3.5 | — | — | 13.5 | 0.3 | 14.8 | 10.9 | — | 2.2 | 13.4 | — | 6.1 | 47.5 | 321.4 |
| 仪器仪表及文化、办公用机械制造业 | 49.8 | 0.8 | 3.3 | 0.2 | — | — | 6.9 | 0.2 | 5.7 | 1.8 | — | — | 0.1 | — | 4.9 | 21.0 | 142.6 |

## 1995—2017年中国制造业分行业终端能源消费量（续表）

单位：万吨标准煤

| 1996年 | 原煤 | 洗精煤 | 焦炭 | 煤气 | 其他焦化产品 | 原油 | 汽油 | 煤油 | 柴油 | 燃料油 | 其他石油制品 | 液化石油气 | 天然气 | 煤厂干气 | 热力 | 电力 | 能源消费总量 |
|---|---|---|---|---|---|---|---|---|---|---|---|---|---|---|---|---|---|
| 农副食品加工业 | 890.0 | 4.7 | 18.8 | 0.1 | — | 0.7 | 31.3 | 1.0 | 29.0 | 15.0 | — | 1.0 | 15.6 | — | 48.7 | 216.3 | 1717.4 |
| 食品制造业 | 605.4 | 132.2 | 14.1 | 0.4 | — | 0.0 | 15.5 | 0.2 | 12.5 | 8.3 | — | 1.7 | 0.9 | — | 69.9 | 76.9 | 1055.6 |
| 饮料制造业 | 604.8 | 1.6 | 9.1 | — | — | 0.0 | 15.7 | 0.2 | 8.7 | 4.7 | — | 0.2 | 0.3 | — | 49.5 | 61.7 | 800.5 |
| 烟草制造业 | 132.0 | 3.0 | 1.7 | 0.1 | — | — | 25.2 | 3.1 | 1.4 | 0.9 | — | 0.0 | — | — | 8.3 | 20.4 | 304.0 |
| 纺织业 | 1380.7 | 12.4 | 7.0 | 1.1 | — | 0.1 | 64.3 | 2.8 | 30.2 | 35.6 | — | 1.6 | 81.7 | — | 202.9 | 398.6 | 3014.4 |
| 纺织服装、鞋、帽制造业 | 105.2 | 2.5 | 1.9 | 0.1 | — | 0.4 | 7.4 | 0.2 | 9.4 | 3.5 | — | 0.0 | — | — | 4.9 | 48.7 | 348.4 |
| 皮革、毛皮、羽毛（绒）及其制品 | 74.3 | 0.1 | 0.7 | — | — | — | 5.0 | 0.3 | 7.5 | 0.4 | — | — | — | — | 4.7 | 25.4 | 203.9 |
| 木材加工及木、竹、藤、棕、草制品业 | 211.0 | 0.2 | 0.8 | — | — | — | 6.0 | 1.8 | 5.0 | 2.0 | — | — | — | — | 7.1 | 32.0 | 360.7 |
| 家具制造业 | 44.2 | 0.0 | 1.4 | — | — | — | 2.8 | 0.0 | 2.0 | 0.2 | — | 0.0 | — | — | 5.4 | 33.6 | 101.1 |
| 造纸及纸制品业 | 1169.8 | 6.7 | 1.8 | — | — | 0.1 | 9.2 | 2.6 | 18.2 | 9.4 | — | 0.1 | 1.6 | — | 152.9 | 206.7 | 2269.3 |
| 印刷业和记录媒介的复制 | 47.2 | 0.2 | 0.9 | 0.0 | — | — | 4.7 | 3.8 | 3.3 | 0.3 | — | 0.0 | — | 12.1 | 2.0 | 36.8 | 204.6 |
| 文教体育用品制造业 | 27.5 | 1.0 | 1.8 | 0.0 | — | — | 3.5 | 0.1 | 8.4 | 0.3 | — | 0.1 | — | — | 1.8 | 11.6 | 122.8 |
| 石油加工、炼焦及核燃料加工业 | 364.0 | 143.3 | 25.1 | 73.2 | 41.4 | 159.7 | 16.3 | 2.9 | 37.0 | 309.5 | — | 159.9 | 107.6 | 412.0 | 619.5 | 204.2 | 7220.1 |
| 化学原料及化学制品制造业 | 5867.2 | 72.6 | 1520.4 | 65.2 | 100.1 | 202.7 | 62.8 | 10.0 | 163.2 | 488.6 | 3333.6 | 59.9 | 1062.8 | 68.8 | 677.3 | 1540.5 | 14326.1 |

续表

| 1996 年 | 原煤 | 洗精煤 | 焦炭 | 煤气 | 其他焦化产品 | 原油 | 汽油 | 煤油 | 柴油 | 燃料油 | 其他石油制品 | 液化石油气 | 天然气 | 炼厂干气 | 热力 | 电力 | 能源消费总量 |
|---|---|---|---|---|---|---|---|---|---|---|---|---|---|---|---|---|---|
| 医药制造业 | 416.9 | 3.9 | 3.4 | 1.3 | 39.7 | 2.2 | 9.8 | 0.2 | 6.5 | 10.0 | — | 1.1 | 6.8 | — | 83.8 | 105.4 | 941.6 |
| 化学纤维制造业 | 226.7 | 4.5 | 27.6 | — | — | 8.8 | 3.8 | 0.3 | 5.6 | 40.3 | — | 15.1 | 51.9 | 54.2 | 160.4 | 122.8 | 1883.9 |
| 橡胶制品业 | 323.6 | 0.1 | 1.2 | 0.1 | — | 0.3 | 7.3 | 0.1 | 6.2 | 10.0 | — | 0.1 | 0.0 | — | 41.9 | 83.9 | 688.0 |
| 塑料制品业 | 184.7 | 0.4 | 4.8 | 0.1 | — | 0.1 | 13.4 | 0.4 | 21.4 | 5.5 | — | 0.2 | 28.6 | — | 28.8 | 100.7 | 696.4 |
| 非金属矿物制品业 | 8813.8 | 594.5 | 297.6 | 34.2 | 16.4 | 8.8 | 67.2 | 3.7 | 180.4 | 307.1 | — | 14.2 | 40.7 | 1.1 | 52.0 | 729.9 | 13768.1 |
| 黑色金属冶炼及压延加工业 | 2613.1 | 390.4 | 7917.9 | 1612.6 | 174.2 | 7.2 | 29.3 | 0.8 | 67.0 | 355.8 | — | 1.1 | 55.6 | 0.2 | 392.8 | 1132.3 | 18962.3 |
| 有色金属冶炼及压延加工业 | 562.1 | 105.3 | 258.5 | 15.3 | — | 0.7 | 11.1 | 1.1 | 27.6 | 63.9 | — | 0.6 | 5.4 | — | 139.8 | 559.5 | 4079.3 |
| 金属制品业 | 276.5 | 3.6 | 167.4 | 2.3 | — | 0.0 | 17.9 | 3.4 | 26.2 | 13.6 | — | 1.5 | 4.7 | — | 6.6 | 167.5 | 1210.4 |
| 通用设备制造业 | 592.3 | 86.9 | 279.3 | 7.2 | — | 0.1 | 51.7 | 4.1 | 31.3 | 16.2 | — | 0.7 | 3.0 | 0.1 | 24.7 | 179.6 | 1251.0 |
| 专用设备制造业 | 319.1 | 50.0 | 101.1 | 20.1 | — | 0.1 | 20.0 | 2.2 | 17.2 | 14.3 | — | 0.4 | 31.5 | 0.8 | 27.1 | 105.2 | 866.6 |
| 交通运输设备制造业 | 472.5 | 14.8 | 39.5 | 4.2 | — | 0.1 | 42.4 | 5.9 | 34.8 | 14.6 | — | 1.2 | 4.8 | 0.4 | 84.2 | 198.6 | 150238.0 |
| 电气机械及器材制造业 | 231.7 | 3.3 | 14.0 | 4.6 | — | 1.0 | 23.4 | 0.8 | 26.6 | 10.2 | — | 2.1 | 16.2 | — | 20.4 | 75.9 | 648.4 |
| 通信设备、计算机及其他电子设备制造业 | 89.0 | 2.5 | 1.7 | 4.9 | — | 0.0 | 7.0 | 0.8 | 13.9 | 10.2 | — | 3.0 | 21.3 | — | 10.4 | 52.3 | 692.9 |
| 仪器仪表及文化、办公用机械制造业 | 48.6 | 1.6 | 1.8 | 0.2 | — | 0.0 | 3.1 | 0.3 | 3.0 | 0.1 | — | 0.1 | 0.1 | — | 3.7 | 26.8 | 156.7 |

## 1995—2017 年中国制造业分行业终端能源消费量（续表）

单位：万吨标准煤

| 1997 年 | 原煤 | 洗精煤 | 焦炭 | 煤气 | 其他焦化产品 | 原油 | 汽油 | 煤油 | 柴油 | 燃料油 | 其他石油制品 | 液化石油气 | 天然气 | 炼厂干气 | 热力 | 电力 | 能源消费总量 |
|---|---|---|---|---|---|---|---|---|---|---|---|---|---|---|---|---|---|
| 农副食品加工业 | 886.2 | 93.5 | 15.3 | 0.1 | — | 0.7 | 29.5 | 0.9 | 46.2 | 13.1 | 1.4 | 0.9 | 5.5 | — | 43.2 | 200.0 | 1870.1 |
| 食品制造业 | 506.2 | 50.5 | 11.9 | 0.4 | — | 1.3 | 14.7 | 0.3 | 17.9 | 6.1 | — | 1.5 | 0.7 | — | 59.1 | 84.4 | 967.3 |
| 饮料制造业 | 456.3 | 8.6 | 3.9 | — | — | — | 15.2 | 0.2 | 10.9 | 5.2 | 0.1 | 0.1 | 0.1 | — | 56.4 | 59.7 | 770.8 |
| 烟草制品业 | 123.2 | 0.6 | 1.6 | 0.1 | 15.0 | — | 18.9 | 0.1 | 2.4 | 0.7 | — | — | 0.9 | — | 7.5 | 23.5 | 251.0 |
| 纺织业 | 1243.8 | 10.0 | 7.9 | 1.1 | — | 0.1 | 33.6 | 3.0 | 36.7 | 33.5 | 2.9 | 0.9 | 10.9 | — | 208.1 | 423.1 | 3063.7 |
| 纺织服装、鞋、帽制造业 | 89.9 | 2.0 | 1.7 | 0.1 | — | 0.6 | 9.9 | 0.3 | 10.8 | 5.3 | — | 0.1 | — | — | 3.9 | 44.2 | 272.3 |
| 皮革、毛皮、羽毛（绒）及其制品 | 59.2 | 0.0 | 1.6 | — | — | 0.0 | 5.8 | 0.2 | 9.5 | 0.8 | — | — | — | — | 4.7 | 22.3 | 157.0 |
| 木材加工及木、竹、藤、棕、草制品业 | 191.1 | 0.3 | 1.2 | — | 0.7 | 0.0 | 5.6 | 0.9 | 5.3 | 1.6 | 1.9 | — | — | — | 10.1 | 34.9 | 337.4 |
| 家具制造业 | 27.6 | 10.8 | 2.5 | — | — | — | 3.9 | 0.1 | 3.0 | 0.0 | — | — | — | — | 5.7 | 33.5 | 166.3 |
| 造纸及纸制品业 | 1014.6 | 11.2 | 3.9 | — | — | 0.1 | 11.9 | 2.4 | 24.9 | 7.6 | 3.2 | 0.1 | 1.1 | — | 141.5 | 206.3 | 1946.3 |
| 印刷业和记录媒介的复制 | 44.5 | 0.3 | 1.0 | 0.1 | — | — | 4.8 | 4.5 | 2.9 | 1.1 | — | 0.1 | — | — | 1.3 | 34.1 | 174.3 |
| 文教体育用品制造业 | 13.3 | 1.5 | 1.6 | 1.9 | — | — | 2.9 | 0.1 | 7.5 | 0.1 | — | 0.1 | — | — | 1.9 | 14.0 | 77.8 |
| 石油加工、炼焦及核燃料加工业 | 367.2 | 121.2 | 32.5 | 99.7 | 58.4 | 90.9 | 20.3 | 15.6 | 50.6 | 370.0 | 2279.1 | 173.8 | 121.6 | 567.3 | 616.5 | 224.3 | 5941.6 |
| 化学原料及化学制品制造业 | 4810.6 | 102.0 | 1282.1 | 59.0 | 58.8 | 76.2 | 67.2 | 9.7 | 124.3 | 403.4 | 1417.6 | 58.0 | 914.9 | 46.1 | 745.5 | 1411.6 | 1506741.0 |

续表

| 1997年 | 原煤 | 洗精煤 | 焦炭 | 煤气 | 其他焦化产品 | 原油 | 汽油 | 煤油 | 柴油 | 燃料油 | 其他石油制品 | 液化石油气 | 天然气 | 炼厂干气 | 热力 | 电力 | 能源消费总量 |
|---|---|---|---|---|---|---|---|---|---|---|---|---|---|---|---|---|---|
| 医药制造业 | 367.5 | 6.7 | 1.3 | 0.1 | — | — | 11.8 | 0.2 | 9.1 | 8.1 | 0.2 | 0.3 | 2.1 | — | 78.5 | 98.2 | 833.3 |
| 化学纤维制造业 | 224.8 | 19.1 | 26.7 | — | — | 9.6 | 3.7 | 0.3 | 7.4 | 39.0 | 254.0 | 7.9 | 45.8 | 59.7 | 158.9 | 137.0 | 1355.4 |
| 橡胶制品业 | 257.7 | 0.1 | 0.6 | — | — | 0.1 | 9.5 | 0.1 | 6.6 | 5.5 | 0.1 | 0.0 | 0.1 | — | 40.4 | 86.8 | 620.1 |
| 塑料制品业 | 171.0 | 0.2 | 6.8 | — | — | — | 16.3 | 0.5 | 29.1 | 3.6 | 10.2 | 0.4 | 0.1 | — | 30.9 | 119.7 | 675.3 |
| 非金属矿物制品业 | 8284.8 | 755.5 | 261.5 | 28.7 | 9.3 | 15.0 | 67.4 | 3.0 | 188.2 | 295.4 | 30.4 | 15.5 | 37.5 | 1.0 | 52.6 | 747.9 | 12542.9 |
| 黑色金属冶炼及压延加工业 | 2446.3 | 450.7 | 7615.1 | 1904.9 | 189.7 | 3.4 | 37.4 | 1.1 | 83.4 | 351.8 | 0.9 | 0.4 | 29.8 | — | 410.4 | 1148.9 | 17521.9 |
| 有色金属冶炼及压延加工业 | 529.1 | 125.0 | 206.6 | 17.3 | 0.5 | 1.6 | 14.9 | 1.1 | 34.0 | 57.6 | 24.6 | 0.8 | 7.5 | — | 144.5 | 631.6 | 3301.7 |
| 金属制品业 | 254.3 | 5.6 | 110.2 | 2.5 | — | — | 18.8 | 3.7 | 29.5 | 13.5 | 3.9 | 1.9 | 3.8 | — | 7.5 | 173.4 | 1032.9 |
| 通用设备制造业 | 487.4 | 54.3 | 201.1 | 4.4 | — | — | 66.8 | 4.1 | 37.6 | 14.4 | 1.9 | 0.7 | 2.6 | — | 25.3 | 184.2 | 1519.6 |
| 专用设备制造业 | 312.2 | 30.8 | 82.5 | 22.4 | 0.3 | 0.1 | 18.7 | 1.4 | 22.9 | 12.4 | 0.3 | 0.4 | 10.8 | — | 46.8 | 90.9 | 876.7 |
| 交通运输设备制造业 | 427.7 | 15.5 | 35.7 | 6.4 | — | 0.1 | 39.0 | 5.2 | 48.9 | 11.2 | 0.8 | 0.7 | 5.5 | — | 65.4 | 247.5 | 1501.8 |
| 电气机械及器材制造业 | 188.1 | 8.7 | 16.6 | 3.0 | — | 1.0 | 28.2 | 0.7 | 28.7 | 12.8 | 0.5 | 2.3 | 13.1 | — | 19.9 | 91.7 | 633.5 |
| 通信设备、计算机及其他电子设备制造业 | 69.0 | 1.5 | 1.7 | 5.6 | — | — | 9.4 | 0.2 | 17.1 | 12.5 | 41.8 | 3.0 | 16.6 | — | 9.3 | 85.8 | 474.9 |
| 仪器仪表及文化、办公用机械制造业 | 36.1 | 0.5 | 1.7 | 0.2 | — | — | 4.2 | 0.2 | 4.3 | 0.1 | 0.5 | 0.0 | 0.0 | — | 4.9 | 20.6 | 122.4 |

## 1995—2017 年中国制造业分行业终端能源消费量（续表）

单位：万吨标准煤

| 1998 年 | 原煤 | 洗精煤 | 焦炭 | 煤气 | 其他焦化产品 | 原油 | 汽油 | 煤油 | 柴油 | 燃料油 | 其他石油制品 | 液化石油气 | 天然气 | 煤厂干气 | 热力 | 电力 | 能源消费总量 |
|---|---|---|---|---|---|---|---|---|---|---|---|---|---|---|---|---|---|
| 农副食品加工业 | 892.9 | 66.3 | 13.4 | 0.5 | — | 0.8 | 39.9 | 0.3 | 44.3 | 6.2 | 0.6 | 2.2 | 3.4 | — | 89.5 | 237.5 | 1995.7 |
| 食品制造业 | 499.1 | 41.8 | 11.9 | 0.7 | — | 0.3 | 17.6 | 0.1 | 14.4 | 12.5 | 0.5 | 2.2 | 1.3 | — | 60.5 | 107.4 | 1025.9 |
| 饮料制造业 | 552.3 | 5.3 | 2.6 | — | — | 0.1 | 15.4 | 0.1 | 11.1 | 8.7 | 2.4 | 0.1 | 0.5 | — | 46.6 | 72.6 | 891.7 |
| 烟草制品业 | 117.5 | 0.4 | 1.4 | — | — | — | 27.0 | 0.1 | 3.1 | 3.5 | 0.1 | 0.1 | 0.7 | — | 8.2 | 27.3 | 252.5 |
| 纺织业 | 1158.4 | 6.8 | 11.2 | 0.9 | — | 2.1 | 47.2 | 3.6 | 36.7 | 58.9 | 2.3 | 9.2 | 9.0 | 0.2 | 221.3 | 411.2 | 2954.8 |
| 纺织服装、鞋、帽制造业 | 106.7 | 1.9 | 1.9 | — | — | 0.4 | 10.5 | 0.1 | 15.3 | 11.5 | 0.8 | 0.3 | — | — | 25.3 | 49.9 | 342.4 |
| 皮革、毛皮、羽毛（绒）及其制品 | 71.5 | 0.3 | 3.7 | — | — | — | 7.7 | 0.1 | 13.3 | 3.0 | 3.1 | — | — | — | 4.9 | 30.2 | 206.7 |
| 木材加工及木、竹、藤、棕、草制品业 | 204.1 | 1.7 | 1.7 | 0.2 | 0.3 | — | 5.1 | 0.7 | 8.0 | 2.5 | 0.4 | — | — | — | 6.6 | 30.3 | 330.8 |
| 家具制造业 | 35.9 | — | 1.1 | 0.2 | — | — | 3.9 | 0.1 | 3.0 | 0.7 | | 0.4 | — | — | 0.4 | 11.6 | 83.1 |
| 造纸及纸制品业 | 1009.6 | 15.1 | 3.1 | — | — | 0.3 | 17.6 | 3.5 | 25.1 | 15.7 | 2.3 | 0.7 | 1.0 | 0.5 | 152.8 | 228.5 | 2025.5 |
| 印刷业和记录媒介的复制 | 47.5 | 0.2 | 0.2 | 0.1 | — | — | 7.9 | 4.9 | 7.4 | 1.5 | 0.9 | 0.2 | 0.5 | — | 4.2 | 30.2 | 174.4 |
| 文教体育用品制造业 | 15.8 | 0.1 | 1.7 | — | — | — | 3.4 | 1.9 | 12.1 | 31.2 | | 0.3 | — | — | 0.9 | 20.4 | 133.7 |
| 石油加工、炼焦及核燃料加工业 | 493.7 | 126.1 | 47.9 | 66.2 | 11.7 | 112.3 | 18.6 | 13.0 | 44.9 | 412.5 | 2676.1 | 135.9 | 135.7 | 480.1 | 717.6 | 239.2 | 6486.1 |
| 化学原料及化学制品制造业 | 4771.1 | 100.9 | 1115.2 | 68.0 | 40.0 | 45.1 | 58.9 | 8.9 | 143.9 | 368.4 | 1210.2 | 76.3 | 930.2 | 52.7 | 701.1 | 1309.8 | 14111.9 |

续表

| 1998年 | 原煤 | 洗精煤 | 焦炭 | 煤气 | 其他焦化产品 | 原油 | 汽油 | 煤油 | 柴油 | 燃料油 | 其他石油制品 | 液化石油气 | 天然气 | 炼厂干气 | 热力 | 电力 | 能源消费总量 |
|---|---|---|---|---|---|---|---|---|---|---|---|---|---|---|---|---|---|
| 医药制造业 | 392.0 | 2.7 | 1.0 | 9.4 | 3.6 | 0.0 | 14.1 | 0.1 | 6.4 | 7.1 | 1.2 | 1.0 | 1.4 | — | 93.7 | 95.4 | 866.8 |
| 化学纤维制造业 | 295.3 | 28.7 | 28.8 | — | — | 8.4 | 7.0 | 0.4 | 8.8 | 50.5 | 235.2 | 7.8 | 37.7 | 62.9 | 163.2 | 186.7 | 1580.1 |
| 橡胶制品业 | 281.7 | 0.7 | 2.0 | 0.1 | — | 2.2 | 11.9 | 0.2 | 9.3 | 12.5 | 1.3 | — | — | — | 27.8 | 101.3 | 684.4 |
| 塑料制品业 | 141.9 | 0.4 | 6.4 | 3.1 | — | 0.8 | 17.2 | 0.5 | 44.2 | 8.8 | 8.1 | 3.4 | — | — | 5.4 | 121.7 | 635.0 |
| 非金属矿物制品业 | 8250.4 | 460.0 | 277.5 | 33.3 | 15.2 | 15.6 | 63.0 | 2.4 | 291.0 | 377.8 | 67.6 | 72.7 | 42.2 | 6.0 | 27.6 | 807.2 | 12623.2 |
| 黑色金属冶炼及压延加工业 | 2680.5 | 454.7 | 7371.1 | 1958.8 | 106.0 | 9.0 | 70.2 | 4.1 | 75.4 | 372.4 | 2.1 | 0.7 | 33.8 | — | 400.3 | 1164.7 | 17457.4 |
| 有色金属冶炼及压延加工业 | 634.2 | 58.5 | 191.2 | 20.8 | 11.8 | 1.2 | 14.0 | 0.6 | 62.7 | 68.6 | 13.4 | 0.7 | 8.5 | — | 179.4 | 669.8 | 3480.3 |
| 金属制品业 | 253.6 | 3.8 | 130.5 | 1.4 | — | — | 23.8 | 2.8 | 39.3 | 10.8 | 0.9 | 7.2 | 2.9 | — | 8.7 | 177.7 | 1062.6 |
| 通用设备制造业 | 419.1 | 31.1 | 200.7 | 6.6 | 0.8 | — | 35.5 | 3.4 | 34.2 | 11.7 | 6.2 | 1.4 | 2.6 | — | 25.9 | 194.3 | 1414.6 |
| 专用设备制造业 | 271.6 | 21.7 | 71.6 | 24.4 | 0.2 | 0.1 | 43.6 | 1.9 | 20.9 | 10.3 | 7.2 | 2.1 | 10.1 | — | 38.7 | 97.9 | 851.0 |
| 交通运输设备制造业 | 425.2 | 3.8 | 36.1 | 7.5 | 0.1 | 0.2 | 31.8 | 5.3 | 49.3 | 10.5 | 7.6 | 1.3 | 17.0 | — | 56.1 | 250.6 | 1476.6 |
| 电气机械及器材制造业 | 179.1 | 9.9 | 12.9 | 4.5 | — | 1.8 | 25.3 | 0.4 | 26.1 | 12.8 | 0.8 | 5.3 | 10.1 | — | 19.9 | 98.3 | 631.9 |
| 通信设备、计算机及其他电子设备制造业 | 71.8 | 1.1 | 2.4 | 3.5 | — | — | 11.6 | 0.4 | 31.3 | 13.8 | — | 5.0 | 18.3 | 1.0 | 896.0 | 106.0 | 514.2 |
| 仪器仪表及文化、办公用机械制造业 | 32.6 | 0.6 | 1.8 | 0.1 | — | — | 3.7 | 0.9 | 8.9 | 0.4 | 4.2 | 0.4 | 0.2 | — | 5.1 | 22.9 | 134.3 |

## 1995—2017 年中国制造业分行业终端能源消费量（续表）

单位：万吨标准煤

| 1999 年 | 原煤 | 洗精煤 | 焦炭 | 煤气 | 其他焦化产品 | 原油 | 汽油 | 煤油 | 柴油 | 燃料油 | 其他石油制品 | 液化石油气 | 天然气 | 焦厂干气 | 热力 | 电力 | 能源消费总量 |
|---|---|---|---|---|---|---|---|---|---|---|---|---|---|---|---|---|---|
| 农副食品加工业 | — | — | 0.5 | 47.9 | 0.4 | 46.3 | 10.5 | 10.0 | 2.8 | 1.8 | 0.2 | 55.3 | 190.5 | 1735.5 | — | — | 0.5 |
| 食品制造业 | 1.6 | — | 0.6 | 18.6 | 0.1 | 24.1 | 12.3 | 0.2 | 2.3 | 0.8 | — | 59.1 | 121.6 | 1123.1 | 1.6 | — | 0.6 |
| 饮料制造业 | — | 0.1 | 0.7 | 16.9 | 0.13 | 14.5 | 10.8 | 0.3 | 0.1 | 0.3 | — | 33.1 | 69.9 | 861.4 | — | 0.1 | 0.7 |
| 烟草制品业 | — | — | — | 49.0 | 0.1 | 5.9 | 4.0 | 0.2 | — | 0.9 | — | 7.4 | 37.5 | 345.3 | — | — | — |
| 纺织业 | — | — | 0.1 | 58.1 | 5.2 | 52.1 | 110.9 | 9.9 | 7.2 | 12.3 | 0.4 | 202.2 | 386.1 | 2920.9 | — | — | 0.1 |
| 纺织服装、鞋、帽制造业 | 1.8 | — | 0.2 | 12.5 | 0.6 | 20.2 | 17.0 | 1.1 | 1.5 | — | — | 6.8 | 55.1 | 353.6 | 1.8 | — | 0.2 |
| 皮革、毛皮、羽毛（绒）及其制品 | — | — | — | 6.6 | 0.3 | 23.5 | 5.1 | 1.3 | 0.3 | — | — | 3.2 | 30.4 | 214.7 | — | — | — |
| 木材加工及木、竹、藤、棕、草制品业 | — | 0.3 | 0.0 | 4.2 | 0.2 | 9.0 | 3.7 | — | — | — | — | 26.5 | 35.3 | 373.6 | — | 0.3 | 0.0 |
| 家具制造业 | — | — | 0.0 | 4.7 | 0.1 | 4.0 | 1.0 | 0.0 | 0.4 | — | — | 5.0 | 13.7 | 107.4 | — | — | 0.0 |
| 造纸及纸制品业 | — | — | 0.8 | 15.8 | 5.0 | 28.3 | 23.0 | 4.5 | 1.0 | 3.4 | 0.6 | 143.6 | 243.4 | 2082.0 | — | — | 0.8 |
| 印刷业和记录媒介的复制 | 0.2 | — | — | 9.2 | 7.9 | 9.3 | 3.7 | 2.3 | 0.5 | 0.9 | — | 4.2 | 33.9 | 194.7 | 0.2 | — | — |
| 文教体育用品制造业 | — | — | 0.1 | 3.6 | 1.8 | 15.6 | 1.5 | 0.1 | 0.3 | — | — | 1.0 | 21.8 | 112.9 | — | — | 0.1 |
| 石油加工、炼焦及核燃料加工业 | 70.2 | 18.5 | 113.2 | 20.1 | 24.7 | 91.7 | 402.9 | 2523.4 | 162.9 | 122.6 | 542.5 | 824.3 | 261.8 | 6788.5 | 70.2 | 18.5 | 113.2 |
| 化学原料及化学制品制造业 | 57.2 | 47.9 | 76.9 | 64.0 | 12.0 | 149.9 | 458.9 | 954.5 | 98.3 | 1094.6 | 60.3 | 704.8 | 1335.5 | 13491.5 | 57.2 | 47.9 | 76.9 |

325

续表

| 1999年 | 原煤 | 洗精煤 | 焦炭 | 煤气 | 其他焦化产品 | 原油 | 汽油 | 煤油 | 柴油 | 燃料油 | 其他石油制品 | 液化石油气 | 天然气 | 炼厂干气 | 热力 | 电力 | 能源消费总量 |
|---|---|---|---|---|---|---|---|---|---|---|---|---|---|---|---|---|---|
| 医药制造业 | 1.1 | 5.1 | 0.0 | 14.7 | 0.2 | 9.3 | 8.3 | 1.6 | 0.4 | 7.4 | — | 101.7 | 97.0 | 956.7 | 1.1 | 5.1 | 0.0 |
| 化学纤维制造业 | 0.1 | — | 9.6 | 5.3 | 0.6 | 12.5 | 71.6 | 299.0 | 7.4 | 0.5 | 93.5 | 182.0 | 200.4 | 1700.4 | 0.1 | — | 9.6 |
| 橡胶制品业 | 0.2 | — | 0.1 | 13.0 | 0.1 | 9.8 | 15.9 | 4.3 | 0.0 | — | — | 24.0 | 96.9 | 689.2 | 0.2 | — | 0.1 |
| 塑料制品业 | — | — | 0.5 | 18.2 | 0.6 | 50.2 | 13.6 | 3.9 | 3.8 | 1.2 | — | 4.7 | 118.5 | 625.6 | — | — | 0.5 |
| 非金属矿物制品业 | 32.1 | 14.2 | 11.8 | 69.4 | 3.3 | 404.1 | 440.2 | 24.1 | 66.5 | 28.8 | 6.5 | 33.1 | 833.9 | 13509.5 | 32.1 | 14.2 | 11.8 |
| 黑色金属冶炼及压延加工业 | 1817.3 | 108.7 | 13.0 | 41.7 | 7.4 | 93.6 | 410.4 | 1.0 | 0.9 | 14.9 | — | 386.9 | 1268.0 | 18198.7 | 1817.3 | 108.7 | 13.0 |
| 有色金属冶炼及压延加工业 | 23.1 | 11.0 | 1.0 | 16.4 | 0.8 | 57.2 | 73.9 | 31.8 | 1.7 | 5.9 | — | 195.3 | 767.4 | 3873.5 | 23.1 | 11.0 | 1.0 |
| 金属制品业 | 1.4 | 0.1 | 0.0 | 25.2 | 2.3 | 50.6 | 14.3 | 1.3 | 11.2 | 7.4 | — | 7.8 | 202.7 | 1152.6 | 1.4 | 0.1 | 0.0 |
| 通用设备制造业 | 5.3 | 0.3 | 0.1 | 32.2 | 4.5 | 49.1 | 11.5 | 5.7 | 1.0 | 2.5 | — | 26.3 | 173.2 | 1309.4 | 5.3 | 0.3 | 0.1 |
| 专用设备制造业 | 15.3 | 0.1 | 0.4 | 45.8 | 1.8 | 22.8 | 17.0 | 3.5 | 3.0 | 15.9 | — | 39.2 | 101.8 | 892.1 | 15.3 | 0.1 | 0.4 |
| 交通运输设备制造业 | 4.0 | 0.2 | 0.1 | 33.5 | 8.6 | 70.9 | 17.1 | 4.8 | 1.5 | 15.7 | — | 69.4 | 215.5 | 1485.0 | 4.0 | 0.2 | 0.1 |
| 电气机械及器材制造业 | 3.4 | — | 0.6 | 25.0 | 0.4 | 37.3 | 17.3 | 1.3 | 7.3 | 10.2 | 0.2 | 19.2 | 98.6 | 644.6 | 3.4 | — | 0.6 |
| 通信设备、计算机及其他电子设备制造业 | 3.1 | — | 0.0 | 14.1 | 0.3 | 52.5 | 15.3 | 0.5 | 5.6 | 38.0 | 0.3 | 8.51 | 133.4 | 633.3 | 3.1 | — | 0.0 |
| 仪器仪表及文化、办公用机械制造业 | 0.1 | — | 0.0 | 4.5 | 0.2 | 15.6 | 0.2 | 0.8 | 0.1 | 0.3 | — | 5.1 | 26.9 | 156.6 | 0.1 | — | 0.0 |

## 1995—2017 年中国制造业分行业终端能源消费量（续表）

单位：万吨标准煤

| 2000 年 | 原煤 | 洗精煤 | 焦炭 | 煤气 | 其他焦化产品 | 原油 | 汽油 | 煤油 | 柴油 | 燃料油 | 其他石油制品 | 液化石油气 | 天然气 | 煤厂干气 | 热力 | 电力 | 能源消费总量 |
|---|---|---|---|---|---|---|---|---|---|---|---|---|---|---|---|---|---|
| 农副食品加工业 | 729.3 | 52.7 | 15.7 | — | — | 0.6 | 50.1 | 0.4 | 45.9 | 10.7 | 10.1 | 4.5 | 2.0 | 0.2 | 62.5 | 198.2 | 1717.4 |
| 食品制造业 | 443.6 | 59.6 | 14.3 | 1.6 | — | 0.7 | 20.0 | 0.1 | 25.8 | 12.9 | 0.2 | 3.9 | 0.9 | — | 62.5 | 121.5 | 1055.6 |
| 饮料制造业 | 470.3 | 2.5 | 3.1 | — | 0.1 | 0.7 | 16.7 | 0.1 | 15.6 | 11.4 | 0.3 | 0.2 | 0.4 | — | 36.4 | 72.5 | 800.5 |
| 烟草制品业 | 103.6 | 0.1 | 1.2 | — | — | — | 50.1 | 0.1 | 6.3 | 4.3 | 0.2 | 0.1 | 1.1 | — | 7.5 | 40.4 | 304.0 |
| 纺织业 | 1021.9 | 6.6 | 4.1 | 1.8 | — | 0.1 | 58.3 | 5.6 | 54.8 | 86.8 | 10.1 | 11.9 | 14.5 | 0.3 | 217.7 | 455.2 | 3014.4 |
| 纺织服装、鞋、帽制造业 | 92.8 | 0.4 | 1.6 | — | — | 0.2 | 11.7 | 0.6 | 21.4 | 17.8 | 1.1 | 2.4 | — | — | 6.8 | 60.3 | 348.4 |
| 皮革、毛皮、羽毛（绒）及其制品 | 56.2 | 0.1 | 1.7 | — | — | — | 8.4 | 0.3 | 21.4 | 5.0 | 1.3 | 0.4 | — | — | 3.4 | 33.3 | 203.9 |
| 木材加工及木、竹、藤、棕、草制品业 | 172.5 | 0.2 | 1.4 | — | 0.3 | — | 5.4 | 0.1 | 10.2 | 3.9 | — | — | — | — | 29.5 | 39.6 | 360.7 |
| 家具制造业 | 34.1 | — | 1.0 | — | — | — | 5.8 | 0.1 | 3.8 | 1.0 | — | 0.5 | — | — | 4.8 | 15.3 | 101.1 |
| 造纸及纸制品业 | 995.8 | 34.2 | 1.5 | — | — | 0.7 | 20.0 | 5.3 | 35.0 | 24.9 | 4.7 | 1.3 | 3.9 | 0.5 | 159.0 | 291.8 | 2269.3 |
| 印刷业和记录媒介的复制 | 39.3 | 0.5 | 0.3 | 0.2 | — | — | 10.0 | 8.4 | 11.2 | 3.3 | 2.4 | 0.8 | 1.1 | — | 4.9 | 38.4 | 204.6 |
| 文教体育用品制造业 | 14.0 | 0.1 | 1.6 | — | — | 0.1 | 3.8 | 1.9 | 17.8 | 1.5 | 0.1 | 0.5 | — | — | 1.0 | 25.6 | 122.8 |
| 石油加工、炼焦及核燃料加工业 | 500.7 | 161.0 | 42.7 | 74.5 | 22.6 | 146.4 | 24.2 | 26.6 | 107.0 | 421.4 | 2582.1 | 281.0 | 133.8 | 600.0 | 874.6 | 301.8 | 7220.1 |
| 化学原料及化学制品制造业 | 3917.0 | 169.8 | 1066.2 | 62.4 | 55.6 | 93.6 | 75.1 | 12.9 | 175.4 | 474.1 | 1037.5 | 167.2 | 1180.1 | 68.7 | 755.4 | 1418.0 | 14326.1 |

续表

| 2000年 | 原煤 | 洗精煤 | 焦炭 | 煤气 | 其他焦化产品 | 原油 | 汽油 | 煤油 | 柴油 | 燃料油 | 其他石油制品 | 液化石油气 | 天然气 | 炼厂干气 | 热力 | 电力 | 能源消费总量 |
|---|---|---|---|---|---|---|---|---|---|---|---|---|---|---|---|---|---|
| 医药制造业 | 369.5 | 9.1 | 0.7 | 1.2 | 5.9 | — | 15.0 | 0.2 | 10.5 | 7.9 | 1.7 | 0.6 | 7.8 | — | 119.3 | 108.6 | 941.6 |
| 化学纤维制造业 | 255.5 | 1.3 | 26.7 | 0.1 | — | 10.5 | 6.3 | 0.6 | 15.2 | 79.0 | 336.8 | 11.9 | 0.7 | 105.9 | 198.8 | 239.4 | 1883.9 |
| 橡胶制品业 | 216.5 | 1.0 | 2.5 | 0.1 | — | 0.1 | 14.3 | 0.1 | 12.0 | 17.8 | 4.5 | 0.0 | — | — | 27.5 | 121.4 | 688.0 |
| 塑料制品业 | 108.1 | 1.3 | 6.1 | 0.0 | — | 0.6 | 20.2 | 0.6 | 61.1 | 14.9 | 4.1 | 6.2 | 1.3 | — | 543.0 | 148.5 | 696.4 |
| 非金属矿物制品业 | 8289.7 | 937.8 | 303.4 | 38.4 | 17.7 | 13.2 | 76.1 | 3.6 | 449.4 | 447.8 | 27.2 | 109.1 | 32.7 | 8.8 | 39.8 | 938.6 | 13768.1 |
| 黑色金属冶炼及压延加工业 | 2694.8 | 488.8 | 7787.7 | 1900.6 | 123.4 | 14.6 | 50.1 | 7.9 | 107.0 | 415.7 | 1.1 | 1.3 | 22.3 | — | 437.3 | 1377.8 | 18962.3 |
| 有色金属冶炼及压延加工业 | 551.5 | 80.6 | 202.3 | 26.2 | 14.0 | 1.1 | 18.4 | 0.9 | 64.2 | 79.0 | 35.0 | 1.6 | 6.5 | — | 215.8 | 857.3 | 4079.3 |
| 金属制品业 | 180.7 | 6.6 | 122.4 | 1.5 | 0.1 | — | 30.1 | 2.5 | 58.0 | 16.3 | 1.4 | 17.4 | 7.8 | — | 8.1 | 241.3 | 1210.4 |
| 通用设备制造业 | 239.4 | 38.6 | 202.3 | 5.4 | 0.4 | 0.2 | 35.1 | 4.8 | 43.9 | 10.1 | 5.9 | 1.6 | 2.6 | — | 29.5 | 197.6 | 1251.0 |
| 专用设备制造业 | 208.4 | 33.5 | 71.8 | 14.0 | 0.1 | 0.4 | 50.2 | 2.0 | 19.8 | 16.3 | 3.5 | 4.6 | 17.1 | — | 39.8 | 116.1 | 866.6 |
| 交通运输设备制造业 | 398.0 | 3.8 | 31.4 | 3.8 | 0.3 | 0.1 | 33.4 | 9.3 | 74.7 | 17.8 | 4.9 | 2.4 | 19.7 | — | 79.5 | 250.0 | 1502.4 |
| 电气机械及器材制造业 | 144.1 | 2.6 | 10.6 | 3.5 | — | 0.7 | 26.7 | 0.4 | 36.6 | 17.8 | 1.3 | 11.6 | 10.5 | 0.1 | 22.7 | 111.5 | 648.4 |
| 通信设备、计算机及其他电子设备制造业 | 53.7 | 1.0 | 0.3 | 3.3 | — | 0.0 | 13.3 | 0.3 | 54.8 | 16.3 | 0.5 | 7.3 | 44.6 | 0.3 | 9.2 | 154.7 | 692.9 |
| 仪器仪表及文化、办公用机械制造业 | 25.8 | 0.1 | 4.1 | 0.1 | — | 0.0 | 5.0 | 0.2 | 15.2 | 0.2 | 0.9 | 0.19 | 0.3 | — | 5.1 | 31.2 | 156.7 |

附　录

1995—2017年中国制造业分行业终端能源消费量（续表）

单位：万吨标准煤

| 2001年 | 原煤 | 洗精煤 | 焦炭 | 煤气 | 其他焦化产品 | 原油 | 汽油 | 煤油 | 柴油 | 燃料油 | 其他石油制品 | 液化石油气 | 天然气 | 炼厂干气 | 热力 | 电力 | 能源消费总量 |
|---|---|---|---|---|---|---|---|---|---|---|---|---|---|---|---|---|---|
| 农副食品加工业 | 712.3 | 51.4 | 17.0 | — | — | 0.6 | 53.5 | 0.4 | 48.9 | 10.7 | 11.0 | 5.0 | 2.1 | — | 63.7 | 218.0 | 1763.6 |
| 食品制造业 | 440.4 | 57.5 | 16.5 | 1.6 | — | 0.6 | 21.5 | 0.1 | 26.7 | 12.1 | 0.2 | 4.6 | 1.1 | — | 70.5 | 120.7 | 1057.8 |
| 饮料制造业 | 446.6 | 2.7 | 3.1 | — | 0.1 | 0.7 | 15.7 | 0.1 | 17.8 | 12.9 | 0.2 | 0.2 | 0.3 | — | 38.7 | 77.1 | 794.6 |
| 烟草制品业 | 111.0 | 0.1 | 1.3 | — | — |  | 50.4 | 0.1 | 5.8 | 3.9 | 0.2 | 0.1 | 1.2 | — | 8.2 | 41.7 | 314.6 |
| 纺织业 | 1000.7 | 6.8 | 4.5 | 1.9 | — | 0.1 | 62.2 | 5.7 | 57.6 | 89.9 | 9.0 | 12.5 | 14.0 | 0.3 | 245.6 | 494.7 | 3150.7 |
| 纺织服装、鞋、帽制造业 | 91.2 | 0.3 | 1.7 | — | — | 0.2 | 13.7 | 0.6 | 23.6 | 19.8 | 0.7 | 2.6 | — | — | 7.5 | 69.4 | 380.1 |
| 皮革、毛皮、羽毛（绒）及其制品 | 56.4 | 0.1 | 1.8 | — | — | — | 8.3 | 0.3 | 20.3 | 4.4 | 1.2 | 0.4 | — | — | 3.8 | 38.5 | 217.6 |
| 木材加工及木、竹、藤、棕、草制品业 | 176.0 | 0.2 | 1.5 | — | 0.4 | — | 6.7 | 0.1 | 11.1 | 4.3 | 0.0 | 0.1 | — | — | 30.9 | 47.4 | 391.9 |
| 家具制造业 | 36.5 | — | 1.2 | — | — | — | 6.0 | 0.1 | 4.4 | 0.9 | 0.0 | 0.7 | — | — | 5.1 | 18.0 | 112.6 |
| 造纸及纸制品业 | 971.4 | 33.8 | 1.7 | — | — | 0.7 | 20.5 | 5.4 | 34.1 | 27.1 | 3.9 | 1.6 | 3.4 | 0.5 | 161.5 | 322.2 | 2334.0 |
| 印刷业和记录媒介的复制 | 40.8 | 0.4 | 0.3 | 0.2 | — | — | 10.4 | 8.6 | 11.6 | 3.1 | 2.6 | 0.9 | 1.2 | — | 5.2 | 44.9 | 226.4 |
| 文教体育用品制造业 | 15.0 | 0.1 | 1.8 | — | — | 0.2 | 4.6 | 1.9 | 17.8 | 1.5 | 0.1 | 0.5 | — | — | 1.2 | 32.1 | 144.3 |
| 石油加工、炼焦及核燃料加工业 | 496.0 | 154.6 | 44.0 | 81.2 | 26.4 | 148.9 | 25.8 | 27.2 | 113.6 | 408.8 | 2563.1 | 298.5 | 152.9 | 603.4 | 898.4 | 341.5 | 7518.9 |
| 化学原料及化学制品制造业 | 3796.0 | 184.1 | 1118.7 | 66.9 | 55.9 | 100.6 | 84.0 | 13.2 | 188.6 | 429.9 | 982.2 | 163.3 | 1249.8 | 70.3 | 809.6 | 1519.0 | 14458.1 |

续表

| 2001年 | 原煤 | 洗精煤 | 焦炭 | 煤气 | 其他焦化产品 | 原油 | 汽油 | 煤油 | 柴油 | 燃料油 | 其他石油制品 | 液化石油气 | 天然气 | 炼厂干气 | 热力 | 电力 | 能源消费总量 |
|---|---|---|---|---|---|---|---|---|---|---|---|---|---|---|---|---|---|
| 医药制造业 | 365.5 | 8.6 | 0.7 | 1.3 | 6.3 | — | 17.4 | 0.2 | 11.4 | 7.6 | 1.8 | 0.6 | 8.8 | — | 129.6 | 127.2 | 1010.8 |
| 化学纤维制造业 | 227.7 | 1.3 | 26.1 | — | — | 9.0 | 6.0 | 0.6 | 15.0 | 72.4 | 338.7 | 9.9 | — | 99.1 | 203.6 | 251.6 | 1879.7 |
| 橡胶制品业 | 224.1 | 0.9 | 2.8 | 0.1 | — | 0.1 | 13.5 | 0.1 | 11.39 | 18.7 | 4.6 | 0.0 | — | — | 35.2 | 136.7 | 750.3 |
| 塑料制品业 | 104.4 | 1.3 | 7.0 | — | — | 0.5 | 19.1 | 0.6 | 61.7 | 15.4 | 4.2 | 5.8 | 1.2 | — | 5.8 | 163.0 | 733.9 |
| 非金属矿物制品业 | 7341.8 | 1143.2 | 335.5 | 46.4 | 17.6 | 12.3 | 79.6 | 3.7 | 477.2 | 457.2 | 29.1 | 117.0 | 36.6 | 8.8 | 48.9 | 1016.7 | 13353.7 |
| 黑色金属冶炼及压延加工业 | 2501.7 | 499.9 | 8661.3 | 2015.7 | 134.6 | 14.1 | 51.8 | 8.1 | 118.5 | 387.4 | 1.3 | 1.3 | 21.9 | — | 456.0 | 1492.4 | 19778.7 |
| 有色金属冶炼及压延加工业 | 500.3 | 67.3 | 225.6 | 27.0 | 13.7 | 1.1 | 18.8 | 0.9 | 67.7 | 84.3 | 35.3 | 1.8 | 6.9 | — | 231.0 | 919.1 | 4237.7 |
| 金属制品业 | 171.2 | 9.9 | 139.5 | 1.5 | 0.1 | — | 36.1 | 2.5 | 66.5 | 16.9 | 1.6 | 20.1 | 9.8 | — | 9.2 | 286.6 | 1375.7 |
| 通用设备制造业 | 241.5 | 39.5 | 219.0 | 5.1 | 0.4 | 0.2 | 36.4 | 4.9 | 42.1 | 11.4 | 6.3 | 1.3 | 2.2 | — | 31.8 | 215.7 | 1323.6 |
| 专用设备制造业 | 193.8 | 33.1 | 74.9 | 14.1 | 0.1 | 0.4 | 48.5 | 2.0 | 17.8 | 12.9 | 3.9 | 5.0 | 20.9 | — | 41.0 | 120.7 | 860.1 |
| 交通运输设备制造业 | 390.3 | 3.9 | 41.4 | 3.9 | 0.3 | 0.1 | 31.4 | 9.5 | 82.8 | 16.6 | 4.7 | 2.6 | 24.9 | — | 87.6 | 292.6 | 1646.1 |
| 电气机械及器材制造业 | 120.5 | 2.6 | 12.8 | 3.6 | — | 0.6 | 29.4 | 0.4 | 36.6 | 18.3 | 1.3 | 15.1 | 9.2 | 0.1 | 22.5 | 125.8 | 672.2 |
| 通信设备、计算机及其他电子设备制造业 | 47.1 | 1.0 | 0.4 | 3.3 | — | — | 15.7 | 0.3 | 63.5 | 19.3 | 0.8 | 7.6 | 52.1 | 0.3 | 10.2 | 166.8 | 742.2 |
| 仪器仪表及文化、办公用机械制造业 | 22.2 | 0.1 | 5.4 | 0.1 | — | — | 5.5 | 0.3 | 16.4 | 0.2 | 0.7 | 0.2 | 0.4 | — | 6.4 | 33.3 | 163.7 |

## 1995—2017 年中国制造业分行业终端能源消费量（续表）

单位：万吨标准煤

| 2002 年 | 原煤 | 洗精煤 | 焦炭 | 煤气 | 其他焦化产品 | 原油 | 汽油 | 煤油 | 柴油 | 燃料油 | 其他石油制品 | 液化石油气 | 天然气 | 焦厂干气 | 热力 | 电力 | 能源消费总量 |
|---|---|---|---|---|---|---|---|---|---|---|---|---|---|---|---|---|---|
| 农副食品加工业 | 768.2 | 51.5 | 13.9 | — | — | 0.4 | 51.3 | 0.5 | 52.4 | 10.8 | 14.2 | 5.0 | 1.9 | — | 67.3 | 250.5 | 1916.8 |
| 食品制造业 | 468.3 | 36.9 | 13.7 | 1.9 | — | 0.6 | 22.0 | 0.1 | 31.2 | 13.2 | 0.2 | 5.4 | 1.3 | — | 78.1 | 145.9 | 1137.0 |
| 饮料制造业 | 479.4 | 2.8 | 3.2 | — | — | 0.9 | 14.1 | 0.1 | 18.9 | 11.6 | 0.2 | 0.3 | 0.3 | — | 36.6 | 87.1 | 842.3 |
| 烟草制品业 | 120.6 |  | 1.2 | 0.1 | — | — | 51.1 | 0.2 | 7.3 | 2.1 | 0.2 | 0.1 | 1.6 | — | 5.2 | 40.1 | 312.1 |
| 纺织业 | 1087.4 | 6.2 | 4.4 | 2.4 | — | 0.1 | 59.3 | 7.9 | 58.8 | 92.1 | 7.9 | 12.5 | 10.5 | 0.3 | 287.4 | 582.7 | 3484.0 |
| 纺织服装、鞋、帽制造业 | 99.1 | 0.3 | 2.1 | — | — | 0.2 | 13.5 | 0.9 | 24.5 | 21.2 | 1.1 | 3.2 | — | — | 7.6 | 75.7 | 404.5 |
| 皮革、毛皮、羽毛（绒）及其制品 | 61.3 | 0.1 | 1.5 | — | — | — | 8.0 | 0.3 | 20.1 | 4.1 | 1.3 | 0.5 | — | — | 3.1 | 45.8 | 239.4 |
| 木材加工及木、竹、藤、棕、草制品业 | 190.8 | 0.2 | 1.5 | — | 0.2 | — | 5.0 | 0.2 | 9.7 | 4.1 | 0.0 | — | — | — | 32.7 | 48.2 | 400.3 |
| 家具制造业 | 37.5 |  | 1.1 | — | — | — | 6.5 | 0.1 | 5.3 | 1.1 | 0.0 | 0.8 | — | — | 7.0 | 14.4 | 104.9 |
| 造纸及纸制品业 | 1095.4 | 35.1 | 1.7 | — | — | 0.7 | 26.2 | 5.3 | 45.8 | 28.6 | 4.8 | 2.8 | 3.5 | 0.5 | 215.4 | 365.7 | 2635.1 |
| 印刷业和记录媒介的复制 | 44.1 | 0.5 | 0.3 | 0.2 | — | — | 10.1 | 10.8 | 11.8 | 2.4 | 2.3 | 1.0 | 1.3 | — | 5.3 | 43.4 | 223.3 |
| 文教体育用品制造业 | 15.0 | 0.0 | 1.7 | — | — | 0.1 | 4.8 | 2.2 | 19.8 | 1.7 | 0.1 | 0.7 | — | — | 0.9 | 41.1 | 171.3 |
| 石油加工、炼焦及核燃料加工业 | 517.5 | 119.1 | 44.9 | 93.2 | 24.3 | 158.8 | 26.5 | 30.7 | 120.2 | 376.7 | 2878.7 | 351.5 | 149.6 | 615.1 | 836.9 | 424.3 | 7906.5 |
| 化学原料及化学制品制造业 | 4253.9 | 175.8 | 1137.1 | 83.4 | 52.4 | 93.4 | 92.0 | 18.5 | 196.2 | 455.9 | 1280.4 | 196.6 | 1322.6 | 74.1 | 955.5 | 1739.5 | 15987.4 |

续表

| 2002年 | 原煤 | 洗精煤 | 焦炭 | 煤气 | 其他焦化产品 | 原油 | 汽油 | 煤油 | 柴油 | 燃料油 | 其他石油制品 | 液化石油气 | 天然气 | 焦厂干气 | 热力 | 电力 | 能源消费总量 |
|---|---|---|---|---|---|---|---|---|---|---|---|---|---|---|---|---|---|
| 医药制造业 | 397.2 | 9.2 | 0.7 | 1.0 | 5.8 | — | 17.8 | 0.2 | 10.9 | 6.7 | 2.3 | 0.7 | 12.7 | — | 132.0 | 125.7 | 1016.8 |
| 化学纤维制造业 | 247.4 | 1.4 | 25.0 | — | — | 10.7 | 6.1 | 0.7 | 15.7 | 74.7 | 400.7 | 12.0 | — | 96.0 | 201.1 | 264.9 | 1953.3 |
| 橡胶制品业 | 241.0 | 0.8 | 2.3 | 0.1 | — | 0.1 | 13.9 | 0.1 | 11.4 | 17.9 | 5.5 | — | — | — | 26.1 | 139.7 | 748.7 |
| 塑料制品业 | 97.4 | 1.3 | 5.0 | — | — | 0.7 | 19.5 | 0.9 | 58.4 | 13.3 | 4.6 | 4.5 | 1.3 | — | 5.4 | 184.2 | 769.7 |
| 非金属矿物制品业 | 6414.9 | 1202.6 | 363.7 | 42.5 | 25.5 | 13.8 | 93.1 | 3.1 | 474.8 | 482.9 | 35.2 | 137.8 | 45.4 | 9.4 | 54.1 | 1128.8 | 12849.3 |
| 黑色金属冶炼及压延加工业 | 2474.1 | 406.9 | 9054.7 | 2037.4 | 157.1 | 19.4 | 52.2 | 11.7 | 128.2 | 340.2 | 1.0 | 2.0 | 29.8 | — | 451.9 | 1697.9 | 20524.1 |
| 有色金属冶炼及压延加工业 | 641.5 | 70.9 | 218.3 | 24.3 | 11.5 | 1.4 | 18.4 | 1.1 | 68.1 | 95.9 | 38.5 | 2.4 | 8.6 | — | 271.5 | 1057.2 | 4760.0 |
| 金属制品业 | 186.0 | 10.1 | 149.3 | 1.7 | 0.1 | 0.1 | 33.1 | 3.9 | 69.7 | 18.4 | 4.2 | 20.9 | 10.6 | — | 10.2 | 362.0 | 1613.6 |
| 通用设备制造业 | 262.4 | 37.8 | 222.6 | 6.2 | 0.6 | 0.1 | 37.0 | 6.4 | 50.9 | 12.2 | 6.9 | 1.7 | 2.9 | — | 29.1 | 258.6 | 1465.8 |
| 专用设备制造业 | 187.8 | 32.6 | 67.9 | 13.9 | 0.1 | 0.4 | 46.0 | 2.1 | 17.9 | 14.0 | 4.6 | 5.1 | 28.8 | — | 45.3 | 132.0 | 878.6 |
| 交通运输设备制造业 | 473.0 | 3.2 | 42.4 | 4.2 | 0.4 | 0.1 | 33.1 | 12.0 | 67.2 | 15.5 | 5.3 | 3.4 | 23.2 | — | 95.6 | 331.8 | 1810.5 |
| 电气机械及器材制造业 | 130.8 | 2.1 | 10.2 | 3.3 | — | 0.7 | 30.4 | 0.3 | 40.2 | 17.6 | 1.9 | 21.3 | 13.2 | 0.1 | 25.5 | 166.8 | 809.2 |
| 通信设备、计算机及其他电子设备制造业 | 51.2 | 0.8 | 0.5 | 3.2 | — | — | 16.2 | 0.5 | 94.3 | 20.7 | 1.1 | 6.7 | 62.6 | 0.3 | 10.9 | 192.7 | 853.7 |
| 仪器仪表及文化、办公用机械制造业 | 24.1 | 0.1 | 5.6 | 0.1 | — | — | 5.1 | 0.6 | 18.3 | 0.2 | 0.7 | 0.2 | 0.4 | — | 5.2 | 41.1 | 186.0 |

单位：万吨标准煤

## 1995—2017 年中国制造业分行业终端能源消费量（续表）

| 2003 年 | 原煤 | 洗精煤 | 焦炭 | 煤气 | 其他焦化产品 | 原油 | 汽油 | 煤油 | 柴油 | 燃料油 | 其他石油制品 | 液化石油气 | 天然气 | 炼厂干气 | 热力 | 电力 | 能源消费总量 |
|---|---|---|---|---|---|---|---|---|---|---|---|---|---|---|---|---|---|
| 农副食品加工业 | 7782.6 | 58.6 | 15.0 | — | 0.0 | 0.5 | 32.0 | 0.6 | 49.6 | 10.0 | 13.2 | 3.4 | — | — | 56.6 | 214.1 | 1803.6 |
| 食品制造业 | 447.7 | 43.8 | 12.4 | 1.5 | 0.0 | 0.6 | 12.3 | 0.2 | 32.1 | 13.7 | — | 5.1 | — | — | 70.3 | 116.8 | 1010.8 |
| 饮料制造业 | 522.1 | 3.7 | 3.8 | — | 0.0 | 0.9 | 12.1 | 0.2 | 13.8 | 9.4 | — | 0.2 | — | — | 43.8 | 81.6 | 867.3 |
| 烟草制品业 | 133.9 | 0.1 | 0.8 | — | 0.0 | 0.0 | 41.2 | — | 7.9 | 1.4 | — | — | 12.0 | — | 5.4 | 39.4 | 308.7 |
| 纺织业 | 1284.5 | 10.6 | 3.2 | 5.9 | 0.0 | 0.0 | 38.6 | 5.5 | 53.9 | 74.2 | 6.6 | 15.4 | — | — | 291.2 | 683.9 | 3929.8 |
| 纺织服装、鞋、帽制造业 | 118.9 | 0.3 | 1.4 | — | 0.0 | 0.6 | 13.7 | 0.7 | 28.2 | 16.8 | — | 1.8 | — | — | 12.5 | 82.7 | 443.3 |
| 皮革、毛皮、羽毛（绒）及其制品 | 66.3 | — | 2.6 | — | 0.0 | 0.0 | 6.0 | 0.3 | 26.1 | 5.2 | — | 0.3 | — | — | 3.0 | 53.3 | 268.0 |
| 木材加工及木、竹、藤、棕、草制品业 | 247.0 | 0.1 | 2.4 | — | 0.0 | 0.0 | 4.5 | 0.3 | 10.8 | 4.3 | — | — | — | — | 24.6 | 66.9 | 500.6 |
| 家具制造业 | 46.7 | — | 0.9 | — | 0.0 | 0.0 | 6.7 | — | 6.2 | 0.8 | — | 0.5 | — | — | 5.1 | 18.9 | 124.4 |
| 造纸及纸制品业 | 1142.2 | 37.4 | 2.1 | — | 0.0 | 0.9 | 28.1 | 2.8 | 53.8 | 30.1 | 4.0 | 3.4 | — | — | 218.9 | 391.2 | 2760.6 |
| 印刷业和记录媒介的复制 | 59.1 | 0.6 | — | — | 0.0 | 0.0 | 9.2 | 8.8 | 9.2 | 2.3 | 2.0 | 0.5 | — | — | 7.3 | 97.9 | 390.2 |
| 文教体育用品制造业 | 17.4 | — | 1.4 | — | 0.0 | 0.1 | 4.1 | 2.4 | 20.8 | 1.4 | 0.8 | 0.8 | — | — | 0.4 | 36.4 | 156.4 |
| 石油加工、炼焦及核燃料加工业 | 642.6 | 162.1 | 58.0 | 118.3 | 25.8 | 191.9 | 33.3 | 24.7 | 134.0 | 461.37 | 3388.4 | 384.2 | 206.6 | 641.4 | 707.6 | 421.3 | 8713.2 |
| 化学原料及化学制品制造业 | 5187.0 | 205.0 | 1152.2 | 85.8 | 66.9 | 104.9 | 66.5 | 14.2 | 196.4 | 477.2 | 1741.1 | 192.9 | 1704.2 | 78.6 | 1132.6 | 2046.5 | 18938.8 |

续表

| 2003年 | 原煤 | 洗精煤 | 焦炭 | 煤气 | 其他焦化产品 | 原油 | 汽油 | 煤油 | 柴油 | 燃料油 | 其他石油制品 | 液化石油气 | 天然气 | 炼厂干气 | 热力 | 电力 | 能源消费总量 |
|---|---|---|---|---|---|---|---|---|---|---|---|---|---|---|---|---|---|
| 医药制造业 | 435.2 | 11.8 | 1.0 | — | 6.9 | 0.0 | 20.0 | 0.1 | 7.7 | 7.0 | 2.4 | 0.7 | 12.7 | — | 157.1 | 155.7 | 1182.0 |
| 化学纤维制造业 | 277.4 | 1.6 | 31.0 | — | 0.0 | 9.6 | 4.5 | 0.6 | 14.1 | 70.5 | 1.3 | 8.4 | — | 93.9 | 231.9 | 260.5 | 1604.1 |
| 橡胶制品业 | 267.7 | 1.3 | 2.1 | — | 0.0 | 0.1 | 13.2 | 0.1 | 13.0 | 19.6 | 4.0 | — | — | — | 27.4 | 160.3 | 831.1 |
| 塑料制品业 | 131.8 | 2.0 | 1.5 | — | 0.0 | 0.8 | 14.7 | 1.0 | 61.0 | 16.0 | 2.6 | 5.5 | — | — | 5.5 | 214.7 | 876.6 |
| 非金属矿物制品业 | 8604.5 | 1400.0 | 294.1 | 41.3 | 28.9 | 14.2 | 87.0 | 2.2 | 441.0 | 533.8 | 26.4 | 141.4 | 49.8 | 11.0 | 46.0 | 1294.1 | 15584.3 |
| 黑色金属冶炼及压延延加工业 | 3215.9 | 784.0 | 11890.0 | 2303.0 | 199.3 | 12.0 | 54.2 | 4.4 | 145.2 | 364.4 | 2.0 | 2.3 | 42.1 | — | 463.4 | 2068.7 | 25861.6 |
| 有色金属冶炼及压延加工业 | 824.9 | 65.5 | 232.4 | — | 9.4 | 1.4 | 17.6 | 1.7 | 79.9 | 102.2 | 51.1 | 4.0 | 10.6 | — | 299.7 | 1345.2 | 5841.8 |
| 金属制品业 | 181.3 | 8.8 | 131.1 | — | 0.0 | 0.0 | 32.4 | 3.5 | 68.0 | 13.8 | 2.6 | 19.7 | 12.9 | — | 6.7 | 446.7 | 1799.0 |
| 通用设备制造业 | 255.4 | 37.4 | 253.9 | 7.0 | 1.0 | 0.0 | 42.2 | 8.4 | 53.8 | 17.1 | 5.3 | 1.3 | | — | 25.6 | 311.3 | 1637.2 |
| 专用设备制造业 | 287.9 | 37.7 | 55.0 | 19.1 | 0.0 | 0.4 | 35.7 | 2.4 | 27.0 | 14.3 | 3.3 | 4.3 | 31.4 | — | 46.2 | 150.6 | 1025.9 |
| 交通运输设备制造业 | 393.7 | 4.1 | 54.2 | 4.1 | 0.0 | 0.4 | 31.7 | 10.6 | 73.8 | 17.4 | 4.0 | 4.8 | 24.5 | — | 95.0 | 354.6 | 1800.5 |
| 电气机械及器材制造业 | 122.6 | 2.9 | 16.3 | — | 0.0 | 0.8 | 34.0 | 0.7 | 44.7 | 20.5 | 2.4 | 23.1 | 16.4 | — | 29.5 | 212.1 | 950.3 |
| 通信设备、计算机及其他电子设备制造业 | 60.3 | 0.6 | — | — | 0.0 | 0.0 | 17.3 | 0.4 | 75.8 | 27.1 | 0.1 | 8.1 | 72.6 | — | 14.4 | 272.4 | 1084.6 |
| 仪器仪表及文化、办公用机械制造业 | 30.7 | — | 7.7 | — | 0.0 | 0.0 | 9.4 | 0.6 | 26.4 | 0.1 | 1.1 | 0.2 | — | — | 341.0 | 45.0 | 213.5 |

## 1995—2017 年中国制造业分行业终端能源消费量（续表）

单位：万吨标准煤

| 2004 年 | 原煤 | 洗精煤 | 焦炭 | 煤气 | 其他焦化产品 | 原油 | 汽油 | 煤油 | 柴油 | 燃料油 | 其他石油制品 | 液化石油气 | 天然气 | 焦厂干气 | 热力 | 电力 | 能源消费总量 |
|---|---|---|---|---|---|---|---|---|---|---|---|---|---|---|---|---|---|
| 农副食品加工业 | 925.7 | 38.8 | 5.9 | 0.1 | — | 0.2 | 23.7 | 0.5 | 65.1 | 16.9 | 5.5 | 6.1 | 2.5 | 18.9 | 61.7 | 251.1 | 2074.1 |
| 食品制造业 | 532.6 | 9.3 | 4.0 | 0.4 | — | 0.3 | 11.5 | 0.5 | 31.2 | 20.8 | 1.3 | 6.7 | 18.6 | — | 99.4 | 124.4 | 1133.5 |
| 饮料制造业 | 592.6 | 12.6 | 1.4 | 0.0 | — | 0.6 | 11.8 | 0.8 | 20.5 | 14.3 | — | 0.4 | 7.0 | — | 47.3 | 82.9 | 966.5 |
| 烟草制品业 | 120.4 | 2.7 | 0.0 | 0.7 | — | 0.3 | 1.4 | 0.1 | 9.7 | 1.5 | — | — | 3.5 | — | 8.1 | 38.9 | 262.9 |
| 纺织业 | 1554.2 | 16.0 | 2.2 | 3.6 | — | 0.3 | 31.3 | 3.0 | 82.0 | 82.6 | 3.5 | 4.5 | 6.2 | 0.2 | 374.8 | 894.2 | 4882.5 |
| 纺织服装、鞋、帽制造业 | 149.6 | 4.5 | 1.0 | 0.3 | — | 0.7 | 11.7 | 1.0 | 40.4 | 7.5 | 1.6 | 1.1 | 1.3 | — | 19.3 | 90.2 | 506.6 |
| 皮革、毛皮、羽毛（绒）及其制品 | 79.4 | 0.7 | 0.3 | 0.2 | — | 0.1 | 6.0 | 0.5 | 26.5 | 15.5 | 0.4 | 0.5 | 0.3 | — | 3.7 | 56.5 | 297.6 |
| 木材加工及木、竹、藤、棕、草制品业 | 332.1 | 4.4 | 1.5 | — | — | 0.1 | 5.1 | 2.0 | 14.1 | 3.3 | 0.3 | 0.5 | 1.0 | — | 25.5 | 76.5 | 619.7 |
| 家具制造业 | 25.3 | 0.3 | 1.2 | — | — | 0.1 | 3.4 | 0.4 | 8.7 | 0.3 | | 1.8 | 0.3 | — | 1.4 | 25.6 | 117.1 |
| 造纸及纸制品业 | 1540.6 | 72.3 | 6.9 | 0.8 | — | 0.5 | 13.1 | 1.3 | 38.3 | 37.3 | 0.4 | 13.7 | 4.7 | — | 273.7 | 446.7 | 3396.2 |
| 印刷业和记录媒介的复制 | 35.3 | 0.2 | 0.11 | 0.2 | — | — | 8.7 | 1.1 | 11.5 | 2.1 | 0.4 | 1.6 | 2.5 | — | 3.8 | 97.4 | 348.7 |
| 文教体育用品制造业 | 16.3 | 0.2 | 3.3 | — | — | 0.1 | 4.9 | 0.5 | 20.7 | 3.5 | 0.2 | 2.5 | 0.0 | — | 0.7 | 47.6 | 189.9 |
| 石油加工、炼焦及核燃料加工业 | 733.2 | 221.2 | 54.4 | 138.9 | 58.7 | 259.6 | 36.9 | 3.0 | 136.4 | 613.3 | 4412.6 | 274.7 | 190.4 | 873.3 | 761.0 | 513.2 | 10573.1 |
| 化学原料及化学制品制造业 | 5964.0 | 396.3 | 1142.6 | 58.1 | 144.7 | 198.0 | 67.3 | 12.8 | 204.1 | 510.1 | 2156.1 | 142.2 | 1629.5 | 91.4 | 1330.9 | 2298.7 | 21246.3 |

| 2004 年 | 原煤 | 洗精煤 | 焦炭 | 煤气 | 其他焦化产品 | 原油 | 汽油 | 煤油 | 柴油 | 燃料油 | 其他石油制品 | 液化石油气 | 天然气 | 炼厂干气 | 热力 | 电力 | 能源消费总量 |
|---|---|---|---|---|---|---|---|---|---|---|---|---|---|---|---|---|---|
| 医药制造业 | 420.7 | 18.2 | 0.8 | 0.8 | 0.0 | — | 11.3 | 0.8 | 14.9 | 8.1 | 0.3 | 0.7 | 8.8 | — | 125.3 | 162.7 | 1128.2 |
| 化学纤维制造业 | 198.7 | 1.9 | 35.6 | — | 0.0 | 12.1 | 1.1 | 0.7 | 12.0 | 36.0 | 1.2 | 2.0 | 2.7 | 2.5 | 170.6 | 280.1 | 1352.6 |
| 橡胶制品业 | 299.6 | 7.8 | 2.8 | 0.3 | 0.0 | 1.0 | 14.2 | 0.4 | 15.6 | 24.7 | 2.0 | 3.0 | 4.7 | — | 27.6 | 185.7 | 948.2 |
| 塑料制品业 | 213.2 | 3.8 | 1.9 | 0.1 | 0.0 | 0.1 | 21.8 | 1.1 | 64.6 | 22.9 | 9.7 | 3.5 | 5.0 | — | 9.5 | 286.1 | 1182.6 |
| 非金属矿物制品业 | 12055.3 | 2175.9 | 207.7 | 56.2 | 44.8 | 16.6 | 50.6 | 4.5 | 353.4 | 683.4 | 70.6 | 117.2 | 244.7 | 3.1 | 21.6 | 1503.2 | 20472.6 |
| 黑色金属冶炼及压延加工业 | 3917.8 | 808.0 | 14783.1 | 2511.1 | 176.3 | 0.2 | 32.6 | 2.8 | 127.7 | 285.0 | 7.1 | 11.8 | 95.6 | — | 403.6 | 2565.5 | 3085971.0 |
| 有色金属冶炼及压延加工业 | 911.0 | 80.9 | 260.7 | 87.2 | 22.2 | 0.6 | 10.4 | 3.4 | 93.0 | 119.9 | 71.6 | 7.6 | 35.3 | — | 247.2 | 1563.7 | 6559.7 |
| 金属制品业 | 240.0 | 9.7 | 74.5 | 2.0 | — | 0.1 | 29.3 | 3.8 | 80.0 | 16.4 | 1.0 | 16.8 | 10.0 | — | 6.3 | 538.0 | 2037.5 |
| 通用设备制造业 | 265.5 | 11.6 | 260.9 | 9.8 | — | 0.4 | 44.7 | 10.3 | 93.6 | 19.0 | 4.1 | 6.4 | 16.5 | — | 24.2 | 347.8 | 1777.1 |
| 专用设备制造业 | 359.9 | 31.7 | 58.7 | 32.1 | — | 0.1 | 34.8 | 2.5 | 53.3 | 10.0 | 1.6 | 3.3 | 24.6 | — | 50.8 | 189.3 | 1227.5 |
| 交通运输设备制造业 | 506.8 | 12.2 | 60.2 | 7.6 | — | 0.2 | 41.9 | 14.9 | 107.4 | 15.0 | 3.1 | 14.9 | 44.1 | — | 64.9 | 444.6 | 2196.0 |
| 电气机械及器材制造业 | 130.6 | 4.4 | 15.2 | 8.4 | — | 0.2 | 30.4 | 2.4 | 71.7 | 15.8 | 2.9 | 24.2 | 11.3 | 0.9 | 25.1 | 277.1 | 1149.1 |
| 通信设备、计算机及其他电子设备制造业 | 85.9 | 1.8 | 0.8 | 0.7 | — | 0.6 | 15.3 | 1.2 | 66.3 | 36.4 | 0.1 | 14.1 | 58.5 | — | 20.0 | 344.6 | 1299.3 |
| 仪器仪表及文化、办公用机械制造业 | 18.5 | 1.1 | 2.1 | 0.2 | — | 0.1 | 7.9 | 1.7 | 12.3 | 0.3 | 1.2 | 0.3 | 0.8 | — | 3.4 | 43.9 | 177.2 |

单位：万吨标准煤

## 1995—2017年中国制造业分行业终端能源消费量（续表）

| 2005年 | 原煤 | 洗精煤 | 焦炭 | 煤气 | 其他焦化产品 | 原油 | 汽油 | 煤油 | 柴油 | 燃料油 | 其他石油制品 | 液化石油气 | 天然气 | 煤厂干气 | 热力 | 电力 | 能源消费总量 |
|---|---|---|---|---|---|---|---|---|---|---|---|---|---|---|---|---|---|
| 农副食品加工业 | 880.3 | 40.7 | 8.0 | 0.1 | — | 0.1 | 19.5 | 0.6 | 79.6 | 16.7 | 2.8 | 5.2 | 3.7 | 18.0 | 84.5 | 311.4 | 2207.3 |
| 食品制造业 | 586.1 | 9.2 | 5.0 | 0.5 | — | 0.1 | 10.8 | 0.5 | 30.4 | 24.4 | 0.6 | 5.97 | 17.0 | — | 136.5 | 141.1 | 1281.7 |
| 饮料制造业 | 580.4 | 12.8 | 1.0 | — | — | 0.7 | 10.2 | 0.8 | 20.8 | 17.6 | 0.0 | 0.5 | 6.7 | — | 52.1 | 94.1 | 992.1 |
| 烟草制造业 | 100.2 | 2.9 | 0.0 | 0.5 | — | | 1.1 | 0.1 | 8.2 | 2.0 | 0.0 | 0.0 | 3.4 | — | 9.2 | 44.1 | 257.1 |
| 纺织业 | 1522.1 | 14.7 | 2.8 | 2.2 | — | 0.3 | 24.6 | 3.0 | 58.2 | 57.1 | 2.8 | 4.7 | 7.4 | 0.3 | 499.5 | 1012.2 | 5281.3 |
| 纺织服装、鞋、帽制造业 | 167.1 | 4.1 | 1.2 | 0.3 | — | 0.3 | 13.7 | 1.0 | 40.6 | 9.0 | 0.8 | 1.1 | 1.2 | — | 21.1 | 107.7 | 577.4 |
| 皮革、毛皮、羽毛（绒）及其制品 | 77.8 | 0.5 | 0.3 | 0.1 | — | 0.1 | 6.3 | 0.5 | 20.5 | 16.0 | 0.2 | 0.5 | 0.4 | — | 5.6 | 67.4 | 323.7 |
| 木材加工及木、竹、藤、棕、草制品业 | 325.2 | 4.0 | 1.7 | — | — | 0.2 | 7.0 | 1.6 | 16.2 | 3.5 | 0.1 | 0.3 | 1.5 | — | 16.2 | 129.8 | 754.8 |
| 家具制造业 | 24.8 | 0.2 | 1.0 | — | — | | 4.0 | 0.4 | 12.1 | 0.4 | 0.0 | 1.9 | 0.5 | — | 1.8 | 29.8 | 133.1 |
| 造纸及纸制品业 | 1508.8 | 59.2 | 4.1 | 1.1 | — | 0.7 | 11.9 | 1.3 | 34.8 | 37.8 | 0.2 | 14.3 | 6.6 | — | 335.6 | 501.1 | 3574.9 |
| 印刷业和记录媒介的复制 | 34.6 | 0.2 | 0.1 | 0.2 | — | — | 9.8 | 1.1 | 10.0 | 2.4 | 0.2 | 1.6 | 2.6 | — | 3.3 | 74.6 | 280.7 |
| 文教体育用品制造业 | 16.0 | 0.1 | 3.3 | — | — | 0.1 | 5.5 | 0.5 | 16.6 | 3.5 | 0.1 | 1.7 | — | — | 1.1 | 52.3 | 198.4 |
| 石油加工、炼焦及核燃料加工业 | 819.1 | 251.0 | 61.3 | 306.6 | 48.5 | 221.0 | 30.7 | 3.0 | 73.6 | 343.9 | 4461.9 | 292.2 | 179.5 | 1063.9 | 969.8 | 385.3 | 11923.6 |
| 化学原料及化学制品制造业 | 6218.6 | 400.6 | 1598.6 | 71.8 | 169.6 | 260.6 | 62.0 | 9.0 | 199.9 | 408.6 | 1963.4 | 171.0 | 1843.4 | 91.4 | 1534.0 | 2617.5 | 23848.7 |

续表

| 2005年 | 原煤 | 洗精煤 | 焦炭 | 煤气 | 其他焦化产品 | 原油 | 汽油 | 煤油 | 柴油 | 燃料油 | 其他石油制品 | 液化石油气 | 天然气 | 焦厂干气 | 热力 | 电力 | 能源消费总量 |
|---|---|---|---|---|---|---|---|---|---|---|---|---|---|---|---|---|---|
| 医药制造业 | 412.0 | 17.3 | 1.1 | 0.6 | — | — | 10.8 | 0.8 | 12.5 | 7.4 | 0.4 | 0.9 | 12.8 | — | 137.2 | 188.3 | 1203.6 |
| 化学纤维制造业 | 194.6 | 1.9 | 47.8 | — | — | 15.2 | 1.6 | 0.7 | 10.8 | 44.1 | 1.4 | 1.7 | 3.9 | 2.0 | 170.9 | 286.6 | 1382.8 |
| 橡胶制品业 | 293.4 | 6.2 | 1.7 | 0.2 | — | 1.2 | 13.4 | 0.4 | 14.3 | 23.8 | 1.3 | 1.9 | 4.6 | — | 28.4 | 257.2 | 1137.1 |
| 塑料制品业 | 208.8 | 2.9 | 2.4 | 0.1 | — | 0.1 | 17.6 | 1.1 | 53.8 | 24.3 | 14.6 | 3.3 | 7.3 | — | 12.1 | 396.3 | 1486.3 |
| 非金属矿物制品业 | 11964.4 | 2301.6 | 194.3 | 72.8 | 45.5 | 20.2 | 35.4 | 4.5 | 368.5 | 707.6 | 52.5 | 125.9 | 316.7 | 3.3 | 21.3 | 1744.6 | 21310.5 |
| 黑色金属冶炼及压延加工业 | 4309.9 | 789.9 | 19883.3 | 3570.2 | 144.8 | 0.2 | 31.2 | 2.8 | 133.6 | 251.1 | 9.8 | 19.3 | 129.9 | — | 523.7 | 3134.5 | 39544.3 |
| 有色金属冶炼及压延加工业 | 910.1 | 88.7 | 342.9 | 101.3 | 31.1 | 0.4 | 9.0 | 3.4 | 76.8 | 120.7 | 94.9 | 9.8 | 51.5 | — | 258.7 | 1810.5 | 7403.8 |
| 金属制品业 | 235.1 | 10.4 | 73.1 | 2.7 | — | 0.1 | 25.2 | 3.9 | 76.0 | 21.0 | 0.7 | 20.7 | 9.1 | — | 6.9 | 62341.0 | 2271.1 |
| 通用设备制造业 | 260.0 | 10.6 | 425.0 | 15.6 | — | 0.2 | 38.6 | 8.5 | 82.5 | 12.5 | 3.4 | 8.6 | 24.1 | — | 25.9 | 423.7 | 2149.7 |
| 专用设备制造业 | 352.5 | 31.9 | 64.3 | 36.2 | — | 0.2 | 23.3 | 2.5 | 38.3 | 8.9 | 1.3 | 4.2 | 35.9 | — | 52.2 | 224.8 | 1314.7 |
| 交通运输设备制造业 | 496.4 | 8.7 | 87.6 | 4.3 | — | 0.2 | 51.4 | 16.3 | 99.4 | 15.7 | 3.3 | 13.9 | 64.2 | — | 89.2 | 369.6 | 2043.1 |
| 电气机械及器材制造业 | 127.9 | 4.2 | 15.6 | 4.2 | — | 0.4 | 30.4 | 2.4 | 67.1 | 18.1 | 2.6 | 23.5 | 16.4 | 0.9 | 25.7 | 302.1 | 1213.2 |
| 通信设备、计算机及其他电子设备制造业 | 84.1 | 1.8 | 0.6 | 0.8 | — | 0.6 | 15.5 | 1.2 | 67.7 | 36.9 | 0.1 | 17.2 | 63.5 | — | 29.0 | 403.0 | 1482.6 |
| 仪器仪表及文化、办公用机械制造业 | 18.1 | 0.7 | 2.6 | 0.2 | — | 0.1 | 5.1 | 1.7 | 12.1 | 0.3 | 0.6 | 0.4 | 1.1 | — | 382.0 | 52.3 | 197.5 |

## 1995—2017年中国制造业分行业终端能源消费量（续表）

单位：万吨标准煤

| 2006年 | 原煤 | 洗精煤 | 焦炭 | 煤气 | 其他焦化产品 | 原油 | 汽油 | 煤油 | 柴油 | 燃料油 | 其他石油制品 | 液化石油气 | 天然气 | 炼厂干气 | 热力 | 电力 | 能源消费总量 |
|---|---|---|---|---|---|---|---|---|---|---|---|---|---|---|---|---|---|
| 农副食品加工业 | 897.6 | 39.5 | 7.8 | 0.1 | — | 0.1 | 22.0 | 0.5 | 79.4 | 15.1 | 2.2 | 5.2 | 3.6 | 15.7 | 101.4 | 363.8 | 2360.8 |
| 食品制造业 | 597.7 | 8.4 | 5.4 | 0.6 | — | 0.1 | 12.2 | 0.4 | 30.0 | 22.0 | 0.5 | 7.2 | 17.0 | — | 163.9 | 164.9 | 1389.7 |
| 饮料制造业 | 591.9 | 11.6 | 1.0 | — | — | 0.7 | 11.3 | 0.7 | 21.2 | 19.2 | — | 0.5 | 7.7 | — | 77.0 | 109.9 | 1081.6 |
| 烟草制造业 | 102.2 | 2.2 | — | 0.6 | — | — | 1.2 | 0.1 | 8.3 | 2.1 | — | — | 3.4 | — | 11.2 | 42.3 | 255.4 |
| 纺织业 | 1552.1 | 14.2 | 3.2 | 2.1 | — | 0.3 | 28.0 | 2.7 | 59.3 | 57.0 | 2.8 | 5.2 | 7.4 | 0.3 | 570.6 | 1268.6 | 6108.6 |
| 纺织服装、鞋、帽制造业 | 170.4 | 3.9 | 1.4 | 0.4 | — | 0.3 | 15.2 | 0.9 | 41.8 | 9.8 | 0.6 | 1.0 | 1.2 | — | 25.4 | 133.7 | 661.7 |
| 皮革、毛皮、羽毛（绒）及其制品 | 79.3 | 0.5 | 0.3 | 0.1 | — | 0.1 | 7.0 | 0.5 | 20.7 | 17.5 | 0.2 | 0.5 | 0.4 | — | 8.7 | 79.1 | 364.2 |
| 木材加工及木、竹、藤、棕、草制品业 | 331.6 | 3.8 | 1.9 | — | — | 0.2 | 7.7 | 1.4 | 16.9 | 3.2 | 0.2 | 0.5 | 1.7 | — | 21.1 | 156.5 | 843.1 |
| 家具制造业 | 25.3 | 0.2 | 1.1 | — | — | 0.0 | 4.5 | 0.3 | 12.2 | 0.4 | 0.0 | 2.0 | 0.6 | — | 2.3 | 35.0 | 149.3 |
| 造纸及纸制品业 | 1538.6 | 55.9 | 4.2 | 1.1 | — | 0.7 | 13.4 | 1.2 | 35.1 | 40.3 | 0.1 | 11.5 | 7.8 | — | 385.9 | 550.3 | 3791.6 |
| 印刷业和记录媒介的复制 | 35.3 | 0.2 | 0.2 | 0.2 | — | — | 10.9 | 1.0 | 10.0 | 2.6 | 0.2 | 1.7 | 3.0 | — | 4.1 | 81.8 | 303.6 |
| 文教体育用品制造业 | 16.3 | 0.1 | 3.6 | — | — | 0.1 | 6.1 | 0.5 | 16.7 | 3.8 | 0.1 | 1.7 | — | — | 1.4 | 53.4 | 202.9 |
| 石油加工、炼焦及核燃料加工业 | 835.3 | 204.4 | 72.4 | 297.3 | 62.9 | 248.1 | 34.1 | 2.7 | 73.4 | 376.4 | 4502.1 | 261.5 | 212.5 | 1089.8 | 887.9 | 439.2 | 12498.7 |
| 化学原料及化学制品制造业 | 6341.4 | 365.0 | 1947.0 | 74.2 | 216.7 | 294.1 | 71.0 | 6.7 | 205.2 | 470.6 | 2356.1 | 179.5 | 2307.4 | 103.3 | 1619.4 | 2997.9 | 25995.4 |

续表

| 2006年 | 原煤 | 洗精煤 | 焦炭 | 煤气 | 其他焦化产品 | 原油 | 汽油 | 煤油 | 柴油 | 燃料油 | 其他石油制品 | 液化石油气 | 天然气 | 焦厂干气 | 热力 | 电力 | 能源消费总量 |
|---|---|---|---|---|---|---|---|---|---|---|---|---|---|---|---|---|---|
| 医药制造业 | 420.2 | 15.5 | 1.2 | 0.7 | — | — | 12.0 | 0.7 | 12.6 | 7.4 | 0.4 | 1.2 | 15.1 | — | 157.8 | 196.2 | 1256.0 |
| 化学纤维制造业 | 198.5 | 22.5 | 55.3 | — | — | 17.0 | 2.0 | 0.7 | 11.2 | 47.0 | 1.5 | 1.9 | 4.6 | 2.3 | 196.6 | 300.9 | 1465.1 |
| 橡胶制品业 | 299.2 | 5.7 | 1.7 | 0.2 | — | 1.2 | 15.1 | 0.3 | 14.4 | 25.4 | 1.5 | 1.7 | 4.6 | — | 34.0 | 291.6 | 1247.0 |
| 塑料制品业 | 212.9 | 2.8 | 2.9 | 0.1 | — | 0.1 | 19.9 | 1.0 | 54.3 | 25.9 | 11.7 | 3.1 | 8.6 | — | 13.9 | 436.5 | 1604.9 |
| 非金属矿物制品业 | 12200.5 | 2314.0 | 229.5 | 89.0 | 62.7 | 20.8 | 39.3 | 4.0 | 377.0 | 774.3 | 66.5 | 146.8 | 316.3 | 2.3 | 24.0 | 2059.2 | 22637.6 |
| 黑色金属冶炼及压延加工业 | 4395.0 | 696.8 | 22786.4 | 4203.5 | 170.8 | 0.2 | 37.1 | 2.5 | 13471.0 | 215.0 | 11.8 | 22.4 | 149.2 | — | 553.1 | 3734.9 | 44729.9 |
| 有色金属冶炼及压延加工业 | 928.0 | 82.4 | 404.9 | 120.3 | 42.6 | 0.4 | 10.2 | 3.1 | 77.5 | 126.3 | 123.4 | 11.8 | 60.7 | — | 297.5 | 2248.5 | 8861.8 |
| 金属制品业 | 239.7 | 9.5 | 84.5 | 2.9 | — | 0.1 | 28.5 | 3.5 | 76.7 | 22.0 | 0.8 | 21.0 | 10.8 | — | 8.8 | 744.5 | 2632.4 |
| 通用设备制造业 | 265.1 | 10.4 | 501.9 | 19.0 | — | 0.2 | 43.6 | 7.6 | 83.2 | 10.7 | 3.7 | 10.3 | 31.3 | — | 27.9 | 478.5 | 2406.2 |
| 专用设备制造业 | 359.5 | 28.3 | 74.0 | 47.8 | — | 0.2 | 26.1 | 2.2 | 38.6 | 8.0 | 1.7 | 4.2 | 39.5 | — | 56.2 | 254.7 | 1438.2 |
| 交通运输设备制造业 | 506.2 | 8.0 | 103.5 | 5.1 | — | 0.2 | 58.3 | 11.4 | 100.2 | 15.7 | 431.0 | 17.0 | 73.8 | — | 101.3 | 424.5 | 2247.9 |
| 电气机械及器材制造业 | 130.4 | 3.8 | 16.9 | 4.9 | — | 0.4 | 34.2 | 2.1 | 68.3 | 19.3 | 3.4 | 25.8 | 18.9 | 1.0 | 26.4 | 347.0 | 1353.0 |
| 通信设备、计算机及其他电子设备制造业 | 85.8Q | 1.6 | 0.7 | 0.9 | — | 0.6 | 17.5 | 1.2 | 69.7 | 39.3 | 0.1 | 13.3 | 69.7 | — | 34.8 | 494.0 | 1754.1 |
| 仪器仪表及文化、办公用机械制造业 | 18.5 | 0.7 | 3.0 | 0.1 | — | 0.1 | 5.6 | 1.5 | 12.2 | 0.3 | 0.5 | 0.5 | 1.3 | — | 5.5 | 63.7 | 232.8 |

## 1995—2017 年中国制造业分行业终端能源消费量（续表）

单位：万吨标准煤

| 2007 年 | 原煤 | 洗精煤 | 焦炭 | 煤气 | 其他焦化产品 | 原油 | 汽油 | 煤油 | 柴油 | 燃料油 | 其他石油制品 | 液化石油气 | 天然气 | 炼厂干气 | 热力 | 电力 | 能源消费总量 |
|---|---|---|---|---|---|---|---|---|---|---|---|---|---|---|---|---|---|
| 农副食品加工业 | 939.3 | 43.2 | 8.7 | 0.1 | — | 0.1 | 23.2 | 0.5 | 84.0 | 13.8 | 1.4 | 4.3 | 4.4 | 14.1 | 102.9 | 411.7 | 2537.7 |
| 食品制造业 | 602.9 | 9.2 | 6.0 | 1.3 | — | 0.1 | 12.9 | 0.4 | 31.7 | 20.1 | 0.2 | 6.4 | 18.5 | — | 166.2 | 186.6 | 1448.6 |
| 饮料制造业 | 557.9 | 12.7 | 1.2 | — | — | 0.7 | 10.9 | 0.7 | 22.3 | 18.2 | 0.1 | 0.5 | 9.0 | — | 89.3 | 124.8 | 1098.8 |
| 烟草制品业 | 87.3 | 2.4 | — | 1.0 | — | — | 1.3 | — | 8.7 | 1.9 |  | 0.0 | 3.9 | 0.3 | 12.9 | 45.0 | 249.0 |
| 纺织业 | 1587.4 | 15.6 | 3.5 | 2.4 | — | 0.3 | 29.4 | 2.5 | 62.9 | 53.5 | 2.9 | 4.4 | 9.2 | — | 680.9 | 1381.9 | 6528.3 |
| 纺织服装、鞋、帽制造业 | 170.3 | 4.3 | 1.6 | 0.5 | — | 0.4 | 16.0 | 0.8 | 44.1 | 9.3 | 0.3 | 0.9 | 1.2 | — | 26.0 | 153.0 | 711.4 |
| 皮革、毛皮、羽毛（绒）及其制品 | 74.8 | 0.5 | 0.4 | 0.1 | — | 0.1 | 7.4 | 0.4 | 21.8 | 16.6 | 0.5 | 0.2 | 0.5 | — | 8.6 | 90.6 | 387.7 |
| 木材加工及木、竹、藤、棕、草制品业 | 314.5 | 3.9 | 2.1 | — | — | 0.2 | 8.1 | 1.3 | 19.1 | 3.0 | 0.1 | 0.4 | 2.0 | — | 21.2 | 182.9 | 893.7 |
| 家具制造业 | 23.8 | 0.2 | 1.2 | 0.1 | — | — | 4.7 | 0.3 | 12.9 | 0.4 |  | 1.8 | 0.7 | — | 3.9 | 36.4 | 152.9 |
| 造纸及纸制品业 | 1455.1 | 2873.8 | 4.7 | 1.2 | — | 0.7 | 14.1 | 1.1 | 37.1 | 37.8 | 0.2 | 9.6 | 9.1 | — | 395.3 | 535.5 | 3643.4 |
| 印刷业和记录媒介的复制 | 33.3 | 0.2 | 0.2 | 0.4 | — | 0.0 | 10.5 | 0.9 | 10.6 | 2.4 | 0.2 | 1.5 | 3.6 | — | 6.6 | 91.2 | 327.1 |
| 文教体育用品制造业 | 15.4 | 0.1 | 5.6 | 0.0 | — | 0.1 | 5.4 | 0.4 | 17.6 | 3.6 | 0.4 | 1.4 | — | — | 1.5 | 56.5 | 210.1 |
| 石油加工、炼焦及核燃料加工业 | 759.3 | 235.1 | 79.5 | 358.0 | 83.2 | 249.8 | 35.9 | 2.5 | 77.2 | 354.8 | 5141.5 | 216.5 | 249.2 | 1174.2 | 977.7 | 503.4 | 13445.3 |
| 化学原料及化学制品制造业 | 6555.7 | 401.0 | 2177.7 | 105.9 | 281.8 | 296.2 | 66.2 | 6.2 | 216.7 | 442.3 | 2707.9 | 108.2 | 2689.8 | 109.2 | 1774.8 | 3415.8 | 28621.2 |

续表

| 2007年 | 原煤 | 洗精煤 | 焦炭 | 煤气 | 其他焦化产品 | 原油 | 汽油 | 煤油 | 柴油 | 燃料油 | 其他石油制品 | 液化石油气 | 天然气 | 炼厂干气 | 热力 | 电力 | 能源消费总量 |
|---|---|---|---|---|---|---|---|---|---|---|---|---|---|---|---|---|---|
| 医药制造业 | 397.2 | 17.2 | 1.4 | 0.9 | — | 0.1 | 15.1 | 0.6 | 13.3 | 6.9 | 0.9 | 1.0 | 17.8 | — | 154.6 | 209.8 | 1261.4 |
| 化学纤维制造业 | 187.1 | 1.9 | 60.7 | 0.0 | — | 17.1 | 2.8 | 0.6 | 13.0 | 44.1 | 23.2 | 1.6 | 5.4 | 2.4 | 199.4 | 340.3 | 1575.0 |
| 橡胶制品业 | 282.1 | 6.1 | 1.9 | 0.3 | — | 1.1 | 16.1 | 0.3 | 15.2 | 23.8 | 2.5 | 1.5 | 5.4 | — | 34.5 | 323.3 | 1305.2 |
| 塑料制品业 | 200.7 | 1.1 | 3.2 | 0.1 | — | 0.1 | 20.9 | 0.8 | 57.4 | 24.3 | 6.2 | 2.6 | 10.1 | — | 11.0 | 468.3 | 1652.5 |
| 非金属矿物制品业 | 11828.1 | 2414.5 | 254.4 | 204.0 | 81.6 | 21.0 | 46.4 | 3.8 | 396.7 | 728.7 | 76.6 | 147.7 | 384.5 | 3.4 | 32.7 | 2280.9 | 23111.7 |
| 黑色金属冶炼及压延加工业 | 4464.0 | 808.9 | 23702.1 | 6481.5 | 205.1 | 0.1 | 39.1 | 2.4 | 142.2 | 196.5 | 13.5 | 26.0 | 174.9 | — | 622.4 | 4500.2 | 50186.5 |
| 有色金属冶炼及压延加工业 | 893.6 | 89.1 | 461.1 | 208.2 | 31.6 | 0.5 | 10.7 | 2.9 | 81.8 | 118.4 | 153.6 | 11.6 | 71.2 | — | 301.8 | 2947.7 | 10867.6 |
| 金属制品业 | 226.0 | 10.4 | 93.7 | 3.8 | — | 0.1 | 35.0 | 3.3 | 81.0 | 20.6 | 0.9 | 22.6 | 12.7 | 0.0 | 12.9 | 832.2 | 2852.6 |
| 通用设备制造业 | 251.8 | 10.5 | 556.3 | 35.3 | — | 0.3 | 49.8 | 7.1 | 87.8 | 10.0 | 4.3 | 8.7 | 39.8 | — | 25.3 | 550.3 | 2649.2 |
| 专用设备制造业 | 340.9 | 31.7 | 82.0 | 124.8 | — | 0.2 | 30.6 | 2.0 | 40.8 | 7.5 | 2.1 | 5.3 | 46.3 | — | 55.1 | 281.6 | 1579.4 |
| 交通运输设备制造业 | 481.8 | 8.8 | 114.7 | 7.8 | — | 0.2 | 60.7 | 11.1 | 105.3 | 14.7 | 5.4 | 14.3 | 86.5 | — | 92.8 | 513.3 | 2467.6 |
| 电气机械及器材制造业 | 122.9 | 4.2 | 18.4 | 7.5 | — | 0.3 | 34.1 | 1.9 | 72.1 | 18.1 | 4.6 | 27.3 | 22.1 | 0.9 | 37.6 | 419.8 | 1557.0 |
| 通信设备、计算机及其他电子设备制造业 | 80.9 | 1.8 | 0.8 | 1.4 | — | 0.6 | 19.7 | 1.1 | 73.4 | 36.8 | 0.2 | 10.0 | 81.9 | — | 29.4 | 589.6 | 1995.0 |
| 仪器仪表及文化、办公用机械制造业 | 17.4 | 0.7 | 3.3 | 0.2 | — | 0.1 | 6.9 | 1.4 | 12.9 | 0.3 | 0.5 | 0.6 | 1.6 | — | 3.9 | 75.2 | 260.9 |

## 1995—2017年中国制造业分行业终端能源消费量（续表）

单位：万吨标准煤

| 2008 年 | 原煤 | 洗精煤 | 焦炭 | 煤气 | 其他焦化产品 | 原油 | 汽油 | 煤油 | 柴油 | 燃料油 | 其他石油制品 | 液化石油气 | 天然气 | 炼厂干气 | 热力 | 电力 | 能源消费总量 |
|---|---|---|---|---|---|---|---|---|---|---|---|---|---|---|---|---|---|
| 农副食品加工业 | 1011.8 | 52.8 | 12.8 | 0.1 | — | 0.1 | 25.9 | 0.6 | 86.3 | 15.5 | 2.7 | 6.9 | 7.2 | 13.8 | 107.0 | 445.3 | 2731.3 |
| 食品制造业 | 619.9 | 10.3 | 7.7 | 1.2 | — | 0.2 | 14.5 | 0.4 | 44.0 | 22.0 | 0.3 | 7.2 | 27.9 | — | 170.2 | 204.6 | 1544.7 |
| 饮料制造业 | 569.1 | 14.2 | 1.0 | — | — | 0.9 | 13.5 | 0.7 | 30.0 | 16.2 | 0.1 | 1.0 | 12.6 | — | 96.4 | 136.4 | 1161.9 |
| 烟草制造业 | 67.7 | 2.6 | 0.8 | 0.9 | — |  | 1.3 |  | 9.7 | 1.5 | — | — | 5.1 | — | 10.5 | 47.5 | 232.6 |
| 纺织业 | 1457.4 | 17.3 | 5.1 | 2.6 | — | 0.3 | 33.1 | 2.0 | 74.1 | 50.9 | 3.5 | 5.8 | 19.9 | 0.5 | 703.4 | 1384.3 | 6396.4 |
| 纺织服装、鞋、帽制造业 | 159.8 | 4.5 | 3.1 | 0.3 | — | 0.4 | 18.5 | 0.7 | 55.3 | 10.0 | 0.2 | 2.4 | 2.7 | — | 25.1 | 159.9 | 725.3 |
| 皮革、毛皮、羽毛（绒）及其制品 | 64.7 | 0.7 | 0.2 | — | — | 0.1 | 8.9 | 0.4 | 28.7 | 15.9 | 0.4 | 0.2 | 0.8 | — | 8.4 | 94.6 | 388.7 |
| 木材加工及木、竹、藤、棕、草制品业 | 318.9 | 4.8 | 2.5 | — | — | 0.2 | 11.6 | 0.7 | 24.5 | 2.8 | 0.1 | 0.5 | 2.9 | — | 20.9 | 215.6 | 981.9 |
| 家具制造业 | 25.3 | 0.3 | 1.0 | 0.1 | — | 0.1 | 5.9 | 0.3 | 20.1 | 0.4 | 0.0 | 2.6 | 5.2 | — | 3.2 | 42.9 | 181.8 |
| 造纸及纸制品业 | 1668.9 | 68.4 | 5.5 | 0.7 | 1.3 | 0.9 | 17.6 | 1.3 | 52.5 | 32.0 | 0.3 | 6.2 | 14.8 | — | 390.0 | 579.8 | 3998.7 |
| 印刷业和记录媒介的复制 | 31.2 | 0.2 | 0.3 | 0.1 | — | 0.0 | 12.0 | 0.8 | 25.1 | 2.6 | 0.2 | 2.9 | 6.1 | — | 8.2 | 95.0 | 349.8 |
| 文教体育用品制造业 | 13.8 | 0.1 | 5.2 | — | — | 0.1 | 6.2 | 0.3 | 26.8 | 3.8 | 0.3 | 2.4 | — | — | 1.5 | 58.7 | 219.8 |
| 石油加工、炼焦及核燃料加工业 | 650.6 | 259.4 | 94.1 | 421.5 | 95.6 | 294.1 | 29.5 | 3.1 | 85.9 | 336.5 | 4975.0 | 240.5 | 219.6 | 1206.8 | 877.8 | 520.8 | 13747.0 |
| 化学原料及化学制品制造业 | 7251.0 | 454.1 | 2180.5 | 144.9 | 330.0 | 359.0 | 76.2 | 5.7 | 281.0 | 366.7 | 2610.7 | 110.3 | 2585.0 | 104.1 | 1799.0 | 3393.7 | 28961.1 |

续表

| 2008年 | 原煤 | 洗精煤 | 焦炭 | 煤气 | 其他焦化产品 | 原油 | 汽油 | 煤油 | 柴油 | 燃料油 | 其他石油制品 | 液化石油气 | 天然气 | 炼厂干气 | 热力 | 电力 | 能源消费总量 |
|---|---|---|---|---|---|---|---|---|---|---|---|---|---|---|---|---|---|
| 医药制造业 | 436.4 | 19.0 | 1.5 | 0.9 | — | 0.1 | 16.7 | 0.6 | 21.9 | 8.6 | 0.8 | 2.0 | 24.1 | — | 158.8 | 224.8 | 1360.5 |
| 化学纤维制造业 | 190.8 | 2.1 | 18.0 | — | 4.1 | 20.7 | 3.0 | 0.4 | 19.8 | 45.4 | 17.9 | 0.9 | 6.4 | 1.2 | 170.4 | 324.8 | 1448.6 |
| 橡胶制品业 | 308.4 | 7.1 | 2.4 | 0.1 | — | 1.2 | 20.2 | 0.2 | 13.3 | 22.6 | 2.2 | 0.7 | 7.0 | — | 35.1 | 333.1 | 1335.8 |
| 塑料制品业 | 229.3 | 3.2 | 4.3 | 0.1 | — | 0.1 | 25.2 | 1.5 | 74.3 | 23.0 | 5.8 | 4.0 | 14.5 | — | 12.2 | 535.7 | 1852.4 |
| 非金属矿物制品业 | 13193.3 | 2992.8 | 296.8 | 103.3 | 83.4 | 25.4 | 56.0 | 3.4 | 480.2 | 735.9 | 88.6 | 148.8 | 581.8 | 3.7 | 36.2 | 2408.5 | 25460.5 |
| 黑色金属冶炼及压延加工业 | 4947.0 | 875.1 | 24630.7 | 6885.1 | 262.1 | 0.2 | 36.4 | 3.3 | 181.3 | 139.6 | 11.1 | 41.6 | 226.9 | — | 562.2 | 4538.8 | 51862.9 |
| 有色金属冶炼及压延加工业 | 970.9 | 102.1 | 476.4 | 285.6 | 15.4 | 0.5 | 10.3 | 3.2 | 109.5 | 139.6 | 170.2 | 14.8 | 80.8 | — | 294.3 | 3086.3 | 11288.0 |
| 金属制品业 | 243.4 | 11.7 | 88.2 | 1.3 | — | 0.2 | 43.2 | 3.9 | 109.1 | 22.1 | 1.1 | 29.4 | 27.4 | — | 13.7 | 895.4 | 3023.8 |
| 通用设备制造业 | 287.7 | 12.2 | 460.0 | 41.5 | — | 0.3 | 59.6 | 9.3 | 103.8 | 13.3 | 7.8 | 11.1 | 73.2 | — | 26.2 | 603.4 | 2758.1 |
| 专用设备制造业 | 331.5 | 34.6 | 89.0 | 68.9 | 2.0 | 0.2 | 31.8 | 1.4 | 59.8 | 8.9 | 2.5 | 7.9 | 67.6 | — | 58.6 | 308.8 | 1630.3 |
| 交通运输设备制造业 | 452.2 | 10.0 | 135.7 | 5.4 | — | 0.2 | 68.4 | 13.3 | 173.1 | 19.2 | 4.7 | 17.6 | 145.0 | — | 85.2 | 580.0 | 2732.6 |
| 电气机械及器材制造业 | 130.4 | 4.7 | 25.0 | 3.8 | — | 0.4 | 39.3 | 2.3 | 101.0 | 17.2 | 5.3 | 34.4 | 31.0 | — | 41.5 | 494.4 | 1791.1 |
| 通信设备、计算机及其他电子设备制造业 | 106.9 | 1.9 | 0.9 | 1.2 | — | 0.7 | 23.7 | 1.3 | 110.5 | 43.3 | 0.2 | 14.3 | 83.3 | — | 31.1 | 652.5 | 2197.4 |
| 仪器仪表及文化、办公用机械制造业 | 19.2 | 0.8 | 3.7 | 0.0 | — | 0.1 | 7.6 | 2.1 | 19.7 | 0.3 | 0.5 | 0.5 | 3.3 | — | 4.8 | 81.5 | 285.0 |

单位：万吨标准煤

## 1995—2017 年中国制造业分行业终端能源消费量（续表）

| 2009 年 | 原煤 | 洗精煤 | 焦炭 | 煤气 | 其他焦化产品 | 原油 | 汽油 | 煤油 | 柴油 | 燃料油 | 其他石油制品 | 液化石油气 | 天然气 | 焦厂干气 | 热力 | 电力 | 能源消费总量 |
|---|---|---|---|---|---|---|---|---|---|---|---|---|---|---|---|---|---|
| 农副食品加工业 | 997.2 | 49.3 | 10.3 | 0.2 | — | 0.1 | 48.5 | 0.3 | 75.5 | 18.1 | 1.3 | 4.7 | 8.6 | 11.4 | 119.5 | 478.5 | 2795.4 |
| 食品制造业 | 654.6 | 10.5 | 6.9 | 1.4 | — | — | 20.8 | 0.2 | 44.0 | 19.7 | 0.2 | 5.2 | 30.7 | — | 165.4 | 204.7 | 1563.3 |
| 饮料制造业 | 576.8 | 10.1 | 0.9 | — | — | 0.3 | 15.3 | 0.4 | 22.9 | 15.8 | 0.1 | 1.6 | 19.0 | — | 107.8 | 143.8 | 1191.4 |
| 烟草制品业 | 62.4 | 2.8 | — | 0.5 | — | — | 1.1 | — | 6.9 | 1.3 | — | — | 6.6 | — | 11.9 | 51.3 | 233.8 |
| 纺织业 | 1418.6 | 18.9 | 4.0 | 7.8 | — | 0.3 | 38.6 | 0.6 | 63.9 | 34.2 | 1.7 | 5.8 | 17.9 | 0.4 | 646.5 | 1410.3 | 6251.0 |
| 纺织服装、鞋、帽制造业 | 157.6 | 3.0 | 1.4 | 0.3 | — | 0.5 | 25.3 | 0.4 | 49.0 | 9.5 | 0.1 | 1.9 | 3.2 | — | 21.3 | 162.9 | 713.1 |
| 皮革、毛皮、羽毛（绒）及其制品 | 66.5 | 0.6 | 0.3 | — | — | — | 13.6 | 0.4 | 23.4 | 12.0 | 0.2 | 0.4 | 1.0 | — | 7.6 | 96.4 | 384.5 |
| 木材加工及木、竹、藤、棕、草制品业 | 325.3 | 7.7 | 2.4 | — | — | 0.4 | 11.7 | 0.3 | 22.2 | 0.7 | 0.1 | 0.5 | 4.5 | — | 17.8 | 235.4 | 1049.1 |
| 家具制造业 | 23.0 | 0.2 | 1.0 | — | — | — | 11.5 | 0.2 | 18.4 | 0.4 | 0.0 | 1.7 | 5.9 | — | 4.0 | 43.7 | 183.8 |
| 造纸及纸制品业 | 1735.9 | 53.2 | 4.2 | 0.7 | 1.5 | 0.5 | 18.9 | 0.6 | 44.5 | 26.8 | 1.8 | 4.4 | 14.0 | — | 434.8 | 593.3 | 4101.0 |
| 印刷业和记录媒介的复制 | 30.6 | 0.2 | 0.5 | 0.1 | — | — | 12.9 | 0.3 | 20.0 | 2.1 | 0.1 | 2.7 | 6.9 | — | 7.8 | 102.0 | 357.5 |
| 文教体育用品制造业 | 13.6 | 0.1 | 4.9 | 0.0 | — | 0.1 | 6.5 | 0.2 | 23.2 | 3.1 | 0.3 | 2.8 | 1.5 | — | 1.2 | 59.1 | 214.6 |
| 石油加工、炼焦及核燃料加工业 | 709.1 | 437.4 | 94.4 | 394.1 | 122.5 | 203.9 | 58.6 | 1.8 | 99.9 | 288.5 | 5730.3 | 240.1 | 273.6 | 1282.9 | 908.8 | 583.9 | 15328.3 |
| 化学原料及化学制品制造业 | 7328.5 | 498.9 | 2043.6 | 143.3 | 346.0 | 247.8 | 73.3 | 5.4 | 292.1 | 279.0 | 2710.7 | 130.1 | 2272.2 | 109.8 | 1789.6 | 3572.9 | 28946.1 |

续表

| 2009 年 | 原煤 | 洗精煤 | 焦炭 | 煤气 | 其他焦化产品 | 原油 | 汽油 | 煤油 | 柴油 | 燃料油 | 其他石油制品 | 液化石油气 | 天然气 | 炼厂干气 | 热力 | 电力 | 能源消费总量 |
|---|---|---|---|---|---|---|---|---|---|---|---|---|---|---|---|---|---|
| 医药制造业 | 413.0 | 16.1 | 1.2 | 2.0 |  | 0.0 | 17.8 | 0.1 | 25.0 | 7.7 | 0.6 | 3.1 | 31.3 | 0.2 | 160.5 | 232.3 | 1354.6 |
| 化学纤维制造业 | 203.9 | 2.3 | 5.4 | — | 3.2 | 14.3 | 2.4 | 0.2 | 13.9 | 26.3 | 20.1 | 0.5 | 3.9 | 1.1 | 187.4 | 331.7 | 1436.9 |
| 橡胶制品业 | 313.3 | 6.0 | 3.2 | 1.8 | — | 0.6 | 16.3 | 0.1 | 11.3 | 17.0 | 1.8 | 0.8 | 9.1 | — | 36.8 | 344.5 | 1344.7 |
| 塑料制品业 | 223.2 | 5.5 | 3.0 | — | — | 0.0 | 26.8 | 0.3 | 68.0 | 20.7 | 4.4 | 3.5 | 18.1 | — | 15.9 | 565.7 | 1895.0 |
| 非金属矿物制品业 | 14257.6 | 2957.3 | 3773.7 | 145.2 | 114.0 | 12.7 | 54.4 | 1.8 | 462.0 | 587.3 | 105.6 | 163.4 | 593.5 | 3.9 | 36.6 | 2631.1 | 26882.3 |
| 黑色金属冶炼及压延加工业 | 5833.6 | 1038.6 | 26308.6 | 7694.0 | 315.5 | 0.1 | 22.8 | 2.1 | 162.8 | 83.7 | 10.7 | 49.0 | 249.6 | — | 700.3 | 4941.3 | 56404.4 |
| 有色金属冶炼及压延加工业 | 1005.7 | 87.6 | 630.0 | 303.3 | 7.1 | 0.9 | 14.9 | 2.4 | 94.0 | 110.5 | 178.4 | 21.3 | 88.9 | — | 264.9 | 3166.1 | 11401.4 |
| 金属制品业 | 245.2 | 10.5 | 95.4 | 1.8 | — | 0.3 | 45.8 | 2.4 | 106.7 | 21.0 | 2.0 | 26.1 | 32.9 | — | 16.4 | 914.9 | 3037.8 |
| 通用设备制造业 | 291.9 | 10.9 | 644.7 | 55.8 | 2.9 | 0.1 | 74.3 | 5.7 | 99.5 | 16.4 | 5.0 | 16.1 | 80.5 | — | 26.8 | 617.0 | 2985.2 |
| 专用设备制造业 | 350.1 | 37.2 | 97.9 | 74.0 | 0.5 | 0.1 | 41.6 | 0.8 | 62.4 | 8.0 | 2.2 | 7.7 | 60.7 | — | 60.7 | 315.8 | 1671.5 |
| 交通运输设备制造业 | 463.6 | 11.5 | 159.0 | 4.9 | — | 0.1 | 62.9 | 10.5 | 153.9 | 18.2 | 4.2 | 24.7 | 161.2 | — | 84.0 | 694.9 | 3031.9 |
| 电气机械及器材制造业 | 126.6 | 7.0 | 22.6 | 1.8 | — | 0.2 | 52.4 | 0.7 | 99.9 | 13.8 | 6.8 | 34.1 | 40.3 | 0.3 | 49.9 | 520.5 | 1854.5 |
| 通信设备、计算机及其他电子设备制造业 | 108.2 | 1.7 | 1.7 | 0.8 | — | 0.4 | 28.3 | 0.3 | 101.6 | 39.1 | 0.2 | 7.5 | 64.9 | — | 29.5 | 687.0 | 2216.3 |
| 仪器仪表及文化、办公用机械制造业 | 18.7 | 0.7 | 8.1 | 0.0 | — | 0.0 | 10.1 | 1.0 | 18.3 | 0.3 | 0.4 | 0.5 | 4.8 | — | 4.2 | 84.2 | 291.9 |

## 1995—2017 年中国制造业分行业终端能源消费量（续表）

单位：万吨标准煤

| 2010 年 | 原煤 | 洗精煤 | 焦炭 | 煤气 | 其他焦化产品 | 原油 | 汽油 | 煤油 | 柴油 | 燃料油 | 其他石油制品 | 液化石油气 | 天然气 | 炼厂干气 | 热力 | 电力 | 能源消费总量 |
|---|---|---|---|---|---|---|---|---|---|---|---|---|---|---|---|---|---|
| 农副食品加工业 | 867.0 | 40.3 | 9.2 | 0.5 | — | 0.2 | 57.3 | 0.8 | 82.7 | 14.0 | 1.2 | 5.6 | 11.6 | 10.6 | 144.6 | 521.5 | 2644.3 |
| 食品制造业 | 582.6 | 11.3 | 2.9 | 0.3 | — | — | 23.2 | 0.3 | 44.4 | 19.7 | 0.3 | 5.8 | 36.6 | — | 160.5 | 227.0 | 1508.5 |
| 饮料制造业 | 492.6 | 5.5 | 0.7 | — | — | — | 14.1 | 0.2 | 23.2 | 11.8 | — | 1.8 | 22.6 | — | 128.6 | 162.7 | 1130.4 |
| 烟草制品业 | 52.4 | 2.2 | — | 0.2 | — | — | 1.1 | — | 6.6 | 1.5 | — | — | 7.8 | — | 10.3 | 56.4 | 228.9 |
| 纺织业 | 1170.8 | 21.4 | 5.0 | 10.2 | — | — | 39.7 | 0.7 | 64.5 | 32.1 | 0.7 | 7.0 | 22.0 | 0.2 | 717.9 | 1569.1 | 6204.5 |
| 纺织服装、鞋、帽制造业 | 144.2 | 2.8 | 3.7 | 0.1 | — | — | 26.2 | 0.4 | 50.0 | 7.6 | 0.1 | 1.5 | 4.2 | — | 21.0 | 186.3 | 748.4 |
| 皮革、毛皮、羽毛（绒）及其制品 | 52.6 | 0.4 | 0.2 | — | — | 0.1 | 12.4 | 0.4 | 20.0 | 8.4 | 0.2 | 0.7 | 0.5 | — | 9.9 | 110.3 | 392.2 |
| 木材加工及木、竹、藤、棕、草制品业 | 284.8 | 3.9 | 1.7 | — | — | 0.3 | 13.7 | 0.3 | 26.3 | 0.4 | 0.1 | 0.8 | 4.0 | — | 18.1 | 260.8 | 1035.6 |
| 家具制造业 | 20.7 | 0.3 | 1.5 | — | — | — | 12.1 | 0.1 | 21.2 | 0.8 | 0.1 | 1.9 | 4.7 | — | 4.2 | 54.7 | 209.7 |
| 造纸及纸制品业 | 1515.3 | 53.0 | 2.1 | 0.5 | 0.4 | 0.2 | 16.7 | 0.3 | 40.8 | 25.8 | 0.2 | 4.8 | 19.7 | — | 506.1 | 658.1 | 3961.9 |
| 印刷业和记录媒介的复制 | 27.4 | 0.2 | 0.3 | 0.1 | — | — | 12.3 | 0.2 | 19.8 | 2.9 | 0.1 | 2.1 | 10.2 | — | 9.6 | 117.3 | 391.0 |
| 文教体育用品制造业 | 12.5 | 0.1 | 3.7 | — | — | 0.1 | 6.0 | 0.2 | 23.9 | 2.5 | 0.2 | 2.4 | 4.1 | — | 1.3 | 59.1 | 210.8 |
| 石油加工、炼焦及核燃料加工业 | 651.4 | 355.2 | 90.8 | 535.4 | 101.5 | 141.6 | 53.2 | 4.4 | 34.4 | 245.3 | 3392.6 | 230.3 | 414.8 | 1563.2 | 1006.9 | 694.8 | 16582.7 |
| 化学原料及化学制品制造业 | 7132.1 | 432.4 | 1693.2 | 142.8 | 266.5 | 313.3 | 70.9 | 7.4 | 236.2 | 192.1 | 2154.2 | 182.0 | 2390.1 | 99.7 | 2112.3 | 3865.1 | 29688.9 |

续表

| 2010年 | 原煤 | 洗精煤 | 焦炭 | 煤气 | 其他焦化产品 | 原油 | 汽油 | 煤油 | 柴油 | 燃料油 | 其他石油制品 | 液化石油气 | 天然气 | 炼厂干气 | 热力 | 电力 | 能源消费总量 |
|---|---|---|---|---|---|---|---|---|---|---|---|---|---|---|---|---|---|
| 医药制造业 | 411.0 | 13.0 | 0.8 | 1.7 | 0.0 | — | 17.9 | 0.5 | 25.0 | 9.5 | 0.3 | 2.8 | 38.0 | — | 181.4 | 273.6 | 1427.7 |
| 化学纤维制造业 | 189.8 | 1.9 | 3.8 | — | 2.0 | — | 2.3 | — | 11.5 | 21.7 | 21.7 | 1.8 | 5.8 | — | 196.8 | 367.5 | 1440.9 |
| 橡胶制品业 | 286.6 | 6.7 | 2.8 | 2.6 | — | — | 15.9 | 0.1 | 15.0 | 13.1 | 1.4 | 0.8 | 13.1 | — | 42.8 | 405.4 | 1461.2 |
| 塑料制品业 | 198.1 | 8.9 | 3.9 | — | — | 0.1 | 34.2 | 0.4 | 82.5 | 19.5 | 4.1 | 4.2 | 21.3 | — | 12.7 | 655.2 | 2097.5 |
| 非金属矿物制品业 | 13074.9 | 2817.8 | 374.7 | 129.2 | 99.1 | 3.5 | 55.1 | 1.7 | 422.5 | 505.1 | 120.6 | 189.5 | 563.1 | 1.9 | 45.5 | 3009.2 | 27683.3 |
| 黑色金属冶炼及压延加工业 | 6782.2 | 869.0 | 28532.0 | 3780.9 | 283.0 | 0.5 | 19.7 | 0.7 | 144.3 | 33.5 | 9.3 | 59.0 | 269.9 | 0.1 | 844.0 | 5667.7 | 57533.7 |
| 有色金属冶炼及压延加工业 | 871.2 | 96.9 | 541.7 | 107.5 | 7.6 | 1.0 | 15.2 | 2.6 | 92.7 | 138.4 | 132.3 | 19.9 | 119.8 | — | 331.1 | 3845.7 | 12841.5 |
| 金属制品业 | 207.2 | 10.5 | 73.4 | 5.9 | — | 0.2 | 48.5 | 2.1 | 96.6 | 17.8 | 1.3 | 25.5 | 47.9 | — | 19.7 | 1180.7 | 3627.8 |
| 通用设备制造业 | 270.3 | 11.6 | 683.3 | 4.9 | 0.7 | 0.1 | 79.5 | 6.6 | 108.8 | 11.1 | 5.4 | 14.5 | 88.4 | — | 32.2 | 763.2 | 3270.8 |
| 专用设备制造业 | 351.5 | 47.7 | 122.0 | 12.4 | 0.4 | 0.1 | 43.4 | 0.9 | 69.4 | 5.4 | 2.3 | 10.7 | 78.6 | — | 74.1 | 390.6 | 1851.2 |
| 交通运输设备制造业 | 446.8 | 8.2 | 164.0 | 3.9 | — | 0.2 | 72.4 | 15.0 | 160.9 | 17.9 | 5.1 | 29.1 | 169.1 | 0.1 | 105.0 | 971.3 | 3748.9 |
| 电气机械及器材制造业 | 121.4 | 9.3 | 25.9 | 0.6 | — | 0.2 | 53.7 | 1.0 | 104.8 | 11.2 | 6.0 | 33.7 | 61.0 | 0.3 | 59.8 | 624.6 | 2121.5 |
| 通信设备、计算机及其他电子设备制造业 | 94.5 | 2.0 | 2.5 | 0.4 | — | 0.4 | 29.9 | 0.5 | 103.8 | 19.5 | 0.1 | 8.6 | 83.3 | 0.0 | 35.4 | 824.4 | 2525.2 |
| 仪器仪表及文化、办公用机械制造业 | 17.0 | 0.5 | 5.6 | 0.1 | — | — | 10.7 | 0.9 | 20.7 | 0.6 | 0.7 | 0.7 | 7.1 | 0.0 | 7.6 | 105.5 | 346.5 |

## 1995—2017年中国制造业分行业终端能源消费量（续表）

单位：万吨标准煤

| 2011年 | 原煤 | 洗精煤 | 焦炭 | 煤气 | 其他焦化产品 | 原油 | 汽油 | 煤油 | 柴油 | 燃料油 | 其他石油制品 | 液化石油气 | 天然气 | 炼厂干气 | 热力 | 电力 | 能源消费总量 |
|---|---|---|---|---|---|---|---|---|---|---|---|---|---|---|---|---|---|
| 农副食品加工业 | 819.4 | 6.2 | 13.3 | 0.3 | — | 0.2 | 48.1 | 0.4 | 72.1 | 9.1 | 0.4 | 5.3 | 14.9 | — | 156.7 | 578.9 | 2663.8 |
| 食品制造业 | 560.4 | 6.7 | 2.5 | 0.9 | — | — | 17.4 | 0.1 | 37.9 | 9.1 | 0.2 | 5.2 | 55.2 | — | 168.9 | 243.6 | 1518.0 |
| 饮料制造业 | 503.2 | 1.4 | 0.8 | 0.5 | — | — | 12.9 | 0.1 | 22.2 | 8.2 | 0.0 | 1.4 | 32.0 | — | 141.7 | 178.9 | 1197.4 |
| 烟草制造业 | 74.7 | 1.2 | | 0.3 | — | — | 1.3 | | 6.0 | 1.5 | — | 0.1 | 10.5 | — | 11.5 | 63.7 | 272.3 |
| 纺织业 | 1018.5 | 5.8 | 3.8 | 8.2 | — | 0.1 | 31.2 | 0.5 | 49.8 | 21.0 | 1.0 | 6.2 | 26.0 | — | 700.6 | 1694.6 | 6269.1 |
| 纺织服装、鞋、帽制造业 | 131.6 | 1.0 | 5.1 | 0.1 | — | — | 20.0 | 0.8 | 37.9 | 10.6 | 0.1 | 1.2 | 6.2 | — | 17.6 | 201.2 | 753.4 |
| 皮革、毛皮、羽毛（绒）及其制品 | 49.3 | 0.1 | 0.9 | — | — | 0.1 | 10.1 | 0.3 | 12.4 | 5.5 | 0.1 | 0.8 | 1.2 | — | 10.2 | 108.6 | 753.4 |
| 木材加工及木、竹、藤、棕、草制品业 | 284.6 | 1.8 | 0.6 | — | — | 0.2 | 11.8 | 0.1 | 21.0 | 0.2 | 0.1 | 0.5 | 5.9 | — | 14.7 | 290.2 | 371.4 |
| 家具制造业 | 18.9 | 0.1 | 1.7 | — | — | — | 8.4 | 0.0 | 13.4 | 0.9 | — | 1.5 | 7.3 | — | 2.9 | 56.3 | 1097.3 |
| 造纸及纸制品业 | 1450.2 | 26.3 | 1.9 | 0.1 | 0.4 | 0.1 | 13.0 | 0.2 | 32.0 | 17.4 | 0.2 | 2.5 | 30.0 | — | 542.4 | 713.3 | 21.1 |
| 印刷业和记录媒介的复制 | 23.2 | 0.1 | 0.3 | 0.1 | — | 0.0 | 8.9 | 0.2 | 10.8 | 2.2 | 0.1 | 1.8 | 11.1 | — | 5.7 | 126.0 | 3983.5 |
| 文教体育用品制造业 | 10.5 | 0.1 | 3.5 | — | — | 0.0 | 4.6 | 0.1 | 9.6 | 2.0 | 0.0 | 1.9 | 3.3 | — | 1.1 | 75.9 | 389.6 |
| 石油加工、炼焦及核燃料加工业 | 607.1 | 300.0 | 81.5 | 48.2 | 131.0 | 98.4 | 60.8 | 3.6 | 36.5 | 183.7 | 4051.0 | 278.5 | 793.8 | 1744.7 | 1052.8 | 746.1 | 232.8 |
| 化学原料及化学制品制造业 | 7748.9 | 338.5 | 2206.7 | 429.4 | 356.9 | 117.6 | 66.4 | 4.3 | 115.5 | 180.9 | 1953.1 | 196.0 | 3000.9 | 170.5 | 2357.9 | 4336.3 | 17057.0 |

续表

| 2011年 | 原煤 | 洗精煤 | 焦炭 | 煤气 | 其他焦化产品 | 原油 | 汽油 | 煤油 | 柴油 | 燃料油 | 其他石油制品 | 液化石油气 | 天然气 | 炼厂干气 | 热力 | 电力 | 能源消费总量 |
|---|---|---|---|---|---|---|---|---|---|---|---|---|---|---|---|---|---|
| 医药制造业 | 430.8 | 10.0 | 0.7 | 1.1 | — | — | 15.3 | 0.4 | 20.1 | 7.0 | 0.4 | 2.4 | 48.3 | — | 196.4 | 296.0 | 34713.1 |
| 化学纤维制造业 | 206.5 | 1.3 | 2.3 | 0.3 | — | — | 2.0 | 0.0 | 11.5 | 12.9 | 8.7 | 2.4 | 6.7 | — | 233.6 | 396.2 | 1523.2 |
| 橡胶制品业 | 267.8 | 4.4 | 2.3 | 2.6 | — | 0.1 | 12.1 | 0.1 | 10.4 | 8.7 | 0.6 | 0.7 | 17.9 | — | 50.8 | 441.1 | 1530.4 |
| 塑料制品业 | 190.7 | 3.7 | 3.8 | — | — | 0.1 | 23.0 | 0.3 | 45.1 | 15.6 | 2.9 | 2.8 | 25.5 | — | 10.8 | 654.3 | 1521.2 |
| 非金属矿物制品业 | 13874.6 | 378.0 | 537.7 | 194.7 | 71.1 | 2.9 | 49.6 | 5.1 | 362.4 | 445.8 | 62.9 | 164.6 | 840.0 | 0.9 | 41.7 | 3586.1 | 2016.7 |
| 黑色金属冶炼及压延加工业 | 7120.6 | 879.5 | 31904.6 | 3994.8 | 266.9 | 0.3 | 16.4 | 0.5 | 121.7 | 12.7 | 11.2 | 92.9 | 377.0 | 0.0 | 918.1 | 6450.1 | 30015.0 |
| 有色金属冶炼及压延加工业 | 912.7 | 64.2 | 536.4 | 90.8 | 10.6 | 0.9 | 13.3 | 2.7 | 87.7 | 112.4 | 47.4 | 16.3 | 183.1 | 0.1 | 384.1 | 4303.7 | 58896.6 |
| 金属制品业 | 188.8 | 5.7 | 63.3 | 8.9 | — | 0.2 | 33.8 | 1.6 | 65.5 | 17.7 | 0.8 | 19.2 | 64.0 | — | 18.9 | 1179.2 | 13991.1 |
| 通用设备制造业 | 255.5 | 8.1 | 954.0 | 4.2 | 0.4 | 0.1 | 70.9 | 5.5 | 92.4 | 6.6 | 4.3 | 10.1 | 110.2 | — | 24.2 | 877.3 | 3533.4 |
| 专用设备制造业 | 325.0 | 49.0 | 76.0 | 16.5 | 0.7 | 0.0 | 37.1 | 0.8 | 55.5 | 3.6 | 2.0 | 8.5 | 96.2 | 0.1 | 52.0 | 444.7 | 3533.4 |
| 交通运输设备制造业 | 410.2 | 3.3 | 171.0 | 2.2 | 0.7 | 0.2 | 70.8 | 16.8 | 145.1 | 25.6 | 5.2 | 25.5 | 242.3 | 0.1 | 120.8 | 1058.7 | 1887.1 |
| 电气机械及器材制造业 | 116.6 | 4.1 | 24.1 | 0.3 | — | 0.1 | 43.0 | 0.5 | 58.7 | 5.9 | 4.5 | 27.0 | 71.4 | 0.1 | 53.8 | 718.3 | 3995.6 |
| 通信设备、计算机及其他电子设备制造业 | 79.4 | 1.6 | 2.0 | 0.3 | — | 0.0 | 22.5 | 0.2 | 43.7 | 4.7 | 0.1 | 7.3 | 85.5 | 0.1 | 35.8 | 906.8 | 2276.5 |
| 仪器仪表及文化、办公用机械制造业 | 15.0 | — | 4.3 | — | — | — | 8.2 | 0.2 | 9.7 | 0.6 | 0.9 | 1.0 | 6.8 | — | 5.8 | 102.9 | 2623.4 |

## 1995—2017年中国制造业分行业终端能源消费量（续表）

单位：万吨标准煤

| 2012年 | 原煤 | 洗精煤 | 焦炭 | 煤气 | 其他焦化产品 | 原油 | 汽油 | 煤油 | 柴油 | 燃料油 | 其他石油制品 | 液化石油气 | 天然气 | 炼厂干气 | 热力 | 电力 | 能源消费总量 |
|---|---|---|---|---|---|---|---|---|---|---|---|---|---|---|---|---|---|
| 农副食品加工业 | 789.5 | 6.7 | 11.2 | 0.2 | 0.1 | 0.1 | 45.7 | 0.2 | 74.0 | 6.7 | 0.5 | 4.9 | 20.9 | 8.1 | 163.5 | 646.6 | 2750.6 |
| 食品制造业 | 544.4 | 6.2 | 1.9 | 1.1 | — | — | 15.4 | 0.0 | 33.0 | 8.0 | 0.1 | 3.6 | 78.4 | 14.9 | 167.8 | 271.6 | 1621.3 |
| 饮料制造业 | 450.0 | 1.8 | 0.9 | 0.6 | 0.1 | 0.0 | 12.6 | 0.0 | 20.3 | 4.5 | 0.0 | 1.3 | 44.6 | 1.7 | 147.8 | 191.4 | 1180.1 |
| 烟草制品业 | 42.2 | 1.0 | — | 0.2 | — | — | 1.3 | — | 4.9 | 1.4 | — | 0.1 | 22.4 | 12.3 | 13.0 | 63.0 | 247.4 |
| 纺织业 | 830.9 | 3.4 | 3.0 | 11.4 | — | — | 24.9 | 0.2 | 29.0 | 12.5 | 2.9 | 5.8 | 27.9 | 2.8 | 792.4 | 1780.5 | 6357.0 |
| 纺织服装、鞋、帽制造业 | 133.8 | 0.6 | 2.6 | 0.1 | 0.1 | 0.1 | 25.1 | 0.6 | 30.4 | 4.0 | 0.0 | 0.9 | 11.2 | 4.9 | 22.9 | 243.9 | 861.1 |
| 皮革、毛皮、羽毛（绒）及其制品 | 55.5 | 0.2 | 0.8 | — | — | 0.1 | 11.7 | 0.3 | 12.7 | 4.8 | 0.2 | 0.6 | 2.1 | 1.1 | 11.0 | 185.6 | 574.2 |
| 木材加工及木、竹、藤、棕、草制品业 | 267.4 | 1.2 | 0.4 | — | 0.0 | 0.2 | 11.0 | 0.1 | 20.9 | 0.2 | 0.0 | 0.2 | 4.6 | 0.2 | 12.2 | 324.6 | 1152.6 |
| 家具制造业 | 17.9 | 0.1 | 3.7 | — | — | — | 47.8 | 0.1 | 11.2 | 0.5 | — | 1.4 | 8.9 | 0.8 | 2.6 | 56.3 | 199.4 |
| 造纸及纸制品业 | 1271.5 | 14.5 | 0.5 | 0.1 | 0.4 | 0.1 | 13.3 | 0.1 | 29.4 | 10.1 | 0.2 | 1.8 | 44.1 | 27.3 | 547.8 | 711.6 | 3846.1 |
| 印刷业和记录媒介的复制 | 22.1 | 0.1 | 0.3 | 0.1 | 0.6 | 0.0 | 9.1 | 0.1 | 9.0 | 1.0 | 0.0 | 1.8 | 12.7 | 1.3 | 7.1 | 131.7 | 400.0 |
| 文教体育用品制造业 | 15.9 | 2.7 | 4.5 | — | 0.3 | 0.0 | 11.3 | 0.3 | 13.7 | 2.1 | 0.3 | 3.8 | 21.2 | 11.9 | 2.0 | 78.8 | 280.5 |
| 石油加工、炼焦及核燃料加工业 | 651.9 | 200.6 | 71.5 | 692.1 | 112.9 | 75.4 | 60.0 | 0.3 | 29.5 | 182.1 | 3890.5 | 257.7 | 1143.4 | 764.9 | 1063.5 | 731.2 | 18115.4 |
| 化学原料及化学制品制造业 | 7938.8 | 389.7 | 2530.3 | 217.2 | 443.9 | 45.5 | 62.9 | 5.2 | 101.6 | 136.0 | 1921.1 | 214.1 | 3185.6 | 686.1 | 2598.0 | 4837.5 | 36995.5 |

续表

| 2012年 | 原煤 | 洗精煤 | 焦炭 | 煤气 | 其他焦化产品 | 原油 | 汽油 | 煤油 | 柴油 | 燃料油 | 其他石油制品 | 液化石油气 | 天然气 | 炼厂干气 | 热力 | 电力 | 能源消费总量 |
|---|---|---|---|---|---|---|---|---|---|---|---|---|---|---|---|---|---|
| 医药制造业 | 428.8 | 12.0 | 1.6 | 0.9 | 0.4 | 0.0 | 16.7 | 0.4 | 19.9 | 4.8 | 0.3 | 1.9 | 64.0 | 9.0 | 216.5 | 316.2 | 1608.6 |
| 化学纤维制造业 | 209.1 | 0.7 | 0.7 | — | — | — | 1.6 |  | 23.5 | 8.6 | 0.4 | 0.6 | 28.0 | 19.0 | 227.3 | 405.0 | 1558.0 |
| 橡胶和塑料制品业 | 406.3 | 11.7 | 4.0 | 2.2 | 0.6 | 0.1 | 36.4 | 0.2 | 42.7 | 15.6 | 1.8 | 6.6 | 49.5 | 6.0 | 67.6 | 1259.2 | 3897.1 |
| 非金属矿物制品业 | 12862.3 | 411.7 | 735.1 | 192.8 | 97.5 | 11.1 | 48.8 | 6.9 | 379.8 | 330.2 | 35.8 | 148.1 | 890.3 | 145.8 | 36.6 | 3627.1 | 29400.9 |
| 黑色金属冶炼及压延加工业 | 7190.7 | 1062.2 | 32714.4 | 3856.8 | 222.3 | — | 20.4 | 0.3 | 130.3 | 11.2 | 10.9 | 39.8 | 427.9 | 20.4 | 945.7 | 6416.0 | 59668.1 |
| 有色金属冶炼及压延加工业 | 813.2 | 67.4 | 527.8 | 80.0 | 14.6 | 0.3 | 11.3 | 3.5 | 80.9 | 90.8 | 18.4 | 11.2 | 331.1 | 142.7 | 388.3 | 4693.7 | 14829.0 |
| 金属制品业 | 223.3 | 6.8 | 101.3 | 23.4 | 0.4 | 0.0 | 33.7 | 2.0 | 56.6 | 10.5 | 1.6 | 14.6 | 94.6 | 25.9 | 26.4 | 1275.2 | 3854.3 |
| 通用设备制造业 | 172.1 | 7.1 | 834.3 | 1.5 | 0.6 | 0.0 | 52.7 | 4.0 | 64.2 | 2.2 | 3.2 | 6.0 | 94.1 | 14.8 | 18.4 | 960.2 | 3465.9 |
| 专用设备制造业 | 239.9 | 34.3 | 44.1 | 14.1 | 0.7 | 0.1 | 36.6 | 0.5 | 50.3 | 1.5 | 1.4 | 6.8 | 84.9 | 8.5 | 34.9 | 477.4 | 1781.3 |
| 交通运输设备制造业 | 363.9 | 2.8 | 191.7 | 2.1 | 0.8 | 0.1 | 69.0 | 13.7 | 120.4 | 15.5 | 4.5 | 18.1 | 317.8 | 103.7 | 165.8 | 1066.3 | 3910.2 |
| 电气机械及器材制造业 | 104.3 | 3.1 | 17.4 | 0.3 | 0.9 | 0.1 | 41.1 | 0.7 | 47.0 | 5.8 | 3.0 | 21.9 | 77.2 | 22.4 | 51.2 | 754.2 | 2329.1 |
| 通信设备、计算机及其他电子设备制造业 | 68.0 | 1.2 | 2.3 | 0.2 | 0.4 | — | 20.5 | 0.5 | 28.6 | 4.5 | 0.8 | 7.4 | 89.2 | 9.8 | 39.2 | 941.3 | 2666.8 |
| 仪器仪表及文化、办公用机械制造业 | 14.8 | 0.1 | 4.1 | 0.7 | 0.3 | — | — | 0.3 | 7.4 | 0.5 | 1.4 | 0.9 | 7.0 | 0.5 | 10.1 | 99.7 | 311.3 |

## 1995—2017 年中国制造业分行业终端能源消费量（续表）

单位：万吨标准煤

| 2013 年 | 原煤 | 洗精煤 | 焦炭 | 煤气 | 其他焦化产品 | 原油 | 汽油 | 煤油 | 柴油 | 燃料油 | 其他石油制品 | 液化石油气 | 天然气 | 炼厂干气 | 热力 | 电力 | 能源消费总量 |
|---|---|---|---|---|---|---|---|---|---|---|---|---|---|---|---|---|---|
| 农副食品加工业 | 1330.0 | 22.5 | 9.7 | 0.3 | — | 0.3 | 48.5 | 0.3 | 74.5 | 5.9 | 0.3 | 4.8 | 28.2 | — | 167.4 | 705.5 | 3905.0 |
| 食品制造业 | 723.8 | 9.5 | 2.2 | 1.2 | — | — | 18.5 | 0.1 | 30.1 | 7.3 | 0.1 | 2.4 | 94.5 | — | 181.8 | 283.2 | 1890.0 |
| 饮料制造业 | 765.6 | 6.0 | 0.9 | 0.6 | — | — | 11.1 | 0.0 | 17.6 | 2.9 | 0.0 | 1.1 | 55.2 | — | 183.8 | 206.0 | 1610.0 |
| 烟草制品业 | 40.9 | 3.9 | — | — | — | — | 1.1 | 0.2 | 4.6 | 1.1 | — | 0.1 | 22.6 | — | 12.8 | 66.0 | 256.0 |
| 纺织业 | 1539.9 | 3.5 | 2.7 | 14.9 | — | 0.0 | 22.7 | 0.2 | 25.3 | 10.6 | 0.7 | 5.2 | 37.0 | — | 790.3 | 1883.9 | 7366.0 |
| 纺织服装、鞋、帽制造业 | 200.1 | 0.5 | 1.5 | 0.1 | 0.1 | 0.0 | 20.5 | 0.1 | 25.2 | 1.9 | — | 0.7 | 18.5 | — | 21.5 | 263.3 | 971.0 |
| 皮革、毛皮、羽毛（绒）及其制品 | 130.1 | 1.2 | 0.8 | — | — | 0.1 | 11.1 | 0.2 | 10.6 | 2.9 | 0.2 | 0.4 | 2.9 | — | 10.8 | 186.6 | 652.0 |
| 木材加工及木、竹、藤、棕、草制品业 | 412.2 | 0.8 | 0.4 | 0.1 | 0.1 | 0.2 | 11.3 | 0.2 | 20.2 | 0.2 | 0.0 | 0.1 | 5.0 | — | 13.4 | 330.5 | 1522.0 |
| 家具制造业 | 47.4 | 0.0 | 2.3 | — | — | 0.0 | 7.8 | 0.1 | 11.1 | 0.4 | — | 1.1 | 9.9 | — | 2.4 | 60.9 | 247.0 |
| 造纸及纸制品业 | 1378.4 | 15.0 | 0.6 | 0.1 | 0.3 | 0.1 | 12.2 | 0.2 | 28.3 | 10.9 | 0.1 | 1.7 | 60.6 | — | 608.1 | 736.5 | 4153.0 |
| 印刷业和记录媒介的复制 | 49.6 | — | 0.3 | 0.1 | 0.5 | — | 9.3 | 0.2 | 9.4 | 1.1 | — | 1.7 | 20.6 | — | 8.2 | 135.7 | 448.0 |
| 文教体育用品制造业 | 73.5 | 2.0 | 4.0 | — | 0.3 | — | 11.4 | 0.1 | 13.5 | 1.0 | 0.4 | 2.4 | 28.3 | — | 2.4 | 85.0 | 368.0 |
| 石油加工、炼焦及核燃料加工业 | 1239.9 | 220.4 | 65.6 | 733.0 | 114.7 | 79.9 | 6.3 | 0.3 | 29.1 | 168.8 | 3371.8 | 356.3 | 1581.1 | 1937.6 | 1179.8 | 832.6 | 19255.0 |
| 化学原料及化学制品制造业 | 10516.5 | 744.9 | 3108.5 | 272.8 | 655.7 | 125.2 | 58.1 | 4.7 | 97.7 | 118.3 | 1307.1 | 224.7 | 3875.9 | 154.8 | 2872.0 | 5335.6 | 44081.0 |

续表

| 2013 年 | 原煤 | 洗精煤 | 焦炭 | 煤气 | 其他焦化产品 | 原油 | 汽油 | 煤油 | 柴油 | 燃料油 | 其他石油制品 | 液化石油气 | 天然气 | 炼厂干气 | 热力 | 电力 | 能源消费总量 |
|---|---|---|---|---|---|---|---|---|---|---|---|---|---|---|---|---|---|
| 医药制造业 | 858.6 | 9.2 | 1.0 | 0.6 | 0.5 | — | 16.9 | 0.4 | 16.6 | 2.9 | 0.1 | 2.7 | 77.2 | — | 238.2 | 347.9 | 2179.0 |
| 化学纤维制造业 | 449.3 | 1.5 | 0.2 | — | — | — | 1.5 | — | 2.5 | 7.2 | 0.2 | 0.6 | 33.4 | — | 238.7 | 429.7 | 1909.0 |
| 橡胶和塑料制品业 | 603.1 | 21.4 | 3.2 | 2.6 | 0.7 | 0.0 | 35.4 | 0.2 | 40.9 | 14.6 | 1.7 | 3.3 | 65.7 | — | 75.0 | 1350.6 | 4305.0 |
| 非金属矿物制品业 | 18623.9 | 825.2 | 1017.6 | 308.7 | 105.1 | 1.5 | 48.8 | 1.9 | 411.3 | 305.6 | 54.4 | 141.3 | 1039.0 | 0.7 | 35.2 | 3869.5 | 36561.0 |
| 黑色金属冶炼及压延加工业 | 8657.3 | 2084.6 | 38170.4 | 9683.8 | 319.0 | 0.0 | 20.5 | 0.3 | 117.3 | 11.1 | 5.7 | 44.4 | 490.0 | 0.4 | 1011.0 | 7010.5 | 68839.0 |
| 有色金属冶炼及压延加工业 | 1241.5 | 201.8 | 557.9 | 125.4 | 13.4 | 0.3 | 11.5 | 2.0 | 73.1 | 76.1 | 6.6 | 9.6 | 441.6 | 0.1 | 423.6 | 5056.0 | 16617.0 |
| 金属制品业 | 433.9 | 21.1 | 137.3 | 21.8 | 6.1 | 0.0 | 33.6 | 1.7 | 53.8 | 12.0 | 1.7 | 12.8 | 152.8 | — | 22.7 | 1491.0 | 4704.0 |
| 通用设备制造业 | 287.0 | 6.8 | 674.9 | 1.4 | 1.0 | 0.1 | 51.1 | 3.7 | 61.6 | 1.9 | 3.1 | 5.3 | 119.5 | — | 18.5 | 916.9 | 3571.0 |
| 专用设备制造业 | 217.2 | 57.8 | 52.0 | 16.7 | 1.0 | 0.2 | 39.4 | 0.9 | 83.0 | 1.4 | 2.9 | 6.2 | 110.0 | — | 31.8 | 503.0 | 1914.0 |
| 交通运输设备制造业 | 319.7 | 3.3 | 210.1 | 2.0 | 0.5 | 0.3 | 60.4 | 14.8 | 98.9 | 12.3 | 3.7 | 16.7 | 378.5 | 0.1 | 175.8 | 1087.5 | 4114.0 |
| 电气机械及器材制造业 | 241.4 | 20.4 | 16.9 | 0.8 | 0.9 | 0.1 | 41.2 | 0.6 | 41.9 | 6.1 | 3.3 | 18.7 | 97.3 | — | 50.9 | 799.4 | 2606.0 |
| 通信设备、计算机及其他电子设备制造业 | 68.5 | 1.1 | 10.4 | 0.1 | 0.1 | — | 20.4 | 0.5 | 24.3 | 2.7 | 2.1 | 6.4 | 90.3 | — | 44.5 | 994.0 | 2802.0 |
| 仪器仪表及文化、办公用机械制造业 | 22.8 | 0.1 | 51.0 | 0.9 | 0.4 | — | 8.1 | 0.2 | 7.2 | 0.7 | 1.7 | 0.6 | 8.4 | — | 9.4 | 102.5 | 329.0 |

## 1995—2017年中国制造业分行业终端能源消费量（续表）

单位：万吨标准煤

| 2014年 | 原煤 | 洗精煤 | 焦炭 | 煤气 | 其他焦化产品 | 原油 | 汽油 | 煤油 | 柴油 | 燃料油 | 其他石油制品 | 液化石油气 | 天然气 | 焦厂干气 | 热力 | 电力 | 能源消费总量 |
|---|---|---|---|---|---|---|---|---|---|---|---|---|---|---|---|---|---|
| 农副食品加工业 | 1458.7 | 21.0 | 9.6 | 2.3 | 0.1 | — | 44.5 | 0.3 | 71.8 | 4.0 | 0.3 | 3.8 | 38.4 | — | 152.3 | 752.1 | 4119.0 |
| 食品制造业 | 659.4 | 7.0 | 2.7 | 1.4 | — | — | 15.1 | — | 24.5 | 7.9 | — | 1.7 | 107.5 | — | 184.5 | 283.2 | 1827.0 |
| 饮料制造业 | 746.2 | 5.7 | 1.4 | 1.5 | — | — | 10.2 | — | 16.4 | 2.1 | 0.0 | 1.1 | 70.4 | — | 136.5 | 196.5 | 1516.0 |
| 烟草制品业 | 30.9 | 3.2 | — | — | — | — | 0.8 | — | 3.3 | 0.7 | — | 0.1 | 23.3 | — | 10.9 | 64.5 | 238.0 |
| 纺织业 | 1105.1 | 3.8 | 2.0 | 10.1 | — | — | 20.9 | 0.1 | 22.6 | 11.3 | 0.9 | 3.7 | 58.3 | — | 808.0 | 1894.1 | 6960.0 |
| 纺织服装、鞋、帽制造业 | 178.6 | 0.3 | 1.1 | 0.1 | 0.1 | 0.0 | 18.0 | 0.1 | 21.2 | 1.2 | 0.1 | 0.9 | 23.3 | — | 21.2 | 261.8 | 938.0 |
| 皮革、毛皮、羽毛（绒）及其制品 | 107.6 | 1.1 | 0.7 | — | — | 0.0 | 10.4 | 0.1 | 8.4 | 2.4 | 0.1 | 0.5 | 2.7 | — | 9.8 | 186.1 | 619.0 |
| 木材加工及木、竹、藤、棕、草制品业 | 429.0 | 0.5 | 1.3 | 0.2 | 0.0 | 0.5 | 10.1 | 0.1 | 17.8 | 0.2 | — | 0.2 | 6.5 | — | 12.2 | 325.0 | 1513.0 |
| 家具制造业 | 36.6 | 0.0 | 1.6 | — | — | 0.0 | 7.2 | — | 10.7 | 0.4 | — | 1.0 | 14.0 | — | 2.9 | 109.3 | 359.0 |
| 造纸及纸制品业 | 1137.6 | 15.0 | 0.8 | 0.1 | — | 0.1 | 9.6 | — | 27.4 | 7.4 | 0.1 | 1.8 | 68.0 | — | 668.9 | 777.1 | 4041.0 |
| 印刷业和记录媒介的复制 | 56.1 | — | 0.5 | 0.1 | 0.5 | — | 9.8 | — | 10.1 | 0.7 | 0.1 | 1.4 | 27.7 | — | 9.2 | 136.8 | 466.0 |
| 文教体育用品制造业 | 83.4 | 2.0 | 3.8 | — | 0.1 | — | 12.1 | 0.1 | 12.5 | 1.2 | 0.5 | 1.9 | 37.5 | — | 2.6 | 89.6 | 400.0 |
| 石油加工、炼焦及核燃料加工业 | 1234.7 | 639.2 | 45.1 | 691.1 | 87.2 | 103.1 | 6.4 | 0.3 | 25.7 | 196.4 | 3409.5 | 396.5 | 1594.5 | 2043.4 | 1247.0 | 883.4 | 20217.0 |
| 化学原料及化学制品制造业 | 11238.5 | 972.2 | 3285.3 | 339.7 | 691.5 | 446.3 | 55.7 | 4.5 | 91.1 | 103.7 | 1313.2 | 296.6 | 4070.8 | 156.7 | 3133.6 | 5687.5 | 47528.0 |

续表

| 2014 年 | 原煤 | 洗精煤 | 焦炭 | 煤气 | 其他焦化产品 | 原油 | 汽油 | 煤油 | 柴油 | 燃料油 | 其他石油制品 | 液化石油气 | 天然气 | 炼厂干气 | 热力 | 电力 | 能源消费总量 |
|---|---|---|---|---|---|---|---|---|---|---|---|---|---|---|---|---|---|
| 医药制造业 | 792.6 | 8.4 | 0.8 | 0.5 | 0.7 | — | 15.9 | 0.2 | 15.1 | 2.3 | 0.2 | 1.1 | 86.0 | — | 245.3 | 371.6 | 2185.0 |
| 化学纤维制造业 | 376.7 | 9.3 | 0.4 | — | — | — | 1.4 | 0.0 | 2.5 | 5.1 | 0.1 | 0.5 | 39.7 | — | 240.1 | 432.1 | 1833.0 |
| 橡胶和塑料制品业 | 512.1 | 19.3 | 4.6 | 2.4 | 0.6 | — | 32.4 | 0.4 | 37.5 | 12.0 | 1.9 | 3.4 | 79.0 | — | 77.7 | 1438.7 | 4459.0 |
| 非金属矿物制品业 | 17579.9 | 574.9 | 1010.2 | 322.7 | 93.8 | 0.3 | 43.4 | 1.6 | 428.3 | 274.2 | 26.1 | 131.3 | 1184.6 | 0.6 | 35.7 | 4085.7 | 36592.0 |
| 黑色金属冶炼及压延加工业 | 8074.9 | 2721.6 | 38783.1 | 10037.4 | 336.0 | — | 19.3 | 0.3 | 109.1 | 7.8 | 2.8 | 29.6 | 562.3 | 1.7 | 911.1 | 7122.3 | 69342.0 |
| 有色金属冶炼及压延加工业 | 1285.9 | 191.8 | 571.2 | 130.3 | 10.7 | 0.1 | 10.5 | 1.3 | 69.9 | 72.4 | 9.8 | 7.6 | 547.6 | — | 410.1 | 5406.8 | 17510.0 |
| 金属制品业 | 342.5 | 10.8 | 97.3 | 19.0 | 1.0 | — | 32.1 | 1.4 | 45.4 | 10.3 | 1.3 | 10.7 | 184.2 | — | 15.7 | 1600.9 | 4811.0 |
| 通用设备制造业 | 232.3 | 6.6 | 678.5 | 2.7 | 0.3 | 0.1 | 47.2 | 3.3 | 56.1 | 1.7 | 2.9 | 5.2 | 122.2 | 0.0 | 17.4 | 973.2 | 3634.0 |
| 专用设备制造业 | 169.4 | 58.7 | 72.4 | 20.6 | 0.2 | 0.2 | 38.7 | 0.9 | 77.3 | 1.5 | 2.7 | 6.0 | 131.1 | — | 28.5 | 544.2 | 1987.0 |
| 交通运输设备制造业 | 254.2 | 2.9 | 164.8 | 2.4 |  | — | 59.6 | 3.9 | 89.7 | 6.8 | 3.4 | 15.3 | 446.9 | 0.1 | 166.2 | 1120.7 | 4086.0 |
| 电气机械及器材制造业 | 174.2 | 13.2 | 13.7 | 1.4 | 0.4 | — | 39.2 | 0.5 | 37.6 | 3.8 | 2.8 | 14.5 | 81.2 | — | 48.9 | 841.4 | 2589.0 |
| 通信设备、计算机及其他电子设备制造业 | 55.5 | 0.8 | 12.1 | 0.1 | 0.1 | — | 20.7 | 0.2 | 20.5 | 3.2 | 1.8 | 4.2 | 103.5 | — | 46.5 | 1070.1 | 2971.0 |
| 仪器仪表及文化、办公用机械制造业 | 16.7 | 0.0 | 4.2 | 0.2 | 0.2 | — | 7.4 | 0.2 | 6.6 | 0.8 | 1.9 | 0.2 | 8.8 | — | 6.3 | 104.1 | 319.0 |

## 1995—2017 年中国制造业分行业终端能源消费量（续表）

单位：万吨标准煤

| 2015 年 | 原煤 | 洗精煤 | 焦炭 | 煤气 | 其他焦化产品 | 原油 | 汽油 | 煤油 | 柴油 | 燃料油 | 其他石油制品 | 液化石油气 | 天然气 | 焦厂干气 | 热力 | 电力 | 能源消费总量 |
|---|---|---|---|---|---|---|---|---|---|---|---|---|---|---|---|---|---|
| 农副食品加工业 | 1357.0 | 18.7 | 137.2 | 44.1 | — | 0.1 | 41.9 | 0.7 | 69.5 | 2.6 | 0.3 | 2.4 | 73.1 | — | 153.3 | 788.1 | 4201.0 |
| 食品制造业 | 599.7 | 6.3 | 3.0 | 1.0 | — | — | 14.9 | 0.1 | 23.3 | 5.1 | | 1.9 | 127.6 | — | 201.0 | 294.3 | 1807.0 |
| 饮料制造业 | 687.4 | 4.6 | 1.2 | 1.1 | — | — | 9.8 | 0.1 | 16.4 | 0.9 | 0.1 | 1.1 | 80.2 | — | 152.6 | 199.3 | 1476.0 |
| 烟草制造业 | 26.0 | 2.7 | | | — | — | 0.9 | | 2.6 | 0.6 | | 0.2 | 22.4 | — | 10.3 | 64.8 | 229.0 |
| 纺织业 | 1052.1 | 4.4 | 1.9 | 15.0 | — | — | 20.4 | 0.2 | 21.1 | 10.2 | 1.4 | 4.2 | 80.1 | — | 953.8 | 1919.3 | 7136.0 |
| 纺织服装、鞋、帽制造业 | 158.3 | 0.2 | 1.6 | — | 0.1 | — | 17.5 | 0.1 | 20.1 | 0.9 | 0.6 | 1.4 | 22.5 | — | 20.4 | 266.6 | 920.0 |
| 皮革、毛皮、羽毛（绒）及其制品 | 106.1 | 1.0 | 0.3 | — | 0.0 | — | 10.1 | 0.2 | 7.8 | 1.3 | 0.2 | 0.5 | 2.9 | — | 9.4 | 194.5 | 629.0 |
| 木材加工及木、竹、藤、棕、草制品业 | 335.4 | 0.3 | 1.4 | 0.3 | 0.0 | 0.1 | 10.4 | 0.8 | 17.3 | 0.2 | — | 0.2 | 9.1 | — | 19.6 | 312.6 | 1327.0 |
| 家具制造业 | 34.8 | — | 1.8 | — | — | — | 7.6 | | 10.6 | 0.4 | 0.2 | 1.0 | 19.6 | — | 2.7 | 114.0 | 376.0 |
| 造纸及纸制品业 | 1025.6 | 14.3 | 0.8 | 0.0 | — | 0.1 | 9.0 | 0.1 | 25.5 | 7.8 | 0.2 | 1.2 | 111.6 | — | 687.6 | 780.3 | 4028.0 |
| 印刷业和记录媒介的复制 | 56.5 | — | 0.5 | 0.0 | 0.4 | — | 9.7 | 0.1 | 9.6 | 0.5 | 0.4 | 1.4 | 30.1 | — | 9.7 | 137.6 | 466.0 |
| 文教体育用品制造业 | 78.6 | 3.0 | 3.2 | — | 0.0 | — | 12.0 | 0.1 | 11.5 | 1.3 | 0.3 | 1.9 | 36.8 | — | 3.1 | 89.9 | 392.0 |
| 石油加工、炼焦及核燃料加工业 | 1507.1 | 605.9 | 63.0 | 718.0 | 153.2 | 102.3 | 4.4 | 0.2 | 22.6 | 159.0 | 3373.2 | 594.5 | 1573.3 | 2311.4 | 1279.9 | 958.5 | 23183.0 |
| 化学原料及化学制品制造业 | 12783.9 | 1024.8 | 3474.0 | 337.4 | 650.1 | 384.9 | 52.3 | 5.1 | 89.0 | 211.9 | 1328.6 | 415.6 | 3291.8 | 122.1 | 3293.8 | 5842.7 | 49009.0 |

续表

| 2015年 | 原煤 | 洗精煤 | 焦炭 | 煤气 | 其他焦化产品 | 原油 | 汽油 | 煤油 | 柴油 | 燃料油 | 其他石油制品 | 液化石油气 | 天然气 | 炼厂干气 | 热力 | 电力 | 能源消费总量 |
|---|---|---|---|---|---|---|---|---|---|---|---|---|---|---|---|---|---|
| 医药制造业 | 788.9 | 7.9 | 0.8 | 0.3 | — | — | 15.9 | 0.2 | 15.3 | 1.9 | 1.0 | 1.3 | 92.6 | — | 286.2 | 387.4 | 2248.0 |
| 化学纤维制造业 | 389.6 | 9.7 | 0.3 | — | — | — | 1.4 | 0.1 | 3.0 | 4.2 | 0.1 | 0.1 | 39.3 | — | 260.5 | 445.0 | 1903.0 |
| 橡胶和塑料制品业 | 484.8 | 18.2 | 3.4 | 1.4 | 0.5 | 0.1 | 30.7 | 0.4 | 36.5 | 10.4 | 4.0 | 3.5 | 98.2 | — | 76.6 | 1443.7 | 4418.0 |
| 非金属矿物制品业 | 16573.0 | 558.9 | 878.4 | 282.3 | 84.9 | 0.3 | 44.3 | 3.6 | 427.0 | 296.3 | 22.8 | 126.0 | 1067.3 | 0.5 | 36.4 | 3816.6 | 34495.0 |
| 黑色金属冶炼及压延加工业 | 7658.2 | 2508.4 | 35997.4 | 9730.9 | 337.0 | — | 16.7 | 0.4 | 98.5 | 5.4 | 3.1 | 30.1 | 568.2 | 2.5 | 808.0 | 6553.8 | 63951.0 |
| 有色金属冶炼及压延加工业 | 1279.2 | 178.4 | 548.4 | 161.3 | 11.5 | — | 9.8 | 1.1 | 64.7 | 63.8 | 10.1 | 8.3 | 546.3 | — | 500.3 | 6766.2 | 20707.0 |
| 金属制品业 | 306.6 | 10.3 | 97.3 | 19.9 | 0.0 | — | 32.9 | 1.4 | 43.6 | 9.5 | 3.1 | 10.1 | 208.8 | — | 15.0 | 1553.7 | 4635.0 |
| 通用设备制造业 | 197.6 | 4.5 | 664.7 | 16.2 | 0.1 | — | 45.9 | 3.7 | 52.7 | 1.6 | 2.8 | 5.0 | 141.5 | — | 18.0 | 951.7 | 3525.0 |
| 专用设备制造业 | 145.1 | 57.0 | 66.0 | 17.9 | 0.3 | 0.1 | 38.2 | 1.3 | 68.5 | 1.9 | 2.2 | 5.5 | 97.6 | — | 23.7 | 529.7 | 1842.0 |
| 交通运输设备制造业 | 236.0 | 2.6 | 128.3 | 6.0 | | 0.1 | 62.5 | 3.7 | 84.2 | 6.7 | 2.9 | 10.1 | 409.2 | 0.1 | 157.1 | 1169.8 | 4.7 |
| 电气机械及器材制造业 | 154.9 | 14.8 | 11.7 | — | 0.2 | — | 38.9 | 1.1 | 35.8 | 2.7 | 3.8 | 13.4 | 63.3 | — | 46.2 | 867.9 | 2584.0 |
| 通信设备、计算机及其他电子设备制造业 | 49.8 | 0.7 | 13.9 | — | 0.1 | — | 21.4 | 0.4 | 19.3 | 3.0 | 2.4 | 3.6 | 102.2 | — | 47.5 | 1153.6 | 3143.0 |
| 仪器仪表及文化、办公用机械制造业 | 13.8 | 0.0 | 2.6 | 7.7 | 0.1 | — | 8.6 | 0.6 | 6.4 | 0.4 | 0.6 | 0.3 | 10.1 | — | 3.9 | 107.4 | 315.0 |

## 1995—2017年中国制造业分行业终端能源消费量（续表）

单位：万吨标准煤

| 2016年 | 原煤 | 洗精煤 | 焦炭 | 煤气 | 其他焦化产品 | 原油 | 汽油 | 煤油 | 柴油 | 燃料油 | 其他石油制品 | 液化石油气 | 天然气 | 炼厂干气 | 热力 | 电力 | 能源消费总量 |
|---|---|---|---|---|---|---|---|---|---|---|---|---|---|---|---|---|---|
| 农副食品加工业 | 1371.2 | — | 138.6 | 54.7 | 0.0 | 0.0 | 34.7 | 0.5 | 61.1 | 3.0 | 0.2 | 1.8 | 126.5 | 0.9 | 160.2 | 826.0 | 4153.0 |
| 食品制造业 | 704.0 | — | 2.1 | 0.6 | — | 0.0 | 14.0 | 0.1 | 21.1 | 3.7 | 0.3 | 1.9 | 181.7 | — | 203.8 | 314.0 | 1968.0 |
| 饮料制造业 | 690.0 | — | 0.9 | 0.6 | — | — | 9.9 | 0.1 | 15.1 | 1.6 | 0.1 | 1.0 | 110.4 | — | 142.3 | 201.0 | 1489.0 |
| 烟草制品业 | 18.1 | — | — | — | — | — | 0.8 | — | 1.9 | 0.5 | — | 0.1 | 13.5 | — | 10.0 | 63.9 | 206.0 |
| 纺织业 | 893.3 | — | 1.4 | 19.9 | — | — | 17.6 | 0.1 | 18.4 | 8.3 | 1.6 | 4.2 | 240.8 | — | 1056.4 | 1957.5 | 7295.0 |
| 纺织服装、鞋、帽制造业 | 131.1 | — | 1.8 | 0.2 | 0.0 | — | 16.1 | 0.0 | 17.5 | 0.8 | 0.6 | 1.4 | 44.5 | — | 26.5 | 279.6 | 944.0 |
| 皮革、毛皮、羽毛（绒）及其制品 | 97.2 | — | 0.3 | — | — | 0.0 | 9.2 | 0.2 | 6.5 | 0.8 | 0.2 | 0.6 | 9.8 | — | 9.0 | 188.8 | 606.0 |
| 木材加工及木、竹、藤、棕、草制品业 | 220.3 | — | 1.1 | 0.2 | 0.0 | 0.0 | 8.7 | 0.2 | 14.9 | 0.5 | — | 0.2 | 15.4 | — | 31.0 | 308.7 | 1162.0 |
| 家具制造业 | 28.5 | — | 1.4 | — | — | — | 6.8 | 0.0 | 8.6 | 0.4 | 0.0 | 0.9 | 17.2 | — | 3.3 | 117.9 | 363.0 |
| 造纸及纸制品业 | 1010.3 | — | 1.0 | 0.0 | 0.0 | 0.1 | 8.0 | 0.6 | 24.6 | 7.7 | 0.1 | 1.1 | 132.0 | — | 687.6 | 830.6 | 4105.0 |
| 印刷业和记录媒介的复制 | 56.9 | — | 0.5 | — | 0.3 | — | 9.5 | 0.1 | 8.7 | 0.5 | 0.5 | 1.2 | 33.9 | — | 12.7 | 142.1 | 480.0 |
| 文教体育用品制造业 | 72.3 | — | 3.1 | — | 0.0 | 0.0 | 10.5 | 0.1 | 11.5 | 1.1 | 0.4 | 1.3 | 54.4 | — | 3.5 | 94.7 | 409.0 |
| 石油加工、炼焦及核燃料加工业 | 912.1 | — | 30.8 | 700.0 | 176.7 | 94.8 | 4.3 | 0.3 | 28.0 | 103.9 | 3581.8 | 928.8 | 1633.9 | 2305.0 | 1319.8 | 1027.5 | 22688.0 |
| 化学原料及化学制品制造业 | 11778.2 | — | 3882.9 | 357.9 | 599.5 | 345.0 | 51.6 | 4.6 | 82.8 | 115.8 | 1340.5 | 709.8 | 3156.9 | 122.6 | 3817.5 | 5990.9 | 48683.0 |

续表

| 2016年 | 原煤 | 洗精煤 | 焦炭 | 煤气 | 其他焦化产品 | 原油 | 汽油 | 煤油 | 柴油 | 燃料油 | 其他石油制品 | 液化石油气 | 天然气 | 炼厂干气 | 热力 | 电力 | 能源消费总量 |
|---|---|---|---|---|---|---|---|---|---|---|---|---|---|---|---|---|---|
| 医药制造业 | 767.9 | — | 0.9 | 0.2 | 0.1 | — | 14.4 | 0.1 | 14.3 | 2.0 | 1.0 | 1.3 | 105.8 | 0.0 | 309.7 | 414.4 | 2315.0 |
| 化学纤维制造业 | 386.0 | — | 16.7 | — | — | — | 2.0 | 0.1 | 3.4 | 4.6 | 0.1 | 0.1 | 63.7 | — | 353.5 | 479.7 | 2072.0 |
| 橡胶和塑料制品业 | 430.7 | — | 2.0 | 1.7 | 0.3 | 0.1 | 29.3 | 0.4 | 32.7 | 10.4 | 4.9 | 4.0 | 112.9 | 0.0 | 84.0 | 1512.9 | 4534.0 |
| 非金属矿物制品业 | 13631.0 | — | 856.2 | 276.4 | 86.3 | 0.3 | 39.8 | 2.3 | 419.0 | 258.9 | 29.1 | 128.4 | 1066.5 | 0.2 | 44.4 | 3918.0 | 32850.0 |
| 黑色金属冶炼及压延加工工业 | 7806.5 | — | 37333.9 | 12033.1 | 329.8 | 0.0 | 12.3 | 0.3 | 87.3 | 4.1 | 2.5 | 31.1 | 680.0 | 0.7 | 692.5 | 6491.2 | 62101.0 |
| 有色金属冶炼及压延加工工业 | 1357.4 | — | 512.9 | 177.7 | 27.7 | 0.0 | 8.8 | 1.4 | 57.0 | 59.7 | 10.8 | 5.3 | 553.2 | — | 519.8 | 7083.2 | 21284.0 |
| 金属制品业 | 272.5 | — | 64.3 | 26.3 | 0.0 | 0.0 | 29.1 | 1.1 | 36.8 | 9.5 | 3.2 | 9.7 | 317.0 | — | 15.8 | 1684.6 | 4971.0 |
| 通用设备制造业 | 175.0 | — | 666.6 | 1.3 | 0.0 | 0.0 | 38.7 | 3.5 | 45.1 | 1.4 | 2.4 | 5.2 | 181.3 | 0.0 | 15.4 | 1018.4 | 3663.0 |
| 专用设备制造业 | 125.0 | — | 69.1 | 30.2 | 0.0 | 0.1 | 33.5 | 1.4 | 58.2 | 1.5 | 2.2 | 5.7 | 115.4 | — | 29.4 | 513.9 | 1738.0 |
| 交通运输设备制造业 | 162.5 | — | 121.4 | 2.3 |  | 0.1 | 62.5 | 4.6 | 81.2 | 5.7 | 2.9 | 8.4 | 429.5 | 0.0 | 144.1 | 1240.5 | 4141.0 |
| 电气机械及器材制造业 | 123.5 | — | 6.7 | 0.9 | 0.4 | 0.0 | 36.6 | 1.0 | 30.0 | 2.9 | 3.2 | 12.5 | 104.3 | — | 48.2 | 905.2 | 2622.0 |
| 通信设备、计算机及其他电子设备制造业 | 51.1 | — | 13.9 | 0.1 | 0.1 | 0.0 | 20.7 | 0.3 | 17.9 | 1.9 | 3.0 | 2.7 | 156.1 | — | 46.4 | 1234.2 | 3376.0 |
| 仪器仪表及文化、办公用机械制造业 | 14.3 | — | 1.7 | — | 0.1 | 0.0 | 7.2 | 0.4 | 4.8 | 0.3 | 0.2 | 0.4 | 12.1 | — | 3.7 | 106.2 | 309.0 |

## 1995—2017 年中国制造业分行业终端能源消费量（续表）

单位：万吨标准煤

| 2017 年 | 原煤 | 洗精煤 | 焦炭 | 煤气 | 其他焦化产品 | 原油 | 汽油 | 煤油 | 柴油 | 燃料油 | 其他石油制品 | 液化石油气 | 天然气 | 焦厂干气 | 热力 | 电力 | 能源消费总量 |
|---|---|---|---|---|---|---|---|---|---|---|---|---|---|---|---|---|---|
| 农副食品加工业 | 1077.8 | — | 133.7 | 55.2 | 0.1 | 0.0 | 25.8 | 0.3 | 52.9 | 3.2 | 0.2 | 1.6 | 222.4 | — | 178.3 | 880.3 | 4089.0 |
| 食品制造业 | 660.7 | — | 2.3 | 0.2 | — | — | 11.6 | 0.0 | 19.4 | 3.5 | 0.4 | 1.9 | 229.6 | — | 212.8 | 323.7 | 1995.0 |
| 饮料制造业 | 583.8 | — | 0.8 | 0.6 | 0.0 | — | 7.4 | 0.1 | 12.0 | 3.1 | 0.0 | 1.0 | 142.5 | — | 157.7 | 192.2 | 1418.0 |
| 烟草制品业 | 13.8 | — | | — | — | — | 0.8 | 0.1 | 1.9 | 0.2 | | 0.1 | 13.9 | — | 8.9 | 63.9 | 200.0 |
| 纺织业 | 636.4 | — | 1.4 | 43.2 | — | 0.0 | 19.2 | 0.1 | 30.5 | 9.0 | 1.6 | 3.4 | 403.0 | — | 1096.7 | 2070.7 | 7487.0 |
| 纺织服装、鞋、帽制造业 | 79.0 | — | 0.6 | 0.0 | 0.0 | 0.0 | 13.2 | 0.0 | 14.3 | 0.9 | 0.7 | 1.4 | 81.9 | — | 24.6 | 265.3 | 879.0 |
| 皮革、毛皮、羽毛（绒）及其制品 | 67.5 | — | 0.1 | — | — | — | 7.6 | 0.1 | 5.9 | 0.5 | 0.2 | 0.4 | 19.0 | — | 8.9 | 181.0 | 560.0 |
| 木材加工及木、竹、藤、棕、草制品业 | 139.3 | — | 0.4 | 0.3 | 0.1 | — | 7.0 | 0.0 | 12.7 | 0.3 | — | 0.5 | 29.5 | — | 30.4 | 301.5 | 1075.0 |
| 家具制造业 | 11.6 | — | 0.7 | — | — | — | 6.8 | 0.0 | 7.2 | 0.4 | 0.0 | 0.9 | 22.7 | — | 2.2 | 121.2 | 353.0 |
| 造纸及纸制品业 | 962.0 | — | 0.5 | 0.0 | 0.1 | 0.1 | 7.1 | 0.0 | 22.7 | 6.0 | 0.1 | 1.2 | 251.0 | — | 716.0 | 875.5 | 4304.0 |
| 印刷业和记录媒介的复制 | 29.8 | — | 0.4 | — | 0.1 | — | 9.2 | 0.1 | 8.5 | 0.3 | 0.4 | 0.8 | 44.8 | — | 16.0 | 149.1 | 479.0 |
| 文教体育用品制造业 | 44.6 | — | 3.9 | — | 0.0 | — | 9.8 | 0.1 | 9.6 | 1.2 | 0.4 | 1.1 | 94.0 | — | 4.0 | 101.5 | 433.0 |
| 石油加工、炼焦及核燃料加工业 | 1010.8 | — | 40.2 | 689.9 | 188.2 | 90.6 | 3.8 | 0.1 | 25.8 | 62.1 | 3512.8 | 958.9 | 2275.2 | 2427.3 | 1481.7 | 1163.2 | 24367.0 |
| 化学原料及化学制品制造业 | 10888.3 | — | 3569.3 | 335.5 | 624.1 | 3.1 | 41.9 | 3.2 | 73.4 | 72.6 | 1361.2 | 950.2 | 3589.1 | 106.3 | 4074.9 | 6295.3 | 49055.0 |

续表

| 2017年 | 原煤 | 洗精煤 | 焦炭 | 煤气 | 其他焦化产品 | 原油 | 汽油 | 煤油 | 柴油 | 燃料油 | 其他石油制品 | 液化石油气 | 天然气 | 焦厂干气 | 热力 | 电力 | 能源消费总量 |
|---|---|---|---|---|---|---|---|---|---|---|---|---|---|---|---|---|---|
| 医药制造业 | 605.4 | — | 1.5 | 1.5 | 0.2 | — | 12.0 | 0.1 | 14.1 | 2.4 | 1.0 | 1.9 | 122.7 | — | 313.3 | 448.3 | 2222.0 |
| 化学纤维制造业 | 348.4 | — | 16.3 | — | — | — | 1.7 | 0.1 | 3.1 | 4.3 | 0.1 | 0.1 | 90.5 | — | 355.9 | 522.9 | 2175.0 |
| 橡胶和塑料制品业 | 325.0 | — | 1.2 | 3.9 | 0.4 | 0.0 | 25.1 | 0.4 | 30.9 | 8.7 | 5.0 | 3.7 | 151.2 | — | 92.9 | 1658.4 | 4761.0 |
| 非金属矿物制品业 | 13202.3 | — | 751.2 | 230.2 | 93.4 | 0.6 | 35.2 | 1.5 | 408.4 | 222.6 | 23.8 | 121.2 | 1377.4 | 0.1 | 47.7 | 4061.9 | 32835.0 |
| 黑色金属冶炼及压延加工业 | 7642.8 | — | 36447.5 | 9816.6 | 297.5 | 0.0 | 9.7 | 0.1 | 87.3 | 3.0 | 5.1 | 20.4 | 774.2 | 0.2 | 715.1 | 6466.4 | 60934.0 |
| 有色金属冶炼及压延加工业 | 1418.6 | — | 502.9 | 171.8 | 33.0 | — | 7.3 | 1.6 | 56.0 | 39.9 | 11.0 | 5.9 | 663.0 | — | 623.7 | 7378.1 | 22157.0 |
| 金属制品业 | 170.1 | — | 58.7 | 34.3 | 0.1 | 0.0 | 25.4 | 0.9 | 32.4 | 6.5 | 2.0 | 8.7 | 413.7 | — | 16.9 | 1779.1 | 5152.0 |
| 通用设备制造业 | 131.0 | — | 431.7 | 2.6 | 0.0 | 0.0 | 35.1 | 3.1 | 43.1 | 1.3 | 2.6 | 5.4 | 201.4 | 0.0 | 14.2 | 1123.3 | 3630.0 |
| 专用设备制造业 | 78.6 | — | 62.1 | 32.0 | — | 0.1 | 30.1 | 1.4 | 31.7 | 1.7 | 2.1 | 7.0 | 144.4 | — | 26.5 | 520.9 | 1688.0 |
| 交通运输设备制造业 | 105.6 | — | 68.4 | 3.0 | — | 0.1 | 59.6 | 3.3 | 78.4 | 7.1 | 2.9 | 8.1 | 588.1 | 0.0 | 150.8 | 1302.7 | 4370.0 |
| 电气机械及器材制造业 | 70.9 | — | 5.3 | 0.2 | — | 0.0 | 31.3 | 1.0 | 24.9 | 4.0 | 2.3 | 9.0 | 133.5 | — | 37.2 | 916.3 | 2580.0 |
| 通信设备、计算机及其他电子设备制造业 | 37.7 | — | 12.6 | 0.2 | 0.1 | 0.0 | 20.4 | 0.3 | 16.2 | 1.3 | 2.5 | 3.2 | 193.1 | — | 31.7 | 1360.2 | 3662.0 |
| 仪器仪表及文化、办公用机械制造业 | 8.3 | — | 0.5 | — | — | 0.0 | 7.0 | 0.4 | 3.9 | 0.3 | 0.2 | 0.4 | 14.3 | — | 3.3 | 109.0 | 307.0 |

资料来源：CEIC 数据库和《中国能源统计年鉴》数据。

注：2012 年后《中国能源统计年鉴》中的橡胶产业和塑料制品业合并为一个产业，即橡胶和塑料制品业。

# 数据十二

### 2013—2018 年北京市碳排放权交易市场交易数据

| 日期 | 成交量（吨） | 成交均价（元／吨） | 成交额（元） | 日期 | 成交量（吨） | 成交均价（元／吨） | 成交额（元） |
|---|---|---|---|---|---|---|---|
| 2013/1128 | 800 | 51.5 | 41,00000 | 2014/430 | 1200 | 53.15 | 63,780.00 |
| 2013/12/2 | 300 | 55.1 | 16,530.00 | 2014/4/28 | 700 | 53 | 37,100.00 |
| 2013/12/5 | 100 | 50.2 | 5,020.00 | 2014/4/25 | 1100 | 53.64 | 59,000.00 |
| 2013/12/6 | 100 | 50 | 5,000.00 | 2014/4/24 | 600 | 54 | 32,400.00 |
| 2013/12/24 | 1000 | 50 | 50,000.00 | 2014/4/23 | 600 | 53.5 | 32,100.00 |
| 2013/12/19 | 100 | 55 | 5,500.00 | 2014/4/22 | 600 | 54 | 32,400.00 |
| 2014/1/28 | 100 | 50.5 | 5,050.00 | 2014/4/21 | 400 | 53 | 21,200.00 |
| 2014/1/22 | 100 | 50.2 | 5,020.00 | 2014/4/18 | 4000 | 52 | 208,000.00 |
| 2014/1/21 | 200 | 50 | 10,000.00 | 2014/4/17 | 800 | 55.38 | 44,300.00 |
| 2014/1/20 | 200 | 50.1 | 10,020.00 | 2014/4/16 | 900 | 53.51 | 48,160.00 |
| 2014/1/17 | 200 | 50.1 | 10,020.00 | 2014/4/15 | 100 | 57 | 5,700.00 |
| 2014/1/16 | 200 | 50.1 | 10,020.00 | 2014/5/28 | 9405 | 53.26 | 500,947.50 |
| 2014/1/14 | 200 | 53 | 10,600.00 | 2014/5/27 | 2000 | 52 | 104,000.00 |
| 2014/1/13 | 500 | 50 | 25,000.00 | 2014/5/26 | 31381 | 52.99 | 1,662,978.00 |
| 2014/1/10 | 100 | 50.8 | 5,080.00 | 2014/5/23 | 4700 | 53.5 | 251,430.00 |
| 2014/1/9 | 200 | 50.65 | 10,130.00 | 2014/5/22 | 1000 | 53.5 | 53,500.00 |
| 2014/1/8 | 400 | 50.75 | 20,300.00 | 2014/5/21 | 2300 | 53.36 | 122,730.00 |
| 2014/1/7 | 500 | 50 | 25,000.00 | 2014/5/20 | 568 | 53.36 | 30,308.00 |
| 2014/1/2 | 50 | 51.5 | 2,575.00 | 2014/5/19 | 4345 | 53.34 | 231,773.00 |
| 2014/2/27 | 1300 | 51.78 | 67,320.00 | 2014/5/16 | 1400 | 52.79 | 73,900.00 |
| 2014/2/26 | 1000 | 52.41 | 52,410.00 | 2014/5/15 | 1900 | 53.5 | 101,650.00 |
| 2014/2/25 | 1000 | 52.04 | 52,040.00 | 2014/5/14 | 900 | 52.6 | 47,340.00 |
| 2014/2/24 | 500 | 52.14 | 26,070.00 | 2014/5/13 | 900 | 53.5 | 48,150.00 |
| 2014/2/21 | 850 | 51.81 | 44,035.00 | 2014/5/12 | 2400 | 53.5 | 128,400.00 |
| 2014/2/20 | 650 | 51.75 | 33,640.00 | 2014/5/9 | 1800 | 53.17 | 95,700.00 |
| 2014/2/19 | 350 | 51.7 | 18,095.00 | 2014/5/8 | 2400 | 53.03 | 127,280.00 |
| 2014/2/18 | 700 | 51.4 | 35,990.00 | 2014/6/19 | 21349 | 53.46 | 1,141,229.50 |

| 日期 | 成交量（吨） | 成交均价（元/吨） | 成交额（元） | 日期 | 成交量（吨） | 成交均价（元/吨） | 成交额（元） |
|---|---|---|---|---|---|---|---|
| 2014/2/17 | 550 | 51.5 | 28,325.00 | 2014/6/18 | 30979 | 53.5 | 1,657,376.50 |
| 2014/2/14 | 500 | 51.1 | 25,550.00 | 2014/6/17 | 8238 | 53.36 | 439,611.60 |
| 2014/2/13 | 500 | 51.8 | 25,900.00 | 2014/6/16 | 19156 | 53.36 | 1,022,125.20 |
| 2014/2/12 | 400 | 51 | 20,400.00 | 2014/6/13 | 32661 | 53.33 | 1,741,655.30 |
| 2014/2/11 | 300 | 51 | 15,300.00 | 2014/6/12 | 25185 | 53.5 | 1,347,372.50 |
| 2014/1/30 | 100 | 50.8 | 5,080.00 | 2014/6/11 | 20951 | 53.47 | 1,120,246.60 |
| 2014/1/29 | 100 | 51 | 5,100.00 | 2014/6/10 | 400 | 53.7 | 21,480.00 |
| 2014/3/20 | 1200 | 56.39 | 67,670.00 | 2014/6/9 | 36577 | 53.45 | 1,954,946.80 |
| 2014/3/19 | 900 | 56.31 | 50,680.00 | 2014/6/6 | 16228 | 53.32 | 865,302.40 |
| 2014/3/18 | 1000 | 56.48 | 56,480.00 | 2014/6/5 | 1650 | 53.3 | 87,950.00 |
| 2014/3/17 | 1000 | 56.17 | 56,170.00 | 2014/6/4 | 200 | 53.8 | 10,760.00 |
| 2014/3/14 | 500 | 54 | 27,000.00 | 2014/6/3 | 2753 | 53.47 | 147,210.20 |
| 2014/3/13 | 1100 | 55.76 | 61,340.00 | 2014/5/30 | 3148 | 53 | 166,844.00 |
| 2014/3/12 | 900 | 55.96 | 50,360.00 | 2014/5/29 | 3206 | 53.1 | 170,250.40 |
| 2014/3/11 | 2200 | 54.56 | 120,040.00 | 2014/7/10 | 50819 | 74.07 | 3,763,961.60 |
| 2014/3/10 | 1700 | 54.16 | 92,080.00 | 2014/7/9 | 26286 | 69.45 | 1,825,613.50 |
| 2014/3/7 | 900 | 55.18 | 49,660.00 | 2014/7/8 | 44784 | 68.99 | 3,089,695.60 |
| 2014/3/6 | 700 | 55.2 | 38,640.00 | 2014/7/7 | 11779 | 68.23 | 803,651.40 |
| 2014/3/5 | 2300 | 53.07 | 122,050.00 | 2014/7/4 | 20656 | 68.18 | 1,408,294.10 |
| 2014/3/4 | 1400 | 52.63 | 73,680.00 | 2014/7/3 | 66161 | 66.77 | 4,417,460.30 |
| 2014/3/3 | 1150 | 52.56 | 60,440.00 | 2014/7/2 | 27956 | 67.12 | 1,876,435.70 |
| 2014/2/28 | 1200 | 52.82 | 63,380.00 | 2014/7/1 | 37587 | 66.15 | 2,486,413.50 |
| 2014/4/14 | 1000 | 57.29 | 57,290.00 | 2014/6/30 | 5021 | 62.45 | 313,557.50 |
| 2014/4/11 | 900 | 57.26 | 51,530.00 | 2014/6/27 | 18617 | 66.48 | 1,237,642.00 |
| 2014/4/10 | 1100 | 57 | 62,700.00 | 2014/6/26 | 101188 | 56.87 | 5,754,369.40 |
| 2014/4/9 | 1200 | 53.15 | 63,780.00 | 2014/6/25 | 45444 | 54.72 | 2,486,769.40 |
| 2014/4/8 | 900 | 57.02 | 51,320.00 | 2014/6/24 | 30955 | 53.54 | 1,657,292.50 |
| 2014/4/4 | 1000 | 57.18 | 57,180.00 | 2014/6/23 | 20531 | 53.52 | 1,098,725.10 |
| 2014/4/3 | 1400 | 53.39 | 74,750.00 | 2014/6/20 | 140 | 53.4 | 7,476.00 |
| 2014/4/2 | 700 | 57 | 39,900.00 | 2014/8/19 | 3903 | 55 | 214,665.00 |

| 日期 | 成交量（吨） | 成交均价（元 / 吨） | 成交额（元） | 日期 | 成交量（吨） | 成交均价（元 / 吨） | 成交额（元） |
|---|---|---|---|---|---|---|---|
| 2014/4/1 | 1200 | 52.38 | 62,850.00 | 2014/8/13 | 200 | 57 | 11,400.00 |
| 2014/3/31 | 1250 | 54.85 | 68,560.00 | 2014/8/11 | 300 | 57 | 17,100.00 |
| 2014/3/28 | 1000 | 56.86 | 56,860.00 | 2014/8/8 | 600 | 58 | 34,800.00 |
| 2014/3/27 | 800 | 56.85 | 45,480.00 | 2014/8/6 | 400 | 58.1 | 23,240.00 |
| 2014/3/26 | 1000 | 56.51 | 56,510.00 | 2014/7/30 | 2000 | 58 | 116,000.00 |
| 2014/3/25 | 600 | 56.95 | 34,170.00 | 2014/7/29 | 1500 | 60 | 90,000.00 |
| 2014/3/21 | 1100 | 54.97 | 60,470.00 | 2014/7/25 | 8000 | 74.9 | 599,200.00 |
| 2014/5/7 | 4300 | 52.56 | 226,000.00 | 2014/7/22 | 200 | 72.5 | 14,500.00 |
| 2014/5/6 | 1220 | 52.83 | 64,450.00 | 2014/7/21 | 300 | 73 | 21,900.00 |
| 2014/5/5 | 1700 | 53.32 | 90,640.00 | 2014/7/16 | 465 | 77 | 35,805.00 |
| 2014/4/29 | 2200 | 53.48 | 117,650.00 | 2014/7/15 | 5610 | 76.11 | 426,970.00 |
| 2014/7/4 | 7966 | 76.1 | 611,04.00 | 2015//20 | 2500 | 53.96 | 134,900.00（BEA） |
| 2014/7/11 | 50737 | 74.04 | 3,756,601.10 | 2015/1/19 | 1000 | 54 | 54,000.00 |
| 2014/9/30 | 3650 | 51 | 186,150.00 | 2015/1/16 | 4500 | 53.82 | 242,200.00 |
| 2014/9/26 | 10000 | 51 | 510,000.00 | 2015/1/15 | 600 | 55 | 33,000.00 |
| 2014/9/24 | 200 | 52 | 10,400.00 | 2015/1/14 | 500 | 38 | 19,000.00（林业碳汇） |
| 2014/9/18 | 10000 | 51 | 510,000.00 | 2015/1/13 | 1000 | 53 | 53,000.00 |
| 2014/9/16 | 600 | 53.4 | 32,040.00 | 2015/1/12 | 1500 | 53.5 | 80,250.00（BEA） |
| 2014/9/15 | 100 | 50 | 5,000.00 | 2015/1/12 | 2958 | 38 | 112,404.00（林业碳汇） |
| 2014/9/12 | 600 | 53.6 | 32,160.00 | 2015/1/9 | 3500 | 52.43 | 183,500.00 |
| 2014/9/11 | 400 | 53.5 | 21,400.00 | 2015/1/8 | 2000 | 53.5 | 107,000.00（BEA） |
| 2014/9/9 | 600 | 53 | 31,800.00 | 2015/1/8 | 2500 | 38 | 95,000.00（林业碳汇） |
| 2014/9/5 | 1000 | 53 | 53,000.00 | 2015/2/12 | 4000 | 53.1 | 212,400.00 |
| 2014/9/2 | 450 | 53.5 | 24,075.00 | 2015/2/11 | 10000 | 36 | 360,000.00（林业碳汇） |
| 2014/8/29 | 500 | 53 | 26,500.00 | 2015/2/10 | 20002 | 36 | 720,072.00（林业碳汇） |
| 2014/8/26 | 1700 | 54.6 | 92,820.00 | 2015/2/10 | 7300 | 52.04 | 379,900.00（BEA） |
| 2014/8/21 | 7000 | 48 | 336,000.00 | 2015/2/9 | 2100 | 53.07 | 111,450.00（BEA） |
| 2014/8/20 | 2400 | 50 | 120,000.00 | 2015/2/9 | 19998 | 36 | 719,928.00（林业碳汇） |
| 2014/11/19 | 3000 | 52 | 156,000.00 | 2015/2/6 | 1300 | 53.92 | 70,100.00 |
| 2014/11/18 | 1000 | 53 | 53,000.00 | 2015/2/5 | 800 | 54 | 43,200.00 |

| 日期 | 成交量（吨） | 成交均价（元/吨） | 成交额（元） | 日期 | 成交量（吨） | 成交均价（元/吨） | 成交额（元） |
|---|---|---|---|---|---|---|---|
| 2014/11/17 | 3800 | 52.05 | 197,800.00 | 2015/2/4 | 1000 | 53 | 53,000.00 |
| 2014/11/14 | 800 | 52 | 41,600.00 | 2015/2/3 | 400 | 54.5 | 21,800.00 |
| 2014/11/4 | 9000 | 50 | 450,000.00 | 2015/2/2 | 300 | 54 | 16,200.00 |
| 2014/11/3 | 700 | 51 | 35,700.00 | 2015/1/30 | 500 | 53 | 26,500.00 |
| 2014/10/30 | 1000 | 51 | 51,000.00 | 2015/1/29 | 1000 | 53 | 53,000 |
| 2014/10/29 | 9000 | 50 | 450,000.00 | 2015/1/27 | 4000 | 53 | 212,000.00 |
| 2014/10/28 | 1300 | 52.12 | 67,760.00 | 2015/1/26 | 1100 | 53.59 | 58,950.00 |
| 2014/10/24 | 500 | 52 | 26,000.00 | 2015/3/18 | 10000 | 51.5 | 515,000.00 |
| 2014/10/23 | 50 | 52.5 | 2,625.00 | 2015/3/17 | 5580 | 52 | 290,160.00 |
| 2014/10/22 | 600 | 52.5 | 31,500.00 | 2015/3/13 | 2600 | 50.92 | 132,400.00 |
| 2014/10/17 | 1500 | 52.1 | 78,150.00 | 2015/3/12 | 5080 | 51.16 | 259,892.00 |
| 2014/10/15 | 1000 | 52 | 52,000.00 | 2015/3/11 | 8900 | 51.99 | 462,700.00 |
| 2014/10/9 | 500 | 52.5 | 26,250.00 | 2015/3/10 | 5300 | 51.88 | 274,950.00 |
| 2014/12/16 | 1800 | 52.89 | 95,200.00 | 2015/3/9 | 100 | 54.5 | 5,450.00 |
| 2014/12/15 | 300 | 52.5 | 15,750.00 | 2015/3/6 | 1800 | 54.5 | 98,100.00 |
| 2014/12/12 | 2100 | 52.29 | 109,800.00 | 2015/3/5 | 7100 | 52.5 | 372,750.00 |
| 2014/12/11 | 1300 | 52.12 | 67,750.00 | 2015/3/3 | 1000 | 51.5 | 51,500.00 |
| 2014/12/10 | 800 | 52.8 | 42,240.00 | 2015/3/2 | 1700 | 52 | 88,400.00 |
| 2014/12/9 | 300 | 52.5 | 15,750.00 | 2015/2/26 | 50 | 54.5 | 2,725.00 |
| 2014/12/8 | 10700 | 52.35 | 560,100.00 | 2015/2/25 | 2050 | 51.55 | 105,675.00 |
| 2014/12/5 | 3500 | 53 | 185,500.00 | 2015/2/16 | 1000 | 51 | 51,000.00 |
| 2014/12/3 | 1500 | 52.93 | 79,400.00 | 2015/2/13 | 22290 | 53.13 | 1,184,373.00 |
| 2014/12/1 | 600 | 52.5 | 31,500.00 | 2015/4/8 | 16000 | 50.39 | 806,300.00 |
| 2014/11/28 | 2000 | 52.4 | 104,800.00 | 2015/4/7 | 5000 | 51 | 255,000.00 |
| 2014/11/27 | 500 | 52.5 | 26,250.00 | 2015/4/3 | 1082 | 51 | 55,182.00 |
| 2014/11/25 | 1000 | 52 | 52,000.00 | 2015/4/2 | 6000 | 51 | 306,000.00 |
| 2014/11/21 | 500 | 52.3 | 26,150.00 | 2015/4/1 | 9059 | 50.45 | 457,038.00 |
| 2014/11/20 | 3700 | 52 | 192,400.00 | 2015/3/31 | 4440 | 50 | 222,000.00 |
| 2015/1/7 | 5200 | 53.02 | 275,700.00 | 2015/3/30 | 1800 | 50 | 90,000.00（BEA） |
| 2015/1/6 | 1000 | 54 | 54,000.00（BEA） | 2015/3/30 | 242 | 48 | 11,616.00（林业碳汇） |

| 日期 | 成交量（吨） | 成交均价（元/吨） | 成交额（元） | 日期 | 成交量（吨） | 成交均价（元/吨） | 成交额（元） |
|---|---|---|---|---|---|---|---|
| 2015/1/6 | 5514 | 38 | 209,532.00（林业碳汇） | 2015/3/27 | 9000 | 50.26 | 452,296.10 |
| 2014/12/31 | 3100 | 54.19 | 168,000.00（BEA） | 2015/3/26 | 141 | 52 | 7,332.00 |
| 2014/12/31 | 100 | 38 | 3,800.00（林业碳汇） | 2015/3/25 | 3303 | 51.09 | 168,756.00 |
| 2014/12/30 | 4400 | 53.45 | 235,200.00（BEA） | 2015/3/24 | 15680 | 51.12 | 801,510.00 |
| 2014/12/30 | 3450 | 38 | 131,100.00（林业碳汇） | 2015/3/23 | 4200 | 51.52 | 216,400.00 |
| 2014/12/29 | 2100 | 53.43 | 112,200.00 | 2015/3/20 | 2560 | 52 | 133,120.00 |
| 2014/12/26 | 1200 | 53.53 | 64,240.00 | 2015/3/19 | 5530 | 51.04 | 282,230.00 |
| 2014/12/24 | 1200 | 53 | 63,600.00 | 2015/4/28 | 21838 | 50.59 | 1,104,799.00 |
| 2014/12/23 | 1800 | 53 | 95,400.00 | 2015/4/27 | 5396 | 50.7 | 273,604.00 |
| 2014/12/22 | 500 | 52.8 | 26,400.00 | 2015/4/24 | 12521 | 50.28 | 629,590.00 |
| 2014/12/19 | 1500 | 52.93 | 79,400.00 | 2015/4/23 | 4894 | 50.83 | 248,775.20 |
| 2014/12/18 | 2700 | 52.31 | 141,250.00 | 2015/4/22 | 539 | 50 | 26,950.00 |
| 2014/12/17 | 1800 | 52.5 | 94,500.00 | 2015/4/21 | 4817 | 51.58 | 248,449.00 |
| 2015/1/23 | 1600 | 54.56 | 87,290.00 | 2015/4/20 | 10 | 51 | 510 |
| 2015/1/22 | 11500 | 52.22 | 600,500.00 | 2015/4/17 | 2600 | 51 | 132,600.00 |
| 2015/1/20 | 2000 | 38 | 76,000.00（林业碳汇） | 2015/4/16 | 3200 | 50.8 | 162,560.00 |
| 2015/1/21 | 1000 | 38 | 38,000.00（林业碳汇） | 2015/4/15 | 8350 | 50.71 | 423,435.00 |
| 2015/4/4 | 3000 | 50. | 152,70000 | 2015/629 | 29177 | 39.47 | 1,151,527.50 |
| 2015/4/13 | 8782 | 51.14 | 449,101.20（BEA） | 2015/6/26 | 11000 | 40.66 | 447,250.00 |
| 2015/4/13 | 727 | 48 | 34,896.00（林业碳汇） | 2015/11/19 | 100 | 42 | 4,200.00（BEA） |
| 2015/4/10 | 490 | 52 | 25,480.00 | 2015/11/9 | 500 | 40 | 20,000.00（BEA） |
| 2015/4/9 | 1000 | 52 | 52,000.00 | 2015/11/6 | 500 | 41 | 20,500.00（BEA） |
| 2015/5/21 | 11393 | 46.98 | 535,208.70 | 2015/11/5 | 120 | 43 | 5,160.00（BEA） |
| 2015/5/20 | 16713 | 47.35 | 791,386.00 | 2015/10/30 | 100 | 45 | 4,500（BEA） |
| 2015/5/19 | 4100 | 45.8 | 187,780.00 | 2015/10/22 | 105 | 44.5 | 4,672.00（BEA） |
| 2015/5/18 | 9426 | 48.35 | 455,771.50 | 2015/10/14 | 100 | 43 | 4,300.00（BEA） |
| 2015/5/15 | 20747 | 48.1 | 997,979.40 | 2015/10/9 | 145 | 41.09 | 5,958.00（BEA） |
| 2015/5/14 | 8015 | 47.68 | 382,174.00 | 2015/9/28 | 200 | 39.7 | 7,940.00（BEA） |
| 2015/5/13 | 5000 | 48.6 | 243,000.00 | 2015/9/21 | 120 | 43 | 5,160.00（BEA） |
| 2015/5/12 | 5600 | 47.83 | 267,840.00 | 2015/9/14 | 8500 | 46.5 | 395,250.00（BEA） |

| 日期 | 成交量（吨） | 成交均价（元／吨） | 成交额（元） | 日期 | 成交量（吨） | 成交均价（元／吨） | 成交额（元） |
|---|---|---|---|---|---|---|---|
| 2015/5/11 | 15834 | 50.15 | 794,131.80 | 2015/9/10 | 100 | 45 | 4,500.00 |
| 2015/5/8 | 1560 | 50.2 | 78,312.00 | 2015/9/9 | 8600 | 45.76 | 393,500.00（BEA） |
| 2015/5/7 | 2938 | 49.95 | 146,746.20 | 2015/8/27 | 21 | 49.14 | 1,032.00（BEA） |
| 2015/5/6 | 2605 | 50.46 | 131,442.00 | 2015/8/25 | 1 | 60 | 60.00（BEA） |
| 2015/5/5 | 1800 | 50.11 | 90,200.00 | 2015/12/31 | 193 | 40.52 | 7,820.00（BEA） |
| 2015/5/4 | 16706 | 50.17 | 838,059.00 | 2015/12/30 | 2900 | 37.8 | 109,620.00（BEA） |
| 2015/4/30 | 6801 | 50.45 | 343,141.00 | 2015/12/28 | 5400 | 37 | 199,800.00（BEA） |
| 2015/6/5 | 1197 | 36 | 43,092（林业碳汇） | 2015/12/24 | 693 | 37.39 | 25,913.00（BEA） |
| 2015/6/5 | 49442 | 46.39 | 2,293,520.10（BEA） | 2015/12/22 | 400 | 35.5 | 14,200.00（BEA） |
| 2015/6/5 | 2083 | 20.23 | 42,145.00（CCER） | 2015/12/21 | 150 | 35 | 5,250.00（BEA） |
| 2015/6/4 | 69058 | 46.36 | 3,201,659.80（BEA） | 2015/12/17 | 1500 | 30 | 45,000.00（林业碳汇） |
| 2015/6/4 | 1479 | 18 | 26,622.00（CCER） | 2015/12/16 | 1800 | 38.83 | 69,900.00（BEA） |
| 2015/6/3 | 18117 | 46.88 | 849,240.90（BEA） | 2015/12/8 | 150 | 39 | 5,850.00（BEA） |
| 2015/6/2 | 16798 | 46.55 | 781,895.30（BEA） | 2015/12/7 | 250 | 33.6 | 8,400.00（BEA） |
| 2015/6/2 | 850 | 22 | 18,700（CCER） | 2015/12/2 | 120 | 40 | 4,800.00（BEA） |
| 2015/6/1 | 43334 | 46.79 | 2,027,607.60 | 2015/11/27 | 2950 | 33.6 | 99,120.00（BEA） |
| 2015/5/29 | 56295 | 46.76 | 2,632,406.60 | 2015/11/26 | 150 | 41.5 | 6,225.00（BEA） |
| 2015/5/28 | 12667 | 46.87 | 593,748.90 | 2016/1/7 | 1 | 53.6 | 53.60（BEA） |
| 2015/5/27 | 46359 | 47.22 | 2,188,935.10 | 2016/1/5 | 5900 | 44.7 | 263,730.00（BEA） |
| 2015/5/26 | 25317 | 47.76 | 1,209,076.00 | 2016/2/29 | 400 | 38 | 15,200.00（BEA） |
| 2015/5/25 | 21718 | 46.57 | 1,011,327.50 | 2016/2/26 | 8000 | 33.65 | 269,200.00（BEA） |
| 2015/5/22 | 11830 | 47.39 | 560,673.40 | 2016/2/25 | 1000 | 37.4 | 37,400（BEA） |
| 2015/6/25 | 19944 | 38.83 | 774,473.00 | 2016/2/22 | 5000 | 37.4 | 187,000.00（BEA） |
| 2015/6/19 | 9824 | 40.39 | 396,839.50 | 2016/2/19 | 5000 | 37.4 | 187,000.00（BEA） |
| 2015/6/18 | 16450 | 41.22 | 678,133.90 | 2016/2/17 | 1 | 46.7 | 46.70（BEA） |
| 2015/6/17 | 7170 | 45.9 | 329,105.00 | 2016/2/15 | 101 | 39 | 3,939.40（BEA） |
| 2015/6/16 | 951 | 40 | 38,040.00 | 2016/2/5 | 1700 | 32.8 | 55,760.00（BEA） |
| 2015/6/15 | 100 | 30.1 | 3,010.00（林业碳汇） | 2016/2/1 | 110 | 41.01 | 4,511.00（BEA） |
| 2015/6/15 | 43672 | 41.07 | 1,793,681.20（BEA） | 2016/1/26 | 100 | 38.9 | 3,890.00（BEA） |
| 2015/6/12 | 56827 | 41.66 | 2,367,629.70 | 2016/1/25 | 4350 | 32.4 | 140,940.00（BEA） |

| 日期 | 成交量（吨） | 成交均价（元/吨） | 成交额（元） | 日期 | 成交量（吨） | 成交均价（元/吨） | 成交额（元） |
|---|---|---|---|---|---|---|---|
| 2015/6/12 | 1000 | 16.5 | 16,500（CCER） | 2016/1/21 | 115 | 40.47 | 4,654.50（BEA） |
| 2015/6/11 | 57908 | 43.5 | 2,519,273.90（BEA） | 2016/1/18 | 1150 | 37.74 | 43,400.00（BEA） |
| 2015/6/11 | 1340 | 33.18 | 44,460.00（CCER） | 2016/1/15 | 300 | 35 | 10,500.00（BEA） |
| 2015/6/10 | 72380 | 44.16 | 3,196,181.80 | 2016/1/14 | 31 | 43.69 | 1,354.30（BEA） |
| 2015/6/9 | 60014 | 46.51 | 2,790,980.80（BEA） | 2016/3/25 | 1451 | 37.75 | 54,774.10 |
| 2015/6/8 | 36393 | 45.87 | 1,669,514.00（BEA） | 2016/3/24 | 25142 | 36.79 | 925,031.60（BEA） |
| 2015/6/8 | 1034 | 18.57 | 19,204.50（CCER） | 2016/3/23 | 209 | 37.2 | 7,774.80（BEA） |
| 2015/8/24 | 1 | 50 | 50.00（BEA） | 2016/3/22 | 3 | 46.47 | 139.40（BEA） |
| 2015/8/20 | 110 | 42 | 4,620.00（BEA） | 2016/3/18 | 300 | 47 | 14,100.00（BEA） |
| 2015/8/19 | 1 | 50 | 50.00（BEA） | 2016/3/17 | 7000 | 40.41 | 282,900.00（BEA） |
| 2015/8/14 | 110 | 41.68 | 4,585.00 | 2016/3/16 | 260 | 50.2 | 13,052.00（BEA） |
| 2015/8/10 | 85 | 41.88 | 3,559.50 | 2016/3/11 | 300 | 51 | 15,300.00（BEA） |
| 2015/8/4 | 110 | 41.73 | 4,590.00 | 2016/3/10 | 256 | 48.2 | 12,339.20（BEA） |
| 2015/7/31 | 70 | 42 | 2,940.00 | 2016/3/9 | 200 | 46 | 9,200（BEA） |
| 2015/7/23 | 91 | 41.91 | 3,814.00（BEA） | 2016/3/8 | 200 | 41.5 | 8,300（BEA） |
| 2015/7/21 | 100 | 42 | 4,200.00（BEA） | 2016/3/4 | 4850 | 34.64 | 167,980.00（BEA） |
| 2015/7/16 | 23 | 42 | 966.00（BEA） | 2016/3/3 | 100 | 39 | 3,900.00（BEA） |
| 2015/7/8 | 1000 | 35 | 35,000.00（BEA） | 2016/3/2 | 9000 | 32.56 | 293,000.00（BEA） |
| 2015/7/3 | 1152 | 38.9 | 44,812.80（BEA） | 2016/3/1 | 6540 | 33.29 | 217,692.00（BEA） |
| 2015/7/3 | 527 | 37 | 19,499.00（林业碳汇） | 2016/4/19 | 87761 | 36.82 | 3,231,385.70（BEA） |
| 2016/4/8 | 4508 | 33.6 | 151,26.80（BEA） | 016/5/27 | 74068 | 52.19 | 3,865,955.70（BEA） |
| 2016/4/15 | 2600 | 38.3 | 99,580.00（BEA） | 2016/6/25 | 17435 | 55.79 | 972,647.00（BEA） |
| 2016/4/14 | 7787 | 36.89 | 287,240.90（BEA） | 2016/6/24 | 19246 | 54.77 | 1,054,144.80（BEA） |
| 2016/4/12 | 7682 | 38.38 | 294,827.80（BEA） | 2016/6/23 | 21672 | 54 | 1,170,231.00（BEA） |
| 2016/4/11 | 1619 | 34.5 | 55,855.50（BEA） | 2016/6/22 | 71338 | 53.06 | 3,784,904.60（BEA） |
| 2016/4/8 | 1800 | 43.13 | 77,640（BEA） | 2016/6/21 | 37963 | 54.71 | 2,077,079.60（BEA） |
| 2016/4/7 | 16034 | 39.96 | 640,660.80（BEA） | 2016/6/20 | 12955 | 53.66 | 695,101.00（BEA） |
| 2016/4/6 | 1510 | 38.99 | 58,872.00（BEA） | 2016/6/19 | 8625 | 52.83 | 455,625.00（BEA） |
| 2016/4/5 | 100 | 48.7 | 4,870.00（BEA） | 2016/6/18 | 8980 | 51.19 | 459,698.80（BEA） |
| 2016/4/1 | 100 | 40.7 | 4,070.00（BEA） | 2016/6/17 | 52022 | 50.21 | 2,611,793.00（BEA） |

| 日期 | 成交量（吨） | 成交均价（元／吨） | 成交额（元） | 日期 | 成交量（吨） | 成交均价（元／吨） | 成交额（元） |
|---|---|---|---|---|---|---|---|
| 2016/3/31 | 32320 | 33.94 | 1,029,104.00（BEA） | 2016/6/16 | 46075 | 48.68 | 2,242,912.40（BEA） |
| 2016/3/30 | 1191 | 33.99 | 40,478.80（BEA） | 2016/6/15 | 47456 | 45.67 | 2,167,198.20（BEA） |
| 2016/3/29 | 29949 | 39.97 | 1,196,934.80（BEA） | 2016/6/14 | 129272 | 50.83 | 6,571,130.60（BEA） |
| 2016/3/28 | 6410 | 36.91 | 236,624.00（BEA） | 2016/6/13 | 152 | 22 | 3,344.00（CCER） |
| 2016/5/12 | 18500 | 49.71 | 919,672.00（BEA）） | 2016/6/13 | 120421 | 51.16 | 6,160,916.90（BEA） |
| 2016/5/11 | 65283 | 46.15 | 3,013,021.50（BEA） | 2016/6/12 | 121208 | 50.73 | 6,148,783.10（BEA） |
| 2016/5/10 | 1448 | 19 | 227,512.00（CCER） | 2016/7/19 | 1 | 42.9 | 42.90（BEA） |
| 2016/5/10 | 4463 | 46.37 | 206,929.00（BEA） | 2016/7/18 | 3800 | 53.56 | 203,520.00（BEA） |
| 2016/5/9 | 12096 | 47.32 | 572,429.40（BEA） | 2016/7/13 | 82 | 53 | 4,346.00（BEA） |
| 2016/5/6 | 390 | 18 | 7,020.00（CCER） | 2016/7/12 | 2350 | 52.46 | 123,270.00（BEA） |
| 2016/5/6 | 18754 | 44.57 | 835,944.00（BEA） | 2016/7/11 | 97 | 53 | 5,141.00（BEA） |
| 2016/5/5 | 10234 | 45.09 | 461,454.00（BEA） | 2016/7/7 | 51 | 52.84 | 2,694.60（BEA） |
| 2016/5/4 | 10370 | 51.02 | 529,118.00（BEA） | 2016/7/6 | 6452 | 49.5 | 319,362.40（BEA） |
| 2016/5/3 | 400 | 49.2 | 19,680.00（BEA） | 2016/7/6 | 6452 | 49.5 | 319,362.40（BEA） |
| 2016/4/29 | 1900 | 49.7 | 94,430.00（BEA） | 2016/7/4 | 79 | 47.35 | 3,740.90（BEA） |
| 2016/4/28 | 7000 | 50.86 | 356,000.00（BEA） | 2016/7/1 | 101 | 44.87 | 4,531.60（BEA） |
| 2016/4/25 | 90 | 47.5 | 4,275.00（BEA） | 2016/6/30 | 2077 | 39.45 | 81,932.40（BEA） |
| 2016/4/21 | 3340 | 39.94 | 133.416.00（BEA） | 2016/6/29 | 32282 | 47.53 | 1,534,473.70（BEA） |
| 2016/4/20 | 120 | 43.9 | 5,268.00（BEA） | 2016/6/28 | 16053 | 52.13 | 836,908.50（BEA） |
| 2016/5/26 | 41557 | 52.2 | 2,169,194.90（BEA） | 2016/6/27 | 7646 | 55.55 | 424,729.00（BEA） |
| 2016/5/25 | 65351 | 51.99 | 3,397,581.40（BEA） | 2016/6/26 | 4041 | 64.42 | 260,323.20（BEA） |
| 2016/5/24 | 3460 | 10.05 | 34,786.50（CCER） | 2016/8/9 | 48 | 53.5 | 2,568.00（BEA） |
| 2016/5/24 | 18261 | 50.39 | 920,141.90（BEA） | 2016/8/8 | 52 | 53 | 2,756.00（BEA） |
| 2016/5/23 | 127317 | 47.44 | 6,039,684.80（BEA） | 2016/8/5 | 50 | 53.8 | 2,690.00（BEA） |
| 2016/5/20 | 1000 | 18 | 18,000.00（CCER） | 2016/8/4 | 146 | 53.34 | 7,787.60（BEA） |
| 2016/5/20 | 68293 | 41.96 | 2,865,608.50（BEA） | 2016/8/3 | 138 | 53.34 | 7,360.80（BEA） |
| 2016/5/19 | 13523 | 42.11 | 569,396.30（BEA） | 2016/8/2 | 195 | 53.06 | 10,346.80（BEA） |
| 2016/5/18 | 15349 | 53.05 | 814,214.40（BEA） | 2016/8/1 | 61 | 53.33 | 3,253.10（BEA） |
| 2016/5/17 | 5391 | 10.63 | 57,320.00（CCER） | 2016/7/29 | 73 | 53.94 | 3,937.90（BEA） |
| 2016/5/17 | 23757 | 51.98 | 1,234,845.80（BEA） | 2016/7/28 | 111 | 53.41 | 5,928.00（BEA） |

| 日期 | 成交量（吨） | 成交均价（元/吨） | 成交额（元） | 日期 | 成交量（吨） | 成交均价（元/吨） | 成交额（元） |
|---|---|---|---|---|---|---|---|
| 2016/5/16 | 1975 | 23.28 | 45,978.80（CCER） | 2016/7/27 | 151 | 53.73 | 8,113.10（BEA） |
| 2016/5/16 | 25642 | 50.96 | 1,306,672.00（BEA） | 2016/7/26 | 177 | 53.94 | 9,547.00（BEA） |
| 2016/5/13 | 52270 | 51.29 | 2,680,795.80（BEA） | 2016/7/25 | 157 | 53.83 | 8,451.40（BEA） |
| 2016/5/13 | 6169 | 18 | 111,038.00（CCER） | 2016/7/22 | 171 | 53.73 | 9187.10（BEA） |
| 2016/6/8 | 113015 | 50.94 | 5,756,672.00（BEA） | 2016/7/21 | 191 | 53.93 | 10301.10（BEA） |
| 2016/6/7 | 1566 | 12 | 18,792（CCER） | 2016/7/20 | 231 | 51.43 | 11,879.30（BEA） |
| 2016/6/7 | 114270 | 50.25 | 5,742,224.80（BEA） | 2016/8/30 | 62 | 52.6 | 3,261.20（BEA） |
| 2016/6/6 | 1100 | 18 | 19,800.00（CCER） | 2016/8/29 | 1500 | 52 | 78,000.00（BEA） |
| 2016/6/6 | 92382 | 52.03 | 4,806,460.00（BEA） | 2016/8/26 | 58 | 52.6 | 3050.80（BEA） |
| 2016/6/3 | 62126 | 51.42 | 3,194,807.40（BEA） | 2016/8/25 | 60 | 54 | 3240.00（BEA） |
| 2016/6/2 | 5 | 12.7 | 63.50（CCER） | 2016/8/24 | 16514 | 53.78 | 888,109.80（BEA） |
| 2016/6/2 | 84104 | 50.64 | 4,259,336.70（BEA） | 2016/8/23 | 60 | 52.9 | 3,174.00（BEA） |
| 2016/6/1 | 314 | 28 | 8,792.00（CCER） | 2016/8/22 | 55 | 52.6 | 2,893.00（BEA） |
| 2016/6/1 | 62685 | 53.38 | 3,346,131.60（BEA） | 2016/6/23 | 21672 | 54 | 1,170,231.00（BEA） |
| 2016/5/31 | 42143 | 51 | 2,149,090.90（BEA） | 2016/6/22 | 71338 | 53.06 | 3,784,904.60（BEA） |
| 2016/5/30 | 429 | 9.8 | 4,204.20（CCER） | 2016/6/21 | 37963 | 54.71 | 2,077,079.60（BEA） |
| 2016/5/30 | 52198 | 51.16 | 2,670,556.00（BEA） | 2016/6/20 | 12955 | 53.66 | 695,101.00（BEA） |
| 2016/5/27 | 429 | 11 | 4,719.00（CCER） | 2016/8/19 | 56 | 53 | 2,968.00（BEA） |
| 2016/8/8 | 64 | 53.2 | , 404.80（EA） | 2017//5 | 29108 | 48.88 | 1422,742.00（BEA） |
| 2016/8/17 | 18744 | 47.17 | 884,083.20（BEA） | 2017/1/4 | 3004 | 44.3 | 133,077.20（BEA） |
| 2016/8/16 | 1650 | 44 | 72,600.00（BEA） | 2017/1/3 | 9160 | 51.36 | 470,416.00（BEA） |
| 2016/8/15 | 2371 | 54.98 | 130,366.20（BEA） | 2016/12/30 | 16 | 55.4 | 886.40（BEA） |
| 2016/8/12 | 167 | 54.73 | 9,140.60（BEA） | 2016/12/29 | 8 | 54.2 | 433.60（BEA） |
| 2016/8/11 | 27 | 52.8 | 1,425.60（BEA） | 2016/12/27 | 120 | 53.3 | 6,396.00（BEA） |
| 2016/8/10 | 50 | 53.1 | 2,655.00（BEA） | 2016/12/26 | 90 | 53.33 | 4,800.00（BEA） |
| 2016/10/11 | 360 | 50.48 | 18,174.00（BEA） | 2016/12/21 | 72 | 52.3 | 3,765.60（BEA） |
| 2016/10/10 | 56 | 52.4 | 2,934.40（BEA） | 2016/12/20 | 670 | 48.85 | 32,730.00（BEA） |
| 2016/9/30 | 56 | 53 | 2,968.00（BEA） | 2017/1/19 | 5796 | 50.25 | 291,227.60（BEA） |
| 2016/9/28 | 60 | 52.1 | 3,126.00（BEA） | 2017/1/18 | 14530 | 52.17 | 758,000.00（BEA） |
| 2016/9/27 | 62 | 52.6 | 3,261.20（BEA） | 2017/1/17 | 5320 | 50.88 | 270,666.00（BEA） |

| 日期 | 成交量（吨） | 成交均价（元/吨） | 成交额（元） | 日期 | 成交量（吨） | 成交均价（元/吨） | 成交额（元） |
|---|---|---|---|---|---|---|---|
| 2016/9/23 | 300 | 50 | 15,000.00（BEA） | 2017/1/16 | 1200 | 49.5 | 59,400.00（BEA） |
| 2016/9/20 | 57 | 52.95 | 3,018.00（BEA） | 2017/1/11 | 6 | 49.5 | 297.00（BEA） |
| 2016/9/19 | 58 | 53.8 | 3,120.40（BEA） | 2017/1/6 | 6 | 50.5 | 303.00（BEA） |
| 2016/9/12 | 60 | 53.6 | 3,216.00（BEA） | 2017/1/5 | 29108 | 48.88 | 1422,742.00（BEA） |
| 2016/9/7 | 58 | 53 | 3,074.00（BEA） | 2017/1/4 | 3004 | 44.3 | 133,077.20（BEA） |
| 2016/9/6 | 1500 | 55.3 | 82,950.00（BEA） | 2017/1/3 | 9160 | 51.36 | 470,416.00（BEA） |
| 2016/9/5 | 56 | 52.2 | 2,923.20（BEA） | 2017/2/28 | 8068 | 54.98 | 443,556.40（BEA） |
| 2016/9/2 | 60 | 53 | 3,180.00（BEA） | 2017/2/27 | 2 | 55 | 110.00（BEA） |
| 2016/9/1 | 110 | 53.18 | 5.850.00（BEA） | 2017/2/22 | 11 | 51.73 | 569.00（BEA） |
| 2016/8/31 | 84 | 52.1 | 4,376.40（BEA） | 2017/2/21 | 68 | 50.57 | 3,438.70（BEA） |
| 2016/11/15 | 5400 | 49.83 | 269,080.00（BEA） | 2017/2/20 | 58 | 51.46 | 2,984.40（BEA） |
| 2016/11/14 | 64 | 50.2 | 3,212.80（BEA） | 2017/2/16 | 56 | 52.3 | 2,928.80（BEA） |
| 2016/11/11 | 58 | 51.1 | 2,963.80（BEA） | 2017/2/15 | 40 | 61.6 | 2,464.00（BEA） |
| 2016/11/9 | 66 | 50.6 | 3,339.60（BEA） | 2017/2/13 | 70 | 51.26 | 3,588.00（BEA） |
| 2016/11/7 | 66 | 51.2 | 3,379.20（BEA） | 2017/2/10 | 64 | 51.2 | 3,276.80（BEA） |
| 2016/11/4 | 64 | 51.6 | 3,302.40（BEA） | 2017/2/7 | 105 | 50.06 | 5,256.00（BEA） |
| 2016/11/3 | 1123 | 49.68 | 55,793.80（BEA） | 2017/2/3 | 98 | 51 | 4,998.00（BEA） |
| 2016/11/2 | 62 | 50.8 | 3,149.60（BEA） | 2017/1/26 | 3100 | 50.35 | 156,100.00（BEA） |
| 2016/10/31 | 62 | 52 | 3,224.00（BEA） | 2017/1/25 | 260 | 50.8 | 13,208.00（BEA） |
| 2016/10/27 | 62 | 52.1 | 3,230.20（BEA） | 2017/1/24 | 9500 | 49.21 | 467,500.00（BEA） |
| 2016/10/26 | 58 | 52.6 | 3050.80（BEA） | 2017/1/23 | 16012 | 48.66 | 779,120.00（BEA） |
| 2016/10/25 | 106 | 53.2 | 5,639.20（BEA） | 2017/3/29 | 21286 | 52.4 | 1,115,375.20（BEA） |
| 2016/10/18 | 52 | 51.3 | 2,667.60（BEA） | 2017/3/28 | 1900 | 52.24 | 99,260.00（BEA） |
| 2016/10/17 | 54 | 53.1 | 2,867.40（BEA） | 2017/3/27 | 40487 | 51.71 | 2,093,752.40（BEA） |
| 2016/10/13 | 62 | 51.8 | 3,211.60（BEA） | 2017/3/24 | 1000 | 8 | 8,000.00（CCER） |
| 2016/12/15 | 58 | 51.8 | 3,004.40（BEA） | 2017/3/24 | 3200 | 51.47 | 164,700.00（BEA） |
| 2016/12/14 | 66 | 51.9 | 3,425.40（BEA） | 2017/3/23 | 50 | 10 | 500.00（CCER） |
| 2016/12/13 | 56 | 52.3 | 2,928.80（BEA） | 2017/3/17 | 92 | 51.9 | 4,774.80（BEA） |
| 2016/12/9 | 60 | 50.5 | 3,030.00（BEA） | 2017/3/16 | 64 | 53.3 | 3,411.20（BEA） |
| 2016/12/7 | 56 | 52.6 | 2,945.60（BEA） | 2017/3/15 | 86 | 52.6 | 4,523.60（BEA） |

| 日期 | 成交量（吨） | 成交均价（元/吨） | 成交额（元） | 日期 | 成交量（吨） | 成交均价（元/吨） | 成交额（元） |
|---|---|---|---|---|---|---|---|
| 2016/12/6 | 54 | 54.2 | 2,926.80（BEA） | 2017/3/14 | 3700 | 51.83 | 191,760.00（BEA） |
| 2016/12/2 | 16000 | 56.5 | 904,000.00（BEA） | 2017/3/10 | 2500 | 50.96 | 127,400.00（BEA） |
| 2016/12/1 | 303 | 61.22 | 18,550.40（BEA） | 2017/3/9 | 7920 | 48.98 | 387,957.00（BEA） |
| 2016/11/30 | 8180 | 51.99 | 425,302.40（BEA） | 2017/3/8 | 58 | 51.4 | 2,981.20（BEA） |
| 2016/11/29 | 460 | 69 | 31,740.00（BEA） | 2017/3/7 | 18000 | 52.3 | 941,400.00（BEA） |
| 2016/11/28 | 580 | 60.2 | 34,916.00（BEA） | 2017/3/6 | 82 | 52.3 | 4,288.60（BEA） |
| 2016/11/25 | 62 | 50.2 | 3,112.40（BEA） | 2017/4/21 | 25116 | 49.16 | 1,234,691.60（BEA） |
| 2016/11/23 | 3212 | 50.84 | 163,292.00（BEA） | 2017/4/20 | 50 | 10 | 500.00（CCER） |
| 2016/11/22 | 58 | 50.8 | 2,946.40（BEA） | 2017/4/20 | 33745 | 50 | 1,687,407.50（BEA） |
| 2016/11/16 | 1950 | 49.54 | 96,610.00（BEA） | 2017/4/19 | 13250 | 51.12 | 677,350.00（BEA） |
| 2017/1/19 | 5796 | 50.25 | 291,227.60（BEA） | 2017/4/18 | 15141 | 53.8 | 814,651.90（BEA） |
| 2017/1/18 | 14530 | 52.17 | 758,000.00（BEA） | 2017/4/17 | 1210 | 52.81 | 63,903.00（BEA） |
| 2017/1/17 | 5320 | 50.88 | 270,666.00（BEA） | 2017/4/14 | 4550 | 52.85 | 240,490.00（BEA） |
| 2017/1/16 | 1200 | 49.5 | 59,400.00（BEA） | 2017/4/13 | 38459 | 49.66 | 1,909,940.00（BEA） |
| 2017/1/11 | 6 | 49.5 | 297.00（BEA） | 2017/4/12 | 37477 | 47.83 | 1,792,593.00（BEA） |
| 2017/1/6 | 6 | 50.5 | 303.00（BEA） | 2017/4/11 | 26285 | 47.17 | 1,239,866.50（BEA） |
| 2017/4/0 | 228 | 52.5 | 11,991.0（BEA） | | | | |
| 2017/4/7 | 3000 | 53.52 | 160,550.00（BEA） | 2017/6/22 | 3292 | 51.14 | 168,343.60（BEA） |
| 2017/4/6 | 17970 | 53.09 | 954,094.00（BEA） | 2017/6/21 | 20 | 20 | 400.00（林业碳汇） |
| 2017/4/5 | 1100 | 53 | 58,350.00（BEA） | 2017/6/21 | 9249 | 51.35 | 474,955.70（BEA） |
| 2017/3/30 | 4100 | 52.14 | 213,790.00（BEA） | 2017/6/20 | 19467 | 51.39 | 1,000,361.60（BEA） |
| 2017/5/12 | 12855 | 51.09 | 656,771.00（BEA） | 2017/6/19 | 6216 | 51.15 | 317,966.40（BEA） |
| 2017/5/11 | 20596 | 50.19 | 1,033,767.20（BEA） | 2017/6/15 | 52333 | 56.63 | 2,963,821.90（BEA） |
| 2017/5/10 | 2910 | 47.72 | 138,858.00（BEA） | 2017/6/14 | 46970 | 52.55 | 2,468,332.80（BEA） |
| 2017/5/8 | 2000 | 52.32 | 104,640.00（BEA） | 2017/6/13 | 122042 | 51.33 | 6,264,216.10（BEA） |
| 2017/5/5 | 1316 | 14 | 18,424.00（CCER） | 2017/6/12 | 80504 | 51.22 | 4,123,161.60（BEA） |
| 2017/5/5 | 17342 | 50.29 | 872,187.70（BEA） | 2017/6/11 | 21109 | 50.6 | 1,068,128.50（BEA） |
| 2017/5/4 | 100 | 13 | 1,300.00（CCER） | 2017/6/10 | 22420 | 51.8 | 1,161,251.40（BEA） |
| 2017/5/4 | 10993 | 51.76 | 568,971.60（BEA） | 2017/8/10 | 3188 | 48.53 | 154,719.20（BEA） |
| 2017/5/3 | 7001 | 51.54 | 360,839.60（BEA） | 2017/8/9 | 100 | 23.3 | 2330.00（CCER） |

| 日期 | 成交量（吨） | 成交均价（元/吨） | 成交额（元） | 日期 | 成交量（吨） | 成交均价（元/吨） | 成交额（元） |
|---|---|---|---|---|---|---|---|
| 2017/5/2 | 11580 | 50.36 | 583,200.00（BEA） | 2017/8/9 | 2 | 46.2 | 92.40（BEA） |
| 2017/4/28 | 21346 | 49.98 | 1,066,955.20（BEA） | 2017/8/8 | 1460 | 48 | 70.074.00（BEA） |
| 2017/4/27 | 39035 | 49.46 | 1,930,531.70（BEA） | 2017/7/28 | 27000 | 50.97 | 1,376,300.00（BEA） |
| 2017/4/26 | 122968 | 44.96 | 5,528,479.20（BEA） | 2017/7/27 | 30003 | 50.6 | 1,518,182.10（BEA） |
| 2017/4/25 | 32279 | 42.35 | 1,367,117.90（BEA） | 2017/7/19 | 2 | 50.6 | 101.20（BEA） |
| 2017/4/24 | 12500 | 51.16 | 639,500.00（BEA） | 2017/7/12 | 2137 | 49.98 | 106,809.10（BEA） |
| 2017/5/26 | 940 | 24 | 22,560.00（林业碳汇） | 2017/7/7 | 7206 | 50.6 | 364,623.60（BEA） |
| 2017/5/26 | 99040 | 52.81 | 5,230,709.00（BEA） | 2017/7/4 | 200 | 5.2 | 1,040.00（CCER） |
| 2017/5/25 | 4418 | 6.95 | 30,706.00（CCER） | 2017/7/4 | 1401 | 50.56 | 70,841.40（BEA） |
| 2017/5/25 | 122883 | 52.58 | 6,461,513.90（BEA） | 2017/7/3 | 1373 | 50.51 | 69,354.80（BEA） |
| 2017/5/24 | 21899 | 19 | 416,081.00（CCER） | 2017/6/30 | 6493 | 50.33 | 326,784.10（BEA） |
| 2017/5/24 | 37219 | 51.28 | 1,908,760.00（BEA） | 2017/6/29 | 3004 | 51.11 | 153,545.20（BEA） |
| 2017/5/23 | 2572 | 13.84 | 35,604.00（CCER） | 2017/6/28 | 10107 | 51.11 | 516,529.80（BEA） |
| 2017/5/23 | 41216 | 50.01 | 2,061,306.00（BEA） | 2017/11/3 | 1000 | 40.6 | 40,600.00（BEA） |
| 2017/5/22 | 16607 | 50.63 | 840,765.60（BEA） | 2017/10/30 | 7400 | 50.65 | 374,810.00（BEA） |
| 2017/5/19 | 40398 | 51.03 | 2,061,493.50（BEA） | 2017/10/27 | 401 | 56.38 | 22,609.30（BEA） |
| 2017/5/18 | 8162 | 55.56 | 453,503.60（BEA） | 2017/10/13 | 100 | 49.1 | 4,910.00（BEA） |
| 2017/5/17 | 8507 | 59.78 | 508,584.20（BEA） | 2017/10/12 | 3 | 40.9 | 122.70（BEA） |
| 2017/5/16 | 508 | 15.9 | 8,077.20（CCER） | 2017/10/11 | 4000 | 28.7 | 114,800.00（CCER） |
| 2017/5/16 | 36318 | 50.75 | 1,843,214.40（BEA） | 2017/10/11 | 2764 | 51.13 | 141,331.20（BEA） |
| 2017/5/15 | 11500 | 51.79 | 595,600.00（BEA） | 2017/9/26 | 104 | 51 | 5,304.00（BEA） |
| 2017/6/9 | 126633 | 47.55 | 6,021,921.60（BEA） | 2017/8/28 | 1001 | 22.1 | 22,122.10（CCER） |
| 2017/6/8 | 115860 | 49.93 | 5,784,845.60（BEA） | 2017/8/28 | 2 | 51 | 102.00（BEA） |
| 2017/6/7 | 1267 | 4 | 5,068.00（CCER） | 2017/8/18 | 1200 | 22.83 | 27,400.00（CCER） |
| 2017/6/7 | 94837 | 48.56 | 4,605,394.10（BEA） | 2017/8/17 | 100 | 23 | 2,300.00（CCER） |
| 2017/6/6 | 867 | 5 | 4,335.00（CCER） | 2017/8/16 | 202 | 49.1 | 9917.60（BEA） |
| 2017/6/6 | 154960 | 46.71 | 7,238,609.60（BEA） | 2017/8/15 | 100 | 39.4 | 3,940.00（CCER） |
| 2017/6/5 | 1672 | 4.94 | 8,252.20（CCER） | 2017/8/11 | 3 | 49 | 147.00（BEA） |
| 2017/6/5 | 539 | 25 | 13,475.00（林业碳汇） | 2017/12/29 | 15 | 54 | 810.00（BEA） |
| 2017/6/5 | 72801 | 46.62 | 3,393,862.20（BEA） | 2017/11/17 | 9100 | 57.71 | 525,160.00（BEA） |

| 日期 | 成交量（吨） | 成交均价（元/吨） | 成交额（元） | 日期 | 成交量（吨） | 成交均价（元/吨） | 成交额（元） |
|---|---|---|---|---|---|---|---|
| 2017/6/2 | 12000 | 5.4 | 64,800.00（CCER） | 2017/11/16 | 200 | 54.5 | 10,900.00（BEA） |
| 2017/6/2 | 80173 | 46.81 | 3,752,861.50（BEA） | 2017/11/15 | 200 | 51.5 | 10,300.00（BEA） |
| 2017/6/1 | 27733 | 49.43 | 1,370,933.60（BEA） | 2017/11/6 | 200 | 48.7 | 9,740.00（BEA） |
| 2017/6/1 | 11567 | 14.47 | 167,356.80（CCER） | 2018/2/5 | 1 | 56 | 56.00（BEA） |
| 2017/5/31 | 94272 | 52.53 | 4,952,504.20（BEA） | 2018/2/1 | 96 | 56.4 | 5,414.40（BEA） |
| 2017/5/26 | 3130 | 11.59 | 36,277.50（CCER） | 2018/1/31 | 140 | 58 | 8,120.00（BEA） |
| 2017/6/26 | 8345 | 51.18 | 427,092.50（BEA） | 2018/1/30 | 120 | 55 | 6,600.00（BEA） |
| 2017/6/23 | 25000 | 17.95 | 448,850.00（CCER） | 2018/1/26 | 25740 | 50.27 | 1,293,960.00（BEA） |
| 2017/6/23 | 1362 | 51.11 | 69,618.60（BEA） | 2018/1/25 | 200 | 49.6 | 9,920.00（BEA） |
| 2017/6/22 | 1031 | 18.94 | 19,529.00（林业碳汇） | 2018/1/24 | 600 | 41.3 | 24,780.00（BEA） |
| 2018/115 | 2880 | 5158 | 148,58.00（BEA） | 2018/6/21 | 21036 | 44.01 | 925,865.60（BEA） |
| 2018/1/11 | 1130 | 51.8 | 58,534.00（BEA） | 2018/6/20 | 6 | 18.2 | 109.20（CCER） |
| 2018/1/10 | 1000 | 43.2 | 43,200.00（BEA） | 2018/6/20 | 2500 | 12.1 | 30,250.00（林业碳汇） |
| 2018/4/27 | 4432 | 57.65 | 255,514.80（BEA） | 2018/6/20 | 27565 | 48.14 | 1,326,961.40（BEA） |
| 2018/4/25 | 2000 | 57.4 | 114,800.00（BEA） | 2018/6/19 | 48597 | 40.71 | 1,978,185.70（BEA） |
| 2018/4/24 | 9490 | 47.82 | 453,834.00（BEA） | 2018/6/15 | 175876 | 36.04 | 6,339,281.30（BEA） |
| 2018/4/20 | 27000 | 52.24 | 1,410,500.00（BEA） | 2018/6/14 | 1000 | 14 | 14,000.00（CCER） |
| 2018/4/19 | 2452 | 47.1 | 115,489.20（BEA） | 2018/6/14 | 263 | 34.18 | 8,989.20（BEA） |
| 2018/4/13 | 5000 | 58.92 | 294,600.00（BEA） | 2018/6/13 | 20 | 11.7 | 234.00（CCER） |
| 2018/4/12 | 7100 | 50.76 | 360,400.00（BEA） | 2018/6/13 | 23676 | 40.48 | 958,343.20（BEA） |
| 2018/4/11 | 702 | 53.39 | 37,480.00（BEA） | 2018/6/12 | 2 | 9 | 18.00（CCER） |
| 2018/3/22 | 51 | 59.3 | 3,024.30（BEA） | 2018/6/12 | 14250 | 44.9 | 639,825.00（BEA） |
| 2018/3/21 | 37 | 58.51 | 2,164.90（BEA） | 2018/6/11 | 10 | 6.9 | 69.00（CCER） |
| 2018/3/20 | 44 | 56.6 | 2,490.40（BEA） | 2018/7/5 | 3230 | 69.1 | 223,189.00（BEA） |
| 2018/3/14 | 9000 | 53.5 | 481,500.00（BEA） | 2018/7/4 | 42996 | 69.4 | 2,983,984.80（BEA） |
| 2018/2/8 | 33 | 56.2 | 1,854.60（BEA） | 2018/7/3 | 10 | 8.3 | 83.00（CCER） |
| 2018/2/7 | 1672 | 51.58 | 86,240.00（BEA） | 2018/7/3 | 16985 | 68.75 | 1,167,762.50（BEA） |
| 2018/2/6 | 8506 | 54.03 | 459,603.20（BEA） | 2018/7/2 | 10073 | 6.42 | 64,680.90（CCER） |
| 2018/5/22 | 8749 | 58.73 | 513,829.30（BEA） | 2018/7/2 | 6629 | 68.05 | 451,116.80（BEA） |
| 2018/5/21 | 11500 | 57.11 | 656,740.00（BEA） | 2018/6/29 | 1002 | 7 | 7,018.00（CCER） |

| 日期 | 成交量（吨） | 成交均价（元/吨） | 成交额（元） | 日期 | 成交量（吨） | 成交均价（元/吨） | 成交额（元） |
|---|---|---|---|---|---|---|---|
| 2018/5/18 | 1950 | 7.5 | 14,625.00（CCER） | 2018/6/29 | 13498 | 67.31 | 908,494.20（BEA） |
| 2018/5/18 | 31045 | 57.11 | 1,773,100.80（BEA） | 2018/6/28 | 63959 | 64.85 | 4,147,889.60（BEA） |
| 2018/5/17 | 44557 | 53.97 | 2,404,677.80（BEA） | 2018/6/27 | 10 | 9.8 | 98.00（CCER） |
| 2018/5/16 | 50 | 6.8 | 340.00（CCER） | 2018/6/27 | 16261 | 62.43 | 1,015,221.20（BEA） |
| 2018/5/16 | 52330 | 49.48 | 2,589,200.00（BEA） | 2018/6/26 | 10 | 14 | 140.00（CCER） |
| 2018/5/15 | 35644 | 50.02 | 1,782,841.60（BEA） | 2018/6/26 | 83836 | 59.66 | 5,001,638.80（BEA） |
| 2018/5/14 | 385 | 47 | 18,095.00（BEA） | 2018/6/25 | 45104 | 54.54 | 2,460,095.20（BEA） |
| 2018/5/11 | 6026 | 58.83 | 354,509.40（BEA） | 2018/6/22 | 565 | 9.7 | 5,480.50（林业碳汇） |
| 2018/5/10 | 18102 | 58.53 | 1,059,583.80（BEA） | 2018/7/18 | 3992 | 7.64 | 30,500.00（CCER） |
| 2018/5/9 | 8900 | 58.63 | 521,820.00（BEA） | 2018/7/18 | 119259 | 68.11 | 8,122,948.80（BEA） |
| 2018/5/7 | 14824 | 58.5 | 867,259.00（BEA） | 2018/7/17 | 61705 | 68.99 | 4,257,032.90（BEA） |
| 2018/5/4 | 14248 | 58.71 | 836,448.80（BEA） | 2018/7/16 | 46251 | 68.86 | 3,184,691.00（BEA） |
| 2018/5/3 | 20 | 58.2 | 1,164.00（BEA） | 2018/7/13 | 540 | 7 | 3,780.00（CCER） |
| 2018/6/11 | 29853 | 56.14 | 1,675,867.80（BEA） | 2018/7/13 | 450 | 11.5 | 5,175.00（林业碳汇） |
| 2018/6/8 | 400 | 15.1 | 6,040.00（林业碳汇） | 2018/7/13 | 25835 | 68.52 | 1,770,136.60（BEA） |
| 2018/6/8 | 965 | 5.3 | 5,,114.50（CCER） | 2018/7/12 | 42514 | 68.31 | 2,904,278.80（BEA） |
| 2018/6/8 | 30206 | 65.83 | 1,988,611.90（BEA） | 2018/7/11 | 1389 | 7.3 | 10,139.70（CCER） |
| 2018/6/7 | 28598 | 65.91 | 1,884,870.00（BEA） | 2018/7/11 | 68642 | 68.18 | 4,680,326.80（BEA） |
| 2018/6/6 | 32463 | 64.95 | 2,108,437.90（BEA） | 2018/7/10 | 300 | 7 | 2,100.00（CCER） |
| 2018/6/5 | 1330 | 64.07 | 85,211.00（BEA） | 2018/7/10 | 26792 | 69.1 | 1,851,312.00（BEA） |
| 2018/6/4 | 8572 | 63.42 | 543,600.00（BEA） | 2018/7/9 | 8035 | 69.23 | 556,283.40（BEA） |
| 2018/6/1 | 11600 | 62.47 | 724,600.00（BEA） | 2018/7/6 | 355 | 6.52 | 2,315.60（CCER） |
| 2018/5/31 | 21998 | 61.68 | 1,356,877.80（BEA） | 2018/7/6 | 11011 | 69.32 | 763,306.10（BEA） |
| 2018/5/30 | 14000 | 61.05 | 854,700.00（BEA） | 2018/7/30 | 300 | 12.8 | 3,840.00（林业碳汇） |
| 2018/5/28 | 32805 | 60.12 | 1,972,268.50（BEA） | 2018/7/30 | 125260 | 70.24 | 8,798,173.60（BEA） |
| 2018/5/25 | 33449 | 59.85 | 2,001,902.30（BEA） | 2018/7/27 | 63045 | 69.52 | 4,383,030.70（BEA） |
| 2018/5/24 | 500 | 59.6 | 29,,800.00（BEA） | 2018/7/26 | 800 | 16 | 12,800.00（林业碳汇） |
| 2018/5/23 | 200 | 59.2 | 11,840.00（BEA） | 2018/7/26 | 34700 | 9.5 | 329,650.00（CCER） |
| 2018/6/22 | 1400 | 20 | 28,000.00（CCER） | 2018/7/26 | 118481 | 70.11 | 8,306,199.50（BEA） |
| 2018/6/22 | 93144 | 51.01 | 4,751,587.20（BEA） | 2018/7/25 | 1504 | 9.53 | 14,340.00（CCER） |

| 日期 | 成交量（吨） | 成交均价（元/吨） | 成交额（元） | 日期 | 成交量（吨） | 成交均价（元/吨） | 成交额（元） |
|---|---|---|---|---|---|---|---|
| 2018//25 | 137773 | 69.33 | 9551,334.8（BEA） | 2018/12/3 | 3731 | 51.64 | 192,654.60（BEA） |
| 2018/7/24 | 47471 | 69.83 | 3,314,731.30（BEA） | 2018/11/30 | 401 | 50.89 | 20,405.00（BEA） |
| 2018/7/23 | 132756 | 68.09 | 9,039,020.60（BEA） | 2018/11/29 | 225 | 51.29 | 11,540.00（BEA） |
| 2018/7/20 | 4700 | 8 | 37,600.00（CCER） | 2018/11/28 | 14426 | 50.33 | 726,012.00（BEA） |
| 2018/7/20 | 66601 | 69.44 | 4,624,449.60（BEA） | 2018/11/27 | 7502 | 50.16 | 376,277.00（BEA） |
| 2018/7/19 | 387 | 13.5 | 5,224.50（林业碳汇） | 2018/11/23 | 559 | 43.59 | 24,366.80（BEA） |
| 2018/7/19 | 5881 | 9.03 | 53,123.10（CCER） | 2018/11/22 | 994 | 41.4 | 41,151.60（BEA） |
| 2018/7/19 | 52023 | 68.46 | 3,561,575.10（BEA） | 2018/11/21 | 1999 | 35 | 69,960.20（BEA） |
| 2018/9/14 | 15 | 51.2 | 768.00（BEA） | 2018/11/20 | 486 | 37.8 | 18,370.80（BEA） |
| 2018/9/6 | 9875 | 64 | 632,000.00（BEA） | 2018/11/19 | 498 | 41.3 | 20,567.40（BEA） |
| 2018/8/28 | 4305 | 69.6 | 299,632.50（BEA） | 2018/11/16 | 212 | 45.47 | 9,639.60（BEA） |
| 2018/8/22 | 2035 | 70.63 | 143,741.50（BEA） | 2018/11/15 | 8 | 47 | 376.00（BEA） |
| 2018/8/20 | 4 | 70.6 | 282.40（BEA） | 2018/11/7 | 500 | 47.1 | 23,550.00（BEA） |
| 2018/8/15 | 7010 | 70.6 | 494,937.00（BEA） | 2018/11/5 | 44000 | 49.42 | 2,174,400.00（BEA） |
| 2018/8/14 | 17310 | 70.31 | 1,217,111.00（BEA） | 2018/11/2 | 116534 | 43.9 | 5,116,179.60（BEA） |
| 2018/8/9 | 22225 | 70.71 | 1,571,557.80（BEA） | 2018/12/19 | 600 | 42 | 25,200.00（BEA） |
| 2018/8/7 | 19640 | 70.49 | 1,384,408.80（BEA） | 2018/12/18 | 300 | 9.3 | 2,790.00（林业碳汇） |
| 2018/8/6 | 100 | 70.9 | 7,090.00（BEA） | 2018/12/18 | 2500 | 42 | 105,000.00（BEA） |
| 2018/8/3 | 19117 | 70.74 | 1,352,407.70（BEA） | 2018/12/17 | 200 | 11.6 | 2,320.00（林业碳汇） |
| 2018/8/2 | 100 | 10.2 | 1,020.00（林业碳汇） | 2018/12/17 | 1559 | 49.98 | 77,915.90（BEA） |
| 2018/8/2 | 19275 | 70.12 | 1,351,561.90（BEA） | 2018/12/14 | 8450 | 14.5 | 122,525.00（林业碳汇） |
| 2018/8/1 | 17081 | 69.62 | 1,189,117.70（BEA） | 2018/12/14 | 1000 | 50.1 | 50,100.00（BEA） |
| 2018/7/31 | 30798 | 70.02 | 2,156,335.60（BEA） | 2018/12/13 | 1700 | 12.1 | 20,570.00（林业碳汇） |
| 2018/11/1 | 30497 | 43.8 | 1,335,768.60（BEA） | 2018/12/13 | 9740 | 49.09 | 478,106.00（BEA） |
| 2018/10/31 | 46996 | 51.69 | 2,429,199.20（BEA） | 2018/12/12 | 13003 | 52.37 | 681,020.00（BEA） |
| 2018/10/30 | 500 | 50.2 | 25,100.00（BEA） | 2018/12/11 | 5351 | 50.04 | 267,742.50（BEA） |
| 2018/10/29 | 500 | 61.2 | 30,600.00（BEA） | 2018/12/10 | 9001 | 45.55 | 410,035.00（BEA） |
| 2018/10/9 | 9170 | 74.6 | 684,082.00（BEA） | 2018/12/6 | 14516 | 58.78 | 853,187.60（BEA） |
| 2018/10/8 | 229 | 64 | 14,656.00（BEA） | 2018/12/5 | 1626 | 57.59 | 93,644.40（BEA） |
| 2018/9/28 | 2000 | 55.6 | 111,200.00（BEA） | 2018/12/4 | 5819 | 55.46 | 322,724.70（BEA） |

续表

| 日期 | 成交量<br>（吨） | 成交均价<br>（元/吨） | 成交额（元） | 日期 | 成交量<br>（吨） | 成交均价<br>（元/吨） | 成交额（元） |
|------|------|------|------|------|------|------|------|
| 2018/9/27 | 3500 | 46.3 | 162,050.00（BEA） | 2018/12/28 | 6783 | 57.03 | 386,834.00（BEA） |
| 2018/9/26 | 9999 | 38.6 | 385,961.40（BEA） | 2018/12/27 | 4460 | 58.73 | 261,950.00（BEA） |
| 2018/9/25 | 24406 | 32.22 | 786,356.20（BEA） | 2018/12/26 | 52 | 51.54 | 2,680.00（BEA） |
| 2018/9/21 | 20069 | 31.11 | 624,417.60（BEA） | 2018/12/25 | 100 | 50 | 5,000.00（BEA） |
| 2018/9/20 | 110535 | 30.32 | 3,351,254.30（BEA） | 2018/12/24 | 240 | 45.5 | 10,920.00（BEA） |
| 2018/9/19 | 5295 | 30.44 | 161,171.00（BEA） | 2018/12/21 | 30003 | 40 | 1,200,120.00（BEA） |
| 2018/9/18 | 13833 | 36.15 | 500,085.50（BEA） | 2018/12/21 | 29998 | 40 | 1,199,930.00（BEA） |
| 2018/9/17 | 1 | 41 | 41.00（BEA） | 2018/12/19 | 7950 | 8.4 | 66,753.00（林业碳汇） |

资料来源：北京环境交易所.http://www.cbeex.com.cn/.

# 后 记

本书是作者在承担国家社科基金项目的阶段性研究成果的基础上，进一步完善深化形成的。课题于 2019 年顺利结项，在课题研究过程中，广泛阅读了国内外学者们大量的相关研究成果，同时得到了很多前辈老师的悉心帮助和指导，在这里衷心地感谢首都经济贸易大学的张连城教授、郎丽华教授和杨春学教授，感谢中国社会科学院的张平研究员、刘霞辉研究员、张自然研究员、杨新铭研究员，感谢经济日报出版社的编辑老师，感谢编辑老师的细心工作和认真指导。

在本书修改和出版的过程中，我一直处于身体欠佳状态，修改书稿的过程耗时较长，胡老师给予我很大的精神支持和鼓励，使我能够较好地完成书稿的整理工作，在这里特别向胡老师表示感谢！

"金声玉振，奔逸绝尘，高山仰止，虽不能至，然心向往之。"祝各位老师身体健康，生活幸福！